U0225264

中國茶書全集校證

2

方健　匯編校證

中編　明代茶書

中州古籍出版社

臞仙茶譜

〔明〕朱　權

〔提要〕

《臞仙茶譜》，一卷，明代茶書。朱權撰。朱權（一三七八—一四四八），自號臞仙，又號涵虚子、丹丘先生。明太祖第十七子。有稱之爲十六子者，乃不計明成祖朱棣也。洪武二十四年（一三九一），封寧王，二十七年就藩大寧（治今内蒙古寧城西）。建文元年（一三九九），被削護衛。『靖難』兵起，燕王朱棣襲大寧，遂從。永樂元年（一四〇三），改封南昌，日自韜晦，讀書其間。卒謚獻，故又習稱其爲寧獻王。明·朱謀垔《續書史會要》稱其『好古博學，旁通釋老，著述甚富，兼善書法』，當得其實。又著録其撰述、編注書近百種。僅《明史·藝文志》及《千頃堂書目》即已著録其編撰書數十種，近百卷。其著作詳見《寧獻王目録》，惜多已佚。事具《明史》卷一一七、明·王世貞《弇山堂别集》卷三二《同姓諸王表》等。

《臞仙茶譜》一卷，僅見《千頃堂書目》卷九等著録，明代有些書目則著録爲《茶譜》，今從黄虞稷之説，作《臞仙茶譜》。據萬國鼎《茶書總目提要》，今有清·杭大宗《藝海彙涵》鈔本，也許是碩果僅存的惟一版本，陳祖槼等《中國茶葉歷史資料選輯》已據以收入。今據此本重加標點並校以所引他書，編入本書中編。校記中簡稱陳本或底本。是書首爲自序，次乃前言，下分品茶、收茶、點茶、熏香茶法、茶爐、茶竈、茶磨、茶碾、茶羅、茶架、茶匙、茶筅、茶甌、茶瓶、煎湯法、品水等十六目。其書，不僅是宋、明茶藝過渡時期的開山之作，也是明初精於茶道者的一家之言。尤可貴者，此乃據其自己親身體驗茶事的心得而撰寫成書，遠非後來的明代茶書作者抄輯成編，陳陳相因，轉相稗販，所能望其項背。是書確無愧於本書前言中的自述：『崇新改易，自成一家。』明代像這樣有所創見的茶書實乃寥寥無幾。朱權憑藉其出入儒釋道的深厚學養而總結出的宋明轉型期茶道要旨——『其味清哉』，不失爲明初茶藝時尚及明人之茶事追求。遺憾的是，像這樣有獨立見解而又言之有物的明人茶書實在太少了。本書語言也清新典雅，遠勝明末大名士者流的搔首弄姿，故作風雅，卻又言之無味。

茶譜序

挺然而秀，鬱然而茂，森然而列者，北園之茶也。泠然而清、鏘然而聲，涓然而流者，南澗之水也。塊然而立，晬然而温，鏗然而鳴者，東山之石也。癯然而酸，兀然而傲，擴然而狂者，渠也。渠以東山之石，擊灼然之火；以南澗之水，烹北園之茶，自非喫茶漢，則當握拳布袖，莫敢伸也。本是林下一家生活，傲物玩世之事，豈白丁可共語哉！予嘗舉白眼而望青天，汲清泉而烹活火，自謂與天語以擴心志之大，符水火以副内煉之功，得非遊心於茶竈，又將有裨於修養之道矣。其惟清哉！涵虚子臞仙書。

茶譜

茶之爲物可以助詩興而雲山頓色，可以伏睡魔而天地忘形，可以倍（陪？）清談而萬象驚寒，茶之功大矣！其名有五：曰茶、曰檟、曰蔎、曰茗、曰荈。一云早取爲茶，晚取爲茗。食之能利大腸，去積熱，化痰下氣，醒睡，解酒消食，除煩去膩，助興爽神。得春陽之首，占萬木之魁。始於晉，興於宋。惟陸羽得品茶之妙，著《茶經》三篇。蔡襄著《茶録》一篇，蓋羽後多尚奇古，製之爲末，以膏爲餅。至仁宗時，而立龍團、鳳團、月團之名，雜以諸香，飾以金彩，不無奪其真味。然天地生物，各遂其性，莫若葉茶，烹而啜之，以遂其自然之性也。予故取烹茶之法，末茶之具，崇新改易，自成一家。爲雲海飡霞服日之士，共樂斯事也。雖然會茶而立器具，不過延客款話而已。大抵亦有其説焉。凡鸞儔鶴侶，騷人羽客，皆能志絶塵境，棲神物外，不伍於世流，不污於時俗。或會於泉石之間，或處於松竹之下，或對皓月清風，或坐明窗靜牖，乃與客清談款話，探虚玄而參造化，清心神而出塵表。命一童子設香案、攜茶爐於前，一童子出茶具，以瓢汲清泉注於瓶而炊之。然後碾茶爲末，置於磨令細，以羅羅之，候湯將如蟹眼，量客衆寡，投數匕于巨甌，候茶出相宜，以茶筅摔令沫不浮，乃成雲頭雨腳，分於啜甌，置之竹架。童子捧獻于前，主起，舉甌奉客曰：『爲君以瀉清臆。』客起接，舉甌曰：『非此不足以破孤悶。』乃復坐。飲畢，童子接甌而退。話久情長，禮陳再三，遂出琴棋，陳筆研。或賡歌，或鼓琴，或弈棋，寄形物外，與世相忘。斯則知茶之爲物，可謂神矣。然而啜茶大忌白丁，故山谷曰『金谷看花莫謾煎〔一〕』，是也。盧仝喫七碗，老蘇不禁三碗，予以一甌，足可通仙靈矣。使二老有知，亦爲之大笑。其他聞之，莫不謂之迂闊。

品茶

於穀雨前，採一槍一旗者製之爲末，無得膏爲餅，雜以諸香，失其自然之性，奪其真味。大抵味清甘而香，久而回味，能爽神者爲上。獨山東蒙山石蘚茶〔二〕，味入仙品，不入凡卉。雖世固不可無茶，然茶性涼，有疾者不宜多食。

收茶

茶宜蒻葉而收，喜温燥而忌濕冷，入於焙中。焙用木爲之，上隔盛茶，下隔置火，仍用蒻葉蓋其上，以收火氣。兩三日一次，常如人體温温，則禦濕潤，以養茶。若火多則茶焦。不入焙者，宜以蒻籠密封之，盛置高處。或經年，則香味皆陳，宜以沸湯漬之，而香味愈佳。凡收天香茶〔三〕，於桂花盛開時，天色晴明，日午取收，不奪茶味。然收有法，非法則不宜。

點茶

凡欲點茶，先須熁盞。盞冷則茶沉，茶少則雲腳散，湯多則粥面聚。以一匕投盞内，先注湯少許調勻，旋添入，環迴擊拂，湯上盞可七分則止，着盞無水痕爲妙。今人以果品爲換茶，莫若梅、桂、茉莉三花最佳。可將蓓蕾數枚投于甌内罨之。少頃，其花自開。甌未至唇，香氣盈鼻矣。

熏香茶法

百花有香者皆可。當花盛開時，以紙糊竹籠兩隔，上層置茶，下層置花，宜密封固，經宿，開换舊花。如此數日，其茶自有香味可愛。有不用花，用龍腦熏者亦可。

茶爐

與煉丹神鼎同製。通高七寸，徑四寸，脚高三寸，風穴高一寸。上用鐵隔。腹深三寸五分，瀉銅爲之，近世罕得。予以瀉銀坩鍋甆爲之，尤妙。襻高一尺七寸半，把手用藤扎，兩傍用鈎，掛以茶帚、茶筅、炊筒、水濾於上。

茶竈

古無此製，予於林下置之，燒成瓦器如竈樣。下層高尺五，爲竈臺；上層高九寸，長尺五，寬一尺；傍刊以詩詞詠茶之語。前開二火門，竈面開二穴，以置瓶。頑石置前，便炊者之坐。予得一翁，年八十，猶童，痴憨奇古，不知其姓名，亦不知何許人也。衣以鶴氅，繫以麻條，履以草履，背駝而頸跧，有雙髻於頂，其形類一『菊』字，遂以菊翁名之。每令炊竈，以供茶，其清致倍宜。

茶磨

磨以青礞石爲之〔四〕，取其化痰去熱故也。其他石則無益於茶。

茶碾

茶碾，古以金、銀、銅、鐵爲之，皆能生鉎。今以青礞石最佳。

茶羅

茶羅，徑五寸，以紗爲之。細則茶浮，麄則水浮。

茶架

茶架，今人多用木，雕鏤藻飾，尚於華麗。予製以斑竹、紫竹，最清。

茶匙

茶匙，要用擊拂有力。古人以黄金爲上，今人以銀、銅爲之，竹者輕。予嘗以椰殼爲之，最佳。後得一瞽者，無雙目，善能以竹爲匙，凡數百枚，其大小則一，可以爲奇。特取其異於凡匙，雖黄金亦不爲貴也。

茶筅

茶筅，截竹爲之，廣、贛製作最佳。長五寸許，匙茶入甌，注湯筅之。候浪花浮成雲頭雨脚乃止[五]。

茶甌

茶甌，古人多用建安所出者，取其松紋兔毫爲奇。今淦窑所出者與建盞同，但注茶，色不清亮，莫若饒甆爲上[六]，注茶則清白可愛。

茶瓶

瓶要小者易候湯，又點茶湯有準。古人多用鐵，謂之甖。甖，宋人惡其生鉎，以黄金爲上，以銀次之。今予以甆石爲之，通高五寸，腹高三寸，項長二寸，觜長七寸。凡候湯不可太過，未熟則沫浮，過熟則茶沉。

煎湯法

用炭之有焰者，謂之活火。當使湯無妄沸，初如魚眼散布，中如泉湧連珠，終則騰波鼓浪，水氣全消。此三沸之法，非活火不能成也。

品水

臞仙曰：青城山老人村杓泉水第一，鍾山八功德水第二，洪崖丹潭水第三，竹根泉水第四。或云：山水上，江水次，井水下。伯芻以揚子江心水第一，惠山石泉第二，虎丘石泉第三，丹陽井第四，大明井第五，松江第六，淮水第七。又曰：廬山康王谷簾水第一〔七〕，常州無錫惠山石泉第二，蘄州蘭溪石下水第三，硤州扇子硤下石窟洩水第四，蘇州虎丘山下水第五，廬山石橋潭水第六〔八〕，揚子江中泠水第七〔九〕，洪州西山瀑布第八，唐州桐柏山淮水源第九，廬州龍池山頂池水第十〔一〇〕，潤州丹陽井第十一，揚州大明井第十二，漢江金州上流中泠水第十三，歸州玉虛洞下香溪水第十四〔一一〕，商州武關西洛水第十五〔一二〕，蘇州吴松江第十六，天台西南峰瀑布第十七，郴州圓泉第十八，嚴州桐廬江嚴陵灘水第十九，雪水第二十。

〔校證〕

〔一〕故山谷曰金谷看花莫謾煎　方案：此王安石詩，朱權誤引作「山谷」，即黄庭堅詩。其句出《寄茶與平甫》，見《臨川文集》卷三二、李壁《王荆公詩注》卷四六等。

〔二〕獨山東蒙山石蘚茶　方案：山東蒙山「石蘚茶」，實乃石上之青苔，非茶甚明。朱權篤信道家之説，乃以爲「仙品」，即「仙茶」。明人又以譌傳譌，乃至與唐宋名茶雅州蒙頂茶混爲一談，妄之甚矣。

〔三〕凡收天香茶　方案：此乃我國茶史上關於花茶窨製法的最早記載之一。惜朱權仍未詳載桂花茶其製法。下之『熏香茶法』條或可補之。

〔四〕磨以青礞石爲之　『石』，原底本作『口』，據下文『他石』及下條『青礞石』改。

〔五〕候浪花浮成雲頭雨腳乃止　『浮』，疑當作『泛』。『雲頭雨腳』，即蔡襄《茶録》所謂『雲腳粥面』。

〔六〕莫若饒甆爲上　方案：『饒甆』，實即『景甆』，即江西景德鎮所産甆器。北宋時始置鎮，以真宗年號『景德』爲名。原屬饒州浮梁縣。自唐以來，即爲茶之集散中心。白居易詩《琵琶行》：『商人重利輕離別，前月浮梁買茶去。』早已膾炙人口。此乃實録，據唐·李吉甫《元和郡縣圖志》卷二九所載，浮梁歲出茶税十五萬貫，約占全國茶税總額四十萬貫的八分之三。北宋景德年間（一〇〇四—一〇〇七），設景德鎮監窑務，設官窑燒造貢品。南宋時已廣泛遠銷海外，明清時均在此設御窑器廠。清初乃與漢口、朱仙、佛山合稱全國四大名鎮，是名副其實的千年瓷都。其所産茶具，自宋至今已享譽海内外，堪稱茶、瓷相得益彰。在明初，作爲茶具，其知名度已超過宋代獨領風騷的建盞。

〔七〕盧山康王谷簾水第一　『谷』，原作『洞』，據本書上編所收張又新《煎茶水記》改。

〔八〕盧山石橋潭水第六　『石橋』，同右引作『招賢寺下方橋』。

〔九〕揚子江中泠水第七　『中泠』，同右引作『南零』。

〔一〇〕廬州龍池山頂池水第十　『第十』上之八字，朱氏譌作『廬山頂天地之水』，據同右引改。

〔一一〕歸州玉虛洞下香溪水第十四　『下』、『水』二字，原無，據同右引補。

〔一二〕商州武關西洛水第十五　『西洛』，原作『西谷』，據同右引改。

製茶新譜

〔明〕錢椿年

〔提要〕

《製茶新譜》，原名《茶譜》，明代茶書。一卷，錢椿年撰。錢椿年，字賓桂，號友蘭。常熟人。據其自署，輯撰《茶譜》時年已八十。趙之履《跋茶譜續編後》稱：『匯次成編，屬伯子奚川先生梓行之。之履閲而嘆曰……』因錢、趙生卒、事蹟均無考，故頗難定《茶譜》之約略撰年。所幸這位『梓』行《茶譜》的『奚川先生』生平可考。錢洪，字理平，號竹深、奚川先生，常熟人。正統十四年（一四四九）土木之難時，布衣憂國，輸馬於邊，奉使邊塞，得賜章服。其南還，朝士多賦詩寵行。能詩，有《竹深遺稿》一卷，爲『景泰十才子』之首，所居奚川，沈周有『奚川八景圖』。其兄錢寬，字理容，號柳溪，亦以詩名。錢氏弟兄之詩，被徐庸收入《湖海耆英集》，是集十二卷，採輯永樂至正統四代之詩。而錢洪乃錢謙益之六世祖，故其《列朝詩集小傳》乙集《先竹深府君》載其事尤詳。

錢氏同書還有《湯參將胤勣傳》，稱湯胤勣字公讓，濠人，湯和曾孫。才兼文武，工詩，通兵法。正統末，因周忱（一三八一——一四五三）、于謙（一三九八——一四五七）之薦，召對除錦衣衛百户，轉千户，通問被俘的明英宗於沙漠，出使時面折敵酋。時年僅二十餘歲。景泰中，進署指揮僉事，天順中被摭入獄，謫爲民，編籍常州，遊吴中，與錢洪定交契厚，時洪子號益齋者曾從其學。成化初復官，充參將守御延綏孤山堡。成化三年（一四六七），因敵衆力戰而死。時年四十歲左右，其事又見程敏政撰《湯公讓傳》，刊《國朝獻徵録》卷五。

湯胤勣（？——一四六七），其生年在宣德三年（一四二八）左右，則錢洪之生年亦當約略同時，這也符合他赴土木之難時年已弱冠的推論。如果趙之履跋所謂『屬伯子奚川先生梓行之』無誤，而此奚川又確爲錢洪的話，那末，錢氏《茶譜》的作年就當大爲提前。伯子，應解作長子，假定椿年二十歲時生錢洪，那他完成《茶譜》約在弘治元年（一四八八）左右。書刊行後，趙之履見後，就將家藏的王紱《竹爐新詠故事》及『昭代名公之作』呈上，椿年『見而珍之』，『屬附輯卷後爲續編』。據此可知：今傳《製茶新譜》的附録二，實即原藏趙之履家的《竹爐新詠故事》的節删本，原題作《茶譜續編》，一卷，編者應是趙之履，有圖、有銘、有題識及盛虞之跋（《新譜》附録已誤署作者爲盛顒）。這一《茶譜》附《續編》一卷的二卷重編再刊本，其刊行之年代當在弘治十三年至嘉靖十八年之間（參見布目潮渢《中國茶書全集》卷首《解説》頁三一。但其未見趙之履跋，因而誤以爲重編再刊本爲原編初印本）。但即使是弘治十三年（一五〇〇）再刊重印，椿年已是九十二歲高齡了，但從趙跋可知，此時他仍健在無疑。如果是後幾年再刊，他是否能見到這個再刊本還是個問題。重印本距離始刊本，至少有十年以上時間。

顧元慶將《茶譜》攘爲己有，刊入其《顧氏四十家小説》本已是嘉靖二十年（一五四一）之事了，距錢氏之初刊本行世已半個世紀之久了。約略在此稍前，司馬泰編刊《古今類説》六十卷，其中就有錢椿年《茶譜》一卷，《類説》子目見《千頃目》卷一五，但誤書名作《古今匯説》，今據《江南通志》卷一九二訂正。司馬泰生平事略見《江南通志》卷一二二、一三九等，其爲嘉靖中人無疑。此勿贅及。這一《類説》本《茶譜》既不包括《續編》（不排除有删除的可能），又署錢氏編撰，一般而言，當爲錢氏初刊本後最早出現的版本之一。

必須説明，筆者關於錢氏撰《茶譜》不晚於弘治元年（一四八八）之新證，有兩個必要前提：即趙之履所説之奚川即爲錢洪，二是錢洪確生於正德初。此兩點雖有一定根據，卻因書闕有間，尚難確證，如其中之一不成立，即筆者之説亦難以成立。萬國鼎《茶書總目提要》定《茶譜》及其《續編》分别爲嘉靖九年（一五三〇）和十四年前後，乃據顧氏《茶譜》刊於嘉靖二十年推測，並無的證。但其發現和録出趙之履跋的遠見，卻是啓迪後人探索的可貴綫索。

筆者認爲《製茶新譜》是很久以後才出現的一個新本，其對《茶譜》、《茶譜續編》二卷再刊本動了『大手術』，即删去了《續編》中原有的全部内容。其附録一題爲《羣賢雜著》，凡收唐宋詩賦十四首，涉及作者八人。因本書已全部收録，今僅存目於此：（一）吴淑《茶賦注》，（二）黄庭堅《煎茶賦》，（三）盧仝《茶歌》，（四）蘇軾《煎茶歌》，（五）劉禹錫《試茶歌》，（六）范仲淹《茶歌》，（七）王禹偁《陸羽茶井》，（八）黄庭堅《惠山泉》、《茶碾烹煎》、《雙井茶》，（九）蔡襄《茶壟》、《採茶》、《造茶》、《試茶》。其所選皆宋人詠茶名篇，足見編者茶學、文學修養之一斑。此存目，篇名仍其舊，其出何書何卷，本書中已出校。作者，原作字、號者，一律改作本名。其次序則略有調整。根據其上述篇目及文字錯譌程度考察，與有萬曆二十一年（一五九三）自序的胡文焕《茶集》最爲相似。所不同者，《茶集》收詩、賦、記、傳、序凡三十四篇，《新譜》全删明人作品五首，僅保留唐宋人詩賦十四首，約存其半，且記、序全删。從附録一考察，其最早當編成於萬曆中（一五九三年後）。可以斷言的是：這《新譜》附録——既非錢氏《茶譜》所有，亦非趙之履《續編》所附，而是明後期人的新編。

《新譜》附録二題作《竹爐新詠》，收明人詠竹爐及惠泉之詩凡三十六首，涉及吴寬以下作主三十二人。是我國茶文化史上的一段佳話。其詳見本書下編所收之《竹爐圖詠》提要。附録二《竹爐新詠》當爲趙之履《茶譜續編》的一部分，其中原有的圖、銘、贊等，可能因顧元慶《茶譜》已收入而删去，而只存留明詩三十六首。此今存之詩，既已與《竹爐圖詠》所收明人之詩互有異同，可對照參看； 也有可能已被删節； 另一種可能甚至是《新譜》編者重加輯集或輯自其他書。其篇題《附竹爐新詠》下署『長洲朱存理』五字，乃誤衍，就露出了抄輯自他書的蛛絲馬跡。因朱存理曾爲宋末人撰《茶具圖贊》作跋，《竹爐新詠》很可能在明代另一種茶書中，緊接《茶具圖贊》之後，《新譜》編者或抄手不注意，就抄成了後書的編者。很可能《竹爐新詠》和顧元慶《茶譜》後半部分的圖、銘、贊、跋，兩者相加即爲趙之履《茶譜續編》的全部。今既已分割成二書，只能將顧氏《茶譜》與正名後的錢氏《新譜》及其附録二《竹爐新詠》（爲明萬曆中以後人之改編本，距錢氏《茶譜》原本之始刊至少有百餘年之久了）分别收入本書並略加校釋。《竹爐新詠》中的詩因多無詩題，故將作者名改括注在詩末，凡以字號出現者考其名出之，以清眉目。

錢譜刊行後，即被高濂《遵生八牋》及屠隆《考槃餘事·茶箋》等競相援引，顧氏則全盤照抄。顧譜出後，錢譜流傳日稀，或即後以《新譜》復出的原因之一。《製茶新譜》，今存三本： 其一，光緒二十五年（一八九九）石印本； 見《中國農業古籍目録》（北京圖書館出版社二〇〇三年版）頁一一二著録。其二，《古今文藝叢書》本。是書爲民國四年（一九一五）何藻輯，據《中國叢書綜録》著録，有上海廣益書局排印本第一至五集，而收有《新譜》的第六集，則現藏日本内閣文庫。不知海内有否藏本。其三，即筆者用作底本的《中國古代茶道秘本五十種》（第四册）。『茶道本』所收諸書，原藏國圖，今由其文獻縮微複製中心影印。因是本未著明版本來源，故不知是否即上舉二本之一，姑作爲第三種版本。此『秘本』云云，實亦名不副實，真正的茶書秘本，仍珍藏『深宮』人難識。今將據南京圖書館藏孤本《茶書·茶文》中録出的是書二序一跋，附本書之末。

製茶新譜

茶略

茶者，南方嘉木，自一尺、二尺至數十尺。其巴峽有兩人抱者，伐而掇之。樹如瓜蘆，葉如梔子，花如白薔薇，實如栟櫚，蒂如丁香，根如胡桃。

茶品

茶之産於天下多矣，若劍南有蒙頂石花，湖州有顧渚紫筍，峽州有碧澗明月，邛州有火井、思安，渠江有薄片，巴東有真香，福州有柏巖，洪州有白露。常之陽羨，婺之舉巖，丫山之陽坡〔一〕，龍安之騎火，黔陽之都濡高株，瀘川之納溪梅嶺，之數者，其名皆著。品第之，則石花最上，紫筍次之。又次則碧澗、明月之類是也。惜皆不可致耳。

藝茶

藝茶欲茂，法如種瓜，三歲可採，陽崖陰林，紫者爲上，緑者次之。

採茶

團黄有一旗二槍之號，言一葉二芽也。凡早取爲茶，晚取爲荈，穀雨前後收者爲佳。粗細皆可用，惟在採摘之時天色晴明，炒焙適中，盛貯如法。

藏茶

茶宜蒻葉而畏香藥，喜温燥而忌冷濕。故收藏之家以蒻葉封裹，入焙中，兩三日一次用火，當如人體温温，則禦濕潤〔二〕。若火多，則茶焦不可食。

炙茶〔三〕

茶或經年，則香色味皆陳。於淨器中以沸湯漬之，刮去膏油一兩重乃止。以鈐箝之〔四〕，微火炙乾，然後碎碾。若當年新茶，不用此説。

製茶諸法

橙茶，將橙皮切作細絲，一斤以好茶五斤焙乾，入橙絲間和。用密麻布襯墊火箱，置茶於上烘熱。淨綿被罨之三兩時，隨用建連紙袋封裹，仍以被罨焙乾收用。

蓮花茶，於日未出時，將半含蓮花撥開，放細茶一撮，納滿蕋中，以麻皮略縶，令其經宿。次早摘花，傾出茶葉，用建紙包茶焙乾。再如前法。又將茶葉入别蕋中，如此者數次。取出焙乾收用〔五〕，不勝香美。

木樨、茉莉、玫瑰、薔薇、蘭蕙、橘花、梔子、木香、梅花皆可作茶。諸花開時，摘其半含半放，蕋之香氣全者，量其茶葉多少，摘花爲(茶)〔拌〕。花多，則太香而脱茶韻；花少，則不香而不盡美。三停茶葉一停花始稱。假如木樨花，須去其枝蒂及塵垢、蟲蟻。用磁罐，一層茶一層花投間至滿。紙箬縶固，入鍋重湯煮之，取出待冷。用紙封裹，置火上焙乾收用。諸花倣此。

煎茶四要

一擇水

凡水泉不甘，能損茶味之嚴，故古人擇水最爲切要。山水上、江水次、井水下。山水乳泉漫流者爲上〔六〕，瀑湧湍激勿食，食久則人有頸疾。江水取去人遠者，井水取汲多者，如蟹黄、混濁、鹹苦者，皆勿用。

二洗茶

凡烹茶，先以熱湯洗茶葉，去其塵垢、冷氣，烹之則美。

三候湯

凡茶，須緩火炙，活火煎。活火，謂炭火之有焰者。當使湯無妄沸，庶可養茶。始則魚目散布，微微有聲，中則四邊泉湧〔七〕，纍纍連珠；終則騰波鼓浪，水氣全消，謂之老湯。三沸之法，非活火不能成也。

凡茶少湯多則雲腳散，湯少茶多則乳面結〔八〕。

四擇品

凡瓶要小者，易候湯，又點茶注湯有應。若瓶大，啜存停久，味過則不佳矣。茶銚、茶瓶，銀錫爲上，甆石次之。

茶色白，宜黑盞。建安所造者紺黑，紋如兔毫，其坯微厚，熁之久熱難冷，最爲要用。出他處者，或薄〔或〕色異〔九〕，皆不及也。

點茶三要

一滌器

茶瓶、茶盞、茶匙生鉎，致損茶味，必須先時洗潔則美。

二熁盞

凡點茶，先須熁盞令熱，則茶面聚乳，冷則茶色不浮。

三擇果

茶有真香，有佳味，有正色。烹點之際不宜以珍果香草雜之。奪其香者，松子、柑橙、杏仁、蓮心、木香、梅花、茉莉、薔薇、木樨之類是也；奪其味者，牛乳、番桃、荔枝、圓眼、水梨、枇杷之類是也〔一〇〕；奪其色者，柿餅、膠棗、火桃、楊梅、橙橘之類是也。凡飲嘉茶〔一一〕，去果方覺清絶，雜之則無辨矣。若必曰所宜，核桃、榛子、瓜仁、藻仁、菱米、欖仁、栗子、鷄頭、銀杏、山藥、筍乾、芝麻、莒蒿、萵苣、芹菜之類〔一二〕，精製或可用也。

茶效

人飲真茶，能止渴消食，除痰少睡〔一三〕，利水道，明目益思。出《本草拾遺》。除煩去膩，人固不可一日無茶。然或有忌而不飲。每食已，輒以濃茶漱口〔一四〕，煩膩既去而脾胃不知〔一五〕。凡肉之在齒間者，得茶漱滌之，乃盡消縮，不覺脱去，不煩刺挑也。而齒性便若緣此漸堅密〔一六〕，蠹毒自已矣。然率用中下茶。出蘇文〔一七〕。

附　竹爐新詠

與客來嘗第二泉〔一八〕，山僧休怪急相煎；結菴正在松風裏，裏茗還從穀雨前。玉盌酒香揮且去，石床苔厚醒猶眠。（席間）〔百年〕重（對）〔試〕筠爐火，古杓爭（看）〔憐〕更瓦全。

己亥之春〔一九〕，過無錫遊惠山，入聽松菴，觀竹爐，酌第二泉煮茶，嘗賦詩紀其事。爐出於故王舍人孟端，製古雅。冰壑盛公倣而爲之，且自銘其上，予獲觀焉。因取前詩，次韻賞之。

聽松菴裏試名（前）〔泉〕〔二〇〕，舊物曾將活火煎。載讀銘文何更古，偶觀規製宛如前。細筠信爾呈（功）〔工〕巧，暗浪從渠攪（後）〔醉〕眠。絶勝田家盛酒（具）〔器〕，百年常共子孫全。（以上二首長洲吴寬）

唐相何勞遞惠泉，攜來隨處可茶煎。三湘漫捲磁瓶裏，一竅初分太極前。吟苦詩瓢和月飲，夢醒書榻帶雲眠。何當再讀盧仙賦，千古清風道味全。（錫山盛顒〔二一〕）

平生端不近貪泉，只取清冷旋旋煎。陸氏銅爐應在右，韓公石鼎敢爭前。滿甌花露消春困，兩耳松風驚

晝眠。宦轍難全隱居事，君家子姓獨能全。（錢塘倪岳）〔二二〕

竹茶爐卷〔二三〕

惠山聽松菴有王舍人孟端竹茶罏，既亡而復，秦太守廷韶嘗求予詩。後予過惠山，菴僧因出此爐，吟賞竟日，蓋十年餘矣。觀吴同寅原博〔及盛虞舜臣〕倡和卷，慨然興懷，輒繼聲其後〔得二章〕。

新茶曾試惠山泉，拂拭筠爐手自煎。擬置水符千里外，忽驚詩案十年前。野僧暫挽孤帆住，詞客遥吟半榻眠。回首舊遊如昨日，山中清樂羨君全。（新安程敏政）

斫竹爲爐貯茗泉，不辭剪伐更烹煎。分煙遠欲過林外，煮雪清宜對客前。阮籍興多惟縱酒，盧仝詩好卻躭眠。微吟細瀹松風裏，得似渠家二美全。（長沙李東陽）

龍團細碾瀹新泉，手製筠爐每自煎。嗜好肯居仝老後，精工更出舍人前，芸窗月冷吟何苦，竹榻煙輕醉未眠。分付奚奴頻掃雪，氣清味澹美尤全。（海虞李傑〔二四〕）

茗椀清風竹下泉，汲泉仍付竹罏煎。夜瓶春甕輕煙裏，嶰谷荆溪舊榻前。穀雨未乾湘女泣，火珠深瘞籜龍眠。盧仝故業玉猷宅，憑仗山人爲保全。（餘姚謝遷〔二五〕）

不慕糟丘與酒泉，竹壚更取瓦瓶煎。月圓影落湘雲裏，雪乳香分社日前。金馬門中方朔醉，長安市上謫仙眠。古來放達非吾願，頗愛陶家風味全。

揮翰如流思湧泉，碧琅茶竈對床煎。氣聚烝眼茶初長，聲繞羊腸車不前。絶品小圖中禁賜，清風高枕北

窗眠。祇憐命墮顛崖者，安得提撕出萬全。（以上二首四明楊守阯〔二六〕）

石鑐銅腥不受泉，小團還對此君煎。貞心未改寒居後，虛號誰求古步前，夜閣坐來成獨語，午窗愁破祇高眠。筆床憶共天隨住，苦李於今幸自全。

曉竹書齋煮玉泉，同根誰使也相煎。匡床簡易聊堪並，杜詩：『簡易高人意，匡床竹火爐。』石鼎彭亨莫漫煎。月落湘妃猶自泣，日高盧老且濃眠。唯君肯慰詩人渴，不學相如與壁全。（以上二首南震澤王鏊〔二七〕）

筠爐雅稱試寒泉，雀舌龍團手自煎。翠浪暗翻明月下，青煙輕颺落花前。盧仝頓覺風生割，宰我從知晝廢眠。經緯功成謝陶鑄，調元事業定能全。（淳安商良臣〔二八〕）

幾年林下煮名泉，攜向詞垣試一煎。古樸肯容銅鼎並，雅宜應置筆床前。席間有物供吟料，橋上無人復醉眠。吳匏翁有海月菴，菴前有醉眠橋。頓使士林傳盛事，儒家風味此中全。（蘭亭司馬垔〔二九〕）

南山雀舌惠泉煎，趂個筠爐注意煎。野鶴避煙松徑外，寒梅印月紙窗前。漫誇盧老騰詩價，卻笑知章托醉眠。此物不因君愛護，人間那得令名全。（古吳顧苹）

天上月團山下泉，清風端合此爐煎。製如石鼎差今古，詠出騷人有後前。春思掩人開倦眼，夜談留客喚忘眠。百年我願同隨住，舊物從來得久全。（陳湖陳璚〔三〇〕）

體裁不稱貯平泉，只稱詩人與雪煎。吟喜茗香生竹裏，醉貪松韻落尊前。夜深有客衝寒過，句好何人倚壁眠。清白家風偏重此，笑渠寶翫可長全。（錫山吳學〔三一〕）

偶來一吸石龍泉，頓息胸中欲火煎。苦節君居僧榻畔，清風生住惠山前。未應鴻漸偏能煮，可耐彌明不

愛眠。好事儘輸秦太守，百年舊物喜歸全。（慈谿楊子器〔三二〕）

盛氏莊頭陸羽泉，王郎爐樣盛郎煎。巧將水火歸籃底，紗簇煙雲罩竹前。汲向清湘嗤拙用，吟成寒伴醒夜眠。更看陽羨山中罐，奇事應誰有十全。（吴邑杜啓〔三三〕）

水汲西神陸子泉，帶香仙掌合炊煎。盧家興味圍屏裡，陽羨風情小榻前。白絹印封春受惠，花瓷醒酒夜忘眠。玉堂中舍南宫史，一代清名得並全。（華亭錢福〔三四〕）

（古）〔故〕老相傳第二泉，舍人特作竹爐煎。人隨碧澗皆形外，物共青山只眼前。詞客老奇時一遇，僧林厭事日高眠。多君番製來都下，便覺書齋事事全。（南匯繆覲）

第二泉高阿對泉，瓷瓶汲取竹爐煎。向來魂夢湘江上，早焙旗鎗禁火前。雲腳浮花香不斷，煙霏籠樹鶴初眠。東園老子經三卷，千古流傳注未全。（玉林潘緒〔三五〕）

幾年想渴惠山泉，汲井當爐可茗煎。詩續舍人高興後，夢飛陸子舊祠前。形窺鳳尾和雲織，聲肖龍吟伏火眠。心抱歲寒燒不死，一生勁節也能全。（錫峰盛虞）

惠山竹茶爐，有先輩王中舍之詩，傳頌久矣。今余友秋亭盛君倣其製爲之，其伯父方伯氷壑爲銘。秋亭自咏詩，用中舍韻，屬和之，塞白耳。

此泉第二此山幽，名勝誰爲第一流。石鼎聯詩追昔日，玉堂揮翰照清秋。評如月旦人何在，曲和陽春客未稠。我亦相過嘗七盌，至今從事謝青州。（江陰卞榮〔三六〕）

見説松菴事事幽，此君作則異常流。乾坤取象方成器，水火收功不論秋。麈尾有情披拂遍，玉甌多事往

來稠。幾回得賜頭綱餅，風味嘗來想建州。（華亭鬱雲）

竹爐煮茗稱清幽，石上斢泉取急流。細擘鳳團香泛雪，旋生蟹眼韻含秋。火分丹竈紅光溜，煙遶書屏翠影稠。醉啜滿甌清徹骨，笑他斗酒博涼州。（月林張九芳〔三七〕）

我到家山景便幽，秋亭瀟洒晉風流。筠爐煮徧龍團月，彩筆驅還石鼎秋。斗室擬思湘水闊，吟郎才更列星稀。清風喚起王中舍，相與蓬瀛覽九州。（鶴臺謝章靖）

爐熾蒼筠取自幽，頭籠紗帽更風流。煮殘天上小團月，占斷人間萬古秋。玉盌素濤晴雪捲，翠屏香藹白雲稠。欲知極品頭綱味，翰苑還看賜帝州。（吴中范昌齡〔三八〕）

倣得規模意趣幽，詩中題詠尚傳流。寒烹山館三冬雪，涼透明江六月秋。摘向東風金蕾小，盛來玉盌白花稠。蒙山未許誇名勝，自古還稱陽羡州。（企齋張愷〔三九〕）

巧織霜筠分外幽，心存活火汗先流。輕煙縷縷石亭午，清瀨颼颼松澗秋。三百月圓良可重，五千文字未爲稠。蒼生病渴難蘇息，心繫中□十二州。（惺泉陳昌〔四〇〕）

草亭何事最清幽，割竹爲爐煮碧流。吟骨透殘蒙頂月，夢魂醒到海濤秋。舍人遺製誰能續，諸老留題趣更流。我亦興來風滿腋，不知騎鶴有揚州。（邱山徐麐）

翰苑分題爲闡幽，清風千古共傳流。濕雲烝起瀟湘雨，活火燒殘嶰谷秋。水汲惠泉盟易結，茶收陽羡味堪稠。筆床今喜相鄰近，從此無人慕趙州。（行義秦錫〔四一〕）

古樸茶爐製度幽，名全苦節八仙流。籜籠氣焰三千丈，雲朵精華八百秋。倡和有詩人共仰，烹煎得法味

應稠。誰云獨占山中靜，提挈曾聞上帝州。（龍壑貫焕）

山人遺銼古無前，士值筠爐製法乾。千谷車聲憶山谷，九嶷黛色動湘川。風流共賞庚申夜，欸識重看戊戌年。未許盧仝誇七椀，先生高卧腹便便。（義興邵瑾）

奉和秋亭老長兄見新效王舍人製有贈秋亭

舍人昔居山，雅好煎茗汁。折竹爲火爐，意匠巧營立。當時傳盛事，吟咏富篇什。誰知百年來，僧房謹收什。遺規遂不廢，手澤光熠熠。盛公效製之，宛有古風習。今人即古人，誰謂不相及。賢孫復好事，相攜至京邑。驅馳四千里，愛獲廢玲襲。吴公一過目，賞嘆如不給。賦詩特揄揚，落紙墨猶濕。流傳遍都下，賡歌遂成集。泠然惠泉山，千載有人汲。得此詎不加，卷帙看編輯。

舊過惠山所題

惠山名天下，乃以一勺泉。當時陸鴻漸，不惜爲人傳。鴻漸既死去，遂無知者焉。客來漫染指，誰識水味全。荒亭覆石沼，落日空涓涓。吴公向經此，游賞松風前。茗爐出古物，偕以舍人篇。酌泉何所留，吐句還枯禪。平生功名夢，一洗卻洒然。昨來見茶具，遂憶游山年。揮毫寫舊作，併與誌新編。惠山我曾游，開卷心留連。因思前日到，公務相促煎。雖有愛泉心，何由味中邊。而今已無事，喜得遂言旋。從此林磵磅，可以終日眠。袖書仰面讀，且欲聽潺湲。

秋亭復製新爐見贈

盛君昔南來，自攜竹爐矣。吴公既賞詠，遂知公所嗜。還家製其一，持以爲公贄。公家泠澹泉，近者新鑿利。烹煎已有法，所乏惟此器。豈無陶瓦輩，坌俗七足曦。筠罏既輕便，提挈隨所至。朝回自理料，不以付僮隸。公腹亦大哉，五千卷文字，時時借澆滌，日日出新思。他年著書成，爐亦在公次。此爐今有三，古一新者二。只此可並德，自足立人世。不容再有作，或恐奪真貴。盛君雖好傳，珍惜勿重製。（以上三首東吴楊循吉〔四二〕）

茶具六事分封〔四三〕，悉貯於此，侍從苦節君於泉石、山齋、亭館間。執事者故以行省名之。按《茶經》有一源、二具、三造、四器、五炙、六飲、七事、八出、九略、十圖之説，夫器雖居四，不可以不備。闕之則九者皆荒，而茶廢矣。得是以管攝衆器固無一闕，況兼以惠麓之泉，陽羨之茶，烏乎廢哉！陸鴻漸所謂都籃者，此其是歟！款識以湘筠編製，因見圖譜，故不暇論。

弘治十三年歲次庚申春三月穀雨日，惠麓茶仙盛虞識〔四四〕。

茶録序

姚邦顯

嗜，人心也。心，一也。嗜而不失其正，一道心也。是故曾子嗜羊棗，周子嗜蓮，陶靖節嗜菊，於是乎觀嗜，斯知人矣。常熟友蘭錢先生嗜茶，録茶之品類、烹藏，粵稽古今題咏，裒集成帙，非至篤好，烏能考詳如是耶！夫茶良，以地；味，以泉。其清，可以滌腴；其潤，可以已渴。於是乎幽人尚之，有烹以避鶴，飲以怡神者。子曰：飽食終日，無所用心。難矣！是集也，萃三善焉。欲不爲貪，貞也；良於用心，賢也；厭膏粱而説游藝，達也。觀是集，可以識先生矣。

茶譜序 錢椿年

茶性通利，天下尚之。古謂茶者生人之所日用者也，蓋通論也。至後世，則品類益繁，嗜好尤篤。是故王褒有約，盧仝有歌，陸羽有經，李白得仙人掌於玉泉山中，欲長吟以播諸天，皆得趣於深而忘言於揚者也。予在幽居，性不苟慕，惟於茶則嘗屬愛。是故臨風坐月，倚山行水，援琴命奕，茶之助發余興者最多，而余亦未有一遺於茶者。雖然，夫報義之利也，茶每余益而予不少茶著（者？），是茶不棄余而余自棄於茶也多矣。均，爲乎平哉。是故集《茶譜》一編，使明簡便，可以爲好事者共治而宜焉。由真味以求真適，則山無枉枝，江無委泉，余亦可以爲少報於茶云耳。竝集也，奚其與趣深言揚者麗諸？嗚呼！蓬萊山下清風之夢，倘來盧石君家，金莖之杯暫輟，惟雅致者胥成。

跋茶譜續編後 趙之履〔四五〕

友蘭錢翁，好古博雅，性嗜茶。年逾大耋，猶精茶事，家居若藏若煎，咸悟三昧，列以品類，彙次成譜，屬伯子奚川先生梓行之，之履閲而嘆曰：『夫人珍是物與味，必重其籍而飾之。若夫蘭翁是編，亦一時好事之傳，爲當世之所共賞者。其籍而飾之之功，固可取也。古有鬬美林豪、著經傳世，翁其興起而入室者哉！』之履家藏有王舍人孟端《竹爐新咏故事》及昭代名公諸作，凡品類若干，會悉翁譜意，翁見而珍之，屬附輯卷後，爲續編。之履性猶癖茶，是舉也，不亦爲翁一時好事之少助也乎！

〔校證〕

〔一〕丫山之陽坡　「丫山」，原作「了山」，據顧元慶《茶譜》改（下簡稱顧譜）。

〔二〕則禦濕潤　「禦」，原譌作「寒」，據蔡襄《茶録》及顧譜改。

〔三〕炙茶　本則據蔡襄《茶録》所述改寫。顧譜因其僅適用於唐宋團餅茶而删。

〔四〕以鈐箝之　「鈐」，原作「鈴」，據同右引《茶録·炙茶》改。

〔五〕取出焙乾收用　「出」，顧譜作「其」。

〔六〕山水乳泉漫流者爲上　「漫」，原作「慢」，據《茶經》、顧譜改。

〔七〕中則翩翩泉湧　「中」，原作「初」，據顧譜改。「翩翩」，顧譜作「四邊」，似已據《茶經·五之煮》改。

〔八〕湯少茶多則乳面結　「乳面結」，蔡襄《茶録》作「粥面聚」；顧譜作「乳面聚」，末字已據改。

〔九〕或薄或色異　下「或」字，原脱，據《茶録》、顧譜補。又，「異」，《茶録》原作「紫」。

〔一〇〕奪其味者，牛乳、番桃、荔枝、圓眼、水梨、枇杷之類是也　此二十字，原脱，據顧譜補。

〔一一〕凡飲嘉茶　「嘉茶」，顧譜作「佳茶」。

〔一二〕核桃榛子瓜仁藻仁……之類　「藻仁」，喻甲本顧譜等改作「棗仁」，非是。上云「奪其色者」，已列膠棗，此不應再作「棗仁」。如是，則爲自相違伐矣。參閱顧譜拙校〔五〕。

〔一三〕除痰少睡　「睡」，原作「唾」，據《事類賦注》卷一七引《本草拾遺》及顧譜改。

〔一四〕輒以濃茶漱口　『輒』，原譌作『輙』，據《侯鯖録》卷四及《古今事文類聚》續集卷一二等引蘇文改。

〔一五〕而脾胃不知　『不知』，顧譜改作『自清』，非是。同右引及《仇池筆記》卷上《論茶》均作『不知』。

〔一六〕便若緣此漸堅密　『若』，原作『苦』，同上注〔一四〕所引兩書亦作『苦』，今據《仇池筆記》及《類説》卷九引蘇文改。

〔一七〕出蘇文　『蘇文』，原作『蘇子』，據顧譜改。本則乃據蘇軾《仇池筆記》卷上《論茶》改寫。

〔一八〕與客來嘗第二泉　方案：此詩原題作主爲『王孟端』，即王紱（一三六二—一四一六），孟端其字。實《新譜》編者改題，大誤。尾聯改『百年』，作『席間』，就露出了作僞的馬脚。核此詩乃吴寬之作，見其《家藏集》卷六《遊惠山入聽松菴觀竹茶爐》（原題注：『菴有皮日休醒酒石，時𤣥侄隨侍赴京，命和二詩。』）

〔一九〕己亥之春　己亥，當指成化十四年（一四七八）。是年，吴寬攜侄赴京，途經惠山，賦上詩。此詩序，亦《新譜》編者譌撰。其序稱『冰壑盛公倣而爲之，且自銘其上』。則云仿製竹爐者爲盛顒（一四一八—一四九二）而自銘之。實大誤。倣製竹爐者乃其侄盛虞，作銘者則盛顒。下録吴寬之詩題已言之甚明。

〔二〇〕聽松菴裏試名泉　此詩吴寬（一四三五—一五〇四）作，見其《家藏集》卷一一，題作《觀盛舜臣所藏竹爐蓋倣惠山元僧之製其伯父侍郎公銘其旁》。詩題明白清楚地點明：竹爐爲盛虞（字舜臣）所倣作，而作《苦節君銘》者爲其伯父盛顒。竹爐圖銘見顧氏《茶譜》。又，據原詩改正四字。於此亦可見明人如何肆無忌憚篡改原典文獻、胡編亂造之一斑。

〔二一〕錫山盛顒　盛顒(一四一八—一四九二),字時望,號冰壑道人。景泰二年(一四五一)進士,授御史。以劾曹吉祥違法而出知束鹿縣。成化初,擢知邵武府,調知延平。累遷陝西布政使,成化中,召爲刑部右侍郎。改左副都御史,巡撫山東,主救荒之政,行九則法。致仕,卒。事見《瓊臺詩文會稿重編》卷二三《盛公墓誌銘》、《水東日記》卷一七、《毘陵人品記》卷七、《明史》卷一六二等。其爲盛虞撰竹爐之銘,在成化十四年(一四七八),時官刑部左侍郎。故吴寬詩題稱侍郎。又,順便指出,限於當時的資料條件,萬國鼎《茶書總目提要·茶譜》誤將盛顒、盛虞伯侄二人判爲同一人,又將銘贊、跋均判爲盛顒之作,未免太武斷。今特考證如上。

〔二二〕錢塘倪岳　倪岳(一四四四—一五〇一),字舜咨,號清溪。原籍錢塘,後徙上元(治今江蘇南京)。謙子。天順八年(一四六四)進士。選庶吉士,授編修。弘治十三年(一五〇〇),累官吏部尚書。善斷大事,片言決斷。卒於任。贈少保,謚文毅。撰有《青溪漫稿》等。事見《王文恪公集》卷二五《倪公行狀》,《懷麓堂文後稿》卷二四《倪公墓誌銘》,吴寬撰《倪文毅公家傳》,見《家藏集》卷五九,又刊《國朝獻徵録》卷二四,《明史》卷一八三本傳等。

〔二三〕竹茶爐卷　詩題原無,據程敏政《篁墩文集》卷七四補。原題二首,有詩序。《新譜》編者對原序略有删改,今删二字,補八字,以復原。『盛虞』之『盛』,原脱。『原博』,吴寬字。《新譜》僅録第一首。補題僅例其餘而已,爲免煩瑣,下對程敏政、李東陽等名人生平,概不再出注。

〔二四〕海虞李傑　『海虞』，即常熟之别稱。李傑（一四四三—一五一七），字世賢，號石城雪樵。常熟人。成化二年（一四六六）進士，授編修。累遷侍讀學士，歷南國子監祭酒等，官至禮部尚書。以忤劉瑾而去位。卒，謚文安。事見《五龍山人集》卷五《李公墓誌銘》，《殿閣詞林記》卷五，《明常熟先賢事略》卷四，《國朝獻徵録》卷三三佚名撰傳等。

〔二五〕餘姚謝遷　謝遷（一四四九—一五三一），字于喬，號本齋。餘姚人。成化十一年（一四七五）狀元，授修撰，遷左庶子。弘治元年（一四八八），擢少詹事兼侍講學士。八年，入閣參預機務，尋加太子少保、兵部尚書兼東閣大學士。有賢相之稱。正德元年（一五〇六），因請誅劉瑾而不納，遂與劉健同致仕，不久削籍。嘉靖六年（一五二七），手詔促起，復入相數月，以老告歸。卒謚文正。有《歸田稿》八卷。其文集全稿，嘉靖中倭亂被燬，此集乃其致仕後及再召時所撰，故卷帙無多。事見《費文憲公摘稿》卷一九《謝公神道碑銘》，《西河合集》卷七四《謝公傳》，倪宗正撰《謝文正公年譜》，刊清康熙本《歸田稿》附録，《明史》卷一八一本傳等。

〔二六〕四明楊守阯　楊守阯（一四三六—一五一二），字維立，號碧川。鄞（治今浙江寧波）人。成化十四年（一四七八）進士，累遷侍讀學士，南京吏部右侍郎。弘治十八年（一五〇五）致仕，進尚書。師事乃兄守陳，博極羣書。其爲解元、學士、侍郎，皆與兄同，弟兄又對掌兩京翰林院，天下榮之。撰有《碧川文選》、《浙元三會録》、《困學寘聞録》等。事見楊一清撰《碧川楊公傳》，刊《皇明名臣墓銘集》卷七一；李東陽撰《楊公神道碑銘》，刊《國朝獻徵録》卷二七；《明史》卷二〇〇等。

〔二七〕南震澤王鏊　『南震澤』，太湖，古稱震澤，王鏊，吴縣東山人，在太湖之南，故自署。王鏊（一四五〇—一五二四），字濟之，吴縣人。成化十一年進士（一四七五），授編修。弘治時，歷侍講學士，充講官。正德元年（一五〇六），官至吏部左侍郎，入閣預機務。四年，以劉瑾擅權，不得志而求去。卒於家，謚文恪。博學有識，文章典雅。撰有《姑蘇志》、《震澤集》、《震澤長語》等。事見《甫田集》卷二八《王文恪公傳》，《王文成公全集》卷二五《王文恪公傳》，《姑蘇名賢小紀》卷上，《明史》卷一八一等。

〔二八〕淳安商良臣　商良臣，字懋衡，淳安人。正統間狀元商輅（一四一四—一四八六）子。成化二年（一四六六）進士，累官翰林侍講，授編修。文章器識，不愧乃父。惜其享年不永，未克大用。事見《姚文敏公遺稿》卷六《賀商編修榮任序》等。

〔二九〕蘭亭司馬堊　司馬堊，字通伯。山陰人。幼敏慧，博極羣書。成化八年（一四七二）進士，授御史。視學南都，擢福建提學副使。致政歸，優遊鄉里。有《蘭亭集》，嘗編刻其父司馬軫《端齋杜撰》十二卷行世。事見《家藏集》卷四二《抱璞南歸集序》、《萬姓統譜》卷二六、《浙江通志》卷一八〇引《萬曆山陰縣志》、《福建通志》卷六五等。又，詩注中『吴匏翁』即吴寬之號。

〔三〇〕陳湖陳璚　方案：『陳湖』之『陳』或涉下而譌，或爲『澄湖』之音譌，今姑仍舊。陳璚（一四四〇—一五〇六），字玉汝，號成齋、公美。長洲人。成化十四年（一四七八）進士，授庶吉士。累官南京副都御史，致仕，卒。擅古文，尤工詩，有《成齋集》。事見《懷麓堂文後稿》卷二〇《陳君神道碑銘》，《王文恪公集》卷二九《陳公墓誌銘》，《國朝獻徵録》卷六四《實録·小傳》等。

〔三一〕錫山吴學　吴學，字遜之，號夢鶴。無錫人。成化二十年（一四八四）進士。弘治中，以監察御史出巡河南，累官山東按察副使。請老歸，博雅能詩，尤工八分書。事見《江南通志》卷一二六、一六六，《河南通志》卷三一，《山東通志》卷二五之一。

〔三二〕慈谿楊子器　楊子器（一四五八—一五一三），字名父，號柳塘。慈溪人。成化二十三年（一四八七）進士。歷知昆山、高平、常熟等縣，擢吏部考功司主事。終官河南布政司。事見《泉齋勿藥集》卷四《楊君墓誌銘》等。

〔三三〕吴邑杜啓　杜啓，吴縣人。成化二十三年（一四八七）進士，嘗知長垣縣，官南京監察御史，出巡山西。弘治中，累官福建按察司僉事，致仕歸。預修《姑蘇志》。事見《家藏集》卷三六《長垣縣學重修孔子廟記》，《吴都文粹續集》卷一杜啓《姑蘇志後序》，《江南通志》卷一二二，《福建通志》卷二一等。

〔三四〕華亭錢福　錢福（一四六一—一五〇四）字與謙，一字子受，號時斂，又自號鶴灘。松江華亭（治今上海）人。弘治三年（一四九〇）狀元，授翰林院修撰。詩文精雅。有《鶴灘集》，即以居地名之。事見《喬莊簡公集》卷一〇《錢與謙墓誌銘》，李東陽撰《錢君墓表》，刊《國朝獻徵録》卷二一，佚名撰《錢鶴灘先生遺事》（同上）等。

〔三五〕玉林潘緒　潘緒，字繼芳，號玉林。無錫人。未仕。成化十八年（一四八二），秦旭結碧山吟社於惠山之麓，與者十人，皆處士，時皆七八十歲高齡，唯潘緒年未五十。則其生於宣德末，卒於正德末，享年八十餘。有詩名。事見《明詩綜》卷二三《秦旭小傳》注引《詩話》。

〔三六〕江陰卞榮　卞榮（一四一九—一四八七），字華伯，號蘭堂。江陰人。正統十年（一四四五）進士，官至户部郎中。工詩擅畫。有《卞郎中集》。事見薛章憲撰《卞公墓誌銘》，刊《國朝獻徵録》卷三〇，《毘陵人品記》卷七等。

〔三七〕月林張九芳　張九芳，字應臯，號月林居士。無錫人。景泰元年（一四五〇）舉人，授河南汝寧府推官。罷官歸，賣文爲生，頗具才名。有《覆簣集》。事見《江南通志》卷一二六、一六六，《河南通志》卷三二等。

〔三八〕吴中范昌齡　范昌齡，天台人。或其原籍吴中或後徙居吴中歟？成化十三年（一四七七）舉人，金坤（一四三四—一四八二）之婿。嘗官廣德通判、知州。事見徐溥《謙齋文録》卷三《金公墓誌銘》，《浙江通志》卷一三六，《明一統志》卷一七。

〔三九〕企齋張愷　張愷（一四五三—一五三八），字元之，號企齋，更號東洛。無錫人。成化二十年（一四八四）進士，奉使閩浙。還，授吏部主事。知東平州，逾年而治。弘治中，超擢黎平守。正德初，轉福建鹽運使。以疾歸。家居三十年卒，以廉介稱。撰有《貴陽譙談》、《蚓竅餘音》等書，纂有《常州府志續集》八卷。事見《荆川先生文集》卷一四《張東洛墓碑銘》、《甫田集》卷二七《企齋先生傳》、《毘陵人品記》卷八、《江南通志》卷一四二、《福建通志》卷二一、《貴州通志》卷一七、《千頃目》卷六等。

〔四〇〕惺泉陳昌　陳昌，字顯昌，號菊莊。平湖人。據此似又號『惺泉』，或乃居地之名。處士，有《菊莊集》，已佚。才思藻麗，長於七言。事見《槜李詩繫》卷九，《明詩綜》卷二七等。其詩末句，脱一字，補以方圜。

〔四一〕行義秦錫　秦錫，字惠孚，號行義，無錫人。

〔四二〕東吴楊循吉　楊循吉（一四五八—一五四六），字君謙，號南峰。吴縣（治今江蘇蘇州）人。成化二十年（一四八四）進士。嗜讀書。因多病而於弘治初致仕歸。結廬支硎山下苦讀著書，晚頗落寞。有《松籌堂集》及雜著十餘種。事見《國朝獻徵録》卷三五《自撰生壙碑》、《姑蘇名賢小紀》卷上，《明史》卷二八六等。

〔四三〕茶具六事分封　方案：自此至『故不暇論』，乃盛虞仿製竹爐後，對附録六種茶具的圖銘所作的題識，相當於下載圖譜及銘文的前言。參見顧譜。《新譜》的編者卻順手取來，作爲上引三十二人凡詩三十六首的跋，又改原署『盛虞識』，作『盛顒編著』，牛頭不對馬嘴，鲁莽滅裂，莫此爲甚。

〔四四〕惠麓茶仙盛虞識　『盛虞識』，原被《新譜》編者臆改爲『盛顒編著』，似乎上引《竹爐新詠故事》中所收的詩乃顒所編定，此大誤。是否盛虞所編尚是疑問。據顧譜〔四〕改。盛虞，字舜臣，號秋亭，自號茶仙。無錫人。顒侄，工書畫，精鑑賞。有《端友齋録》等。事見《篁墩文集》卷三三《端友齋録序》、《佩文齋書畫譜》卷五五等。

〔四五〕趙之履　方案：趙跋轉録自《茶書·茶文》，校以萬國鼎《茶書總目提要》（刊《農業遺産研究集刊》二集，一九五八年）。是跋説清了《茶譜》及其《續編》的關係。《續編》有兩部分内容：其一，即所謂《竹爐新詠故事》；其二，則『昭代名公諸作』。這兩部分今分别存顧譜及《新譜》，疑均有殘闕或删節，已非《續編》原本之舊。這一點清人所編《竹爐圖詠》中已有所顯示，朱彝尊、宋犖等人的記文中亦可考見。趙跋之可貴，尤在於使我們可以推知錢氏《茶譜》的編輯和刊行時間遠比今人所論爲早。請詳本書提要。又，趙之履及作序的姚邦顯生平事蹟不詳，待考。姚、錢二序亦録自《茶書·茶文》。

茶譜

〔明〕顧元慶

〔提要〕

《茶譜》，明代茶書。一卷，顧元慶據錢椿年《製茶新譜》及王紱《竹爐并分封六事》删校而編刊，並非顧氏自己的創作，這在轉相傳抄習以爲常、蔚然成風的時代，原是司空見慣的事。但是書版本之多，流傳之廣，卻是中國茶史中值得注意的現象。

顧元慶（一四八七—一五六五），字大有，號大石山人，室名夷白齋。長洲（治今江蘇蘇州）人。其家近滸市（即今滸墅關），兄弟多治産，獨元慶以圖書自娱，未仕。藏書萬卷，擇其善本刻之。署曰『陽山顧氏文房』。據傳增湘《藏園羣書經眼録》卷一一著録，《顧氏文房小説四十二種》凡五十八卷，均輯前朝前人之作（宋元以前）。另有《明朝四十家小説》（實四十一種，四十三卷），其中元慶自撰者有《雲林遺事》（含附録一卷）、《夷白齋詩話》、《瘞鶴銘考》、《大石山房十友譜》、《簷曝偶談》各一卷，與岳岱合撰《陽山新録》一卷，另有《茶録》一卷，凡七種八卷，今存。顧氏至老猶吟對不倦，與王穉登、王濟、岳岱等結泉石之盟，相交遊唱酬。岳岱《今雨瑶華》曾評其人曰：『隱居草莽，無局促之憂；好歷名山，盡消遥之樂。詞貴省潔，意尚真古。』並稱其人有陶淵明之遺風。證諸《茶譜》茅一相跋，尚非虚譽。其生平事略見王穉登《青雀集》卷下《顧大有先生墓表》，錢謙益《列朝詩集小傳》丁集卷中等。

《茶譜》由兩部分組成，前半全抄自錢椿年《製茶新譜》（詳是書《提要》）。《新譜》原分茶略、茶品、藝茶、採茶、藏茶、炙茶、製茶諸法、煎茶四要、點茶三要、茶效等十目，顧氏僅删其《炙茶》一目，因此乃針對宋團餅茶而言，明代已以芽葉茶冲泡而失去『現實』意義。其中《製茶諸法》記載橙茶、蓮花茶及各種花茶的製法，《煎茶四要》中的『洗茶』，《點茶三要》中的『擇果』，爲據明代製茶及烹飲方式而新創的内容。此乃錢椿年的發明『專利』，尤爲可貴。其被高濂、屠隆等人轉相稗販，成爲明代茶事的主流和時尚，錢氏功不可没。餘則大體上抄輯陸羽《茶經》、毛文錫《茶譜》、蔡襄《茶録》等書的内容，如果説錢氏已是『文抄公』的話，則顧氏又爲轉相『稗販』了。

錢氏《新譜》收有兩個附録：其一，爲《羣賢雜著》，收吴淑《茶賦》等唐宋諸賢詠茶詩賦名作凡十四首；其二，爲《竹爐新詠》，收王孟端（紱字）以下明人詩三十七首。顧氏緣此二附録所收『古今篇什太繁』而全部删去，卻將《新譜》原有之王紱（號友石）《竹爐并分封六事》圖譜及盛顒撰苦節君（即竹爐）之銘、盛虞撰分封六事（明代常用茶具六種）的題識並跋，作爲一種附録，構成《茶譜》的後半部分。令人費解的是：今傳《新譜》僅存盛虞之跋，圖、銘、題識已蕩然無存。是《新譜》原失收，還是因《茶譜》風行後，錢氏《新譜》漸佚失了，今因《新譜》僅存光緒二十五年（一八九九）石印本等，已難考其詳。正是由於《茶譜》收入此圖、銘、題記、跋，才使明代茶飲及茶具有了直觀的傳播方式，也正是這獨特的圖文兼茂的表達方式，使《茶譜》有衆多版本並廣泛傳播，甚至還有和刻本和日譯本。

關於《茶譜》的始刊時間，應從《顧氏明朝四十家小説》（一名《梓吴》）説起。首先，據《中國叢書綜録》第一册（上海古籍出版社一九八二年版）著録，其中有四種（五卷）爲宋元人著作，非全係明朝之書，而且有多種並非小説，其子目總數亦爲四十一種。後人命名此叢書已三失之矣。其刊刻時間陽山顧氏家塾本著録爲正德至嘉靖間陸續刊行，日本學者布目潮渢教授遺著《中國茶書全集》（汲古書院一九八八年版）則據内閣文庫藏本著録爲明嘉靖十八年（一五三九），但作爲此叢書所收的《茶録》，顧元慶自序卻署爲嘉靖二十年，則似乎是書乃嘉靖年間陸續刊刻的，或始刊於嘉靖十八年，完成於二十年歟？《茶譜》版本主要有：（一）顧氏家塾刊《梓吴》本（嘉靖二十年，一五四一），（二）汪士賢《山居雜志》本（萬曆二十一年，一五九三），（三）胡文焕《格致叢書》本（萬曆三十一年，一六〇三），（四）茅一相輯《欣賞編·續編》本，（五）喻政《茶書全集》本（甲本，萬曆四十年刊，乙本次年——一六一三年刊），（六）《説郛續》本（清順治三年，一六四六）。此外，還有明程榮校刊、鄭熜校刊等本《茶經》附録《茶譜》，鄭熜本還有日本寶曆八年（一七五八）翻印的和刻本，《茶譜》還有日譯本，被收入青木正兒《中華茶書》及中村喬《中國茶書》。

今以《欣賞編·續編》本爲底本，匯校諸本，加以點校整理，《製茶新譜》無疑也是必校之本，下簡稱錢譜。卷首爲顧元慶自序，書末乃《欣賞續編》輯者茅一相之跋，對瞭解是書之編成、刊行、内容及元慶其人頗有幫助，今仍其舊。對其中涉及的人名，可考者予以必要的介紹。本書與《製茶新譜》可互爲補益，故兩存之。

茶譜序

余性嗜茗，弱冠時識吴心遠於陽羨〔一〕，識過養拙於琴川，二公極於茗事者也，授余收焙烹點法，頗爲簡易。及閲唐宋《茶譜》、《茶録》諸書法，用熟碾細羅，爲末爲餅，所謂小龍團，尤爲珍重。故當時有金易得而龍餅不易得之語。嗚呼，豈士人而能爲此哉！頃見友蘭翁所集《茶譜》，其法於二公頗合。但收採古今篇什太繁，甚失譜意。余暇日删校，仍附王友石《竹爐并分封六事》於後〔二〕，重梓於大石山房，當與有玉川之癖者共之也。嘉靖二十年春吴郡顧元慶序。

茶譜

茶略

茶者，南方嘉木，自一尺、二尺至數十尺。其巴峽有兩人抱者，伐而掇之。樹如瓜蘆，葉如梔子，花如白薔薇，實如栟櫚，蒂如丁香，根如胡桃。

茶品

茶之産於天下多矣，若劍南有蒙頂石花，湖州有顧渚紫筍，峽州有碧澗、明月，邛州有火井、思安，渠江有薄片，巴東有真香，福州有柏巖，洪州有白露。常之陽羡，婺之舉巖，丫山之陽坡，龍安之騎火，黔陽之都濡高株，瀘川之納溪梅嶺之數者，其名皆著。品第之，則石花最上，紫筍次之，又次則碧澗、明月之類是也。惜皆不可致耳。

藝茶

藝茶欲茂，法如種瓜，三歲可採，陽崖陰林，紫者爲上，緑者次之。

採茶

團黄有一旗二槍之號，言一葉二芽也。凡早取爲茶，晚取爲荈，穀雨前後收者爲佳。粗細皆可用，惟在採摘之時天色晴明，炒焙適中，盛貯如法。

藏茶

茶宜蒻葉而畏香藥。喜温燥而忌冷濕。故收藏之家以蒻葉封裹入焙中，兩三日一次用火，當如人體温温，則禦濕潤〔三〕。若火多，則茶焦不可食。

製茶諸法

橙茶，將橙皮切作細絲，一斤以好茶五斤焙乾，入橙絲間和。用密麻布襯墊火箱，置茶於上烘熱。淨綿被罨之三兩時，隨用建連紙袋封裹，仍以被罨焙乾收用。

蓮花茶，於日未出時，將半含蓮花撥開，放細茶一撮，納滿蘂中，以麻皮略縶，令其經宿。次早摘花，傾出茶葉，用建紙包茶焙乾。再如前法。又將茶葉入别蘂中，如此者數次，取其焙乾收用〔四〕，不勝香美。

木樨、茉莉、玫瑰、薔薇、蘭蕙、橘花、梔子、木香、梅花皆可作茶。諸花開時，摘其半含半放蘂之香氣全者，量其茶葉多少，摘花爲（茶）〔拌〕。花多，則太香而脱茶韵；花少，則不香而不盡美。三停茶葉一停花始稱。

假如木樨花，須去其枝蒂及塵垢、蟲蟻，用磁罐，一層茶一層花，投間至滿。紙箬縶固，入鍋重湯煮之，取出待冷。用紙封裹，置火上焙乾收用。諸花倣此。

煎茶四要

一擇水

凡水泉不甘，能損茶味之嚴，故古人擇水最爲切要。山水上，江水次，井水下。山水，乳泉漫流者爲上，瀑湧湍激勿食，食久令人有頸疾。江水取去人遠者，井水取汲多者，如蟹黄、混濁、鹹苦者，皆勿用。

二洗茶

凡烹茶，先以熱湯洗茶葉，去其塵垢、冷氣，烹之則美。

三候湯

凡茶，須緩火炙，活火煎。活火，謂炭火之有焰者。當使湯無妄沸，庶可養茶。始則魚目散布，微微有聲，中則四邊泉湧，纍纍連珠，終則騰波鼓浪，水氣全消，謂之老湯。三拂之法，非活火不能成也。

凡茶少湯多則雲腳散，湯少茶多則乳面聚。

四擇品

凡瓶要小者，易候湯，又點茶注湯有應。若瓶大，啜存停久，味過則不佳矣。茶銚、茶瓶，銀錫爲上，甆石次之。

茶色白，宜黑盞。建安所造者紺黑，紋如兔毫，其坯微厚，熁之久熱難冷，最爲要用。出他處者，或薄或色異，皆不及也。

點茶三要

一滌器

茶瓶、茶盞、茶匙生鉎，音星。致損茶味，必須先時洗潔則美。

二熁盞

凡點茶，先須熁盞令熱，則茶面聚乳，冷則茶色不浮。

三擇果

茶有真香，有佳味，有正色。烹點之際不宜以珍果香草雜之。奪其香者，松子、柑橙、杏仁、蓮心、木香、梅花、茉莉、薔薇、木樨之類是也；奪其味者，牛乳、番桃、荔枝、圓眼、水梨、枇杷之類是也；奪其色者，柿餅、膠棗、火桃、楊梅、橙橘之類是也。凡飲佳茶，去果方覺清絶，雜之則無辨矣。若必曰所宜，核桃、榛子、瓜仁、藻仁、菱米、欖仁、栗子、鷄頭、銀杏、山藥、筍乾、芝麻、莒蒿、萵苣、芹菜之類〔五〕，精製或可用也。

茶效

人飲真茶，能止渴消食，除痰少睡〔六〕，利水道，明目益思。出《本草拾遺》。除煩去膩，人固不可一日無茶。

然或有忌而不飲，每食已，輒以濃茶漱口〔七〕，煩膩既去而脾胃自清〔八〕。凡肉之在齒間者，得茶漱滌之，乃盡消縮，不覺脱去。不煩刺挑也。而齒性便苦緣此漸堅密，蠹毒自已矣。然率用中下茶。出蘇文。

苦節君銘

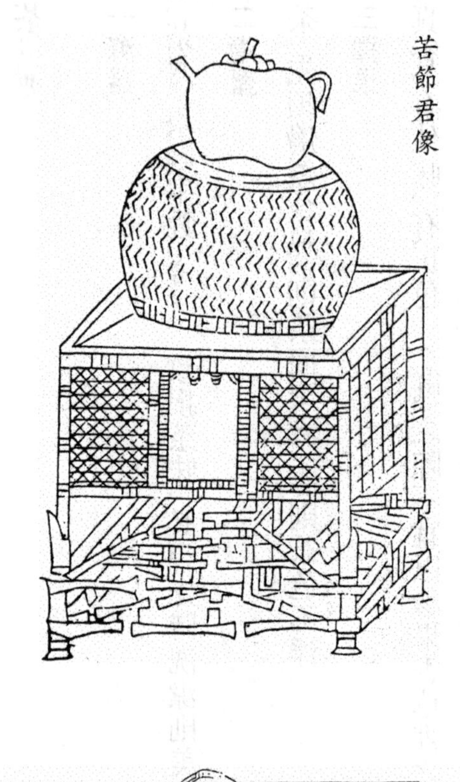

苦節君像

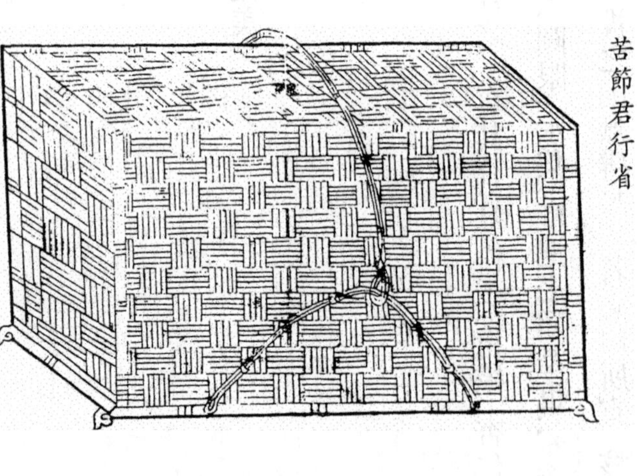

苦節君行省

肖形天地，匪冶匪陶。心存活火，聲帶湘濤。

一滴甘露，滌我詩腸。清風兩腋，洞然八荒。

戊戌秋八月望日錫山盛顒著。

茶具六事分封，悉貯於此。侍從苦節君于泉石山齋亭館間，執事者故以行省名之。按《茶經》有一源、二具、三造、四器、五煮、六飲、七事、八出、九略、十圖之說，夫器雖居四，不可以不備，闕之則九者皆荒而茶廢矣。得是以管攝衆器，固無一闕。况兼以惠麓之泉，陽羨之茶，烏乎廢哉！陸鴻漸所謂都籃者，此其是歟？款識以湘筠編製，因見圖譜，故不暇論。

庚申春三月穀雨日，惠麓茶仙盛虞識。

六事分封見後。

建城

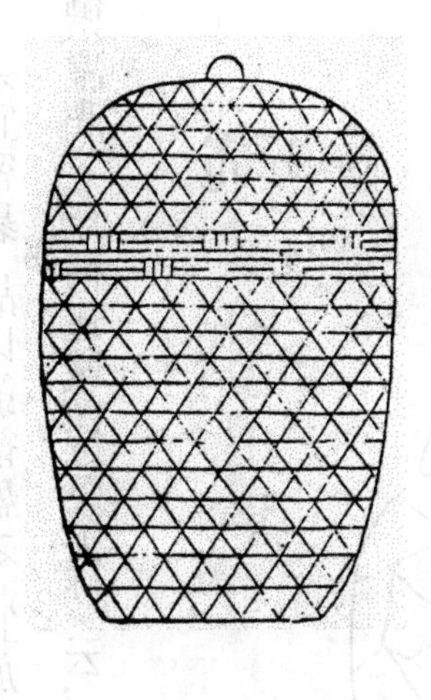

茶宜密裹，故以篛籠盛之，宜於高閣，不宜濕氣，恐失真味也。古人因以用火，依時焙之。常如人體温温，則禦濕潤。今稱建城，按《茶録》云，建安民間以茶爲尚，故據地以城封之。

雲屯

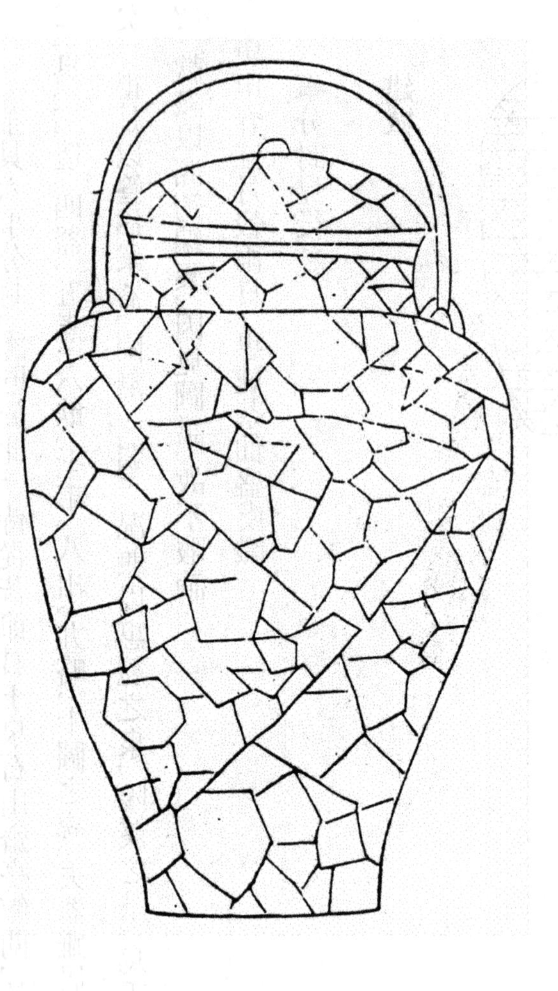

泉汲于雲根，取其潔也。欲全香液之腴，故以石子同貯瓶缶中，用供烹煮。水泉不甘者能損茶味，前世之論，必以惠山泉宜之。今名雲屯，蓋雲即泉也。得貯其所，雖與列職諸君同事，而獨屯于斯，豈不清高絶俗而自貴哉！

烏府

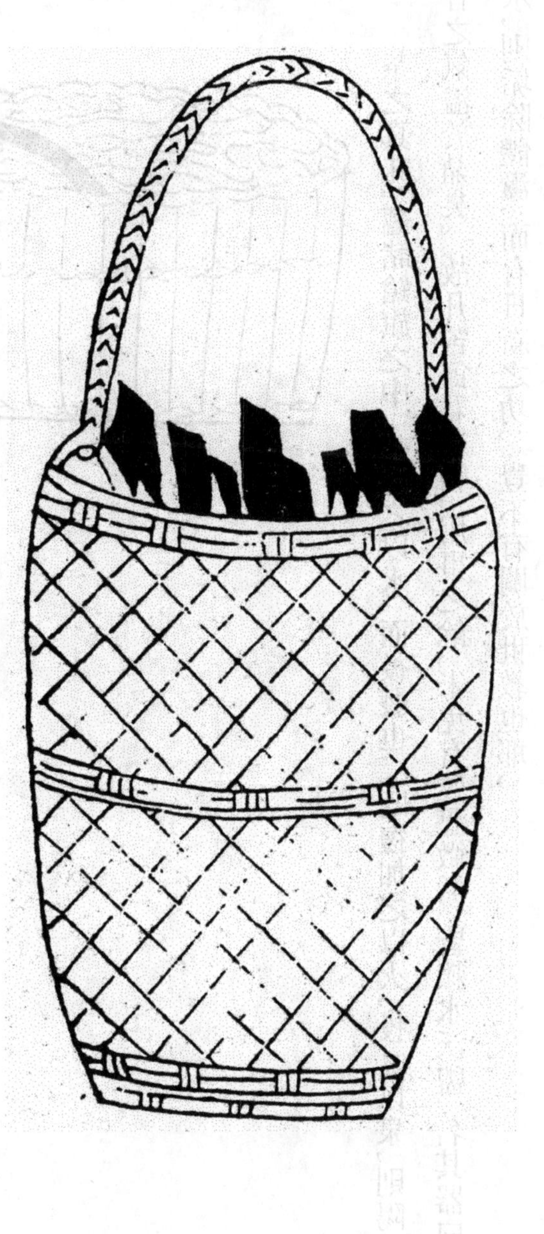

炭之爲物，貌玄性剛。遇火則威靈，氣焰赫然可畏，觸之者腐，犯之者焦。殆猶憲司行部，而奸宄無狀者望風自靡。苦節君得此，甚利於用也。况其別號烏銀，故特表章其所藏之具曰烏府。不亦宜哉！

水曹

茶之真味，蘊諸鎗旗之中，必浣之以水，而後發也。既復加之以火，投之以泉，則陽噓陰翕，自然交姤而馨香之氣溢於鼎矣。故凡苦節君器物，用事之餘，未免有殘瀝微垢，皆賴水沃盤，名其器曰水曹。如人之濯於盤水，則垢除體潔，而有日新之功。豈不有關於世教也耶！

器局

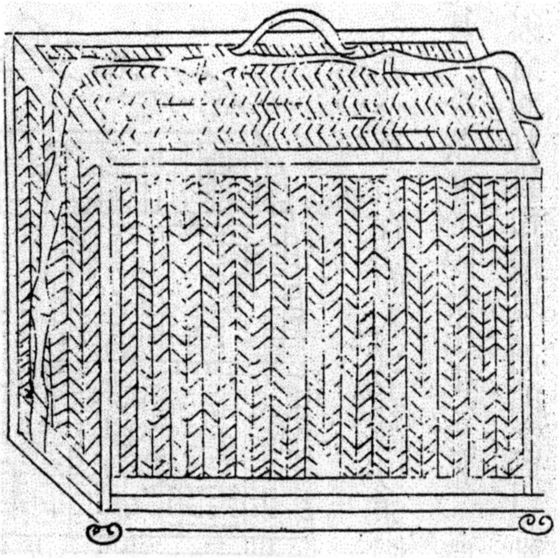

商象古石鼎也。歸潔竹筅箒也。分盈杓也，即《茶經》水則。每二升，計茶壹兩。遞火銅火斗也。降紅銅火箸也。執權準，茶秤也。每茶一兩，計水二升。團風湘竹扇也。漉塵洗茶籃也。靜沸竹架，即《茶經》支腹也。注春磁壺也。運鋒劖果刀也。甘鈍木碪墩也。啜香建盞也。撩雲竹茶匙也。納敬竹茶橐也。受污拭抹布也。

右茶具十六事，收貯於器局，供役苦節君者，故立名管之。蓋欲統歸於一，以其素有貞心雅操，而自能守之也。

品司

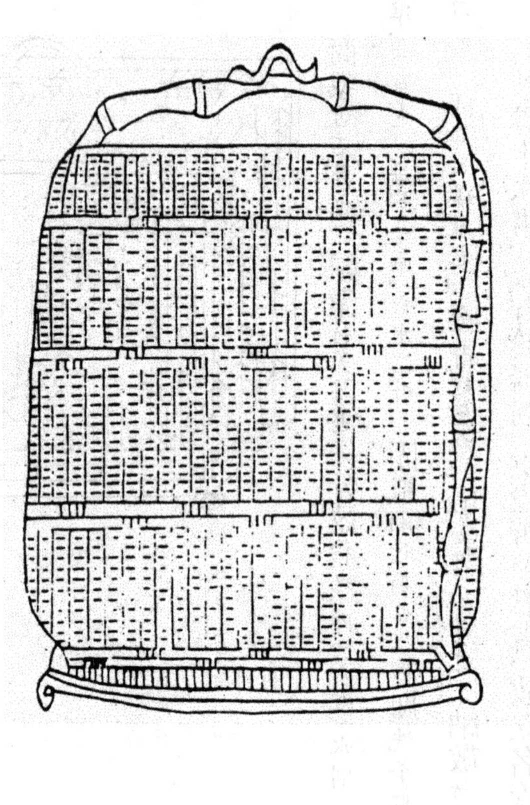

古者茶有品香，而入貢者微以龍腦和膏，欲助其香，反失其真。煮而羶鼎腥甌，點雜棗橘葱薑，奪其真味者尤甚。今茶産於陽羡山中，珍重一時，煎法又得趙州之傳。雖欲啜時入以笋欖、瓜仁、芹蒿之屬，則清而且佳。因命湘君設司檢束，而前之所忌亂真味者，不敢窺其門矣。

跋

大石山人顧元慶，不知其何許人也。久之，知爲吾郡王天雨社中友〔九〕。王固慱雅好古之士也，其所交，盡當世賢豪，非其人，雖軒冕黼黻不欲掛眉睫間。天雨至晚歲，益厭棄市俗，乃築室於陽山之陰，日惟與顧、岳二山人結泉石之盟。顧即元慶，岳名岱，别號漳餘〔一〇〕，尤善繪事，而書法頗出入米南宫，吴之隱君子也。三人者，吾知其二，可以卜其一矣。今觀所述《山房十友》并《茶譜》二卷，苟非泥淖一世者，必不能勉强措一詞。吾讀其書，亦可以想見其爲人矣。用置案頭，以備嘉賞。歸安茅一相撰〔一一〕。

〔校證〕

〔一〕弱冠時識吴心遠於陽羨 『弱冠』，古人以年二十行冠禮，故稱二十歲左右爲『弱冠』。據顧、吴二人生卒年推算，其識吴心遠於宜興，已是正德元年（一五〇六）前後，時吴氏年已六十六歲，兩人以忘年交結爲茶中知己。吴心遠即吴綸（一四四一—一五二二），字大本，自號心遠。宜興人。農耕起家，遂致富裕。未仕。年六十時創二别墅，曰南山樵隱、西溪漁樂，扁舟一葉，往來其間，閑雲野鶴，人以比之唐・玄真子張志和。宜興素産名茶，吴氏尤精鑒别，僞者輒能辨之，至獨創烹治之法，頗有《茶經》所不載者，人又視之爲桑苧翁復出者。其事見顧清《東江家藏集》卷四一《歸來稿・心遠吴公墓誌銘》。過養拙則明中葉常熟人，疑亦隱士而精於茶事者。餘未詳待考。

〔二〕仍附王友石竹爐并分封六事於後　王友石，即王紱，字孟端，號友石生、九龍山人。明初入仕，官至中書舍人。工詩擅書，善繪山水竹石。詳見《製茶新譜》「王孟端」條校釋。竹爐并分封六事，詳本《全集》下編《竹爐圖詠》提要。

〔三〕則禦濕潤　「禦」，原作「寒」，據喻甲本、鄭熜本、和刻本改。又，胡山源《古今茶事》本改作「去」。

〔四〕取其焙乾收用　「其」，《製茶新譜》作「出」。

〔五〕核桃榛子瓜仁藻仁……之類　「藻仁」，錢譜、《梓吴》本、胡山源本同，喻甲、鄭本、和刻本作「棗仁」。

〔六〕除痰少睡　「睡」，《新譜》作「唾」。

〔七〕輒以濃茶漱口　「輒」，原作「轍」，據喻甲、鄭本、和刻本改。

〔八〕煩膩既去而脾胃自清　「自清」，錢譜作「不知」。

〔九〕知爲吾郡王天雨社中友　「王天雨」，似即王濟，然其字伯雨，號汝舟、雨舟。或其一字天雨，或有一誤歟？或疑茅跋「天雨」乃「伯雨」之譌。湖州烏程人，作跋者茅一相歸安人，故曰「吾郡」，即同屬湖州也。以貲爲横州判官，富而好客。與劉南垣等結「峴山社」（則茅跋所指顧氏亦爲此社中之友）。所居有碧梧館、長吟閣、寶硯樓，圖史鼎彝，奪目充棟。顧元慶《詩話》稱其人物高遠，奉養雅潔。事見《列朝詩集小傳》丁集卷中，顧氏《夷白齋詩話》等。

〔一〇〕岳名岱别號漳餘　岳岱，字東伯，號漳餘子，自號奉餘山人。吴縣（治今江蘇蘇州）人，家陽山，與元慶同里而相善。性狷介，不妄與人交。能詩善畫。有《山居集》三十卷。輯有《今雨瑶華》一卷，乃嘉靖時吴中隱逸才俊之士合集。嘉、隆間,古學漸遠,競以浮華相尚,岳岱之詠德,仍存古意。事見《列朝詩集小傳》丁集卷中、《明詩紀事》己籤卷二〇等。

〔一二〕歸安茅一相撰　茅一相,字國佐,號康伯、泰峰、芝園主人等,室名文霞閣。茅坤(一五一二—一六〇一)之侄。撰有《南隅書畫録》、《詩訣》各一卷,編有《欣賞續編》十卷,校刊唐順之編《荆川稗編》一二〇卷。事見《明史》卷九八,《四庫總目》卷一三一、一三六,《千頃目》卷一五,《浙江通志》卷二四七、二五二等。

煮泉小品

〔明〕田藝蘅

〔提要〕

《煮泉小品》，明代茶書。一卷，田藝蘅撰。田藝蘅，字子藝，號香宇、小小洞天居士，室名天值堂。汝成子。錢塘人。十歲能詩，晚以歲貢生爲休寧教諭。博學善文，善爲南曲小令，著述凡數十種。性放曠不羈，嗜酒任俠，好客善交遊。生平事迹見《長谷集》卷五《老子指玄序》，《快雪堂集》卷一《序田子藝縵園心調》，徐𤊹《筆精》卷七《郎田二先生》、《文人慳一第》，《列朝詩集小傳》丁集《田廣文藝蘅》，《明詩紀事》庚籤卷二八，《明史》卷二八七《田汝成傳·附傳》等。其著作主要有：《田子藝集》（一名《天值堂集》）二十一卷、《詩女史》十六卷（含附録），《大明同文集》五十卷、《西湖遊覽志餘》二十四卷、《留青日札》三十九卷、《老子指玄》二卷、《北新關志》十五卷、《梅花新譜》一卷等；分見《四庫總目》卷一七八、一九二，《明史》卷九六、九七、九八，《千頃目》卷九，《筆精》卷七等著録。

《煮泉小品》約五千餘字，卷首有嘉靖三十三年（一五五四）趙觀序和田氏自序。當爲其始刊之年全書分爲源泉、石流、清寒、甘香、宜茶、靈水、異泉、江水、井水、緒談十目。據田氏《水品·序》稱，與徐氏同者約十之三，兩書約略同時或略相先後撰成，同者乃偶合耳。趙序則揚田抑徐，認爲田氏之書「兼昔人之所長」，未免溢美。誠如萬國鼎先生允評：是書『議論夾雜考據，有説得合理處，但主要是文人的遊戲筆墨』(《茶書總目提要》，刊《農業遺産研究集刊》，一九五八年)。卷末則有餘杭名士蔣灼之跋，主要記述兩人關於泉品與人品的對話，類似今之答客問或二人談之類文體。

是書《四庫全書》著録於存目。刊本主要有：(一)沈津《重訂欣賞編》本，(二)陳繼儒《寶顔堂秘笈·續集》本，(三)喻政《茶書全集》甲、乙本，(四)華淑《閒情小品》本，(五)陶珽《説郛續》(卷三七)本，(六)説庫本。此書還有日文譯本：中村喬《中國の茶書》(平凡社：東洋文庫本)。今以《寶顔堂秘笈》本爲底本，酌校《説郛續》、《茶書全集》等本，加以點校整理。又，《續茶經》等書，引是書多條，亦堪充校勘之資。《遵生八牋》則引録田書大半，尤可視爲明刊本出校。

煮泉小品敍

田子藝夙厭塵囂，歷覽名勝，竊慕司馬子長之爲人，窮搜遐討，固嘗飲泉覺爽，啜茶忘喧，謂非膏粱紈綺可語。爰著《煮泉小品》，與漱流枕石者商焉。頃於子謙所，出以示予。考據該洽，評品允當，寔泉茗之信史也。命予敍之，刻燭以竢。予惟贊皇公之鑒水，竟陵子之品茶，躭以成癖，罕有儷者。洎丁公言《茶圖》顓論採造而未備，蔡君謨《茶録》詳於烹試而弗精，劉伯芻、李季卿論水之宜茶者，則又互有同異，與陸鴻漸相背馳，甚可疑笑。近雲間徐伯臣氏作《水品》，茶復略矣。粤若子藝所品，蓋兼昔人之所長，得川原之雋味，其器宏以深，其思冲以淡，其才清以越，具可想也。殆與泉茗相渾化者矣，不足以洗塵囂而謝膏綺乎。重違嘉懇，勉綴首簡。第即席摛辭，愧不工耳。嘉靖甲寅冬十月既望，仁和趙觀撰。

煮泉小品引

昔我田隱翁，嘗自委曰泉石膏肓。噫，夫以膏肓之病，固神醫之所不治者也。而在于泉石，則其病亦甚奇矣。余少患此病，心已忘之，而人皆咎余之不治。然遍檢方書，苦無對病之藥。偶居山中，遇淡若叟，向余曰：此病固無恙也，子欲治之，即當煮清泉白石，加以苦茗，服之久久，雖辟穀可也，又何患于膏肓之病邪？余敬頓首受之，遂依法調飲，自覺其效日著。因廣其意，條輯成編，以付司鼎山童。俾遇有同病之客來，便以此薦之。若有如煎金玉湯者來，慎弗出之，以取彼之鄙笑。時嘉靖甲寅秋孟中元日也，錢塘田藝蘅序〔一〕。

煮泉小品

源泉

積陰之氣爲水。水本曰源，源曰泉。水本作巛，象衆水並流，中有微陽之氣也，省作水。源本作原，亦作厵，從泉出厂下。厂，山岩之可居者。省作原，今作源。泉本作朩，象水流出成川形也。知三字之義，而泉之品思過半矣。

山下出泉曰蒙。蒙，稺也，物稺則天全，水稺則味全。故鴻漸曰：山水上，其曰乳泉石池漫流者，蒙之謂也。其曰瀑湧湍激者，則非蒙矣，故戒人勿食。

混混不舍，皆有神以主之。故天神引出萬物，而《漢書》三神，山嶽，其一也。

源泉必重，而泉之佳者尤重。餘杭徐隱翁嘗爲余言：以鳳凰山泉較阿姥墩百花泉，便不及五錢，可見仙源之勝矣。

山厚者泉厚，山奇者泉奇，山清者泉清，山幽者泉幽，皆佳品也。不厚則薄，不奇則蠢，不清則濁，不幽則喧，必無佳泉。

山不亭處[三]，水必不亭。若亭，即無源者矣。旱必易涸。

石流

石，山骨也。流，水行也。山宣氣以産萬物，氣宣則脉長，故曰山水上。《博物志》：石者，金之根甲。石流精，以生水。又曰：山泉者，引地氣也。

泉非石出者，必不佳。故《楚詞》云：飲石泉兮蔭松栢。皇甫曾《送陸羽》詩[三]：『幽期山寺遠，野飯石泉清。』梅堯臣《碧霄峰茗》詩[四]：『烹處石泉嘉。』又云：『小石冷泉留早味。』誠可謂賞鑒者矣。

咸，感也。山無澤則必崩，澤感而山不應，則將怒而爲洪。

泉，往往有伏流沙土中者。挹之不竭，即可食。不然，則滲瀦之潦耳，雖清勿食。

流遠則味淡，須深潭渟畜，以復其味，乃可食。

泉不流者，食之有害。《博物志》： 山居之民，多瘿腫疾，由于飲泉之不流者。

泉湧出曰濆，在在所稱珍珠泉者，皆氣盛而脉湧耳，切不可食。取以釀酒，或有力。

泉有或湧而忽涸者，氣之鬼神也。如劉禹錫詩『沸井今無湧』是也。否則，徙泉喝水，果有幻術邪。

泉懸出曰沃〔五〕，暴溜曰瀑，皆不可食。而廬山水簾，洪州天台瀑布，皆入《水品》，與陸《經》背矣。故張曲江《廬山瀑布》詩〔六〕：『吾聞山下蒙，今乃林巒表。物性有詭激，坤元曷紛矯。默然置此去，變化誰能了。』則識者固不食也。然瀑布實山居之珠箔錦幕也，以供耳目，誰曰不宜？

清寒

清，朗也，靜也，澂水之貌。寒，洌也，凍也，覆冰之貌。泉不難于清，而難于寒。其瀨峻流駛而清，岩奥陰積而寒者〔七〕，亦非佳品。

石少土多，沙膩泥凝者，必不清寒。

《蒙》之象曰果行，《井》之象曰寒泉。不果則氣滯而光不澄，不寒則性燥而味必嗇。

冰，堅水也。窮谷陰氣所聚，不洩則結而爲伏陰也。在地英明者惟水，而冰則精而且冷，是固清寒之極也。謝康樂詩〔八〕：『鑿冰煮朝飧。』《拾遺記》： 蓬萊山冰水，飲者千歲。

下有石硫黄者，發爲温泉，在在有之。又有共出一壑，半温半冷者，亦在在有之，皆非食品。特新安黄山朱砂湯泉可食。《圖經》云： 黄山舊名黟山，東峰下有朱砂湯泉，可點茗。春色微紅，此則自然之丹液也。

《拾遺記》：蓬萊山沸水，飲者千歲。此又仙飲。

有黃金處水必清，有明珠處，水必媚，有子鮒處，水必腥腐，有蛟龍處，水必洞黑。媺惡，不可不辨也。

甘香

甘，美也；香，芳也。《尚書》：「稼穡作甘。」黍甘爲香。黍惟甘香，故能養人。泉惟甘香，故亦能養人。然甘易而香難，未有香而不甘者也。

味美者曰甘泉，氣芳者曰香泉，所在間有之。

泉上有惡木，則葉滋根潤，皆能損其甘香。甚者能釀毒液，尤宜去之。

甜水，以甘稱也。《拾遺記》：員嶠山北，甜水遶之，味甜如蜜。《十洲記》：元洲玄澗，水如蜜漿，飲之與天地相畢。又曰：生洲之水，味如飴酪。

水中有丹者，不惟其味異常，而能延年郤疾，須名山大川，諸仙翁修煉之所有之。葛玄少時爲臨沅令，此縣廖氏家世壽，疑其井水殊赤，乃試掘井左右，得古人埋丹砂數十斛。西湖葛井，乃稚川煉所[九]，在馬家園後。淘井，出石匣[一〇]，中有丹數枚，如芡實，啖之無味，棄之。有施漁翁者，拾一粒食之，壽一百六歲。此丹水，尤不易得。凡不淨之器，切不可汲。

宜茶

茶，南方嘉木，日用之不可少者。品固有媺惡〔一一〕，若不得其水，且煮之不得其宜，雖佳弗佳也。

茶如佳人，此論雖妙，但恐不宜山林間耳。昔蘇子瞻詩：『從來佳茗似佳人。』曾茶山詩〔一二〕：『移人尤物衆談誇。』是也。若欲稱之山林，當如毛女、麻姑，自然仙風道骨，不浼烟霞可也。必若桃臉柳腰，宜亟屏之銷金帳中，無俗我泉石。

鴻漸有云：烹茶于所産處，無不佳。蓋水土之宜也，此誠妙論。况旋摘旋瀹，兩及其新邪。故《茶譜》亦云：蒙之中頂茶，若獲一兩，以本處水煎服，即能祛宿疾，是也。今武林諸泉，惟龍泓入品，而茶亦惟龍泓山爲最。蓋兹山深厚高大，佳麗秀越，爲兩山之主。故其泉清寒甘香，雅宜煮茶。虞伯生詩〔一三〕：『但見瓢中清，翠影落羣岫。烹煎黄金芽，不取穀雨後。』姚公綬詩〔一四〕：『品嘗顧渚風斯下，零落《茶經》奈爾何。』則風味可知矣。又况爲葛仙翁煉丹之所哉！又其上爲老龍泓，寒碧倍之，其地産茶，爲南北〔兩〕山絶品〔一五〕。鴻漸第錢唐、天竺、靈隱者爲下品，當未識此耳。而郡志亦只稱寶雲、香林、白雲諸茶，皆未若龍泓之清馥雋永也。余嘗一一試之，求其茶泉雙絶，兩浙罕伍云。

龍泓，今稱龍井，因其深之。郡志稱有龍居之，非也。蓋武林之山，皆發源天目，以龍飛鳳舞之讖，故西湖之山，多以龍名，非真有龍居之也。有龍，則泉不可食矣。泓上之閣，亟宜去之；浣花諸池，尤所當浚。

鴻漸品茶，又云：杭州下，而臨安、於潛生於天目山，與舒州同，固次品也。葉清臣則云：『茂錢唐者，以徑山稀。』今天目遠勝徑山，而泉亦天淵也。洞霄次徑山。

嚴子瀨，一名七里灘，蓋砂石上曰瀨，曰灘也。總謂之漸江，但潮汐不及而且深澄，故入陸品耳。余嘗清秋泊釣臺下，取囊中武夷、金華二茶試之，固一水也。武夷則黄而燥冽，金華則碧而清香，乃知擇水當擇茶也。鴻漸以婺州爲次，而清臣以白乳爲武夷之右，今優劣頓反矣。意者，所謂離其處，水功其半者耶？

茶自浙以北者皆較勝，惟閩廣以南，不惟水不可輕飲，而茶亦當慎之。昔鴻漸未詳嶺南諸茶，仍云：『往往得之，其味極佳。』余見其地多瘴癘之氣，染着草木，北人食之，多致成疾。故謂人當慎之。要須采摘得宜，待其日出山霽，露收嵐静，可也。茶之團者、片者，皆出于碾磑之末，既損真味，復加油垢，即非佳品。總不若今之芽茶也。蓋天然者自勝耳。曾茶山《日鑄茶》詩：『寶銙自不乏，山芽安可無。』蘇子瞻《壑源試焙新茶》詩〔一六〕：『要知玉雪心腸好，不是膏油首面新。』是也。且末茶瀹之，有屑滯而不爽。知味者，當自辨之。

芽茶，以火作者爲次，生曬者爲上。亦更近自然，且斷烟火氣耳，况作人手、器不潔，火候失宜，皆能損其香色也。生曬茶，瀹之甌中，則旗鎗舒暢，清翠鮮明，尤爲可愛。

唐人煎茶，多用薑鹽。故鴻漸云：初沸，水合量調之以鹽味。薛能詩：『鹽損添常戒，薑宜着更誇。』蘇子瞻以爲：茶之中等，用薑煎信佳，鹽則不可。余則以爲二物皆水厄也。若山居飲水，少下二物，以減嵐氣或可耳。而有茶，則此固無須也。

今人薦茶，類下茶果，此尤近俗。是縱佳者〔一七〕，能損真味，亦宜去之。且下果則必用匙，若金銀，大非山居之器，而銅又生腥，皆不可也。若舊稱北人和以酥酪，蜀人入以白土〔一八〕，此皆蠻飲，固不足責耳。

人有以梅花、菊花、茉莉花薦茶者，雖風韻可賞，亦損茶味。如有佳茶，亦無事此。

有水有茶，不可無火。非無火也，有所宜也。李約云〔一九〕：茶須緩火炙，活火煎。活火，謂炭火之有焰者。蘇軾詩『活火仍須活水烹〔二〇〕』，是也。余則以爲山中不常得炭，且死火耳，不若枯松枝爲妙。若寒月多拾松實，畜爲煮茶之具，更雅。

人但知湯候而不知火候，火燃則水乾，是試火先于試水也。《吕氏春秋》〔二一〕：伊尹説湯五味，『九沸九變，火爲之紀』。

湯嫩，則茶味不出；過沸，則水老而茶乏。惟有花而無衣，乃得點瀹之候耳。

唐人以對花啜茶爲殺風景。故王介甫詩『金谷看花莫漫煎〔二二〕』，其意在花非在茶也。余則以爲金谷花前信不宜矣。若把一甌對山花啜之，當更助風景，又何必羔兒酒也。

煮茶得宜而飲非其人，猶汲乳泉以灌蒿蕕，罪莫大焉。飲之者一吸而盡，不暇辨味，俗莫甚焉。

靈水

靈，神也。天一生水而精明不淆，故上天自降之澤，實靈水也。古稱上池之水者，非與。要之，皆仙飲也。

露者，陽氣勝而所散也。色濃爲甘露，凝如脂，美如飴，一名膏露，一名天酒。《十洲記》：黄帝寶露。《洞冥記》：五色露，皆靈露也。《莊子》曰〔二三〕：姑射山神人，不食五穀，吸風飲露。《山海經》：仙丘絳露，仙人常飲之。《博物志》：沃渚之野，民飲甘露。《拾遺記》：含明之國，承露而飲。《神異經》：西北海外人，長二千里，日飲天酒五斗。《楚辭》：朝飲木蘭之墜露。是露可飲也。

雪者，天地之積寒也。《汜勝〔之〕書》：雪爲五穀之精。《拾遺記》：穆王東至大𡶇之谷，西王母來進嵊州甜雪，是靈雪也。陶穀取雪水烹團茶。而丁謂《煎茶》詩〔二四〕：『痛惜藏書篋，堅留待雪天。』李虚己《建茶呈〔使君〕學士》詩〔二五〕：『試將梁苑雪，煎動建溪雲。』是雪尤宜茶飲也。處士列諸末品，何邪？意者以其味之燥乎？若言太冷，則不然矣。

雨者，陰陽之和，天地之施。水從雲下，輔時生養者也。和風順雨，明雲甘雨。《拾遺記》：香云遍潤，則成香雨。皆靈雨也，固可食。若夫龍所行者，暴而霪者，旱而凍者，腥而墨者，及檐溜者，皆不可食。

《文子》曰〔二六〕：『水之道，上天爲雨露，下地爲江河。』均一水也，故特表靈品。

異泉

異，奇也。水出地中，與常不同，皆異泉也，亦仙飲也。

醴泉，醴，一宿酒也，泉味甜如酒也。聖王在上，德普天地，刑賞得宜，則醴泉出。食之，令人壽考。

玉泉，玉石之精液也。《山海經》：密山出丹水，中多玉膏。其源沸湯，黄帝是食。《十洲記》：瀛洲玉石高千丈，出泉如酒，味甘，名玉醴泉，食之長生。又方丈洲有玉石泉，崑崙山有玉水。《尹子》曰：凡水方折者得玉。

乳泉，石鍾乳，山骨之膏髓也。其泉色白而體重，極甘而香，若甘露也。

朱砂泉，下産朱砂。其色紅，其性温，食之延年卻疾。

雲母泉，下産雲母，明而澤，可煉爲膏，泉滑而甘。

茯苓泉，山骨古松者，多産茯苓。《神仙傳》：松脂淪入地中千歲〔二七〕，爲茯苓也。其泉或赤或白，而甘香倍常。又，术泉亦如之，非若杞菊之産于泉上者也。

金石之精，草木之英，不可殫述。與瓊漿並美，非凡泉比也。故爲異品。

江水

江，公也，衆水共入其中也。水共則味雜。故鴻漸曰江水中，其曰取去人遠者，蓋去人遠，則澄清而無蕩瀁之漓耳。

泉自谷而溪，而江而海，力以漸而弱，氣以漸而薄，味以漸而鹹。故曰水，曰潤下。潤下作鹹，旨哉。又，《十洲記》：扶桑碧海，水既不鹹苦，正作碧色，甘香味美。此固神仙之所食也。

潮汐近地，必無佳泉，蓋斥鹵誘之也。天下湖汐，惟武林最盛，故無佳泉。西湖山中則有之。揚子，固江也。其南泠則夾石渟淵，特入首品。余嘗試之，誠與山泉無異。若吴淞江，則水之最下者也，亦復入品，甚不可解。

井水

井，清也，泉之清潔者也。通也，物所通用者也。法也，節也，法制居人，令節飲食，無窮竭也。其清出于陰，其通入于淆，其法節由于不得已。脉暗而味滯，故鴻漸曰：井水下。其曰井取汲多者，蓋汲多則氣通而流活耳。終非佳品，勿食可也。

市廛居民之井，烟爨稠密，汙穢滲漏，特潢潦耳。在郊原者庶幾。

深井多有毒氣。《葛洪方》：五月五日，以鷄毛試投井中，毛直下無毒，若迴四邊，不可食。淘法，以竹篩下水，方可下浚。

若山居無泉，鑿井得水者，亦可食。

井味鹹，色綠者，其源通海。舊云：東風時鑿井，則通海脉，理或然也。

井有異常者，若火井，粉井，雲井，風井，鹽井，膠井，不可枚舉。而（水）〔冰〕井則又純陰之寒（沍）〔沍〕也，皆宜知之。

緒談

凡臨佳泉，不可容易漱濯。犯者，每爲山靈所憎。

泉坎，須越月淘之，革故鼎新，妙運當然也。

山木，固欲其秀，而蔭若叢惡，則傷泉。今雖未能使瑶草瓊花披拂其上，而脩竹幽蘭，自不可少。

作屋覆泉，不惟殺盡風景，亦且陽氣不入，能致陰損，戒之戒之。若其小者，作竹罩以籠之，防其不潔之侵，勝屋多矣。

泉中有鰕蟹、孑蟲，極能腥味，亟宜淘淨之。僧家以羅濾水而飲，雖恐傷生，亦取其潔也。包幼嗣《淨律院》詩〔二八〕：『濾水澆新長。』馬戴《禪院》詩〔二九〕：『慮泉侵月起。』僧簡長詩〔三〇〕：『花壺（瀘）〔漉〕水添。』是也。于鵠《過張老園林》詩〔三一〕『濾水夜澆花』，則不惟僧家戒律爲然，而脩道者亦所當爾也。

泉稍遠而欲其自入于山厨，可接竹引之。承之以奇石，貯之以淨缸，其聲尤琤琮可愛。駱賓王詩〔三二〕：『刳木取泉遥』，亦接竹之意。

去泉再遠者，不能自汲，須遣誠實山童取之，以免石頭城下之僞。蘇子瞻愛玉女河水，付僧『調水符』取之，亦惜其不得枕流焉耳。故曾茶山《謝送惠山泉》詩〔三三〕：『舊時水遞費經營。』

移水，而以石洗之，亦可以去摇盪之濁滓。若其味，則愈揚減矣。

移水，取石子置瓶中，雖養其味，亦可澄水，令之不淆。黄魯直《惠山泉》詩〔三四〕『錫谷寒泉撱石俱』，是也。

擇水中潔淨白石，帶泉煮之，尤妙尤妙。

汲泉道遠，必失原味。唐子西云：『茶不問團銙，要之貴新；水不問江井，要之貴活。』又云：『提瓶走龍塘，無數千步，此水宜茶，不減清遠峽。而海道趨建安，不數日可至。故新茶不過三月至矣。今據所稱，已非嘉賞。蓋建安皆碾磑茶，且必三月而始得。不若今之芽茶，于清明、穀雨之前，陟采而降煮也。數千步取塘水，較之石泉新汲，左杓右鐺，又何如哉！余嘗謂二難具享，誠山居之福者也。

〔六〕山居之人，固當惜水，況佳泉更不易得，尤當惜之，亦作福事也。章孝標《松泉詩》〔三五〕：『注瓶雲母滑，漱齒茯苓香。野客偷煎茗，山僧惜淨牀。』夫言偷，則誠貴矣；言惜，則不賤用矣。安得斯客、斯僧也，而與之爲鄰耶！

〔七〕山居有泉數處，若冷泉、午月泉、一勺泉，皆可入品。其視虎丘石水，殆主僕矣，惜未爲名流所賞也。泉亦有幸有不幸邪！要之，隱于小山僻野，故不彰耳。竟陵子可作，便當煮一盃水，相與蔭青松，坐白石，而仰視浮雲之飛也。

煮泉小品跋

子藝作《泉品》，品天下之泉也。予問之曰：『盡乎？』子藝曰：『未也。』夫泉之名，有甘有醴，有冷有温，有廉、有讓，有君子焉，皆榮也。在廣有貪，在柳有愚，在狂國有狂，在安豐軍有咄，在日南有淫，雖孔子亦不飲者，有盜皆辱也。予聞之曰：『有是哉，亦存乎其人爾。』天下之泉一也，惟和士飲之則爲甘，祥士飲之則爲醴，清士飲之則爲冷，厚士飲之則爲温；飲之於伯夷則爲廉，飲之於虞舜則爲讓，飲之於孔門諸賢則爲君子。使泉雖惡，亦不得而汙之也。惡乎辱泉，遇伯封可名爲貪，遇宋人可名爲愚，遇謝奕可名爲狂，遇楚項羽可名爲咄，遇鄭衛之俗可名爲淫，其遇蹠也，又不得不名爲盜。使泉雖美，亦不得而自濯也，惡乎榮？子藝曰：

『噫，予品泉矣。子將兼品其人乎？予山中泉數種，請附其語于集，且以貽同志者，毋混飲以辱吾泉。』餘杭蔣灼題。

〔校證〕

〔一〕錢唐田藝蘅序　六字原無，據《茶書全集》甲、乙本補。

〔二〕山不亭處　『亭』，《遵生八牋》卷一一作『停』，似『亭』乃『停』之借用字，當作『停』。本則下二『亭』字亦然。

〔三〕皇甫曾送陸羽詩　此聯詩句，見《文苑英華》卷二三一，原題作《送陸鴻漸山人採茶回》。宋·周弼《三體唐詩》卷五則題作《送陸羽》，疑即田氏之所據。

〔四〕梅堯臣碧霄峰茗詩　詩見《宛陵集》卷三六，詩題前有『穎公遺』三字，此用省稱。詩中『烹處』，原作『蒸處』，顯指製茶用泉水，而非烹茶之水。田氏當據《瀛奎律髓》卷一八誤引。『小石冷泉』句，則見《宛陵集》卷一五《依韻和杜相公謝蔡君謨寄茶》。

〔五〕泉懸出曰沃　『懸』，原作『縣』，據《茶書全集》本（下簡稱喻甲本）改。

〔六〕故張曲江廬山瀑布詩　張曲江，即張九齡，字子壽，韶州曲江人。官至右丞相，貶荆州長史，卒謚文獻。事具《唐書》本傳及徐浩撰墓碑。其集二十卷，集以地名。詩見《曲江集》卷四，題作《入廬山仰望瀑布水》，據改二字。

〔七〕岩奥陰積而寒者　『岩』，《遵生八牋》作『崖』。

〔八〕謝康樂詩　謝康樂，即謝靈運（三八五—四三三），晉、宋間詩人。祖玄，小名『客兒』，後人習稱謝客。元興元年（四〇二），襲封康樂公，故後人又習稱其爲謝康樂。會稽始寧（治今浙江上虞）人。工詩文，能書畫，通史學，又通曉佛理。尤擅山水詩，被譽爲山水詩派鼻祖。然恃才傲物，性豪奢不羈，終招殺身之禍。元嘉十年（四三三），被殺於廣州。著作頗富，多達二十餘種，有集二十卷，均佚。明·張溥輯有《謝康樂集》，刊其《漢魏六朝百三家集》中。其著作見《隋書·經籍志》著録，事蹟見《宋書》卷六七本傳。引詩見《初學記》卷七，又見《漢魏六朝百三家集》卷六六、《古詩紀》卷五七、《古樂苑》卷一七等，詩題原作《苦寒行》（二首之二）。

〔九〕稚川煉所　稚川，即葛洪（二六三—三六三）字，自號抱朴子。丹陽句容人。洪博聞多識，著述頗富，撰有《抱朴子》内篇二十卷，大抵言神仙、方藥、養生等事，而外篇五十卷則論古言今，主於人事臧否，又迹近儒家。其人則以方術名家。著述多達數十種、數百卷，詳見王利器《葛洪著述考略》，刊《文史》三十七輯。事迹見《晉書》卷七二本傳。『煉』下，《遵生八牋》卷一一有『丹』字，疑高氏所補。

〔一〇〕出石匣　『匣』，同右《遵生八牋》作『甕』。

〔一一〕固有嬍惡　『嬍』，原形譌作『微』，據喻甲本、《説郛續》本改。『嬍』音委，同『美』，釋作美、善、好。《集韻·紙韻》：『嬍，通作美。』《周禮·春官·天府》：『季冬，陳玉，以貞來歲之嬍惡。』是其證。『嬍惡』，即『美惡』。

〔一二〕曾茶山　曾茶山，即曾幾（一〇八四—一一六六），字吉甫，號茶山居士。南宋初，因居上饒茶山而自號，並以名集。河南府（治今河南洛陽）人。太學上舍出身，南宋初，與兄曾開同反和議而被罷官。紹興二十五年（一一五五），秦檜死，起除浙東提刑，次年，知台州，終官禮部侍郎。卒謚文清。曾幾是兩宋之際成就最高的詩人之一，陸游即出其門。其詩上承江西詩派，對南宋四大家及江湖派詩人均有影響。其茶詩尤精絶。撰有《曾文清公文集》三十卷，已佚。今傳本乃四庫館臣輯自《大典》，重編爲十卷，僅存詩五百餘首，文幾全佚。事見《渭南文集》卷三三《墓誌銘》及《宋史》卷三八二本傳。引詩原題作《逮子得龍團勝雪兩銙以歸予其直萬錢云》，見《茶山集》卷五。其下所引一聯詩句，則見同集卷四《述侄餉日鑄茶》。

〔一三〕虞伯生　虞伯生，即虞集（一二七二—一三四八），字伯生，世稱邵庵先生。江西崇仁人。學於吴澄。以薦除大都路儒學教授，官至翰林院直學士兼國子祭酒。元文宗時，曾與趙世延等被命同修《經世大典》，因目病罷。工詩善文，享有時譽。撰有《平徭記》一卷、《道園學古録》五十卷、《道園遺稿》十六卷、《道園類稿》五十二卷、《文選心訣》一卷等。見《千頃目》卷二九、卷三六，《四庫總目》卷五二、一六七、一七四著録。其事蹟見《元史》卷一八一等。引詩見其《道園遺稿》卷一《次韻鄧善之遊山中》。

〔一四〕姚公綬　姚公綬，即姚綬（一四二二—一四九五），字公綬，號穀庵，自號仙癡，晚號雲東逸史，築室丹丘，人又號丹丘先生。嘉善（一作嘉興）人。天順八年（一四六四）進士。授監察御史。成化初，官永寧郡守，解官歸。工書畫，精鑒賞，爲明代著名收藏家之一。有《穀庵集》三十卷，已佚。今僅存《穀庵集選》十卷。事見《屠漸山文集》卷三《姚先生集選序》，楊循吉撰《丹丘先生墓誌銘》，見《集選·附録》卷上；清·沈銘彝撰《雲東逸史年譜》（一卷，有雲窗叢刻本）等。姚綬有《煮茶圖》，曾爲清内府收藏，乾隆有詩題圖，見《御製詩集·四集》卷二七《姚公綬煮茶圖》。引詩見田汝成《西湖遊覽志》卷四。

〔一五〕爲南北兩山絶品　『兩』原脱，據本則上云『爲兩山之主』及《續茶經》卷下之一補。

〔一六〕蘇子瞻嵾源試焙新茶　引詩見《東坡全集》卷一八，詩題原作《次韻曹輔寄嵾源試焙新芽》。此題刪節未允，致可歧意解作蘇軾親赴嵾源試焙新茶，東坡足迹未嘗到閩。

〔一七〕是縱佳者　『是縱』，《説郛續》本同，喻甲本作『縱是』。

〔一八〕蜀人入以白土　『白土』，喻甲本作『白鹽』，《説郛續》本同底本。

〔一九〕李約云　『李約』，原作前人，據喻甲本改。

〔二〇〕蘇軾詩活火仍須活水烹　蘇詩見《東坡全集》卷二五《汲江煎茶》，原句作：『活水還須活火烹。』《東坡詩集注》卷八、《施注蘇詩》卷三八、《蘇詩補注》卷四三皆同。惟《瀛奎律髓》卷一八亦『水』、『火』互乙，大誤。疑田氏即據方回書誤引，亟應改正。

〔二一〕吕氏春秋　引文見是書卷一四《本味》。

〔二二〕故王介甫詩金谷看花莫漫煎　引詩見王安石《臨川文集》卷三二《寄茶與平甫》，又見李壁《王荆公詩注》卷四六。『看花』，原誤引作『千花』，據改。

〔二三〕莊子曰　引文見《莊子》内篇《逍遥遊》，晉·郭象注本《莊子注》卷一。

〔二四〕丁謂煎茶詩　始見於《錦繡萬花谷》後集卷三五，又見《瀛奎律髓》卷一八。

〔二五〕李虚己建茶呈使君學士詩　李虚己，字公受，建安（治今福建建甌）人。宋太平興國二年（九七七）進士，除沈丘縣尉。知城固縣。改大理評事，累遷殿中丞、提舉淮南茶場。召知榮州，改除知遂州，以治績遷屯田員外郎，通判洪州，提點湖南刑獄，擢淮南運副，再遷兵部郎中、龍圖閣待制、判大理寺。天禧三年（一〇一九），以兵部員外郎擢右諫議大夫，充右正言。出知河中府，四年，召除權御史中丞。進給事中，出知洪州。天聖二年（一〇二四），徙知池州。分司南京。卒，年六十九。虚己歷仕三朝，出入中外，頗有政績。工詩詞，通《易經》。天禧元年（一〇一七），應詔上進《新編御集》一百二十卷，又編羣臣和御製詩爲《明良集》五百卷上進。撰有《雅正集》十卷，已佚。虚己授其詩法於晏殊，又再傳於二宋（庠、祁）。其生平事迹見《長編》卷八九、九〇、一〇二，《玉海》卷三〇、《類説》卷五五，《宋史》卷三〇〇本傳等。引詩乃其名句，見《瀛奎律髓》卷一八，唯『雲』，此譌作『春』，據改；又，詩題據補二字。

〔二六〕文子曰　引文見《初學記》卷六引《文子》。

〔二七〕松脂淪入地中千歲　『淪』，底本原作『瀹』，據喻甲本改。

〔二八〕包幼嗣淨律院詩　包幼嗣，即唐詩人包何，字幼嗣，潤州延陵（治今江蘇丹陽）人。父融、弟佶，均有詩名，與弟並稱『二包』。何於天寶七載（七四八）登進士第，授太子正字。大曆中，爲起居舍人。有《包何詩》一卷。事具《直齋書録解題》卷一九，《唐才子傳校箋》卷三。其引詩原題作《同李郎中淨律院梡子樹》，見《全唐詩》卷二〇八。

〔二九〕馬戴禪院詩　馬戴，字虞臣，嘗寓居華山。生卒、籍貫不詳。會昌四年（八四四），進士及第。大中初，爲太原軍幕府掌書記，以直言見斥，貶朗州龍陽尉。終官國子博士。馬戴與趙嘏同榜，與姚合、賈島、殷堯藩、顧非熊等名詩人迭相唱酬。其詩工五律。有《馬戴詩》一卷，《全唐詩》編爲二卷。事見《金華子雜編》卷下、《新唐書》卷六〇《藝文四》、《唐詩紀事》卷五四、《唐才子傳校箋》卷七等。此引詩原題作《題興善寺英律師院》，見《文苑英華》卷二三九；又見《全唐詩》卷五五五，題作《題僧禪院》。

〔三〇〕僧簡長詩　簡長，宋初九僧之一。沃州（治今河北趙縣）人。工詩，《九僧詩集》收其詩十七首。事見《清波雜志》卷一一。引詩見《瀛奎律髓》卷四七，題作《贈浩律師》。『漉水』，諸本引同，此誤作『濾水』，據改。

〔三一〕于鵠過張老園林詩　于鵠，生卒、籍貫未詳。大曆、建中間久居長安，累試未第。興元至貞元十四年（七八四—七九八）間，相繼佐山南東道、荆南節度幕。約卒於元和九年（八一四）前。有《于鵠詩》一卷。事具《唐詩紀事》卷二九、《唐才子傳校箋》卷三等。引詩見《文苑英華》卷三一七，原題作《過張老村園》。『濾水』，《英華》作『輂水』，《全唐詩》卷三一〇同，注云：一作『濾』。

〔三二〕駱賓王詩　駱賓王，字觀光。婺州義烏人。七歲能文。高宗朝與王勃、楊炯、盧照鄰以文詞齊名海内，號爲『初唐四傑』。顯慶（六五六—六六一）間，嘗爲道王李元慶府屬。後赴京對策中式，授奉禮部，歷任武功主簿、明堂主簿、長安主簿等，累官侍御史。武后即位，屢上疏諷諫，得罪，被誣搆下獄。遇赦獲釋，左遷臨海縣丞，故世稱其爲駱臨海。文明元年（六八四），徐敬業起兵於廣陵，討武則天，軍中檄書，多出駱氏手筆。其檄文傳頌天下，洛陽紙貴。後因兵敗被殺，一説爲逃遁爲僧。中宗時詔求其文，得數百篇。今傳本乃郄雲卿所輯《駱賓王文集》，凡十卷，收詩文一百六十六首，所佚已多。四庫本改作《駱丞集》。清·陳熙晉有《駱臨海集箋注》，爲通行本。今人楊柳師撰有《駱賓王簡譜》一卷。其生平事略見郄雲卿撰《文集序》、集本附録《記駱賓王遺事》，《古今詩話》引孟棨《本事詩》、《舊唐書》卷一九〇上、《新唐書》卷二〇一本傳等。徐氏所引詩，原題《靈隱寺》，一作《題杭州天竺寺》。是否駱賓王所撰，各書所記不一。《文苑英華》卷二二三、《天台前集》卷上、《全唐詩》卷五三、《御選唐詩》卷二五、《全唐詩録》卷六，皆作宋之問詩，乃取賓王兵敗被殺之説。四庫本中檢得餘十五條皆稱乃駱氏詩，今兩存其説。

〔三三〕故曾茶山謝送惠山泉詩　詩見曾幾《茶山集》卷六《吴傳朋送惠山泉兩瓶並所書石刻》，又見《瀛奎律髓》卷一八，全同。

〔三四〕黄魯直惠山泉詩　此見黄庭堅《山谷集》卷二《謝黄從善司業寄惠山泉》。

〔三五〕章孝標松泉詩　章孝標，字道正。睦州桐廬人，居錢塘。貞元中，遊匡廬。元和九年（八一四），赴京應試，累舉不第。十四年，及第。授秘書省正字，長慶（八二一—八二四）中，秩滿，還校書部。旋東歸杭州。大和中，以大理評事充山南東道節度使從事。開成、會昌間，猶在世。生卒未詳。撰有詩一卷。事具《唐摭言》卷一三、《雲溪友議》卷下《巢燕辭》、《唐詩紀事》卷四一、《唐才子傳校箋》卷六。引詩見其五律《方山寺松下泉》，載《文苑英華》卷一六四。

水品

〔明〕徐獻忠

〔提要〕

《水品》，明代茶書。二卷，徐獻忠撰。徐獻忠（一四八三—一五五九），字伯臣，號長穀、九霞山人、九靈山長等。松江華亭人。嘉靖四年（一五二五）舉人，官奉化知縣。旋棄官，於六年寓居吴興。與何良俊、董宜陽、張之象俱以文章、氣節名，時稱『四賢』。博學工書，尤擅真草。著書數百卷。卒，門人私謚『貞憲先生』。事具《弇州山人四部稿》卷八九《徐先生墓誌銘》、《寶日堂初集》卷五《先進舊聞》、《明史》卷二八七《文徵明傳·附傳》、《明詩紀事》戊籤卷一五等。著作主要有：《大易心印》、《洪範或問》、《春秋稽傳録》、《四書本義分節》、《三江水利考》、《浙西水利書》、《四明平政録》、《参同契心測》、《唐詩品》一卷、《百家唐詩》一百卷（以上見《千頃目》卷一、二、三、七、八、一〇、一六、二三、三一等）；《吴興掌故集》十七卷、《長谷集》十五卷、《西遊集》（卷數亡）、《樂府原》十五卷、《金石文》七卷、《六朝聲偶》七卷（分見《四庫總目》卷七四、一七七、一九二及《明史》卷九七、九八、九九著録）等。除《水品》二卷外，其品水之作還有《品惠泉賦》、《吴興品水賦》、《靈泉賦》（分見《歷代賦彙》卷二八，同書補遺卷四、一三）等。

徐氏此書，約成於嘉靖三十三年（一五五四）或稍前。田序稱，曾取以與他的《煮泉小品》合刻，嘉靖本今已無存。

是書二卷，約六千餘字。上卷分七目，總論其源、清、流、甘、寒、品、雜説等，下卷則分述諸水，凡三十九目，多抄自《政和證類本草》及《明一統志》各卷等書，略有删潤而已。是書對陸羽、張又新之水品，頗有批評，但亦不過「一時興到之言」而已，實不足爲據。《四庫提要》對是書亦多批評，説詳本書附録。《提要》論四庫本書名有「全帙」二字爲非，甚確；但其亦不無小誤。如《提要》列舉目録中下卷漏列水名五目，實僅二目，且又書中内容有而目無所致。又如將田藝蘅之名，誤書爲「崇衡」，又稱其「序」爲「跋」之類。

是書今存《夷門廣牘》（又誤題書名作《茶品全秩》，「帙」，轉譌作「秩」）、《茶書全集》（甲、乙本皆收）、《説郛續》（卷三七）三本，《説郛續》本僅有上卷，目録、跋及下卷均無。今以《茶書全集》乙種本爲底本，酌校《説郛續》本上卷，原有序、跋仍保留，以《四庫提要》（《總目》卷一一六）作附録，加以點校整理。另，《食物本草》等書中收有大量泉品，遠較本書詳且優。今已收入本書中編之末，可參閲。

水品序

余嘗著《煮泉小品》，其取裁于鴻漸《茶經》者十有三。每閲一過，則塵吻生津，自謂可以忘渴也。近遊吴興，會徐伯臣示《水品》，其旨契余者十有三。緬視又新、永叔諸篇，更入神矣。蓋水之美惡，固不待易牙之口而自可辨。若必欲一一第其甲乙，則非盡聚天下之水而品之，亦不能無爽也。况斯地也茶泉雙絶，且桑苧翁作之于前，長谷翁述之于後，豈偶然耶！攜歸并梓之，以完泉史。嘉靖甲寅秋七月七日，錢唐田藝蘅題。

水品目録上卷

水品目録下卷

王屋玉泉
泰山諸泉
華山涼水泉
終南山澂源池
京師西山玉泉
偃師甘露泉
林慮山水簾
蘇門山百泉
濟南諸泉
廬山康王谷水
揚子中泠水
無錫惠山泉
梁山縣噴霧崖瀑
萬縣西山包泉〔一〕
雲陽縣天師泉〔二〕
潼川鹽亭縣飛龍泉〔三〕

遂寧縣靈泉〔四〕

雁蕩龍鼻泉

天目山潭水

吴興白雲泉

顧渚金沙泉

碧林池

四明雪竇上岩水

天臺桐栢宫水

黄岩香泉

黄岩鐵篩泉

麻姑山神功泉

樂清沐簫泉

福州南臺泉

桐廬嚴子瀨

姑蘇七寶泉

宜興三洞水

華亭五色泉
金山寒穴泉

水品卷上

一源

或問：山下出泉曰艮，一陽在上，二陰在下，陽騰爲雲氣，陰注液爲泉，此理也。二陰本空洞處，空洞出泉，亦理也。山中本自有水脉，洞壑通貫而無水脉，則通氣爲風。

山深厚者，若大者〔五〕，氣盛麗者，必出佳泉水。山雖雄大而氣不清越〔六〕，山觀不秀，雖有流泉，不佳也。

源泉實關氣候之盈縮，故其發有時而不常，常而不涸者，必雄長于羣崒而深，源之發也。

泉可食者，不但山觀清華，而草木亦秀美，僊靈之都薄也〔七〕。

瀑布水雖盛，至不可食，汛激撼盪，水味已大變，失真性矣。『瀑』字，從水，從暴，蓋有深義也。予嘗攬瀑水上源，皆派流會合處，出口有峻壁，始垂掛爲瀑，未有意單源隻流如此者。源多則流雜，非佳品可知。

瀑水垂洞口者，其名曰簾，指其狀也。如康王谷水是也。

瀑水雖不可食，流至下潭，停匯久者，復與瀑處不類。

深山窮谷，類有蛟蛇毒沫，凡流來遠者，須察之。春夏之交，蛟蛇相感，其精沫多在流中，食其清源或可爾，不食更穩。

泉出沙土中者，其氣盛涌，或其下空洞通海脉，此非佳水。

山東諸泉，類多出沙土中，有涌激吼怒，如趵突泉是也。趵突水久食，生頸癭，其氣大濁。

汝州水泉，食之多生癭。驗其水底，凝濁如膠，氣不清越，乃至此。聞蘭州亦然。

濟南王府有名珍珠泉者〔八〕，不待拊掌振足，自浮爲珠。然氣太盛〔九〕，恐亦不可食。

山東諸泉，海氣太盛，漕河之利取給於此。然可食者少，故有聞名甘露、淘米、茶泉者，指其可食也。若洗鉢不過賤用爾，其臭泉、皂泥泉、濁河等泉〔一〇〕，太甚不可食矣。

傳記論泉源有杞菊能壽人。今山中松苓、雲母、流脂、伏液，與流泉同宮，豈下杞菊！浮世以厚味奪真氣，日用之不自覺爾〔一一〕。昔之飲杞水而壽，蜀道漸通，外取醯鹽食之，其壽漸減，此可証。

水泉初發處甚澹，發於山之外麓者，以漸而甘。流至海，則自甘而作鹹矣。故汲者持久，水味亦變。

閩廣山嵐有熱毒，多發于花草、水石之間。如南靖沄水坑，多斷腸草，落英在溪，十里内無魚蝦之類。黄岩人顧永主簿，立石水次，戒人勿飲。閩中如此類非一〔一二〕。天台蔡霞山爲省參時，有語云：大雨勿飲，溪道傍休嗅草。此皆仁人用心也。

水以乳液爲上，乳液必甘。稱之獨重于他水，凡稱之重厚者，必乳泉也。丙穴魚以食乳液，特佳。煮茶稍久上生衣，而釀酒大益。水流千里者，其性亦重。其能煉雲母爲膏靈，長下注之流也。

水源有龍處，水中時有赤脉，蓋其涎也，不可犯。晉温嶠燃犀照水，爲神所怒，可證。

二清

泉有滯流積垢，或霧翳雲蓊，有不見底者，大惡。若泠谷澄華，性氣清潤，必涵内光，澄物影，斯上品爾。山氣幽寂，不近人村落，泉源必清潤可食。

骨石巉巖而外觀青蓊，此泉之上母也〔一三〕。若土多而石少者〔一四〕，無泉或有泉而不清，無不然者。春夏之交，其水盛至〔一五〕。不但蛟蛇毒沫可慮，山墟積腐經冬月者〔一六〕，多流出其間，不能無毒。雨後澄寂久，斯可言水也。

泉上不宜有木，吐葉落英，悉爲腐積。其幻爲滾水蟲〔一七〕，旋轉吐納，亦能敗泉。

泉有滓濁，須滌去之。但爲覆屋，作人巧者，非丘壑本意。曰：湘水至清，雖深五六丈，見底了了。五子如樗蒲矢，五色鮮明，白沙如霜雪，赤岸如朝霞。此異境，又别有説。

三流

水泉雖清映甘寒可愛〔一八〕，不出流者非源泉也。雨澤滲積久而澄寂爾。

《易》謂山澤通氣，山之氣待澤而通，澤之氣待流而通〔一九〕。

《老子》：谷神不死，殊有深義〔二〇〕。源泉發處，亦有谷神而混混，不舍晝夜，所謂不死者也。

源氣盛大，則注液不窮。陸處士品：山水上，江水中，井水下。其謂中理。然井水渟泓，地中陰脉非若山泉天然出也。服之，中聚易滿。煮藥物，不能發散流通，忌之可也。《異苑》載，句容縣季子廟前井水常沸涌，此當是泉源，止深鑿爲井爾。

《水記》第虎丘石水居三。石水雖泓渟，皆雨澤之積，滲竇之潢也。虎丘爲闔閭墓隧，當時石工多閟死；山僧衆多，家常不能無穢濁滲入。雖名陸羽泉，與此脉通〔二一〕，非天然水脉也。道家服食，忌與尸氣近。若暑月憑臨其上，解滌煩襟可也。

四甘

泉品以甘爲上，幽谷紺寒清越者，類出甘泉。又必山林深厚，盛麗外流，雖近而内源遠者。

泉甘者，試稱之必重厚〔二二〕，其所由來者遠大使然也。江中南零水，自岷江發流數千里，始澄於兩石間，其性亦重厚，故甘也。

古稱醴泉，非常出者。一時和氣所發，與甘露、芝草同爲瑞應。《禮緯》云〔二三〕：『王者刑殺當罪，賞錫當功，得禮之宜，則醴泉出于闕庭。』《鶡冠子》曰〔二四〕：聖（王子）〔人之〕德，上（薄）〔及〕太清，下及太寧，中及萬靈，則醴泉出。光武中元元年，醴泉出京師。唐文皇貞觀（初）〔末〕，出西域之陰〔二五〕。醴泉食之，令人壽考，和氣暢達，宜有所然。

泉上不宜有惡木，木受雨露，傳氣下注，善變泉味。況根株近泉，傳氣尤速，雖有甘泉，不能自美。猶童蒙之性，係于所習養也。

五寒

泉水不紺寒，俱下品。《易》謂：『井冽寒泉，食。』可見井泉以寒爲上。金山在華亭，海上有寒穴，諸咏其勝者，見郡誌。廣中新城縣冷泉如冰，此皆其尤也。然凡稱泉者，未有舍寒冽而著者。温湯，在處有之。《博物志》：水源有石硫黄，其泉〔則〕温，可療瘡痍〔二六〕。此非食品也。《黄庭内景》：湯谷神王，乃内景自然之陽神，與地道温湯相耀列爾。予嘗有《水頌》云：『景丹霄之浩露，眷幽谷之浮華。瓊醴庶以消憂，玄津抱而終老。』蓋指甘寒也。泉水甘寒者多香，其氣類相從爾。凡草木敗泉，味者不可求其香也。

六品

陸處士品水，據其所嘗試者二十水爾，非謂天下佳泉水盡于此也。然其論故有失得，自予所至者，如虎丘石水及二瀑水，皆非至品。其論雪水，亦自至地者，不知長桑君上池品，故在凡水上。其取吴松江水，故惘惘非可信。吴松潮汐上下，故無瀦泓。若南泠，在二石間也。潮海性滓濁，豈待試哉！或謂是吴江第四橋水，兹又震澤東注，非吴松江水也。予嘗就長橋試之，雖清激處亦腐梗，作土氣，全不入品。皆過言也。張又新記淮水，亦在品列。淮故湍悍滓濁，通海氣，自昔不可食。今與河合泒，又水之大幻也。李記以唐州栢岩縣淮水源〔二七〕，庶矣。

陸處士能辨近岸水非南零，非無旨也。南零洄洑淵渟，清激重厚；臨岸，故常流水爾，且混濁迥異。嘗以二器貯之，自見。昔人且能辨建業城下水，況零、岸，故清濁易辨。此非誕也。歐陽脩《大明水記》直病之，不甚詳悟爾。

處士云：山水上，江水中，井水下。其山水，揀乳泉石池(慢)〔漫〕流者上，其瀑湧湍漱，勿食之。久食，令人頸疾。又多別流于山谷者，澄浸不洩，自火天至霜郊以前，或潛龍蓄毒其間，飲者可決之以流其惡，使新泉涓涓，酌之。此論至確，但瀑水不但頸疾，故多毒沫，可慮。其云澄寂不洩，是龍潭水，此雖出其惡，亦不可食。

論江水，取去人遠者，亦確。井取汲多者，止自乏泉處可爾。井，故非品。

處士所品可據，及不能盡試者並列：

蘄州蘭溪石下水；

峽州扇子山下有石〔二八〕，突然洩水，獨清冷，狀如龜形，俗云蝦蟆口水；

廬山招賢寺下方橋潭水；

洪州西山東瀑布水；

廬州龍池山水；

漢江金州上游中零水；

歸州玉虛洞下香溪水；

商州武關西洛水；

彬州圓泉水。

七雜説

移泉水遠去，信宿之後，便非佳液。法取泉中子石養之，味可無變。

移泉，須用常汲舊器無火氣變味者，更須有容量，外氣不干。

東坡洗水法直戲論爾，登有汲泉持久，可以子石淋數過還味者。

暑中取淨子石田壘盆盂，以清泉養之，此齋閣中天然妙相也。能清暑長目力。東坡有怪石供，此殆泉石供也。

處士《茶經》不但擇水，其火，用炭或勁薪；其炭，曾經燔爲腥氣所及及膏木敗器不用之。古人辨勞薪之味，殆有旨也。

處士論煮茶法，初沸水合量調之以鹽味，是又厄水也。

水品卷下

上池水

湖守李季卿與陸處士論水精劣，得二十種，以雪水品在末後，是非知水者。昔者秦越人遇長桑君，飲以上池之水，三十日當見物。上池水者，水未至地，承取露華水也。漢武志慕神僊，以露盤取金莖飲之，此上池真水也。《丹經》以方諸取太陰真水，亦此義。予謂露、雪、雨、冰皆上池品，而露爲上。朝露未晞，時取之栢葉及百花，上佳，服之可長年不饑。《續齊諧記》：弘農鄧紹八月朝入華山〔二九〕，見一童子，以五色囊承取栢葉下露，露皆如珠。云赤松先生取以明目。《呂氏春秋》云：水之美者，有三危之露〔三〇〕。爲水，即味重於水也。《本草》載〔三一〕：六天氣〔服之〕令人不饑。長年美顔色。人有急難阻絶之處，用之如龜蛇，服氣不死。《陵陽子明經》言〔三二〕：春食朝露，秋食飛泉，冬食沆瀣，夏食正陽，並天玄、地黄，是爲六氣。亦言平明爲朝露，日中爲正陽，日入爲飛泉，夜半爲沆瀣。此又服氣之精者。

玉井水

玉井者，諸葛亮産有玉處，其泉流澤潤，久服令人僊。《異類》云〔三三〕：崑崙山有一石柱，柱上露盤，盤上有玉水溜下，土人得一合服之，與天地同年。又，太華山有玉水，人得服之長生。今人山居者多壽考，豈非玉石之津乎！

《十洲記》〔三四〕：瀛洲有玉膏泉如酒，令人長生！

南陽酈縣北潭水

酈縣北潭水〔三五〕，其源悉芳菊。生被岸，水爲菊味。盛弘之《荆州記》：太尉胡廣久患風羸，常汲飲此水，遂瘳。《抱朴子》云：酈縣山中有甘谷水，其居民悉食之，無不壽考。故司空王暢、太尉劉寬、太傅袁隗皆爲南陽太守，常使酈縣月送甘谷水四十斛，以爲飲食。諸公多患風痺及眩，皆得愈。按：寇宗奭《衍義》菊水之説甚怪，水自有甘澹焉，知無有菊味者。常官於永、耀間，沿幹至洪門北山下，古石渠中泉水清徹，其味與惠山泉水等，亦微香，烹茶尤相宜。由是知泉脉如此。

金陵八功德水

八功德水〔三六〕，在鍾山靈谷寺。八功德者：一清，二泠，三香，四柔，五甘，六淨，七不噎，八（除）〔蠲〕痾。昔山僧法喜以所居之泉，精心求西域阿耨池水，七日掘地得之。梁以前常以供御，池故在峭壁。國初遷寶誌塔，水自從之，而舊池遂涸，人以爲異。謂之靈谷者，自琵琶街鼓掌相應，若彈絲聲。且志其徙水之靈也。陸處士足迹未至，此水尚遺品録，予以次上池、玉水及菊水者，蓋不但諧諸草木之英而已。鍾陰有梅花水，手掬弄之，滴下皆成梅花。此石乳重厚之故，又一異景也。鍾山故有靈氣，而泉液之佳，過無此二水。

句曲山喜客泉

大茅峰東北有喜客泉，人鼓掌即湧沸，津津散珠。昭明讀書臺下拊掌泉，亦同此類。茅峰故有丹金，所産多靈术，其泉液宜勝。按陶隱居《真誥》云：茅山左右有泉水，皆金玉之津氣。又云：水味是清源洞遠沾爾，水色白。都不學道，居其土，飲其水，亦令人壽考。是金津潤液之所溉耶。今之好遊者，多紀岩壑之勝，鮮及此也。

王屋山玉泉聖水

王屋山，道家小有洞天。蓋濟水之源源于天壇之巔，伏流至濟瀆祠，復見合流至温縣虢公臺，入于河。其流汛疾，在醫家去痾，如東阿之膠，青州之白藥，皆其伏流所製也。其半山有紫微宫，宫之西至望僊坡北折一里，有玉泉，名玉泉聖水。《真誥》云：王屋山，僊之别天，所謂陽臺是也。諸始得道者，皆詣陽臺。陽臺是清虚之宫，下生鮑、濟之水，水中有石精，得而服之，可長生。

泰山諸泉

玉女泉，在岳頂之上，水甘美，四時不竭，一名聖水池。白鶴泉，在昇元觀後，水冽而美。

王母池，一名瑶池，在泰山之下，水極清，味甘美。崇寧間，道士劉崇甃石。此外，有白龍池，在岳西南，其出爲溑河。僊臺嶺南一池，出爲汶河。桃花峪出爲泮河。天神泉，懸流如練，皆非三水比也。

天書觀傍有醴泉。

華山涼水泉

華山第二關，即不可登越。鑿石竅，插木攀援，若猿猱始得上。其涼水泉出竇間，芳冽甘美，稍以憩息，固天設神水也。自此至青牛平，入通僊觀，可五里爾。

終南山澂源池

終南山之陰太乙宫者，漢武因山有靈氣，立太乙元君祠于澂源池之側。宫南三里，入山谷中，有泉出奔，聲如擊筑，如轟雷，即澂源派也。池在石鏡之上，一名太乙湫。環以羣山，雄偉秀特，勢逼霄漢，神靈降遊之所。止可飲勺取甘，不可穢褻，蓋靈山之脉絡也。杜陵韋曲，列居其北，降生名世有自爾。

京師西山玉泉

玉泉山，在西山大功德寺西數百步。山之北麓，鑿石爲螭頭，泉自口出，瀦而爲池，瑩徹照暎，其水甘潔，上品也。東流入大内，注都城，出大通河，爲京師八景之一。京師所艱得惟佳泉，且北地暑毒，得少憩泉上，便可忘世味爾。

又西香山寺，有甘露泉，更佳。道險遠，人鮮至，非内人建功德院，幾不聞人間矣。

偃師甘露泉

甘泉，在偃師東南。瑩徹如練，飲之若飴。又緱山浮丘塚，建祠于庭下，出一泉，澄澈甘美。病者飲之，即愈，名浮丘靈泉。

林慮山水簾

太行之奇秀，至林慮之水簾爲最。水聲出亂石中，懸而爲練，湍而爲漱，飛花旋碧，喧豗飄洒，其瀦而爲泓者，清澈如空，纖芥可見。坐數十人，蓋天下之奇觀也。

蘇門山百泉

蘇門山百泉者，衛源也。毖彼泉水詩，今尚可誦。其地山岡勝麗，林樾幽好，自古幽寂之士，卜築嘯詠，可以洗心漱齒。晉孫登、稽康，宋邵雍，皆有陳迹可尋。討其光寒沕穆之象，聞之且可醒心，況下上其間耶。

濟南諸泉

濟南名泉，七十有二。論者以瀑流爲上，金線次之，珍珠又次之。若玉環、金虎、柳絮、皇華、無憂及水晶簟，皆出其下。所謂瀑流者，又名趵突，在城之西南，濼水源也。其水湧瀑而起，久食，多生頸疾。金線泉，有紋如金線；珍珠泉，今王府中，不待振足拊掌，自然湧出珠泡。恐皆山氣太盛，故作此異狀也。然昔人以三泉品居上者，以山川景象秀朗而言爾。未必果在七十二泉之上也。有杜康泉者，在舜祠西廡，云杜康取此釀酒。昔人稱揚子中泠水，每升重二十四銖，此泉止減中泠一銖。今爲覆屋而堙，或去廡屋受雨露，則靈氣宣發也。又大明湖發源于舜泉，爲城府特秀處。繡江發源長白山下，二處皆有芰荷洲渚之勝。其流皆與濟水合，恐濟水隱伏其間，故泉池之多如此。

廬山康王谷水

陸處士云：瀑湧湍漱，勿食之。康王谷水簾上下，故瀑水也。至下潭澄寂處，始復其真性。李季卿序次有瀑水，恐托之處士。

揚子中泠水

往時，江中惟稱南零水。陸處士辨其異于岸水，以其清澈而味厚也，今稱中泠。往時金山屬之南岸，江中惟二泠，蓋指石簰山南北流也。今金山淪入江中，則有三流水，故昔之南泠，乃列爲中泠爾。中泠有石骨，能渟水不流，澄凝而味厚。今山僧憚汲險，鑿西麓一井代之，輒指爲中泠，非也。

無錫惠山寺水

何子叔皮〔三七〕，一日汲惠水遺予，時九月就涼，水無變味。對其使，烹食之，大佳也。明年予走惠山，汲煮陽羨門品，乃知是石乳。就寺僧再宿而歸。

洪州噴霧崖瀑〔三八〕

在蟠龍山，飛瀑傾注，噴薄如霧。宋張商英遊此〔三九〕，題云：水味甘腴，偏宜煮茗。范成大亦以爲天下瀑布第一。

萬縣西山包泉

宋元符間，太守方澤爲銘〔四〇〕，以其品與惠山泉相上下。轉運張縯詩〔四一〕：『更挹岩泉分茗碗，舊遊彷佛記孤山。』

雲陽縣天師泉

雲陽縣有天師泉，止自五月江漲時溢出，九月即止。雖甘潔清洌，不貴也。多喜山雌雄泉，分陰陽盈竭，斯異源爾。

潼川鹽亭縣飛龍泉

鹽亭縣西自劍門南來四百里爲負戴山，山有飛龍泉，極甘美。

遂寧縣靈泉

遂寧縣東十里，數峰壁立。有泉自岩滴下成穴，深尺餘，紺碧甘美，流注不竭，因名靈泉。宋楊大淵等守靈泉山，即此〔四二〕。

雁蕩龍鼻泉

浙東名山，自古稱天台而雁蕩不著，今東南勝地輒稱之。其上有二龍湫，大湫數百頃，小湫亦不下百頃。勝處有石屏，龍鼻水屏，有五色異景，石乳自龍鼻滲出，下有石渦承之，作金石聲，皆自然景象，非人巧也。小湫今爲遊僧開瀉成田，郡内養蔭龍氣，在術家爲龍樓真氣，今泄之，山川之秀頓減矣。

天目山潭水

浙西名勝，必推天目。天目者，東南各一湫，如目也。高巔與層霄北近，靈景超絶，下發清泠，與瑶池同勝。山多雲母、金沙，所産吴术、附子、靈壽藤，皆異頴，何下于杞菊。水南北皆有六潭，道險不可盡歷，且多異獸，雖好遊者不能遍。山深氣早寒，九月即閉關，春三月方可出入。其迹靈異，晴空稍起雲一縷，雨輒大至。蓋神龍之窟宅也。山居谷汲，有夙慕云。

吴興白雲泉

吴興金蓋山，故多雲氣。乙未三月，與沈生子内曉入山觀望，四山繚繞如垣，中間田叚平衍，環視如在甑中，受蒸潤也。少焉日出，雲氣漸散，惟金蓋獨遲，越不易解。予謂氣盛必有佳泉水，乃南陟坡陁，見大楊梅樹下汩汩有聲，清泠可愛，急移茶具就之，茶不能變其色。主人言，十里内蠶絲俱汲此煮之，輒光大白〔易〕售。下注田叚可百畝，因名白雲泉云。

吴興更有杼山珍珠泉，如錢塘玉泉，可拊掌出珠泡。玉泉多餌，五色魚穢垢山靈爾。杼山，因僧皎然夙著。

顧渚金沙泉

顧渚每歲採貢茶時，金沙泉即涌出。茶事畢，泉亦隨涸，人以爲異。元末時，乃常流不竭矣。

碧林池 在吴興弁山太陽塢

《避暑録》云〔四三〕：吾居東西兩泉匯而爲沼，纔盈丈，溢其餘〔流〕於外不竭。東泉決爲澗，經碧（林）〔淋〕池，然後匯大澗而出。兩泉皆極甘，不減惠山，而東泉尤冽。

四明山雪竇上岩水

四明山巔，出泉甘冽，名四明泉，上矣。南有雪竇，在四明山南極處。千丈岩瀑水殊不佳。至上岩約十許里，名隱潭，其瀑在險壁中，甚奇怪。心弱者不能一置足其下，此天下奇洞房也。至第三潭，水清泚芳潔，視天台千丈瀑殊絶爾。天台康王谷，人迹易至。雪竇甚閟，潭又雪竇之閟者。世間高人，自晦于蓬藋間，若此水者，豈堪算計耶。

天台桐栢宫水

宫前千仞石壁下，發一源，方丈許，其水自下涌起如珠。溉灌甚多，水甘冽入品。

黄岩靈谷寺香泉

寺在黄岩太平之間，寺後石罅中出泉，甘冽而香。人有名爲聖泉者。

麻姑山神功泉

其水清冽甘美，石中乳液也。土人取以釀酒，稱麻姑者，非釀法，乃水味佳也。

黄岩鐵篩泉

方山下出泉甚甘，古人欲避其泛沙，置鐵篩其内，因名。士大夫煎茶，必買此水，境内無異者。有宋人潘愚谷詩，黄岩八景之意也。

樂清縣沐簫泉

沐簫，是王子晉遺迹，山上有簫臺。其水，闔境用之，佳品也。

福州閩越王南臺山泉

泉上有白石，壁中有二鯉，形陰雨，鱗目粲然。貧者汲賣泉水，水清泠可愛。土人以南山有白石，又有鯉魚侶甯戚歌中語，因傅會戚飯牛于此。

桐廬嚴瀨水

張君過桐廬江，見嚴子瀨溪水清泠，取煎佳茶，以爲愈于南泠水。予嘗過瀨，其清湛芳鮮，誠在南泠上，而南泠性味俱重，非瀨水及也。瀨流瀉處亦殊不佳，臺下灣窈迴洑澄渟，始是佳品。必緣陟上下，方得之。若舟行捷，取亦常，然波爾。

姑蘇七寶泉

光禄寺在鄧尉山東三里，有七寶泉發石間，環甃以石形，如滿月。庵僧接竹引之，甚甘。吴門故乏泉，雖虎丘名陸羽泉，予尚以非源水，下之。顧此水不録，以地僻隱，人迹罕至故也。

宜興洞水

善權寺前有湧金泉，發于寺後。小水洞有竇，形如偃月，深不可測。李司空碑謂：微時親見白龍騰出洞中，蓋龍穴也，恐不可食。今人有飲者，雲無害。西南至大水洞，其前湧泉奔赴，石上濺沫如銀，注入洞中，出小水洞，蓋一源也。

張公洞東南至會僊岩，其下空洞，有泉出焉。自右而趨，有聲潺潺可聽。

南岳銅官山，麓有寺，寺有卓錫泉。其地即古之陽羨，産茶獨佳。每季春，縣官祀神泉上，然後入貢。寺左三百步，有飛瀑千尺，如白龍下飲，匯而爲池。相傳稠錫禪師卓錫出泉於寺，而剖腹洗腸于此，今名洗腸池。此或巢由洗耳之意，或飲此水，可以洗滌腸中穢迹，因而得名爾。其側有善行洞，庵後有泉，出石間，涓涓不息。僧引竹入厨，煎茶甚佳。天下山川，奇怪幽寂，莫逾此三洞。近溧陽史君恭甫，更于玉女潭搜剔水石，搆結精廬，其名勝殆冠絶。雖降僊真可也，況好遊人士耶。

華亭五色泉

松治西南數百步，相傳五色泉，士子見之，輒得高第。今其地無泉，止有八角井，云是海眼。禱雨時，以魚負鐵符下其中，後漁人得之白龍潭。井水甘而冽，不下泉水，所謂五色泉，當是此，非别有泉也。丹陽觀音寺，揚州大明寺水，俱入處士品。予嘗之，與八角無異。

金山寒穴泉

松江治南海中金山上，有寒穴泉。按宋毛滂《寒穴泉銘序》云[四四]：寒穴泉甚甘，取惠山泉竝嘗，至三四反覆，略不覺異。王荆公《和唐令寒穴泉詩》有云[四五]：『山風吹更寒，山月相與清』，今金山淪入海中，汲者不至，他日桑海變遷，或仍爲岸谷，未可知也。

水品後跋

徐子伯臣，往時曾作《唐詩品》，今又品水，豈水之與詩，其泠然之聲、沖然之味有同流邪！予嘗語田子曰：吾三人者，何時登崑崙，探河源，聽奏鈞天之洋洋，還涉三湘，過燕秦諸川，相與飲水賦詩，以盡品咸池韶護之樂。徐子能復有以許之乎？餘杭蔣灼跋。

附録

水品二卷 浙江巡撫採進本

明徐獻忠撰。獻忠有《吴興掌故集》，已著録。是編皆品煎茶之水：上卷爲總論，一曰源，二曰清，三曰流，四曰甘，五曰寒，六曰品，七曰雜説；下卷詳記諸水，自上池水至金山寒穴泉，目録列三十四名，而書中多噴霧崖瀑、萬縣西山包泉、雲陽縣天師泉、潼川鹽亭縣飛龍泉、遂寧縣靈泉五名，蓋目録偶脱。又，麻姑山神功泉，目録在鐵篩泉後，而書則居前，亦誤倒也。其上卷第六篇中，駁陸羽所品虎邱石水及二瀑水、吴淞江水，張又新所品淮水，第七篇中駁羽煮水初沸調以鹽味之説，亦自有見，然時有自相矛盾者。如上卷論瀑水不可飲，下卷乃列噴霧崖瀑，引張商英之説以爲偏宜煮茗。下卷濟南諸泉條中，論珍珠泉涌出珠泡爲山氣太盛，不可飲，天台、桐栢宫水條又謂涌起如珠，甘冽入品，恐亦一時興到之言，不必盡爲典要也。舊本題曰《水品全帙》，立名殊不可解。考田藝蘅、蔣灼二跋，皆稱《水品》，無『全帙』字，疑書僅一册，藏弆家插架，題籤於《水品》下寫『全帙』字，傳寫者誤連爲書名也。今從舊本，仍題曰《水品》焉。（《四庫全書總目》卷一一六）

【校證】

〔一〕萬縣西山包泉　『包泉』，原譌作『泡泉』，據本書下卷書中篇目及附録《四庫總目》卷一一六本書提要改。

〔二〕雲陽縣天師泉　六字原脱，因書中下卷篇目亦脱而然，據書中内容及同右引《四庫提要》補，書中亦徑補篇目。

〔三〕潼川鹽亭縣飛龍泉　『潼川』下六字原無，據本書卷下内容及四庫提要補。書中篇目亦脱，下徑補此六字。

〔四〕遂寧縣靈泉　五字，目録及本書下卷均脱，據同右引補。

〔五〕若大者　『大』，《説郛續》（卷三七）本作『雄』。下句作『雄大』，似『大』上脱一『雄』字，應據補，作『若雄大者』。

〔六〕山雖雄大而氣不清越　『雖』，原作『睢』，據同右引本改。

〔七〕僊靈之都薄也　『薄』，同右引作『落』。

〔八〕濟南王府有名珍珠泉者　『有』，同右引作『池』。

〔九〕然氣太盛　『然』，同右引作『此』。

〔一〇〕其臭泉皂泥泉濁河等泉　『臭泉』及『皂泥』下之『泉』，凡三字，同右引無之。

〔一一〕日用之不自覺爾　『日』，同右引作『出』。

〔一二〕閩中如此類非一　七字，原脱，據《説郛續》本補。

〔一三〕此泉之上母也　『母』，同右引作『毋』；如是，則其上之『上』字，當亦『土』之譌。

〔一四〕若土多而石少者　『土』，底本、喻甲本及《説郛續》本皆作『上』，據《煮泉小品·清寒》作『石少土多』及上下文意改。

〔一五〕其水盛至　『至』，《説郛續》本作『足』。

〔一六〕山墟積腐經冬月者　『月』，同右引作『積』。

〔一七〕其幻爲滚水蟲　『幻』，同右引作『下』。

〔一八〕水泉雖清映甘寒可愛　『甘寒』，同右引作『紺寒』。

〔一九〕澤之氣待流而通　『通』下，同右引有『也』字。

〔二〇〕殊有深義　『義』，同右引作『意』。

〔二一〕與此脉通　『脉』，原作『粉』，據同右引改。

〔二二〕試稱之必重厚　『重厚』，《續茶經》卷下之一作『厚重』，義長。

〔二三〕禮緯云　《禮緯》，緯書，七緯之一。三卷，鄭玄注，包括《含文嘉》、《稽命徵》、《斗威儀》三篇。據《通志》卷六四、《玉海》卷六三著録。讖緯之説，起於西漢末哀平、王莽之際，光武中興，篤好而推崇之，羣臣奉之若病狂，諸儒至習爲内學，諱學大盛。惟桓譚、張衡等力非之。隋焚讖緯之書，隋唐以來緯學漸式微。至宋，歐陽修建言，欲取九經之疏删去讖緯之義，使學者不爲怪異所惑亂，然後經義純一。故《隋志》著録緯書十三部，九十二卷，《唐志》著録九部八十四卷。至宋僅存《易緯》，故合之於《易經》之部。《含文嘉》也成爲占候五行之書，與諸書所引《禮緯》乖異不合，故移之於五行之部。質言之，緯書作爲經部的子目，至宋已消亡。乃至南宋初張師禹將天鏡、地鏡、人鏡的三才之書命名作《禮緯含文嘉》三卷，實乃名同而實異，判然二書（見《四庫總目》卷一一一著録）。又，《後漢書》有所謂緯候之學，注云：緯，七緯也。七緯，指配七經而名之，曰《易緯》、《書緯》、《詩諱》、《禮緯》、《樂緯》、《孝經緯》、《春秋緯》。以上據《玉海》卷四二及《通考》卷一八八引陳振孫之説而撮述。又，本條所引之文，見《太平御覽》卷八七三引《禮·稽命徵》，末三字『于闕廷』無。

〔二四〕鶡冠子曰　引文見是書卷中《度萬》，原文作：『唯聖人能正其音，調其聲，故其德上及太清，下及泰寧，中及萬靈，膏露降，白丹發，醴泉出。』此據宋陸佃注解本，已收入四庫全書。徐氏引文，已以己意删改。今據原書校改三字。

〔二五〕唐文皇貞觀初出西域之陰　方案：《太平御覽》卷八七三引《唐書》載：『貞觀二十三年，肅州醴泉出。』是年五月，唐太宗卒，則『初』當爲『末』之譌，據改。

〔二六〕其泉則温可療瘡痍　『則』原無，據《初學記》卷七、《海録碎事》卷三下引補。又，『可療瘡痍』，乃徐氏改寫之語，同上原引作：『神人所暖，主療人疾。』『人疾』，與『瘡痍』大相徑庭。

〔二七〕李記以唐州栢岩縣淮水源　『李記』，此徐氏乃有張冠李戴之嫌。此乃張又新《煎茶水記》中内容。張氏《水記》在記述陸羽神鑒中零水後的傳奇故事後寫道：『李〔季卿〕因命筆，〔陸羽〕口授而次第之。』淮水源，即陸羽《水品》二十水中之第九。疑徐氏誤讀此文，以爲此乃李季卿之記。實乃陸羽《水品》中内容（參本《全集》上編所收），又因其出張又新《水記》，或可稱張記。但徐氏指出此地非淮水發源之地則確。

〔二八〕峽州扇子山下有石　方案：本條陸羽《水品》作『峽州扇子峽蝦蟆口水』，餘文均方志之注文，張又新《水記》宋本已正文、注文不分，注文皆正寫攔入正文，遂致文、注混淆，頗失倫緒。

〔二九〕續齊諧記弘農鄧紹八月朝入華山　『《續齊諧記》』，一卷，梁·吴均撰，志怪小説。『弘農』，原譌作『司農』；『鄧紹』，又作『鄧沼』，均據是書及《荆楚歲時記》、《太平御覽》卷二四等引是書改。

〔三〇〕水之美者有三危之露　此語見《吕氏春秋》卷一四《本味》。注云：『三危，西極山名。』

〔三一〕本草載　此見《證類本草》卷五，據補二字。

〔三二〕陵陽子明經言　『陵陽』，原譌倒作『陽陵』，似徐氏此乃轉引自《政和證類本草》卷五所引，原已譌倒，徐氏不過沿譌踵謬而已，據李石《續博物志》卷一〇引書等乙。又，宋·張嵲《紫微集》卷三三《重述陵陽子明傳贊》考其人始末甚詳，謂陵陽本以山名，春秋始以地名，秦統一改縣，隸於宛陵。而山之名又以子明顯，故以子明而證之。《道藏》有《陵陽子明經》，『毋慮數千言，大抵皆養氣修真之語』。

〔三三〕異類云　此轉引自《證類本草》卷五，文全同。又上條《上池水》所引諸書，亦皆轉引自《證類本草》卷五。可參閲。

〔三四〕十洲記　引文轉引自《證類本草》卷三，徐氏有删節。

〔三五〕酈縣北潭水　本則及兩處引文，皆節録自《證類本草》卷五引宋·寇宗奭《衍義》。

〔三六〕八功德水　詳見宋·張敦頤《六朝事迹類編》卷下，尤詳《景定建康志》卷一九《山川三·八功德水》。其得名之始末以是書所載宋天聖年間《梅摯記》最爲詳備。今録上書所引楊備詩：『翠壁如屏旱不枯，一泓甘滑飲醍醐。高僧到此聞絲竹，還有金鱗對躍無。』據《梅摯記》改一字。

〔三七〕何子叔皮　何良傳，字叔皮。華亭人。嘉靖二十年（一五四一）進士，授行人。宦南京禮部郎中。有《禮部集》十卷。事見《萬姓統譜》卷三四、《明史》卷九九等。《明詩綜》卷五〇收其《贈徐伯臣補奉化令》五律一首，可證兩人確爲交遊。故有汲惠泉相贈之舉。

〔三八〕洪州噴霧崖瀑　方案：此誤，噴霧崖不在洪州（治今江西南昌），而在夔州府梁山縣（治今重慶梁平），見曹學佺《蜀中廣記》卷二三及《四川通志》卷六〇。《目録》亦誤作『洪州』，據改作『梁山軍』。又，宋爲梁山軍，屬夔州路，地介夔、梓之間，蟠龍山在城東二十里。見《方輿勝覽》卷六〇。

〔三九〕宋張商英遊此　張商英（一〇四三—一一二一），字天覺，號無盡居士。蜀州新津人。治平二年（一〇六五）進士。元符二年（一〇九九），官至工部侍郎。徽宗即位，除中書舍人。大觀四年（一一一〇），召除中書侍郎。建中靖國元年（一一〇一），召爲户部侍郎，改吏部侍郎，拜翰林學士。崇寧初，除尚書右丞，遷左丞，時蔡京爲相。拜右僕射，次年即罷相。商英初黨蔡京而參大政，拜相後又攻蔡京，盡改其政。罷相後被貶衡州安置。卒後贈官少保。南宋紹興年間追謚文忠。張商英嗜佛博學。撰有《神宗政典》六卷、《三才定位圖》一卷、《文集》一百卷，均佚。又有《素書注》一卷，其著作分見《宋史》卷二〇三、二〇六、二〇八，《四庫總目》卷九九著録。《兩宋名賢小集》收其《友松閣遺稿》一卷。其詩文，分見《全宋詩》、《全宋文》，但仍有輯佚的空間或餘地。其生平事迹，見佚名《張少保商英傳》，原載宋修《實録》，見刊《名臣碑傳琬琰集》下卷一六、《宋史》卷三五一《本傳》等。

〔四〇〕宋元符間太守方澤爲銘　方澤，字公悦，莆田人。熙寧六年（一〇七三），緣吕惠卿（一〇三二—一一一一）妻黨而得違礙選人以入條例司，旋爲越州判司。八年，以大理寺丞除江西提舉常平。十年，以言事謬妄，詔送審官東院與合人差遣。紹聖四年（一〇九七），以考功郎中除大理少卿。元符元年（一〇九八）三月，以吏部郎中出知虔州（治今江西贛州），同年六月，徙知萬州（治今重慶萬州區）。撰有《方澤詩集》等，已佚。事見《莆陽比事》卷三及《長編》卷二六七、二六九、二八五、四六九、四九九等。此徐氏已明言方澤爲宋元符（一〇九八—一一〇〇）間萬州守，其行歷也班班可考。《中國古代茶葉全書》（浙江攝影出版社一九九九年版，頁一九三）竟臆解爲『明僧』方澤，其事見《四庫總目》卷一七八《别集類存目五·冬谿集》提要。

〔四一〕轉運張縯詩　轉運，乃轉運司使的簡稱，又簡稱爲漕使或漕。張縯（？—一二〇七），字季長。唐安（治今四川崇州東南）人。隆興元年（一一六三）進士。乾道中，與陸游等同應范成大辟在四川制置司帥幕。乾道九年（一一七三），爲秘書省正字。淳熙九年（一一八二），出爲夔州路運判。十三年，官利州路提刑。十五年，知遂寧府。淳、紹間，知漢州； 擢夔路轉運使，累官大理少卿。紹熙二年（一一九一），官祠。與陸游、楊萬里、周必大、袁説友等交遊。撰有《職官記》、《陶靖節年譜辨證》各一卷，又有《中庸辨擇》。生平事蹟見《渭南文集》卷三一《跋劉戒之東歸詩》、《跋張季長中庸辨擇》，《南宋館閣録》卷八，《兩朝綱目備要》卷二，《書録解題》卷六、卷一六，于北山《陸游年譜》、《范成大年譜》等。

〔四二〕宋楊大淵等守靈泉山即此　方案： 本則全抄自《明一統志》卷七一。楊大淵守靈泉山僅見於此及明·陳邦瞻《宋史紀事本末》卷二六。宋元大量史料記載： 寶祐三年（一二五五），余玠移閬州治於大獲山，山在蒼溪縣東南三十五里處。六年，閬州守將楊大淵兵敗以城降元。則其所守乃蒼溪縣大獲山，而非遂寧縣靈泉山。事見《宋史》卷四四、《元史》卷三、《新安文獻志》卷九六下、《歷代名臣奏議》卷二四一等。疑徐氏乃沿譌踵謬。又，自『萬縣西山包泉』至本條，凡四則，皆録自《明一統志》卷七〇、七一。

〔四三〕避暑録云　本則據葉夢得《避暑録話》卷下。録文有删節，今改、補各一字。

〔四四〕宋毛滂寒穴泉銘序云　毛滂（一〇六〇—？），字澤民，號東堂居士。衢州江山人。元豐七年（一〇八四），以蔭入仕。紹聖四年（一〇九七），知武康縣。政和四年（一一一四），以祠部員外郎知秀州（治今浙江嘉興）。宣和末卒。有《東堂集》，今存四庫本輯自《永樂大典》，重編爲十卷，另有《東堂詞》一卷。事見《清波雜志》卷九，《瀛奎律髓匯評》卷二〇，《直齋書録解題》卷一七、二一，《宋詩紀事》卷二九，《宋史翼》卷二七等。其《寒穴泉銘並序》見《至元嘉禾志》卷二一。

〔四五〕王荆公和唐令寒穴泉詩有云　唐令，指時任長興縣令的唐詢。唐詢（一〇〇五—一〇六四），字彦猷。錢塘（治今浙江杭州）人。天聖中，因獻文而賜進士及第。景祐初，知長興縣。後又以太常博士知歸州，移知廬、湖二州。擢江西漕使，徙福建、江東。召入爲知制誥，復出知蘇、杭、青三州。擢翰林侍讀學士，勾當三班院，判太常寺，進給事中。撰有《文集》三十卷，已佚，僅存《杏花村集》一卷，被收入《兩宋名賢小集》，又有《硯録》三卷，今殘存一卷，見《粤雅堂叢書·三編》。其生平事蹟見《彭城集》卷三八《唐公墓誌銘》，《咸淳臨安志》卷六五《小傳》，《宋史》卷三〇三《唐肅傳·附傳》。其官長興縣令時，有《華亭十詠》。王安石、梅堯臣均有和詩。本則所引一聯詩句，見王安石《臨川文集》卷一三《次韻唐彦猷華亭十詠·寒穴》，又見李壁《王荆公詩注》卷一九。

茶寮記

〔明〕陸樹聲

〔提要〕

《茶寮記》，明代茶書。一卷。陸樹聲撰。陸樹聲（一五〇九—一六〇五），本姓林，後改姓陸，字興吉，一字維吉，號平泉、適園主人、無諍居士、九山山人、長山漁隱、逸園退老、雲林病叟等。華亭（治今上海）人。嘉靖二十年（一五四一），會試第一，選翰林院庶吉士。二十九年廷試，充掌卷官。三十一年，丁父憂。三十六年，即家拜南京國子監司業，甫到任，即告歸。四十年，起左春坊、左諭德。四十四年，擢太常寺卿，掌南京國子監祭酒。隆慶三年（一五六九），由吏部右侍郎兼翰林院編修，掌詹事府教習事。神宗即位，召拜禮部尚書兼翰林侍讀學士。萬曆元年（一五七三）忤權相張居正而告歸。樹聲性恬淡，通籍六十餘年，居官未及一紀。擅詩文，工書法。卒謚文定。撰有雜著《汲古叢語》等十一種，各一卷；結集爲《陸學士雜著》十一卷。又有《平泉題跋》二卷，詩文則結集《陸文定公集》二十七卷（正集二十六卷，附録一卷）。其著作明細目録見《四庫總目》卷一一四、一一六、一二四、一二七、一三四，《明史》卷九九，《千頃目》卷九、一一、一二、一六、二三等。其生平事蹟見《姚江孫月峰先生全集》卷一〇《陸公神道碑》、《穀城山館文集》卷二二《陸公墓誌銘》、《陳眉公全集》卷三八《陸文定公傳》、《鄒子願學集》卷六《陸公傳》、《名山藏》卷二六、《明史》

卷二一六《本傳》及《禮部志稿》卷四二、五四、六五等。

《茶寮記》共約近五百字，分爲兩部分，卷首是引言，述及其退休生涯中於園居中設茶寮，品茶會友朋的閑適生活，與五臺僧演鎮、終南僧明亮試天池茶參禪的雅興。次則題爲《煎茶七類》，乃他對茶藝、茶道的體驗和心得。分爲人品、品泉、烹點、嘗茶、茶候、茶侶、茶勳七則，雖寥寥數言，聊以寄意，但已大體涉及明代茶道的主要方面，如烹飲方式，擇水，候湯，藝茶的人文環境。所闕者似僅茶具的選擇而已。作爲明代小品文的代表作之一，頗具情文兼茂的特色，充溢着審美情趣。其對日本茶道的追求，無疑頗具影響。據吴智和《明人飲茶生活文化》（頁一三五）之説，陸樹聲《茶寮記》，原名《茶類七條》，即《煎茶七類》，周履靖編入《夷門廣牘》時已改名《茶寮記》。吴書未注明其何所據。如是，則《煎茶七類》著作權顯屬陸樹聲，與下文之拙考乃不謀而合。

是書版本甚夥，依其刊刻年代爲序，主要有：（一）周履靖《夷門廣牘·食品》本（萬曆二十五年，一五九七）；其後，《景印元明善本叢書十種》及《叢書集成初編》即影印此本。此本除收引言和煎茶七類外，還附録《清異録·荈茗》中的十八則内容（除十六湯品外）。（二）喻政《茶書全集》（甲本，萬曆四十年；乙本，萬曆四十一年，均收是書）。（三）程百二《程氏叢刻本》附録（萬曆四十三年刊）；此本又有《四庫存目叢書》影印本。（四）《陸文定公集》卷二〇《適園雜著》收有《茶寮記》。此集收陸樹聲詩文二十七卷，始刊於萬曆四十四年（一六一六）。《茶寮記》被收入陸氏文集及《適園雜著》（又有單行本、《陸學士雜著》及《陸文定公書》合刊凡三本），此乃《煎茶七類》爲陸氏所撰之力證。（五）陳繼儒《寶顔堂秘笈·普集》本（萬曆四十八年刊）。（六）明人衛泳又將此書收入《枕中秘》，見《四庫總目》卷一三二著録。綜上所述，迄今至少已有十二個版本《茶寮記》出現過。不計附録，均由引言及『煎茶七類』兩部分組成，是其共同的主要特徵。

《茶寮記》，誠如《四庫提要》（《總目》卷一一六）所評，『不足以資考核也』；亦如萬國鼎先生所論『未足以當著述也』（《茶書二十九種題記》，刊《圖書學季刊》第五卷二期）。自《夷門廣續》收入後，這篇不足六百字的短文始作爲一種茶書而廣爲流傳。此後，便遭到肢解、割裂、篡改，乃至面目全非。首先，沈津、茅一相所編之《重訂欣賞編》，將其後半近三百字的《煎茶七類》抽出作而刻入其叢書單行，僞托高叔嗣（一五〇一——一五三七）爲作主，也許覺得高叔嗣名氣不大，遂增題『陳繼儒閲』四字，以冀這位大名士的『名人效應』增加可信度。清初《水邊林下》沿其割裂古書、僞撰書名、改題作者的故伎，亦作高淑嗣所撰一書收入。惜高氏乃祥符（治今河南開封）人，其《蘇門集》八卷，詩文中未見一『茶』字，讓其來談煎茶秘訣，實在令人難以置信，於是改題其地望爲吴門。明末陶珽則走得更遠，篡改古書更爲肆無忌憚。他也許覺得高氏此人，嘉靖初也極少茶論著出現，遂將作者改題爲文名更著的徐渭（一五二一——一五九三）。徐渭字文長，號天池、青藤道人，浙江紹興人，是明代傳奇人物。自言其書一，詩二，文三，畫四，才華横溢，是全能型奇才。陶氏不僅將《煎茶七類》從《茶寮記》中抽出單列爲一書，輯入其《説郛續》卷三七，又仍在同卷編入《茶寮記》，將同一書分割爲二，編入叢書同一卷，已爲古今罕見之奇聞。更有甚者，陶珽又仿《夷門廣牘》本附録（似尚無可厚非）《清異録·荈茗》十八則的故伎，另擇『雲腳（乳）（粥）面、茗戰、茶名、候湯三沸、秘水、火前茶、五花茶、文火長泉、報春鳥、酪蒼頭、漚花、换骨輕身、花乳、瑞草魁、白泥赤印、茗粥』等十六則，移花接木，改頭换面，置换《煎茶七類》而塞入《茶寮記》，對《茶寮記》進行肆無忌憚的篡改，全然不察早在南宋初，舊題朱勝非（一〇八二——一一四四）編的類書《紺珠集》卷一〇中就有這十六條内容，僅將『粥』譌成『乳』而已。更令人吃驚的是：清初《古今圖書集成》竟將《説郛續》本《茶寮記》照抄編入，鬧出將相隔四百五十年之久、宋明二朝不同作者之書合而爲一之大笑話。

無獨有偶，明無錫人華淑（字聞修）於萬曆四十五年（一六一七），又將《茶寮記》中的『煎茶七類』，增補『四茶器』

一條；將原『四嘗茶』一則改題爲『五茶候』；將原『二品泉』一目中增入『梅水次』等，改題爲《品茶八要》，署華淑輯，張瑋訂，編入其《閒情小品》（收書凡二十八種），似乎明代又出現了一種新的茶書。這一切似乎説明，《茶寮記》所倡導的時代茶藝、茶道影響之深遠，乃至仿冒的僞書一再出現。必須指出：《續茶經》卷下之一引『秘水』、卷下之四『火前茶』二條，均稱出《茶寮記》，實乃已是陶珽始作俑之僞本。連號稱茶學素養博洽的陸廷燦也難免被蒙騙，更遑論他人。明人割裂古書、炮製僞書之伎倆其實也很拙劣，今特予辨析。並將所謂《煎茶七類》《品茶八要》之類僞書一概摒棄，連存目也不必列入。

今以最早刊行的《夷門廣牘》本爲底本，參校上列諸本點校整理，文本基本相同。又因《荈茗録》本書已收入，故删其附録。而改附録本書之《四庫提要》。

最後討論一下《茶寮記》的寫作時間。前人已有三説：其一，《四庫提要》編者以爲萬曆元年（一五七三）後陸樹聲罷官家居時撰。其二，陳椽《茶業通史》頁一四五以爲隆慶四年（一五七〇）時撰，未審其何所據。萬國鼎《茶書總目提要》（刊《農業遺産研究集刊》）則認爲其晚年之作。筆者以爲，從《煎茶七類》流傳較早分析，似乎在他嘉靖三十一年至四十年（一五五二—一五六二）家居時已撰成，因爲錢椿年嘉靖初成書的《製茶新譜》（一作《茶譜》）就已有《煎茶四要》《點茶三要》之目。即爲《茶寮記》『煎茶七類』的濫觴。

茶寮記

園居敞小寮於嘯軒埤垣之西，中設茶竈，凡瓢汲、罌注、濯拂之具咸庀。擇一人稍通茗事者主之，一人佐炊汲。客至，則茶烟隱隱起竹外。其禪客過從予者，每與余相對，結跏趺坐，啜茗汁，舉無生話。終南僧明亮者，近從天池來，餉余天池苦茶，授余烹點法甚細。余嘗受其法於陽羨士人，大率先火候，其次候湯，所謂蟹眼魚目，參沸沫沉浮以驗生熟者，法皆同。而僧所烹點絶味清，乳面不黟，是具入清淨味中三昧者。要之，此一味非眠雲跂石人未易領略。余方遠俗，雅意禪栖，安知不因是遂悟入趙州耶。時杪秋既望，適園無諍居士與五臺僧演鎮、終南僧明亮同試天池茶，於茶寮中謾記。

煎茶七類

一人品

煎茶非漫浪，要須其人與茶品相得。故其法每傳於高流隱逸，有雲霞泉石、磊塊胸次間者[一]。

二品泉

泉品以山水爲上，次江水，井水次之。井取汲多者，汲多則水活。然須旋汲旋烹，汲久宿貯者，味減鮮洌。

三烹點

煎用活火，候湯眼鱗鱗起，沫餑鼓泛，投茗器中。初入湯少許，俟湯茗相投，即滿注，雲脚漸開，乳花浮面，則味全。蓋古茶用團餅碾屑，味易出；葉茶，驟則乏味，過熟，味昏底滯。

四嘗茶

茶入口，先灌漱，須徐啜，俟甘津潮舌，則得真味。雜他果，則香味俱奪。

五茶候

涼臺靜室，明窗曲几，僧寮道院，松風竹月，晏坐行吟，清譚把卷。

六茶侶

翰卿墨客，緇流羽士，逸老散人，或軒冕之徒，超軼世味[二]。

七茶勳

除煩雪滯，滌醒破睡，譚渴書倦，是時茗椀策勳，不減凌烟。

附録

茶寮記一卷　内府藏本

明陸樹聲撰。樹聲有《平泉題跋》，已著録。樹聲初入翰林，與嚴嵩不合，罷歸。後張居正柄國，欲招致之，亦不肯就。此編即其家居之時，與終南山僧明亮同試天池茶而作。分人品、品泉、烹點、嘗茶、茶候、茶侶、茶勳七則，均寥寥數言，姑以寄意而已，不足以資考核也。（《四庫全書總目》卷一一六）

〔校證〕

〔一〕有雲霞泉石磊塊胸次間者　『泉石』，《茶書全集》甲、乙二本皆作『石泉』。

〔二〕超軼世味　同右引『世味』下有『者』字。羲勝。

茶考

〔明〕陳　師

〔提要〕

《茶考》，明代茶書。一卷，陳師撰。陳師，字思貞，號貞亭、復生子。錢塘人。嘉靖三十一年（一五五二）會試副榜，《四庫總目》卷一二七誤作壬戌，即嘉靖四十一年（一五六二）。授華亭縣教諭，官至永昌（治今雲南保山）知府。撰有《覽古評語》五卷、《禪寄筆談》十卷、《續談》五卷等。又有《復生子稿》（卷亡）等，衛承芳跋稱其著書多達數十種，多已佚。其生卒年雖不可確考，但大致可推知其生於正德年間，萬曆二十三年（一五九五）成《覽古評語》時已年近八十，則享有高壽。從是書衛跋可知，他賦閑後曾在家鄉杭州有較長時間的讀書、著作生涯。其生平事略見《皇明世説新語》卷四，《明詩綜》卷五三小傳，《四庫總目》卷一二七，《千頃目》卷一二、二四等。

《茶考》當成書於其晚年，即萬曆二十一年（一五九三）或稍前，是書衛跋已明言之。本書僅五則，凡千餘字。其中第二條辨山東蒙陰縣蒙山石蘚實非茶，乃僞茶，與四川雅山的蒙頂茶有天壤之别，對當時士大夫奉之若病狂，趨之若鶩的不學無術，無異當頭棒喝。其末則對起源於宋代的杭俗撮泡茶也深致不滿，認爲僅泡一次味不盡出而棄之，未得品賞之雅趣，且又浪費可惜。又云將菓品尤其是鹹味醃貨入茶，不僅有損茶味，且有害健康，尤爲卓見。餘則如其《評語》，抄輯前人成説，無太大價值。是書僅有《茶書全集》本，今據以點校，酌校所引原典資料。順便指出，徐𤊹撰有《茶考》一文，乃關於考辨武夷茶聲名鵲起於元明之際的茶文，全文不過七百餘字，實在算不上一種茶書，但陸廷燦《續茶經》卷下《九之略》卻著録爲一種茶書。今僅著録於存目。

茶考

陸龜蒙自云：嗜茶，作《品茶》一書，繼《茶經》《茶訣》之後。自注云：《茶經》，陸季疵撰，即陸羽也。羽字鴻漸，季疵或其別字也。《茶訣》今不傳，及覽《事類賦》，多引《茶訣》〔一〕。此書間有之，未廣也。

世以山東蒙陰縣山所生石蘚，謂之蒙茶，士夫亦珍重之，味亦頗佳。殊不知，形已非茶，不可煮，又乏香氣，《茶經》所不載也。蒙頂茶，出四川雅州，即古蒙山郡。其《圖經》云：蒙頂有茶，受陽氣之全，故茶芳香。《方輿一統志·土産》俱載之，《晁氏客語》亦言出自雅州〔二〕。李德裕丞相入蜀，得蒙餅〔三〕，沃於湯瓶之上，移時盡化，以驗其真。文彦博《謝人惠蒙茶》云〔四〕：『舊譜最稱蒙頂味，露芽雲液勝醍醐。』蔡襄有歌曰〔五〕：『露芽錯落一番榮』，吴中復亦有詩云〔六〕：『我聞蒙頂之巔多秀嶺』，『惡草不生生荈茗』。今少有者，蓋地既遠而蒙山有五峰，其最高曰上清，方産此茶。且時有瑞雲影見，虎豹龍蛇居之，人迹罕到，不易取。《茶經》品之於次者，蓋東蒙山，非此也。

世傳烹茶有一横一竪而細嫩於湯中者，謂之旗鎗茶。《麈史》謂之始生而嫩者爲一鎗，浸大而展爲一旗，過此則不堪矣。葉清臣著《茶述》曰：粉鎗末旗，蓋以初生如針而有白毫，故曰粉鎗，後大則如旗矣〔七〕。此與世傳之説不同，亦如《麈史》之意，皆在取列也。不知歐陽公《新茶詩》曰：『鄙哉穀雨鎗與旗』，王荆公又曰：『新茗齋中試一旗』，則似不取也。或者二公以雀舌爲旗鎗耳，不知雀舌乃茶之下品，今人認作旗鎗，非是。故沈存中詩云：『誰把嫩香名雀舌，定應北客未曾嘗。不知靈草天然异，一夜春風一寸長。』或二公又有别論。又觀東坡詩云〔八〕：『揀芽分雀舌，賜茗出龍團。』終未若前詩評品之當也。

予性喜飲酒而不能多，不過五七行。性終便嗜茶，隨地咀其味。且有知予而見貽者，大較天池爲上，性香軟而色青可愛，與龍井亦不相下。雅州蒙茶不可易致矣。若東甌之雁山次之，赤城之大磐次之，毘陵之羅〔岕〕又次之〔九〕。味雖可而葉粗，非萌芽倫也。宣城陽坡茶，杜牧稱爲佳品，恐不能出天池、龍井之右。古睦茶葉粗而味苦，閩茶香細而性硬，蓋茶隨處有之，擅名即魁也。

烹茶之法，唯蘇吴得之。以佳茗入磁瓶火煎，酌量火候，以數沸蟹眼爲節。如淡金黄色，香味清馥，過此而色赤，不佳矣。故前人詩云：『採時須是雨前品，煎處當來肘後方。』古人重煎法如此〔一〇〕。

若貯茶之法，收時用淨布鋪熏籠内，置茗於布上，覆籠蓋以微火焙之，火烈則燥。俟極乾晾冷，以新磁罐，又以新箬葉剪寸半許，雜茶葉實其中封固。五月、八月濕潤時，仍如前法烘焙一次，則香色永不變。然此須清齋自料理，非不解事蒼頭、婢子可塞責也。

杭俗烹茶，用細茗，置茶甌，以沸湯點之，名爲撮泡。北客多哂之，予亦不滿。一則味不盡出，一則泡一次而不用，亦費而可惜，殊失古人蟹眼鷓鴣斑之意。况雜以他果，亦有不相入者。味平淡者差可，如熏梅、鹹筍、腌桂、櫻桃之類，尤不相宜。蓋鹹能入腎，引茶入腎經消腎，此《本草》所載。又豈獨失茶真味哉！予每至山寺，有解事僧烹茶，如吴中置磁壺二小甌於案，全不用果奉客，隨意啜之。可謂知味而雅致者矣。

跋

永昌太守錢唐陳思貞少有書淫，老而彌篤。蹝脱郡組，市隱通都，門無雜賓，家無長物，時乎懸磬，亦復晏如。口誦耳聞，目睹足履，有會心慨志處，臚列手存，久而成卷。凡數十種，率膾炙人間。晚有兹編，愈出愈奇。豈中郎帳所能秘也。萬曆癸巳玄月，蜀衛承芳題〔二〕。

【校證】

〔一〕及覽事類賦多引茶訣　方案：宋・吴淑《事類賦注》三十卷，今存。無一字引及《茶訣》，殆陳氏誤記，或將《茶譜》與《茶訣》混爲一談歟？

〔二〕晁氏客語亦言出自雅州　《晁氏客語》，一卷，宋・晁説之（一〇五九——一一二九）撰。此誤作『客話』，據四庫本改。《客語》云：『雅州蒙山常陰雨，謂之漏天。産茶極佳，味如建品。』此即陳氏之所據。

〔三〕李德裕丞相入蜀得蒙餅　方案：此又陳氏張冠李戴之誤。李德裕以舒州産天柱峰茶湯沃肉，經宿盡化的故事，見《玉泉子》及《中朝故事》卷上、《太平廣記》卷四一二等。陳氏則謂以蒙茶沃湯餅，移時盡化。數字之間，誤之有三。

〔四〕文彦博謝人惠蒙茶云　引詩見《潞公文集》卷四《蒙頂茶》。

〔五〕蔡襄有歌曰　方案：此非蔡襄詩，乃范仲淹名作《和章岷從事鬥茶歌》中一句，見四庫本《范文正集》卷二，其詩景祐元年（一〇三四）作於睦州（治今浙江建德東北）。與蒙茶毫無關聯。又，引詩末字原作『榮』，此誤引作『新』，據改。十二字内作者、引詩、本事三誤，又未出詩題，四失之矣。

〔六〕吴中復亦有詩云　吴中復（一〇一一—一〇七九），字仲庶。興國軍永興人。舉進士，釋褐泗州昭信尉，遷金壇令，知犍爲縣，通判潭州。皇祐五年（一〇五三），孫抃薦爲監察御史裏行。至和元年（一〇五四），爲殿中侍御史裏行，彈罷宰相梁適，出通判虔州，未至，改知池州。二年，復召爲殿中侍御史裏行。嘉祐元年（一〇五六），再劾罷時相劉沆。二年，真除殿中侍御史，充言事御史，爲契丹正旦使。三年，進右司諫、管勾國子監。四年，以侍御史知雜事、判都水監。五年，擢户部副使，同判度支，時王安石爲判官。出知潭州。治平元年（一〇六四），徙知瀛州。改河東都漕。熙寧初，進龍圖閣直學士、知江寧府。三年（一〇七〇），知成德軍，改知成都。五年，知永興軍。八年，因反對新法，降授永興軍路權轉運使。元豐元年十二月卒，享年六十八歲。事見《長編》卷一七五、一七六、一八一、一八四—一八九、一九二、一九三、二一六、二三八、二四〇、二六〇、二六二、二八五、二九五，杜大珪《名臣碑傳琬琰之集》下卷一五《實録·吴中復傳》，《東都事略》卷七五，《宋史》卷三二二本傳等。其詩則見《錦繡萬花谷》續集卷一一，詩題爲《謝惠蒙頂茶》，『茘茗』，陳氏誤引作『淑茗』，據改。

〔七〕後大則如旗矣　方案：自本則『世傳』至此轉引自郎瑛《七修類稿》，文字與王得臣《麈史》、葉清臣《煮茶泉品》（方案：又譌作《茶述》，此乃唐裴汶撰，見本《全集》上編所收此二文提要）頗有出入，併下歐、王、沈等人茶詩，筆者在《茶集》《茶乘》《續茶經》諸書中已有校證，此勿重複出校，以免繁瑣。

〔八〕又觀東坡詩云　蘇軾詩見《東坡全集》卷八二《怡然以垂雲新茶見餉報以大龍團仍戲作小詩》。

〔九〕毘陵之羅岕又次之　『毘陵』，原譌倒作『陵毘』，據《咸淳毘陵志》書名改。爲常州之郡名古稱。又，『羅岕』，原譌作『羅楷』，據本《全集》中編所收之《羅岕茶記》等改。

〔一〇〕古人重煎法如此　方案：本則及上條，又見陳師《禪寄筆談》卷七，文全同。

〔一一〕萬曆癸巳玄月蜀衛承芳題　『癸巳』，萬曆二十一年（一五九三）；『玄月』，即九月，見《爾雅·釋天》。『衛承芳』，字君大，自號淇園居士。達州（治今四川達縣）人。隆慶二年（一五六八）進士。萬曆十年（一五八二），知温州府，後擢江西巡撫，官至南京户部尚書，加太子太保。善屬文，工草書，尤長律詩。撰有《曼衍集》、《淇園詩草》等。有清名，卒謚清敏。事見《大泌山房集》卷二〇《淇園詩草序》，同書卷二八《司徒衛公壽序》，温純《温恭毅集》卷四《乞知府久任疏》，《四川通志》卷九上，《江西通志》卷四七，《浙江通志》卷一五六，《别號録》卷九，《明史列傳》卷七七，《明史》卷二二一等。

茶録

〔明〕張　源

〔提要〕

《茶録》，明代茶書。一卷，張源撰。張源，字伯淵，號樵海山人，吴縣西山人。此地乃享譽中外的名茶碧螺春的産地，自宋『水月茶』發展而來，淵源有自。明代史料中，有多人名張源，但均與《茶録》作者生平不合。顧大典《茶録·序》論其人其書云：『志甘恬澹，性合幽栖，號稱隱君子。其隱於山谷間，無所事事，日習誦諸子百家言。每博覽之暇，汲泉煮茗，以自愉快。無間寒暑，歷三十年，疲精殫思，不究茶之指歸不已。故所著《茶録》，得茶中三昧。』『可謂纖悉具備』。據此則爲嗜茶博學之隱士。

《千頃目》卷九著録張源《茶録》一卷，惜其未注明據何版本著録。是書今僅見明·喻政編《茶書》乙本，刊於萬曆四十一年（一六一三），題作《張伯淵茶録》。屠本畯萬曆三十八年（一六一〇）成書的《茗笈》中已引用此書内容，則是書撰成時間似更早些。又，《茗笈》曾引《茶録·序》云：『其旨歸於色香味，其道歸於精燥潔』，已不見於今傳本顧大典引，疑爲自序或顧序外另有序言中語。十年前，檢閲明·姚可成匯輯《食物本草》卷一六時，發現附有中郎先生《茶譜》一卷，經比對，幾乎全同張源《茶録》。將《張伯淵茶録》改題爲《中郎茶譜》而收入《食物本草》，不外乎兩種可能。

其一，袁宏道（一五六八——一六一〇）字中郎，他在萬曆二十三至二十五年（一五九五——一五九七）間，任吴縣知縣，張源乃洞庭西山人，有可能與袁氏相識，或贈以《茶録》抄本，或委託其刊行。袁宏道因而得其本而加提要録副。此文不見於《袁中郎集》，因此，不存在袁氏攘爲己有的嫌疑。其二，即爲書賈盜用袁宏道的文名，改題書名，從書中提煉出關於採茶、品泉、品茶三節文字，加上『初採爲茶，老而爲茗，再老爲荈』十二字，又在各篇篇題前加上序數字一、二、三、四而已。也許是抄手抄漏原第二十一則《拭盞布》，遂補在卷末，爲二十三則，而原在其下之《分茶盒》、《中道》二則成爲第二十一、二十二則。次序不同，也不排除書賈爲掩抄襲之迹而故意竄亂之可能。總之，兩書實乃一書而無疑，這在某種意義上，無意中爲《茶録》提供了一個校本。今以布目潮渢《中國茶書全集》上卷所收之喻乙本《茶録》爲底本，校以上述中郎《茶譜》本（簡稱中郎本），另《中國茶葉歷史資料選輯》（下簡稱陳朱本）亦録有張源《茶録》，其底本似應據南京圖書館藏喻政《茶書全集》乙本，即與布目影印本爲同一刊本，但仍有個别文字不同，原因不明，亦取以參校。另外，明清茶書中，如屠本畯《茗笈》、盧之頤《茗譜》、陸廷燦《續茶經》等多有引張源《茶録》者，既有一些溢出《茶書》乙本的内容，文字亦頗有異同，據此，似明代還存在另外版本系統的《茶録》。今匯校諸書，以期整理出一個較善之本。

從袁宏道任吴縣知縣期間有可能得見此書分析，此書之成，約在十六世紀末或稍前。是書凡二十三則，約二千字。乃作者三十年茶事實踐的經驗總結，心得體會。是明代茶書中極爲罕見的原創性精審之作。如其所云『造時精，藏時燥，泡時潔』的『精、燥、潔』三字經茶道，曾廣爲流傳。又如『上、中、下』投的投茶法，即根據不同季節冲泡碧螺春的方法，今猶爲茶藝館奉爲經典的不二法門。他如品泉、採茶、造茶、飲茶等條亦頗切實用，得之於其獨家體驗。此書與轉相抄襲、人云亦云的明代茶書及時尚相比，實乃迥出流品，不同凡響的精粹之作，在中國茶史上應具一席之地。

作序者顧大典，字道行，號衡寓（一作衡宇）。江蘇吴江人。隆慶二年（一五六八）進士。爲紹興府學教授，歷南京吏部郎中，萬曆十二年（一五八四）官山東按察副使，改福建提學副使，遭忌自免歸。大典擅詩詞曲賦，工山水、花卉，研習音律，酷嗜傳奇，堪稱多才多藝。撰有傳奇《青衫記》、《葛衣記》等，著作有《清音閣集》、《海岱吟》、《入閩遊草》、《北行集》、《園居稿》等。事具明·駱問禮《萬一樓集》卷三四《北行集序》，陳文燭《二酉園續集》卷四《入閩遊草序》等。從其免歸家居之時爲十六世紀九十年代初推斷，則《茶録》亦當成書於此際或稍後。

令人難以置信的是：《茶書》本竟將歐陽修《文忠集》卷六五《龍茶録後序》（此乃爲蔡襄《茶録》所題）改作《茶録後序》，附於張源《茶録》之後。明人利用『名人效應』以自重而已達不可思議程度，竟然讓宋人爲明人之書作《後序》，而全然不顧時歲倒流了五百四十九年（《後序》作於一〇六四年，而《茶書》乙本編刊於一六一三年）。今亟删此《後序》，而輯録沈周之跋，以存其真。

茶録引

洞庭張樵海山人，志甘恬澹，性合幽栖，號稱隱君子。其隱於山谷間，無所事事，日習誦諸子百家言。每博覽之暇，汲泉煮茗，以自愉快。無間寒暑，歷三十年，疲精殫思，不究茶之指歸不已。故所著《茶録》，得茶中三昧。余乞歸十載，夙有茶癖，得君百千言，可謂纖悉具備。其知者以爲茶，不知者亦以爲茶。山人盍付之剞劂氏，即王濛、盧仝復起，不能易也。吴江顧大典題。

茶録

採茶

採茶之候，貴及其時。太早則味不全，遲則神散。以穀雨前五日爲上，后五日次之，再五日又次之。茶芽紫者爲上，面皺者次之，團葉又次之，光面如篠葉者最下。徹夜無雲〔一〕，浥露採者爲上，日中採者次之，陰雨中不宜採。産谷中者爲上，竹下者次之，爛石中者又次之，黄砂中者又次之。

造茶

新採，揀去老葉及枝梗、碎屑。鍋廣二尺四寸，將茶一斤半焙之，候鍋極熱，始下茶急炒。火不可緩，待熟方退火，徹入篩中，輕團那數遍，復下鍋中。漸漸減火〔二〕，焙乾爲度。中有玄微〔三〕，難以言顯。火候均停，色香全美。玄微未究，神味俱疲。

辨茶

茶之妙，在乎始造之精，藏之得法，泡之得宜〔四〕。優劣定乎始鐺〔五〕，清濁系乎末火。火烈香清，鐺寒神倦〔六〕，火猛生焦〔七〕，柴疏失翠。久延則過熟，速起卻還生〔八〕。熟則犯黄，生則着黑。順那則甘，逆那則澀〔九〕。帶白點者無妨〔一〇〕，絶焦點者最勝。

藏茶

造茶始乾，先盛舊盒中，外以紙封口。過三日，俟其性復，復以微火焙極乾，待冷貯壜中。輕輕築實，以箬襯緊，將花筍箬及紙數重，封扎壇壜。上以火煨磚，冷定壓之。置茶育中，切勿臨風近火。臨風易冷，近火先黄。

火候

烹茶旨要〔一一〕，火候爲先。爐火通紅，茶銚始上〔一二〕。扇起要輕疾，待〔湯〕有聲，稍稍重疾〔一三〕，斯文武〔火〕之候也〔一四〕。〔若〕過於文則水性柔〔一五〕，柔則水爲茶降；過於武則火性烈，烈則茶爲水製。皆不足於中和，非茶家〔之〕要旨也〔一六〕。

湯辨

湯有三大辨，十五小辨〔一七〕。一曰形辨，二曰聲辨，三曰氣辨〔一八〕。形爲内辨，聲爲外辨，氣爲捷辨。如蝦眼、蟹眼、魚目連珠〔一九〕，皆爲萌湯；直至涌沸，如騰波鼓浪，水氣全消，方是純熟。如初聲、轉聲、振聲、駭聲〔二〇〕，皆爲萌湯；直至無聲，方是純熟。如氣浮一縷、二縷、三四縷〔二一〕，及縷亂不分、氤氲亂繞，皆爲萌湯；直至氣直冲貫，方是純熟。

湯用老嫩

蔡君謨湯用嫩而不用老。蓋因古人製茶，造則必碾，碾則必磨，磨則必羅，〔羅〕則茶爲飄塵飛粉矣〔二二〕。于是和劑印作龍鳳團〔二三〕，則見湯而茶神便浮〔二四〕，此用嫩而不用老也。今時製茶，不假羅磨〔二五〕，全具元體〔二六〕，（此）湯須純熟〔二七〕，元神始發也。故曰湯須五沸，茶奏三奇。

泡法

探湯純熟，便取起先注少許壺中，祛蕩冷氣，傾出，然后投茶。茶多寡宜酌，不可過中失正。茶重，則味苦香沉；水勝，則色清氣寡〔二八〕。兩壺後，又用冷水蕩滌，使壺涼潔〔二九〕，不則減茶香矣。罐熱則茶神不健〔三〇〕，壺清則水性常靈。稍俟茶水冲和，然後分釃布飲。釃不宜早，飲不宜遲。釃早則茶神未發，飲遲則妙馥先消〔三一〕。

投茶

投茶有序，毋失其宜〔三二〕。先茶後湯，曰下投；湯半下茶，復以湯滿，曰中投；先湯後茶，曰上投。春秋中投，夏上投，冬下投。

飲茶

飲茶，以客少爲貴。客衆則喧，喧則雅趣乏矣。獨啜曰神〔三三〕，二客曰勝，三四曰趣，五六曰泛，七八曰施。

香

茶有真香，有蘭香，有清香，有純香。表裏如一，曰純香；不生不熟，曰清香；火候均停，曰蘭香；雨前神具曰真香〔三四〕。更有含香、漏香、浮香、間香〔三五〕，此皆不正之氣。

色

茶以青翠爲勝，濤以藍白爲佳。黄黑紅昏，俱不入品。雪濤爲上，翠濤爲中，黄濤爲下。新泉活火，煮茗玄工；玉茗冰濤，當杯絶技〔三六〕。

味

味以甘潤爲上，苦澀爲下。

點染失真

茶自有真香，有真色，有真味。一經點染，便失其真。如水中着鹹〔三七〕，茶中着料，碗中着果，皆失真也。

茶變不可用

茶始造則青翠，收藏不法，一變至緑，再變至黄，三變至黑，四變至白。食之則寒胃，甚至瘠氣成積。

品泉

茶者水之神，水者茶之體。非真水，莫顯其神；非精茶，曷窺其體。山頂泉清而輕，山下泉清而重，石中泉清而甘，砂中泉清而洌，土中泉清而白〔三八〕。流於黄石爲佳，瀉出青石無用〔三九〕。流動者愈於安靜，負陰者勝於向陽〔四〇〕。真源無味，真水無香。

井水不宜茶

《茶經》云：山水上，江水次，井水最下矣。第一，方不近江，山卒無泉水〔四一〕。惟當多積梅雨。其味甘和，乃長養萬物之水。雪水雖清，性感重陰，寒人脾胃，不宜多積。

貯水

貯水甕須置陰庭中，覆以紗帛，使承星露之氣[四二]，則英靈不散，神氣常存。假令壓以木石，封以紙箬，曝於日下，則外耗其神，内閉其氣，水神敝矣。飲茶，惟貴乎茶鮮水靈。茶失其鮮，水失其靈，則與溝渠水何异！

茶具

桑苧翁煮茶用銀銚[四三]，謂過於奢侈。後用瓷器，又不能持久，卒歸于銀。愚意：銀者宜貯朱樓華屋，若山齋茅舍，惟用錫銚[四四]，亦無損於香色味也。但銅鐵忌之。

茶盞

盞以雪白者爲上[四五]，藍白者不損茶色，次之[四六]。

拭盞布

飲茶前後，俱用細麻布拭盞。其他易穢，不宜用。

分茶盒

盒以錫爲之〔四七〕，從大壜中分出〔四八〕，用盡再取〔四九〕。

茶道

造時精，藏時燥，泡時潔。精、燥、潔，茶道盡矣。其旨歸於色香味，其道歸於精燥潔〔五〇〕。

跋茶録　沈　周〔五一〕

樵海先生，真隱君子也。平日不知朱門爲何物？曰偃仰於青山白雲堆中，以一瓢消磨平生，蓋實得品茶三昧，可以羽翼桑苧翁之所不及。即謂先生爲茶中董狐可也！（轉引自《續茶經》茶下之二）

〔校證〕

〔一〕徹夜無雲　『徹』，原作『撤』，據中郎本《茶録》改。

〔二〕漸漸減火　『減』，中郎本作『滅』，底本義長。

〔三〕中有玄微　『有』，中郎本作『爲』，底本義勝。

〔四〕泡之得宜　『泡』，《茗笈》、《茗譜》、《續茶經》皆引作『點』。

〔五〕優劣定乎始鐺　『鐺』，底本原作『鍋』，據同右引三書改。

〔六〕鐺寒神倦　『鐺』，原作『鍋』，亦據同右引改。

〔七〕火猛生焦　『猛』，同右引三書作『烈』。

〔八〕速起卻還生　『速』，原作『早』，據同右引改。

〔九〕順那則甘逆那則澀　八字，同右引三書無，疑已删。

〔一〇〕帶白點者無妨　『點者』，中郎本作『帶赤』。

〔一一〕烹茶旨要　『旨』，中郎本作『者』，底本義勝。

〔一二〕茶銚始上　『銚』，原作『瓢』，據《茗笈》、《茗譜》、《續茶經》改。

〔一三〕待湯有聲稍稍重疾　『湯』，原脱，據同右引三書補。『重疾』，《茗譜》作『疾重』。

〔一四〕斯文武火之候也　『火』，原無，據同右引三書補。『斯』下，《茗譜》引文有『則』字。

〔一五〕若過於文則水性柔　『若』，原無，據同右引三書補。

〔一六〕非茶家之要旨也　『之』，原無，據同右引補。

〔一七〕十五小辨　四字，同右引三書無。

〔一八〕三曰氣辨　『氣』，同右引作『捷』，據上下文意，底本作『氣』，是。

〔一九〕魚目連珠　『目』，原作『眼』，據同右引三書改。

〔二〇〕如初聲轉聲振聲駭聲　『駭』，原作『驟』，據同右引三書改。

〔二一〕如氣浮一縷二縷三四縷　『氣浮』，中郎本作『浮氣』；『四』，同右引三書無。

〔二二〕羅則茶爲飄塵飛粉矣　『羅』，原涉上重字而脱，據中郎本補。

〔二三〕于是和劑印作龍鳳團　自本則首『蔡君謨』起，至此句凡四十五字，同右引三書删存爲『蔡君謨碾磨作餅』七字。

〔二四〕則見湯而茶神便浮　『湯』、『浮』二字，同右引三書作『沸』、『發』。

〔二五〕不假羅磨　『假』，《茗譜》、《續茶經》引作『暇』；『磨』，中郎本作『研』。

〔二六〕全具元體　《茗笈》同底本，同右引二書則作『仍具全體』。

〔二七〕湯須純熟　『湯』上，原有『此』字，據同右引三書删。

〔二八〕則色清氣寡　『色』，陳朱本作『包』，似形譌。『氣』，中郎本作『香』，義長。

〔二九〕使壺涼潔　『涼』，中郎本作『冷』。

〔三〇〕罐熱則茶神不健　『熱』，原譌作『熟』，據中郎本及上下文意改。

〔三一〕釃早則茶神未發飲遲則妙馥先消　『釃』、『飲』原脱，據同右引三書補。

〔三二〕毋失其宜　『失』，中郎本及右引三書同，陳朱本作『使』，似誤。

〔三三〕獨啜曰神　『神』，《茗笈》、《茗譜》、《續茶經》作『幽』。

〔三四〕雨前神具曰真香　『神』，中郎本作『純』。

〔三五〕更有含香漏香浮香間香　『間』，原作『問』，據中郎本及上下文義改。

〔三六〕當杯絶技　『杯』，中郎本、陳朱本同，似應據上下文意改作『懷』，『懷』字之簡體作『怀』，疑形近而譌。

〔三七〕如水中着鹹　『鹹』，中郎本作『鹽』。

〔三八〕土中泉清而白　『清』，原作『滄』，據同右引三書及《廣羣芳譜》卷二一、《格致鏡原》卷八引文改。又，『白』，《續茶經》、《廣羣芳譜》、《鏡原》作『厚』。

〔三九〕流於黄石爲佳瀉出青石無用　此十二字，同上《續茶經》、《廣譜》、《鏡原》均在本則末句『真水無香』下。又，『黄石』、『青石』下，《茗譜》有『紫石』、『黑石』四字，諸本皆無。

〔四〇〕負陰者勝於向陽　句下，同右引《續茶經》等三書有『山削者泉寡，山秀者有神』十字。又，陳繼儒《茶話》『山削』又作『山峭』。

〔四一〕第一方不近江山卒無泉水　中郎、陳朱本同。疑『第一』或『地』之譌，『江山』，中郎本作『江水』，如是，『水』當下讀，亦通。『第一』，疑有誤。

〔四二〕使承星露之氣　『星』，中郎本作『霜』。

〔四三〕桑苧翁煮茶用銀銚　『銚』原作『瓢』，據《茗笈》、『茗譜』、《續茶經》改。《茶經》作『鍑』，即銚。

〔四四〕惟用錫銚　『銚』原作『瓢』，據同右引改。

〔四五〕盞以雪白者爲上　『盞』及標目『茶盞』，中郎本及《茗笈》、《茗譜》、《續茶經》均引作『茶甌』，當是。又，《茗笈》、《茗譜》無『雪』字。

〔四六〕藍白者不損茶色次之　同右引三書作『藍者次之』。

〔四七〕盒以錫爲之　句上,同右引三書皆有『茶盒,以貯茶』五字,『以』,又作『用』。義勝。

〔四八〕從大壜中分出　『出』,原作『用』,據同右引三書改。

〔四九〕用盡再取　同右引三書作『若用盡時再取』,似據補『若』、『時』二字文意完備。

〔五〇〕其旨歸於色香味其道歸於精燥潔　此十四字原無,據《茗笈》、《茗譜》補。似非張源《茶録·茶道》中語。屠本畯《茗笈》稱引自《茶録序》,則似《茶録》除顧大典引外,還有自序或他人之序,或今已佚。另,《茗譜》乃筆者新輯之茶書,原出盧之頤《本草乘雅半偈》卷七《茗》附録。詳是書提要。

〔五一〕沈周　沈周(一四二七—一五〇九),事見《續茶經》卷下之二拙釋。從沈周跋亦可證張源《茶録》成於十五世紀之末。

茶經

〔明〕張謙德

〔提要〕

《茶經》，明代茶書。一卷，張謙德撰。張謙德，字叔益，後改名丑，改字青父（甫），號米庵、遽覺生。崑山人。其室名、齋名、别號有寶米軒、寶米庵、真晉庵、奥曠巢、鎸史堂、亭亭山人。從其名號可知其對宋代米芾（一〇五一—一一〇七）之推崇備至。謙德爲明代著名書畫收藏家、鑒賞家，與宋代黄伯思（一〇七三—一一一二）齊名。其家『四世收藏，於前代卷軸所見特廣』。其代表作爲《清河書畫舫》十二卷，享有盛譽。其書末卷乃《鑒古百一詩》，皆『丑自爲』。此外，還撰有《真迹實録》五卷、《瓶花譜》一卷等。

《四庫全書總目》卷一三四《子部·雜家類存目》著録謙德父張應文有《張氏藏書》四卷，謂收書凡十種，其中《清秘藏》二卷已附見其子張丑《清河書畫舫》而行，實存九種。《提要》此説誤甚，乃未檢原書之失。編者、卷數、收書種數皆誤，殆耳食之言。檢《中國古籍善本書目·子部·譜録類》著録有《張氏藏書》三種，均稱收書十三種，凡十五卷，明張丑編。其一，萬曆刻本，有葉德輝等人跋，存十一種十三卷，今藏湖南省圖書館。其子目爲：（一）《簞瓢樂》一卷；（二）《老圃一得》二卷；（三）《羅鍾齋蘭譜》一卷；（四）《彝齋藝菊譜》一卷（以上張應文撰）；（五）《焚香略》一卷；（六）《清秘藏》二卷（以上張應文口授，張丑筆述）；（七）《山房四友譜》一卷；（八）《茶經》一卷；（九）《瓶花譜》一卷（以上張丑撰）；（十）《清供品》一卷，張應文撰；（十一）《硃砂魚譜》一卷，張丑撰。其二，萬曆刊本，今存五種六卷，藏南京圖書館。其子目爲：（一）《先天換骨新譜》及《圖》各一卷，張應文撰，爲上述十一種本所無；（二）《焚香略》一卷（父子合撰）；（三）—（五），均張丑撰，各一卷，即同上述十一種本之（七）—（九）。其三，亦南圖所藏明抄殘本，有清丁丙跋；今存五種五卷，全爲張丑撰，各一卷。其第（一）—（三）、（五）四種即爲上述湘館所藏十一種本的（七）—（九）、（十一）四種。溢出之第（四）種乃《野服考》一卷。因此，合此三本，去其重複（可作校本），《張氏藏書》十三種十五卷仍爲完本。其中，張應文撰六種七卷（圖一卷不計），張丑撰五種五卷，父子合撰二種三卷。此書是張謙德所編而非乃父應文編明矣。

張應文，字茂實，一字彝甫，號巢居子。崑山人。齋名、室名有彝齋、羅鐘齋（方案：《千頃堂書目》著録其有《羅籬齋蘭譜》二卷，『籬』，當爲『鐘』之譌，二卷，或抄本析卷）、怡顔堂、萬花小隱等，別號石甂老圃、被褐先生等。《四庫提要》卷一二三稱其『崑山監生，屢試不第』，撰有《巢居小稿》（《千頃堂書目》卷二四），《國香集》（詩集）等。王世貞與之交誼甚深，頗加推譽。見《弇州四部稿·續稿》卷四五《國香集序》，同書卷一六〇《題張應文雜著後》、《張應文詩跋後》。

張謙德《茶經》卷首有自序，署萬曆丙申春，即撰於萬曆二十四年（一五九六）。其書或即成於是年或稍前，今存者僅《張氏藏書》本、南圖藏明鈔本和民國美術叢書本（二集第十輯）。今以四庫存目叢書影印本爲底本，校以明鈔（陳朱本即據此書過録）和美術本（國圖藏『茶道』影印本全同美術本）加以標點整理。全書約二千餘字，凡二十八則，分上中下三篇，分別論茶、烹、器，大抵抄輯前人之論，尤多録蔡襄《茶録》之文；間有己意，引申發揮。如其自序所言，乃『折衷諸書，附益新意，勒成三篇，僭名《茶經》』而已。因筆者已對《茶經》、《茶譜》、《茶録》、《茶乘》、《茗笈》、《品茶要録補》等作過較詳校勘並一一注明出處，本書僅用校勘法處理，可參閱上引諸書及其校記。

茶經

序

古今論茶事者，無慮數十家。要皆大闇小明，近鬯遠泥。若鴻漸之《經》，君謨之録，可謂盡善盡美矣。第其時法，用熟碾細羅，爲丸爲(挺)〔鋌〕，今世不爾，故烹試之法，不能盡與時合。迺於暇日，折衷諸書，附益新意，勒成三篇，僭名《茶經》，授諸棗而就正博雅之士。萬曆丙申春孟哉生魄日，籧覺生張謙德言。

上篇　論茶

茶産

茶之産於天下多矣：若姑胥之虎丘、天池，常州之陽羡，湖州之顧渚紫筍，峽州之碧澗明月，劍南之蒙頂石花〔一〕，建州之北苑先春龍焙〔二〕，洪州之西山白露、鶴嶺，睦州之鳩坑〔三〕，東川之獸目，綿州之松嶺，福州之柏巖，雅州之露芽，南康之雲居，婺州之舉岩碧乳，宣城之陽坡横紋，饒、池之僊芝、福合、禄合、(連)〔運〕合、慶合，壽州之霍山黄芽，邛州之大井、思安，渠江之薄片，巴東之真香〔茗〕，蜀州之雀舌、鳥嘴、片甲、蟬翼，潭州之獨行、靈草，彭州之仙崖、石(蒼)〔花〕，臨江之玉津，袁州之金片、緑英，龍安之騎火，涪州之賓化，黔陽之都濡高枝，瀘州之納溪梅嶺，建安之青鳳髓、石岩白，岳州之〔生〕黄、翎毛、含膏(冷)之數者，其名皆著[四]。品第之：則虎丘最上，陽羨、真岕、蒙頂、石花次之，又其次則姑胥天池、顧渚紫筍、碧澗明月之類是也，餘惜不可考耳。

採茶

凡茶，須在穀雨前採者爲佳。其日有雨不採，晴有雲不採，晴採矣。又必晨起承日未出時摘之。若日高露晞，爲陽所薄，則芽之膏腴立耗於内，後日受水亦不鮮明，故以早爲貴。又，採芽必以甲，不以指。以甲，則速斷不柔；以指，則多温易損。須擇之必精，濯之必潔，蒸之必香，火之必良，一失其度，便爲茶病。茶貴早，尤貴味全。故品茶者有一旗二鎗之號，言一葉二芽也。採摘者亦須識得。

造茶

唐宋時，茶皆碾羅，爲丸爲鋌。南唐有研膏，有蠟面，又其佳者曰京鋌。宋初有龍鳳模，號石乳、的乳、白乳，而蠟面始下矣。丁晉公進龍鳳團，蔡君謨進小龍團而石乳等下矣。神宗時，復造密雲龍，哲宗改爲瑞雲翔龍，則益精而小龍團下矣。徽宗品茶，以白茶第一，又製三色細芽，而瑞雲翔龍下矣。已上茶雖碾羅，愈精巧，其天趣皆不全。至宣和庚子，漕臣鄭可(聞)〔簡〕始創爲銀絲(冰)〔水〕芽，蓋將已熟茶芽再剔去，祇取心壹縷，用清泉漬之，光瑩如銀絲。方寸新銙，小龍蜿蜒其上，號龍團勝雪。去龍腦諸香，極稱簡便而天趣悉備，永爲不更之法矣。

茶色

茶色貴白，青白爲上，黄白次之。青白者，受水鮮明；黄白者，受水昏重，故耳。徐視其面色鮮白，著盞無水痕者爲嘉。凶繼緣鬬試家以水痕先〔退〕者爲負，耐久者爲勝，故較勝負之説，曰相去一水兩水〔五〕。

茶香

茶有真香，好事者入以龍腦諸香，欲助其香，反奪其真，正當不用。

茶味

茶味主於甘滑，然欲發其味，必資乎水。蓋水泉不甘損茶真味，前世之論水品者以此。甘滑，渭輕而不滯也。

别茶

善别茶者，正如相工之視人氣色，隱然察之於内焉。若嚼味嗅香，非别也。

茶效

人飲真茶，能止渴消食，除痰少睡，利水道，明目益思〔六〕，除煩去膩，夫人不可一日無者。所以收焙、烹點之法，詳熟於後。

中篇　論烹

擇水

烹茶，擇水最爲切要。唐陸鴻漸品水云：『山水上，江水（中）〔次〕，井水下。山水，乳泉石池（慢）〔漫〕流者上，瀑湧湍漱勿食之。久食，令人有頸疾。江水取去人遠者，井水取汲多者。』其言雖簡，而於論水盡矣。吾家又新著《煎茶水記》，專一品水，其論比鴻漸精而加詳。第余不得一一試之，以驗其説。據已嘗者言之，定以惠山寺石泉爲第一，梅天雨水次之。南濡水難真者，真者可與惠山等。吴淞江水、虎丘寺石泉，凡水耳，雖然或可用。不可用者，井水也。

候湯

蔡君謨云：烹試之法，候湯最難。故茶須緩火炙，活火煎。活火，謂炭火之有燄者。當使湯無妄沸，庶可養茶。始則魚目散布，微微有聲；既則四邊泉湧，纍纍連珠；終則騰波鼓浪，水氣全消，謂之老湯。三沸之法，非活火不能成也。

點茶

茶少湯多，則雲腳散；湯少茶多，則（乳）〔粥〕面聚。

用炭

茶宜炭火，茶寮中當别貯淨炭聽用。其曾經燔炙爲膻膩所及者，不用之。唐陸羽《茶經》曰：『膏薪庖炭，非火也。』

洗茶

凡烹蒸熟茶，先以熱湯洗一兩次，去其塵垢、冷氣而烹之，則美。

熁盞

凡欲點茶，先須熁盞令熱，則雲腳方聚；冷，則茶色不浮。

滌器

一切茶器，每日必時時洗滌始善。若膻鼎腥甌，非器也。

藏茶

茶宜蒻葉而畏香藥，喜温燥而忌濕冷。故收藏之家以蒻葉封裹入焙中，兩三日一次用火〔七〕，常如人體温温，則禦濕潤〔八〕；若火多，則茶焦不可食。

炙茶

茶或經年，則香味色俱陳。宜以武火炙一次，須時時看之，勿令其焦，以透爲度。又當年新茶，遇梅天陰雨，亦可用此法。

茶助

茶之真而粗者，價廉易辨，只乏甘香耳。每壺加甘菊花三五朵，便甘香悉備。更能以缸器蓄天雨水，則惠山即在目前矣。

茶忌

茶有真香，有佳味，有正色，烹點之際，不宜以珍果、香草雜之。

下篇　論器

茶焙

茶焙，編竹爲之，裹以蒻葉。蓋其上，以收火也；隔其中，以有容也。納火其下，去茶尺許，常温温然，所以養茶色香味也。

茶籠

茶不入焙者，宜密封，裹以蒻，籠盛之。置高處，不近濕氣。

湯鉼

鉼要小者，易候湯，又，點茶注湯有準。瓷器爲上，好事家以金銀爲之，銅錫生鉎，不入用。

茶壺

茶性狹，壺過大則香不聚，容一兩升足矣。官、哥、宣、定爲上，黄金、白銀次，銅錫者，鬬試家自不用。

茶盞

蔡君謨《茶録》云：『茶色白，宜黑盞。建安所造者，紺黑紋如兔毫。其坯微厚，熁之，久熱難冷，最爲要用。出他處者，或薄、或色紫，皆不及也。其青白盞，鬬試家自不用。』此語，就彼時言耳。今烹點之法，與君謨不同。取色，莫如宣定；取久熱難冷，莫如官哥。向之建安黑盞，收一兩枚，以備一種略可。

紙囊

紙囊，用剡溪藤紙白厚者夾縫之，以貯所炙茶，使不泄其香也。

茶洗

茶洗以銀爲之，製如碗式，而底穿數孔，用洗茶葉。凡沙垢，皆從孔中流出，亦烹試家不可缺者。

茶瓶

缾，或杭、或宜興所出寬大而厚實者，貯芽茶，乃久久如新而不減香氣。

茶罏

茶罏，用銅鑄如古鼎形，四周飾以獸面饕餮紋，置茶寮中，乃不俗。

〔校證〕

〔一〕劍南之蒙頂石花　『劍南』，原譌倒作『南劍』，據《太平御覽》卷八六七、《茶譜》、《紺珠集》卷三、《海録碎事》卷六等改。

〔二〕建州之北苑先春龍焙　『北苑』，原譌作『北院』，據《全芳備祖》後集卷二八引《茶譜》改。

〔三〕睦州之鳩坑　『睦州』，原作『穆州』，據同右引改。

〔四〕其名皆著　方案：以上大致抄自《品茶要録補》及錢椿年《茶譜》。張氏所引，錯譌極多，據以校改或徑改。參見程氏之書拙校〔八〕、〔九〕等。

〔五〕曰相去一水兩水　『一水』，底本原作『壹水』，據蔡襄《茶録》及本書『美術』、『茶道』本改。

〔六〕利水道明目益思　『道』，同右引二本作『兼』。

〔七〕兩三日一次用火　『一』，底本原作『壹』，據同右引二本及《茶録》改。

〔八〕則禦濕潤　『則』，《茶録》作『以』。又，本則全文録自蔡襄《茶録》。

茶疏

〔明〕許次紓

〔提要〕

《茶疏》，明代茶書。一卷，許次紓撰。許次紓（一五四九—一六〇四），字然明，號南華。錢塘（治今浙江杭州）人。許應元（一五〇六—一五六五）幼子。應元字子春，號茗山，嘉靖十一年（一五三二）進士，官至廣西布政使，廉介自守，所至有聲。工詩文，有《許水部稿》。次紓『跛而能文，好蓄奇石，又好客，性不善飲』（《東城雜記》卷上）。因跛足而未能出仕，出身於士大夫詩書之家的家庭背景，使他養成嗜茗賞石的愛好。也許是從父宦遊，使他到過許多地方。其《茶疏·擇水》自述云：曾『經行兩浙、兩都、齊魯、楚粵、豫章、滇黔』等地，遊蹤遍及大半個中國。故其博聞廣識，頗獲益於讀萬卷書，行萬里路，得自目睹耳聞的切身體驗。其所居在杭城之東，居室臨池，環境優雅。交遊頗廣，於許世奇、姚紹憲等泉石至交、茶中摯侶相知尤深。其所著詩文甚富，結集有《小品室》、《簜櫛齋》二集，因未刊刻，今已佚失。今傳世僅《茶疏》一卷。事具馮夢楨《快雪堂集》卷一三《許次公然明墓誌銘》，清·厲鶚《東城雜記》卷上《許然明》等。

《茶疏》約撰於萬曆中，即十六、十七世紀之交的數年（一五九六—一六〇二）間。次紓生前未刊，據許世奇序稱：

他於萬曆二十四年（一五九六）與次紓同遊龍井，數年後得見是書。許世奇（字才甫）序又云：「然明歿後三年，托夢於他，請生前友人刊行此書，才甫因而『授之剞劂』。萬曆丁未（三十五年，一六〇七）世奇攜其書訪姚紹憲，《茶疏》始刻於是年無疑，許、姚二序同載斯事，可相印證。姚序述是書緣起曰：『許然明，余石交也，亦有嗜茶之癖。每茶期，必命駕造余齋頭汲金沙、玉竇二泉，細啜而探討品騭之。余罄生平習試自秘之訣，悉以相授。故然明得茶理最精，歸而著《茶疏》一帙，余未之知也。』姚氏自童稚至白首皆嗜茶而得『臻其玄旨』，可見許然明茶道，多得之於二三茶中知己長期茶事實踐的共同體驗。

《茶疏》，《千頃堂書目》卷九著録作《岕茶疏》，或因其中有關於岕茶的内容而改題。全書凡五千餘字，分三十六則。《四庫全書總目》卷一一六稱『凡三十九則』，似誤計，《鄭堂讀書記》作三十則，當爲脱一『六』字。全書大致爲論述十六世紀後五十年間的明代茶産、製法、茶藝、烹點、收藏等茶事内容，間及考證。《四庫提要》批評是書『考證殊爲疏舛』，實乃責之細苛，且又未允。《茶疏》不失爲明代茶書中極爲難得的原創性佳作，因是作者與友人藝茶的實録，代表了當時茶道的時尚和茶藝的水平。當然，其所敘亦偶有疏誤，如其《考本》條稱茶不可移植，就顯爲想當然之説。因爲早在五百餘年前的北宋，黄儒《品茶要録》就已指出：茶是可以『移栽植之』的。這也證明，即使是明代最爲出色的茶書，也仍遜乎宋人茶書的水平。

《茶疏》版本，主要有萬曆三十五年（一六〇七）許世奇刊本，今已佚；今存者，有《寶顔堂秘笈》本（有許序，下簡稱秘笈本）、《茶書全集》乙本、《居家必備》本、《欣賞編》本、《廣百川學海》本、《説郛叢書》本等；《續説郛》、《古今圖書集成》本乃未完之本；《續茶經》、《格致鏡原》録其部分内容，亦可視爲參校之本。《四庫全書》著録於子部存目，今齊魯書社《四庫全書存目叢書》已收入《茶疏》，其據湖南省圖書館藏明萬曆四十一年（一六一三）刻茶書二十種本影印。經校勘，此本與《茶書全集》乙本全同，顯爲同一刻本。喻政《茶書全集》乙本收書凡二十八種，此稱二十種，或已缺八種。唯四庫存目本，即以喻乙本爲底本則無疑也。通校諸本，文本間文字差異不太大，今以存目本爲底本，以寶顏堂秘笈本爲主要校本而酌校諸本。又，《茶疏》姚序後原有目録，今因正文各條目名全同，故删目録。是本有《叢書集成》本，不僅點校有失，且文字遠不如秘笈本；是本又有《中國古代茶道秘本五十種》影印本（全國圖書館文獻縮微複製中心據國圖藏本影印，二〇〇三年六月），題作《陳眉公訂正許然明先生茶疏》，與喻乙本及存目本僅少量文字有不同，所謂『訂正』者乃名不符實。《中國茶葉歷史資料選輯》（農業出版社一九八一年版）亦收《茶疏》，不僅删《童子》一則，《良友》一則有目無文；且從其文字看，同陳繼儒秘笈本及喻乙本頗有不同；其次序，則與秘笈本、喻乙本、存目本皆不同。《日用頓置》和《包裹》條互乙，原爲第二十二、二十三則之《論客》、《茶所》兩條被後移至原第三十一則《權宜》之後，未審其所據爲何本。或爲出不同於喻乙本及秘笈本的另一版本系統歟？今亦姑列爲參校本之一（仍簡稱爲陳朱本）。其餘今人點校本則均不取校。個别之處，還輔以他校和理校。此書已有日本譯注本，分别收入青木正兒《中華茶書》本，中村喬《中國の茶書》本。此外，還有布目潮渢編《中國茶書全集》影印本（汲古書院一九八七年版），此本底本，即今庋藏在日本内閣文庫的喻乙本。

題許然明《茶疏》序

陸羽品茶，以吾鄉顧渚所産爲冠，而明月峽尤其所最佳者也。余闢小園其中，歲取茶租，自判童而白首，始得臻其玄詣。武林許然明，余石交也。亦有嗜茶之癖。每茶期，必命駕造余齋頭，汲金沙、玉竇二泉，細啜而探討、品騭之。余罄生平習試自秘之訣，悉以相授。故然明得茶理最精，歸而著《茶疏》一帙，余未之知也。

然明化三年所矣，余每持茗碗，不能無期牙之感。丁未春，許才甫携然明《茶疏》見示，且徵於夢。然明存日，著述甚富，獨以清事托之故人，豈其神情所注，亦欲自附於《茶經》不朽與。昔鞏民陶瓷，肖鴻漸像，沽茗者必祀而沃之。余亦欲貌然明於篇端，俾讀其書者，并挹其豐神可也。

萬曆丁未春日，吴興友弟姚紹憲識於明月峽中。

茶疏

產茶

天下名山，必産靈草。江南地暖，故獨宜茶。大江以北，則稱六安。然六安乃其郡名，其實産霍山縣之大蜀山也，茶生最多，名品亦振。河南、山陜人皆用之。南方謂其能消垢膩，去積滯，亦共寶愛。顧彼山中不善製造〔一〕，就於食鐺大薪炒焙〔二〕，未及出釜，業已焦枯，詎堪用哉！兼以竹造巨筍，乘熱便貯，雖有緑枝紫筍，輒就萎黄，僅供下食，奚堪品鬭！江南之茶，唐人首稱陽羨，宋人最重建州，於今貢茶，兩地獨多。陽羨僅有其名，建茶亦非最上，惟有武夷雨前最勝。近日所尚者爲長興之羅岕，疑即古人顧渚紫筍也。介於山中謂之岕，羅氏隱焉，故名羅。然岕故有數處，今惟洞山最佳。姚伯道云：明月之峽，厥有佳茗，是名上乘。要之採之以時，製之盡法，無不佳者。其韻致清遠，滋味甘香，清肺除煩，足稱仙品，此自一種也。若在顧渚，亦有佳者，人但以水口茶名之，全與岕别矣。若歙之松羅，吴之虎丘，錢唐之龍井，香氣濃鬱，並可雁行，與岕頡頏。

往郭次甫亟稱黄山，黄山亦在歙中，然去松羅遠甚。往時士人皆貴天池，天池産者，飲之略多，令人脹滿。自余始下其品，向多非之。近來賞音者，始信余言矣。浙之産，又曰天台之雁宕，栝蒼之大盤，東陽之金華，紹興之日鑄，皆與武夷相爲伯仲。然雖有名茶，當曉藏製。製造不精，收藏無法，一行出山，香味色俱減。錢塘諸山，産茶甚多，南山盡佳，北山稍劣。〔北山勤於用糞，茶雖易茁，氣韵反薄。往時頗稱睦之鳩坑，四明之朱溪，今皆不得入品。武夷之外有泉州之清源，倘以好手製之，亦是武夷亞匹，惜多焦枯，令人意盡。楚之産曰寶慶，滇之産曰五華，此皆表表有名，猶在雁茶之上。其他名山所産，當不止此。或余未知，或名未著，故不及論。

今古製法

古人製茶，尚龍團鳳餅，雜以香藥〔三〕。蔡君謨諸公皆精於茶理，居恒鬬茶，亦僅取上方珍品碾之，未聞新製。若漕司所進第一綱名北苑試新者，乃雀舌、水芽所造〔四〕。一（夸）〔銙〕之直，至四十萬錢，僅供數盂之啜，何其貴也！然水芽先以水浸，已失真味，又和以名香，益奪其氣，不知何以能佳？不若近時製法，旋摘旋焙，香色俱全，尤藴真味。

採摘

清明穀雨，摘茶之候也。清明太早，立夏太遲，穀雨前後，其時適中。若肯再遲一二日期，待其氣力完足，香烈尤倍，易於收藏。梅時不蒸，雖稍長大，故是嫩枝柔葉也。杭俗喜於盂中撮點，故貴極細，理煩散鬱，未可遽非。吴淞人極貴吾鄉龍井，肯以重價購雨前細者，狃於故常，未解妙理。岕中之人，非夏前不摘。初試摘者，謂之開園；採自正夏，謂之春茶。其地稍寒，故須待夏，此又不當以太遲病之。往日無有於秋日摘茶者〔五〕，近乃有之。秋七八月重摘一番，謂之早春，其品甚佳，不嫌少薄。他山射利，多摘梅茶，梅茶澀苦，止堪作下食，且傷秋摘，佳產戒之。

炒茶

生茶初摘，香氣未透，必借火力，以發其香。然性不耐勞，炒不宜久。多取入鐺，則手力不匀，久於鐺中，過熟而香散矣。甚且枯焦，尚堪烹點〔六〕。炒茶之器，最嫌新鐵，鐵腥一入，不復有香。尤忌脂膩，害甚於鐵。須豫取一鐺，專用炊飯〔七〕，無得别作他用。炒茶之薪，僅可樹枝，不用幹葉。幹則火力猛熾，葉則易焰易滅。鐺必磨瑩，旋摘旋炒。一鐺之内，僅容四兩，先用文火焙軟，次加武火催之〔八〕。手加木指，急急鈔轉，以半熟爲度。微俟香發，是其候矣。急用小扇鈔置被籠〔九〕，純綿大紙襯底燥焙，積多候冷，入瓶收藏。人力若多，數鐺數籠；人力即少，僅一鐺二鐺，亦須四五竹籠。蓋炒速而焙遲，燥濕不可相混，混則大減香力。一葉稍焦，全鐺無用。然火雖忌猛，尤嫌鐺冷，〔冷〕則枝葉不柔〔一〇〕。以意消息，最難最難。

岕中製法

岕之茶不炒，甑中蒸熟，然後烘焙。緣其摘遲，枝葉微老，炒亦不能使軟，徒枯碎耳。亦有一種極細炒岕，乃採之他山炒焙，以欺好奇者。彼中甚愛惜茶，决不忍乘嫩摘採，以傷樹本。余意他山所産，亦稍遲採之，待其長大，如岕中之法蒸之，似無不可。但未試嘗，不敢漫作。

收藏

收藏宜用瓷甕，大容一二十斤。四圍厚箬，中則貯茶，須極燥極新，專供此事，久乃愈佳，不必歲易。茶須築實，仍用厚箬填緊，甕口再加以箬，以真皮紙包之，以苧麻緊扎，壓以大新磚，勿令微風得入，可以接新。

置頓

茶惡濕而喜燥，畏寒而喜温，忌蒸鬱而喜清凉。置頓之所，須在時時坐卧之處，逼近人氣，則常温不寒。必在板房，不宜土室，板房則燥，土室則蒸。又要透風，勿置幽隱，幽隱之處，尤易蒸濕，兼恐有失點檢。其閣庋之方，宜磚底數層，四圍磚砌，形若火爐，愈大愈善。勿近土墻，頓甕其上。隨時取竈下火灰，候冷簇於甕傍，半尺以外，仍隨時取灰火簇之。令裹灰常燥，一以避風，一以避濕，卻忌火氣入甕，則能黄茶。世人多用竹器貯茶，雖復多用箬護，然箬性峭勁，不甚伏貼。最難緊實，能無滲罅，風濕易侵，多故無益也。且不堪地爐中頓，萬萬不可。人有以竹器盛茶，置被籠中，用火即黄，除火即潤。忌之忌之。

取用

茶之所忌，上條備矣。然則陰雨之日，豈宜擅開。如欲取用，必候天氣晴明，融和高朗，然后開缶，庶無風侵。先用熱水濯手，麻帨拭燥。缶口内箬，别置燥處。另取小罌，貯所取茶，量日幾何，以十日爲限。去茶盈寸，則以寸箬補之，仍須碎剪。茶日漸少，箬日漸多，此其節也。焙燥築實，包紥如前。

包裹

茶性畏紙，紙於水中成，受水氣多也。紙裹一夕，隨紙作氣盡矣。雖火中焙出，少頃即潤。雁宕諸山〔一一〕，首坐此病，每以紙帖寄遠，安得復佳！

日用頓置

日用所需，貯小罌中，箬包苧扎，亦勿見風。宜即置之案頭，勿頓巾箱書簏，尤忌與食器同處。并香藥則染香藥，并海味則染海味，其他以類而推。不過一夕，黄矣變矣。

擇水

精茗藴香，借水而發，無水不可與論茶也。古人品水，以金山中泠爲第一泉，（第二）或曰廬山康王谷第一〔一二〕。廬山余未之到，金山頂上井，亦恐非中泠古泉〔一三〕。陵谷變遷，已當湮没，不然何其瀧薄不堪酌也。今時品水，必首惠泉，甘鮮膏腴，致足貴也〔一四〕。往三渡黄河〔一五〕，始憂其濁，舟人以法澄過，飲而甘之，尤宜煮茶，不下惠泉。黄河之水，來自天上，濁者土色也，澄之既淨，香味自發。余嘗言，有名山則有佳茶；兹又言，有名山必有佳泉。相提而論，恐非臆説。余所經行吾兩浙、兩都、齊魯、楚粤、豫章、滇黔，皆嘗稍涉其山川，味其水泉，發源長遠而潭沚澄澈者，水必甘美。即江河溪澗之水〔一六〕，遇澄潭大澤，味咸甘洌。唯波濤湍急，瀑布飛泉，或舟楫多處，則苦濁不堪。蓋云傷勞，豈其恒性。凡春夏水長則減〔一七〕，秋冬水落則美。

貯水

甘泉旋汲，用之斯良〔一八〕。丙舍在城，夫豈易得！理宜多汲，貯大甕中，但忌新器，爲其火氣未退，易於敗水，亦易生蟲，久用則善，最嫌他用。水性忌木，松杉爲甚。木桶貯水，其害滋甚，挈瓶爲佳耳。貯水甕口，厚箬泥固，用時旋開。泉水不易，以梅雨水代之。

舀水

舀水必用磁甌，輕輕出甕，緩傾銚中。勿令淋灕甕内，致敗水味，切須記之。

煮水器

金乃水母，錫備柔剛，味不鹹澀，作銚最良。銚中必穿其心，令透火氣。沸速則鮮嫩風逸，沸遲則老熟昏鈍，兼有湯氣，慎之慎之。茶滋於水，水藉乎器，湯成於火，四者相須，缺一則廢。

火候

火必以堅木炭爲上，然木性未盡，尚有餘烟，烟氣入湯，湯必無用。故先燒令紅，去其烟焰，兼取性力猛熾，水乃易沸。既紅之後，乃授水器，仍急扇之，愈速愈妙，毋令停手。停過之湯〔一九〕，寧棄而再烹。

烹點

未曾汲水，先備茶具，必潔必燥，開口以待。蓋或仰放，或置瓷盂，勿竟覆之案上，漆氣、食氣，皆能敗茶。先握茶手中，俟湯既入壺，隨手投茶。湯以蓋覆，定三呼吸時次，滿傾盂內，重投壺內，用以動盪，香韵兼色不沉滯。更三呼吸頃，以定其浮薄。然後瀉以供客，則乳嫩清滑，馥鬱鼻端，病可令起，疲可令爽，吟壇發其逸思，談席滌其玄襟〔二〇〕。

秤量

茶注宜小，不宜甚大。小則香氣氤氲，大則易於散漫，大約及半升，是爲適可。獨自斟酌，愈小愈佳。容水半升者，量茶五分，其餘以是增減。

湯候

水一入銚，便須急煮。候有松聲，即去蓋，以消息其老嫩。蟹眼之後，水有微濤，是爲當時。大濤鼎沸，旋至無聲，是爲過時。過則湯老而香散，決不堪用。

甌注

茶甌，古取建窑兔毛花者，亦鬬碾茶用之宜耳。其在今日，純白爲佳。兼貴於小，定窑最貴，不易得矣。宣、成、嘉靖俱有名窑，近日倣造，間亦可用。次用真正回青，必揀圓整，勿用呰窳。茶注，以不受他氣者爲良，故首銀次錫。上品真錫，力大不減，慎勿雜以黑鉛，雖可清水，卻能奪味。其次，内外有油瓷壺亦可〔二二〕。必如柴、汝、宣、成之類，然後爲佳。然滚水驟澆，舊瓷易裂，可惜也。近日饒州所造，極不堪用。往時龔春茶壺，近日時彬所製，大爲時人寳惜。蓋皆以粗砂製之，正取砂無土氣耳。隨手造作，頗極精工，顧燒時必須火力極足，方可出窑，然火候少過，壺又多碎壞者，以是益加貴重。火力不到者，如以生砂注水，土氣滿鼻，不中用也。

較之錫器，尚減三分。砂性微滲，又不用油，香不竄發，易冷易餿，僅堪供玩耳。其餘細砂及造自他匠手者，質惡製劣，尤有土氣，絶能敗味，勿用勿用。

蕩滌

湯銚甌注，最宜燥潔。每日晨興，必以沸湯蕩滌，用極熟黄麻巾帨，向内拭乾，以竹編架覆而庋之燥處。烹時隨意取用，脩事既畢，湯銚拭去餘瀝，仍覆原處。每注茶甫盡，隨以竹筯盡去殘葉〔二二〕，以需次用。甌中殘瀋，必傾去之，以俟再斟。如或存之，奪香敗味。人必一盃，毋勞傳遞，再巡之後，清水滌之爲佳。

飲啜

一壺之茶，只堪再巡。初巡鮮美，再則甘醇，三巡意欲盡矣。余嘗與馮開之戲論茶候，以初巡爲停停嫋嫋十三餘〔二三〕，再巡爲碧玉破瓜年，三巡以來緑葉成陰矣。開之大以爲然。所以茶注欲小，小則再巡已終，寧使餘芬剩馥尚留葉中，猶堪飯後供啜漱之用，未遂棄之可也〔二四〕。若巨器屢巡，滿中瀉飲，待停少温，或求濃苦，何异農匠作勞，但需涓滴，何論品賞，何知風味乎！

論客

賓朋雜沓，止堪交錯觥籌；乍會泛交，僅須常品酬酢。惟素心同調，彼此暢適，清言雄辯，脱略形骸，始可呼童篝火，酌水點湯。量客多少，爲役之煩簡。三人以下，止爇一爐；如五六人，便當兩鼎。爐用一童，湯方調適。若還兼作，恐有參差。客若衆多，姑且罷火，不妨中茶投果，出自内局。

茶所

小齋之外，别置茶寮。高燥明爽，勿令閉塞[二五]。壁邊列置兩爐，爐以小雪洞覆之。止開一面，用省灰塵騰散。寮前置一几，以頓茶注、茶盂，爲臨時供具。别置一几，以頓他器。傍列一架，巾帨懸之，見用之時，即置房中。斟酌之後，旋加以蓋，毋受塵汙[二六]，使損水力。炭宜遠置，勿令近爐，尤宜多辦宿幹易熾。爐少去壁，灰宜頻掃。總之以慎火防熱，此爲最急。

洗茶

岕茶摘自山麓，山多浮沙，隨雨輒下，即着於葉中。烹時不洗去沙土，最能敗茶。必先盥手令潔，次用半沸水，扇揚，稍和洗之[二七]。水不沸，則水氣不盡，反能敗茶。毋得過勞，以損其力。沙土既去，急於手中擠令極干，另以深口瓷合貯之，抖散待用。洗必躬親，非可攝代。凡湯之冷熱，茶之燥濕，緩急之節，頓置之宜，以意消息，他人未必解事。

童子

煎茶燒香，總是清事。不妨躬自執勞，然對客談諧，豈能親莅，宜教兩童司之。器必晨滌，手令時盥，爪可淨剔；火宜常宿，最宜飲之時，爲舉火之候，又當先白主人，然后脩事。酌過數行，亦宜少輟。果餌間供，别進濃瀋，不妨中品充之。蓋食飲相須，不可偏廢，甘醲雜陳，又誰能鑒賞也？舉酒命觴，理宜停罷。或鼻中出火，耳後生風，亦宜以甘露澆之。各取大盂，撮點雨前細玉，正自不俗。

飲時

心手閑適，披咏疲倦，意緒棼亂，聽歌聞曲〔二八〕，歌罷曲終，杜門避事，鼓琴看畫，夜深共語，明牕淨几，洞房阿閣，賓主款狎，佳客小姬，訪友初歸，風日晴和，輕陰微雨，小橋畫舫，茂林脩竹，課花責鳥，荷亭避暑，小院焚香，酒闌人散，兒輩齋館，清幽寺觀，名泉怪石。

宜輟

作字，觀劇，發書柬，大雨雪，長筵大席，繙閱卷帙，人事忙迫，及與上宜飲時相反事。

不宜用

惡水，敝器，銅匙，銅銚，木桶，柴薪，麩炭，粗童，惡婢，不潔巾帨，各色果實香藥。

不宜近

陰室，厨房，市喧，小兒啼，野性人，童奴相閧，酷熱齋舍。

良友

清風明月，紙帳楮衾，竹床石枕，名花琪樹。

出遊

士人登山臨水，必命壺觴。乃茗碗、薰爐置而不問，是徒游於豪舉，未托素交也。余欲特製游裝〔二九〕，備諸器具，精茗名香，同行異室。茶罌一，注二，銚一，小甌四，洗一，瓷合一，銅爐一，小面洗一，巾副之，附以香奩、小爐、香囊、七筯，此爲半肩〔三〇〕；薄甕貯水三十斤爲半肩，足矣。

權宜

出游遠地，茶不可少。恐地産不佳而人鮮好事，不得不隨身自將。瓦器重難，又不得不寄貯竹筥。茶甫出甕，焙之；竹器曬乾，以箬厚貼，實茶其中。所到之處，即先焙新好瓦瓶，出茶焙燥，貯之瓶中。雖風味不無少减，而氣力味尚存〔三一〕。若舟航出入，及非車馬修途，仍用瓦缶。毋得但利輕齎，致損靈質。

虎林水

杭兩山之水，以虎跑泉爲上，芳冽甘腴，極可貴重。佳者，乃在香積廚中上泉〔三二〕，故有土氣，人不能辨。其次，若龍井、珍珠、錫杖、韜光、幽淙、靈峰〔三三〕，皆有佳泉，堪供汲煮。及諸山溪澗澄流，并可斟酌。獨水樂一洞，跌蕩過勞，味遂瀧薄。玉泉往時頗佳，近以紙局壞之矣。

宜節

茶宜常飲，不宜多飲。常飲則心肺清凉，煩鬱頓釋；多飲，則微傷脾腎，或泄或寒。蓋脾土原潤，腎又水鄉，宜燥宜温，多或非利也。古人飲水飲湯，後人始易以茶，即飲湯之意。但令色香味備，意已獨至，何必過多，反失清冽乎。且茶葉過多，亦損脾腎，與過飲同病。俗人知戒多飲，而不知慎多費〔三四〕，余故備論之。

辨訛

古今論茶，必首蒙頂。蒙頂山，蜀雅州山也。往常産，今不復有。即有之，彼中夷人專之[三五]，不復出山。蜀中尚不得，何能至中原、江南也？今人囊盛如石耳。來自山東者，乃蒙陰山石苔，全無茶氣，但微甜耳，妄謂蒙山茶。茶必木生，石衣得爲茶乎[三六]！

考本

茶不移本，植必子生。古人結婚，必以茶爲禮，取其不移、植子之意也[三七]。今人猶名其禮曰『下茶』，南中夷人定親，必不可無，但有多寡。禮失而求諸野，今求之夷矣。

余齋居無事，頗有鴻漸之癖。又桑苧翁所至，必以筆牀、茶竈自隨。而友人有同好者數謂余宜有論著，以備一家，貽之好事，故次而論之。倘有同心尚箴余之闕，葺而補之，用告成書，甚所望也。次紓再識。

附録

《茶疏》一卷 内府藏本

明許次紓撰。次紓，字然明。錢塘人。是書凡三十九則，論採摘、收貯、烹點之法頗詳。中間《擇水》一條，誤以金山頂上井爲中泠泉，考證殊爲踈舛。（《四庫全書總目》卷一一六）

〔校證〕

〔一〕顧彼山中不善製造 『造』，陳朱本作『法』。

〔二〕就於食鐺大薪炒焙 『大』，陳朱本作『火』；『炒焙』，又作『焙炒』。

〔三〕雜以香藥 方案：宋代貢茶龍鳳團餅通常不入香藥，因其奪茶真香，蔡襄《茶録》、《大觀茶論》等早已論之，只有少量粗綱貢茶，才摻入香料以助之，稱爲『入腦子』，詳見《北苑别録》。許次紓此説一概而論，實未允。

〔四〕乃雀舌水芽所造 『水芽』，諸本原皆作『冰芽』，實誤，據《宣和北苑貢茶録》、《北苑别録》等改，下徑改，不再出校。

〔五〕往日無有於秋日摘茶者 方案：此説未免太武斷，早在宋代，採秋茶就是十分普遍之習俗了。吕陶

《淨德集》和陸游《入蜀記》等均有記載。秋季採茶延續至今。一般而言，秋茶品質不如春茶，亦屢見於宋人記載，至今猶然。但許氏下云卻稱秋茶「其品甚佳」，或僅指岕茶而言。

〔六〕尚堪烹點　「尚」，陳朱本作「不」。

〔七〕專用炊飯　「飯」，秘笈本、陳朱本作「飲」，形近而譌。

〔八〕次加武火催之　「加」，同右引二本作「用」。

〔九〕急用小扇鈔置被籠　陳朱本原校云：「鈔」，應作「炒」；「被」，疑〔應〕作「焙」。方案：「鈔」通「抄」，是；並上之「急急鈔轉」之「鈔」皆是同一用法（此「鈔」，疑陳朱本已徑改作「炒」，非是），均指用手抄轉茶和用小扇抄起已炒成之茶。皆非「炒」。「被籠」，《置頓》條亦有，當爲臨時性貯茶之器，剛炒之茶，置焙籠之中，待其積多冷透後再入瓶收藏。

〔一〇〕冷則枝葉不柔　「冷」，疑脱，據上文「燥濕不可相混，混則大減香力」同一句式及此句上下文意補。

〔一一〕雁宕諸山　「宕」，陳朱本作「蕩」。宕，有飄蕩之義，兩字音同，「宕」，通「蕩」。諸本皆作「宕」。

〔一二〕以金山中泠爲第一第二或曰廬山康王谷第一　方案：「第二」，兩字疑衍。陳朱本校云：「第二」，似應作「第一」，如是，則似又與其上之「第一泉」文意重複。

〔一三〕金山頂上井亦恐非中泠古泉　方案：《四庫全書總目》卷一一六有云：「《擇水》一條，誤以金山頂上井爲中泠泉，考證殊爲踈舛。」《提要》此論，實誤駁之。許次紓明言「恐非中泠古泉」，《提要》卻指爲誤「以爲中泠泉」，乃誤解其意，又據此立論，責爲「考證殊爲踈舛」，未免太苛刻，又失真。即使作者確『誤以金山頂上井爲中泠泉』，亦無法得出『考證殊爲踈舛』之推論。何況作者本不誤而竣責之，失之甚矣。

〔一四〕致足貴也　『致』，陳朱本作『至』。

〔一五〕往三渡黄河　『三』，陳朱本作『曰』，似非是。

〔一六〕即江河溪澗之水　『河』，秘笈、陳朱本作『湖』，茶書乙本同底本。

〔一七〕凡春夏水長則減　『水長』，陳朱本作『水漲』，義勝。

〔一八〕用之斯良　『斯』，陳朱本作『則』。

〔一九〕停過之湯　『湯』，陳朱本作『後』。

〔二〇〕談席滌其玄襟　『襟』，陳朱本作『衿』。

〔二一〕内外有油瓷壺亦可　『油』，疑應作『釉』。下文『又不用油』之『油』字，亦然。

〔二二〕隨以竹筯盡去殘葉　『竹筯』，陳朱本譌作『竹筋』。下《出遊》條『匕筯』，亦譌作『匕筋』。

〔二三〕以初巡爲停停嬝嬝十三餘　『停停』，疑應作『婷婷』。

〔二四〕未遂棄之可也　『遂』，似應作『遽』。

〔二五〕勿令閉塞　『塞』，陳朱本形譌作『寒』。

〔二六〕毋受塵汙　『汙』，陳朱本作『污』。

〔二七〕稍和洗之　『和』，疑似應作『加』。

〔二八〕聽歌聞曲　『聞』，喻乙本作『聞』，秘笈本作墨疔，而陳朱本作『拍』。

〔二九〕余欲特製游裝　『游』，陳朱本譌作『淤』。

〔三〇〕此爲半肩　『此』，秘笈本、陳朱本作『以』。

〔三一〕而氣力味尚存　『力』，陳朱本作『與』。

〔三二〕乃在香積廚中上泉　『上』，陳朱本作『土』。

〔三三〕若龍井珍珠錫杖韜光幽淙靈峰　『杖』，陳朱本譌作『丈』。

〔三四〕而不知慎多費　『費』下，疑脱一『茶』字。

〔三五〕即有之彼中夷人專之　上『之』字，陳朱本作『亦』，且『亦』字當下讀。

〔三六〕古今論茶……石衣得爲茶乎　方案：許次紓此則《辨訛》（『辨』，原作『辯』，據目録改）頗爲確切，真乃通人之論。僞茶，宋代已有，往往雜樹葉加工成末茶，售以欺人。明代僞茶，則又『升級』，乃至以山東蒙陰山石上苔衣，冒充唐宋頂級名茶雅州蒙頂茶以欺世盜名。不僅茶商利用兩『蒙山』一字之差以假亂真，一些號稱品賞『專家』的茶人亦奉若病狂，竟以蒙陰石苔爲茶，屢見於明代茶書、茶詩文簡端。許次紓此論，一針見血揭穿了這種騙局。《四庫提要》卻責其『考證殊爲踈舛』，不亦妄乎！（參見本書《提要》）

〔三七〕取其不移植子之意也　『植子』，陳朱本譌作『置子』。

茶箋

〔明〕屠　隆

〔提要〕

《茶箋》，明代茶書。一卷。屠隆撰。是書實際上是從其《考槃餘事》中抽出《茶箋》一節而成，已有删節。嚴格而言，不能算一種獨立的茶書，但自明萬曆三十四年（一六〇六）起被收入叢書以來，就被約定俗成視爲一種茶書，今仍其舊，亦作爲一種茶著收入本《全集》中編。喻政編《茶書全集》乙本（萬曆四十一年刊）時亦收入，改題爲《茶説》，有所增删。出現同書異名現象，但改題《茶説》者僅此本。

屠隆（一五四二—一六〇五），字長卿，一字緯真，號赤水、冥寥子等，室名棲真館、絳雪樓、鳳儀閣等。鄞縣（治今浙江寧波）人。萬曆五年（一五七七）進士，除潁上知縣，調知青浦。十一年，遷禮部儀制司主事。因遭俞顯卿挾嫌誣陷而罷官歸。遂縱情詩酒，賣文爲生。屠隆嗜交遊，好賓客，才氣縱横，恃才傲物。與陳繼儒齊名，爲明代晚期之大名士，執文壇牛耳，爲小品文創體作家之一。生平事蹟見虞淳熙《虞德園先生集》卷一六《祭屠緯真先生文》，《列朝詩集小傳》丁集上，《皇明世説新語》卷二、四、六、七，《明史》卷二八八《徐渭傳·附傳》，《禮部志稿》卷四二，《檇李詩繫》卷四〇，《明詩綜》卷五二小傳等。撰有《鴻苞》四十八卷，《考盤餘事》四卷，《遊具雅編》一卷，《白榆集》二十卷，《由拳集》二十三卷(《千頃目》卷二六作三十一卷、《明史》卷九九作二十卷),《讀易便解》四卷,《義士傳》二卷,《冥寥子遊》二卷,《棲真館集》三十卷,《長松茹退》二卷,《廣桑子遊》、《娑羅館清言》、《發蒙篇》各一卷,《彌陀靈應録》(卷亡),《絳雪樓集》(未刊)、《鉅文》十二卷、《横塘集》二卷等;分見《四庫總目》卷一二五、一三〇、一七九,《明史》卷九六至九九,《千頃目》卷八、一〇、一二、一五、一六、二六、三一及《吴興備志》卷二二著録。

《茶箋》凡四千餘字,分二十五目。其分類立目十分隨意,其内容多爲抄輯前人論著,罕有己意。乃晚明風氣使然。大致涉及茶的品類、採製、收藏、茶效、茶具、擇水、烹飲、茶藝等方面。《茶箋》所出之《考槃餘事》,原爲四卷,屠書大量援引高濂《遵生八牋》卷一一《飲饌服食牋·茶泉類》中之内容,而高書又抄輯錢椿年、顧元慶《茶譜》及田藝蘅《煮泉小品》等書而成。高書始刊於萬曆十九年(一五九一),卷首即有屠隆序,李時英序則稱十八年秋高氏已成書。屠隆《考槃餘事》則由陳繼儒始刊於萬曆三十四年(一六〇六),已是屠隆去世的次年。因此《茶箋》當成於公元一五九〇至一六〇五年間,乃屠氏晚年作品。這位大名士和陳繼儒一樣,頗擅於『文抄公』之道,緣此《四庫提要》一再譏評之。

四卷本《考槃餘事》,自萬曆三十四年被陳繼儒刊入《寶顔堂秘笈本》正集後,又有錢大昕校《龍威秘書》(五集)本刊於乾隆五十九年(一七九四),據此本影印的有民國《叢書集成》本及《説庫》本行世。馮可賓輯《廣百川學海》(庚集)則將四卷本析爲十七卷,《茶箋》爲一卷,又有《懺花盦叢書》本。將《茶箋》一卷抽出單行刻入叢書者,似始於《居家必備》本,其内容已有删節。其後有民國《美術叢書》(二集九輯)本。《古今圖書集成》食貨典卷二九一雖仍題《考槃餘事》,但卻僅收《茶箋》一卷,亦可列入這一系列之本。與衆不同的是喻政《茶書》乙本,刊於萬曆四十一年(一六一三),不僅改題書名作《茶説》,而且删去『滌器』、『熁盞』、『擇果』、『茶效』、『茶具』五目及『諸花茶』、『人品』的部分内容，又從《考槃餘事·山齋箋》中抽出「茶寮」一條，置於卷首，這是一個頗有增删的改編本，删去一千餘字。《茶説》僅有此本。綜上所述，《茶箋》至少已有九個版本傳世，加上胡山源據陳氏《秘笈》本點校的《古今茶事》本，近又有國圖藏影印「茶道本」行世，凡今存十一本。今以《寶顏堂秘笈本》所收《考槃餘事·茶箋》爲底本，會校諸本，整理點校，仍將喻政本（《茶説》）所收之「茶寮」一條附於卷末。凡見於此前茶書之文字有可確定爲脱誤者，按本書校勘凡例處理，不再一一出校。

茶箋

茶品

與茶經稍異，今烹製之法，亦與蔡、陸諸前人不同矣。

虎丘

最號精絶，爲天下冠。惜不多産，皆爲豪右所據。寂寞山家，無繇獲購矣。

天池

青翠芳馨，噉之賞心，嗅亦消渴，誠可稱仙品。諸山之茶，尤當退舍。

陽羨

俗名羅岕，浙之長興者佳，荆溪稍下。細者，其價兩倍天池。惜乎難得，須親自採收方妙。

六安

品亦精，入藥最效。但不善炒，不能發香而味苦。茶之本性實佳。

龍井

不過十數畝，外此有茶，似皆不及。大抵天開龍泓美泉，山靈特生佳茗，以副之耳。山中僅有一二家炒法甚精，近有山僧焙者亦妙。真者，天池不能及也。

天目

爲天池、龍井之次，亦佳品也。地志云[一]：山中寒氣早嚴，山僧至九月即不敢出。冬來多雪，三月後方通行，茶之萌芽較晚。

採茶

不必太細，細則芽初萌而味欠足；不必太青，青則茶以老而味欠嫩。須在穀雨前後，覓成梗帶葉微緑色而團且厚者爲上。更須天色晴明，採之方妙。若閩廣嶺南多瘴癘之氣，必待日出山霽，霧障嵐氣收淨，採之可也。穀雨日晴明採者，能治痰嗽，療百病。

日曬茶

茶有宜以日曬者，青翠香潔，勝於火炒。

焙茶

茶採時，先自帶鍋竈入山，别租一室，擇茶工之尤良者，倍其僱直。戒其搓摩，勿使生硬，勿令過焦，細細炒燥，扇冷，方貯罌中。

藏茶

茶宜箬葉而畏香藥，喜温燥而忌冷濕。故收藏之家，先於清明時收買箬葉，揀其最青者預焙極燥，以竹絲編之，每四片編爲一塊聽用。又買宜興新堅大罌，可容茶十斤以上者洗淨，焙乾聽用。山中焙茶回，復焙一番。去其茶子老葉枯焦者及梗屑，以大盆埋伏生炭，覆以竈中敲細赤火，既不坐煙，又不易過，置茶焙下焙之。約以二斤作一焙，別用炭火入大爐內〔二〕，將罌懸架其上，至燥極而止。以編箬襯於罌底，茶燥者扇冷方先入罌。茶之燥，以拈起即成末爲驗。隨焙隨入，既滿，又以箬葉覆於罌上。每茶一斤，約用箬二兩。口用尺八紙焙燥封固，約六七層。壓以方厚白木板一塊，亦取焙燥者，然後於向明淨室高閣之。用時，以新燥宜興小瓶取出，約可受四五兩，隨即包整。夏至後三日，再焙一次；秋分後三日，又焙一次；一陽後三日，又焙之。連山中共五焙，直至交新，色味如一。罌中用淺，更以燥箬葉貯滿之，則久而不浥。

又法

以中罈盛茶，十斤一瓶。每瓶燒稻草灰入於大桶，將茶瓶座桶中，以灰四面填桶，瓶上覆灰築實。每用，撥開瓶，取茶些少，仍復覆灰〔三〕，再無蒸壞。次年換灰。

又法

空樓中懸架，將茶瓶口朝下放，不蒸。緣蒸氣自天而下也。

諸花茶〔四〕

蓮花茶，於日未出時，將半含白蓮花撥開〔五〕，放細茶一撮，納滿蕊中，以麻皮略紮。令其經宿，次早摘花，傾出茶葉，用建紙包茶焙乾。再如前法，隨意以別蕊製之〔六〕。焙乾收用，不勝香美。

橙茶，將橙皮切作細絲，一斤以好茶五斤焙乾，入橙絲間和〔七〕。用密麻布襯墊火箱〔八〕，置茶於上，以淨綿被罨之。三兩時，隨用建連紙袋封裹。仍以被罨烘乾收用〔九〕。

木樨、玫瑰、薔薇、蘭蕙、橘花、梔子、木香、梅花，皆可作茶。諸花開時，摘其半含半放蕊其香氣全者〔一〇〕，量其茶多少，摘花爲拌〔一一〕，花多，則太香而脱茶韻；花少，則不香而不盡美。三停茶葉一停花，始稱。假如木樨花，須去其枝蒂及塵垢、蟲蟻，用瓷罐，一層茶，一層花，投間至滿，紙箬縶固，入鍋重湯煮之。取出待冷，用紙封裹，置火上焙乾收用。則花香滿頰，茶味不減，諸花倣此。以上，俱平等細茶拌之可也〔一二〕。茗花入茶，本色香味尤嘉。茉莉花，以熱水半杯放冷，鋪竹紙一層，上穿數孔，晚時採初開茉莉花，綴於孔内，上用紙封，不令泄氣。明晨，取花簪之水，香可點茶。

擇水

天泉 秋水爲上，梅水次之。秋水白而洌，梅水白而甘，甘則茶味稍奪，洌則茶味獨全，故秋水較差勝之。春冬二水，春勝於冬，皆以和風甘雨，得天地之正施者爲妙。惟夏月暴雨不宜，或因風雷所致，實天之流怒也。龍行之水，暴而霪者，旱而凍者，腥而墨者，皆不可食。雪爲五穀之精，取以煎茶，幽入清況。

地泉 取乳泉漫流者，如梁溪之惠山泉爲最勝。

取清寒者，泉不難於清，而難於寒。石少土多，沙膩泥凝者，必不清寒。且瀨峻流駛，而清巖奥陰，積而寒者，亦非佳品。

取香甘者[一三]，泉惟香甘，故能養人。然甘易而香難，未有香而不甘者。

取石流者，泉非石出者，必不佳。

取山脉逶迤者，山不停處，水必不停。若停，即無源者矣，旱必易涸。往往有伏流沙土中者，挹之不竭，即可食。不然，則滲瀦之潦耳，雖清勿食。

有瀑湧湍急者勿食，食久令人有頸疾。如廬山水簾，洪州、天台瀑布，誠山居之珠箔錦幕，以供耳目則可，入水品則不宜矣。

有温泉，下生硫黄，故然。有同出一壑，半温半冷者，皆非食品。

有流遠者，遠則味薄，取深潭停蓄，其味迺復。

有不流者，食之有害。《博物志》曰：山居之民，多癭腫，由於飲泉之不流者。泉上有惡木，則葉滋根潤，能損甘香。甚者能釀毒液，尤宜去之。如南陽菊潭，損益可驗。

江水　取去人遠者，揚子南泠[一四]，夾石停淵，特入首品。

長流　亦有通泉竇者，必須汲貯，候其澄澈可食。

井水　脉暗而性滯，味鹹而色濁，有妨茗氣。試煎茶一甌，隔宿視之，則結浮膩一層，他水則無此，其明驗矣。雖然，汲多者可食，終非佳品。或平地偶穿一井，適通泉穴，味甘而澹，大旱不涸，與山泉無異，非可以井水例觀也。若海濱之井，必無佳泉，蓋潮汐近地，斥鹵故也。

靈水　上天自降之澤，如上池天酒，甜雪香雨之類。世或希覯，人亦罕識，乃仙飲也。

丹泉　名山大川，仙翁修煉之處，水中有丹，其味異常，能延年卻病，尤不易得。凡不淨之器，甚不可汲。如新安黃山東峰下，有硃砂泉可點茗，春色微紅，此自然之丹液也。臨沅寥氏家世壽，後掘井人得丹砂數十粒。淘西湖葛洪井[一五]，中有石甕，淘出丹數枚，如芡實，啖之無味，棄之。有施漁翁者，拾一粒食之，壽一百六歲。

養水

取白石子入甕中，能養其味，亦可澄水不淆。

洗茶

凡烹茶，先以熱湯洗茶，去其塵垢冷氣，烹之則美。

候湯

凡茶須緩火炙，活火煎。活火，謂炭火之有焰者。以其去餘薪之煙，雜穢之氣，且使湯無妄沸，庶可養茶。始如魚目微有聲爲一沸，緣邊湧泉連珠爲二沸，奔濤濺沫爲三沸。三沸之法，非活火不成。如坡翁云：『蟹眼已過魚眼生，颼颼欲作松風聲。』盡之矣，若薪火方交，水釜纔熾，急取旋傾，水氣未消，謂之嫩。若火過百息，水踰十沸，或以話阻事廢，始取用之，湯已失性，謂之老。老與嫩，皆非也。

注湯

茶已就膏，宜以造化成其形。若手顫臂嚲，惟恐其深，瓶嘴之端，若存若亡，湯不順通，則茶不匀粹，是謂緩注。一甌之茗，不過二錢，茗盞量合宜下湯，不過六分，萬一快瀉而深積之，則茶少湯多，是謂急注。緩與急，皆非中湯，欲湯之中，臂任其責。

擇器

凡瓶要小者，易候湯，又點茶注湯有應。若瓶大，啜存停久，味過則不佳矣。所以策功見湯業者，金銀爲優。貧賤者不能具，則甆石有足取焉。甆瓶不奪茶氣，幽人逸士，品色尤宜。石，凝結天地秀氣而賦形琢以爲器，秀猶在焉，其湯不良，未之有也。然勿與誇珍衒豪臭公子道。銅鐵鉛錫，腥苦且澁。無油瓦瓶，滲水而有土氣，用以煉水飲之，逾時，惡氣纏口而不得去。亦不必與猥人俗輩言也。

宣廟時，有茶盞料精式雅，質厚難冷，瑩白如玉，可試茶色，最爲要用。蔡君謨取建盞，其色紺黑，似不宜用。

滌器

茶瓶、茶盞、茶匙生鉎〔一六〕，致損茶味。必須先時洗潔則美。

熁盞

凡點茶，必須熁盞令熱，則茶面聚乳，冷則茶色不浮。

擇薪

凡木可以煮湯，不獨炭也。惟調茶在湯之淑慝，而湯最惡煙，非炭不可。若暴炭膏薪，濃煙蔽室，實爲茶魔。或柴中之麩火，焚餘之虚炭，風乾之竹篠、樹梢，燃鼎附瓶，頗甚快意。然體性浮薄，無中和之氣，亦非湯友。

茶効

人飲真茶，能止渴消食，除痰少睡，利水道，明目益思，出《本草拾遺》。除煩去膩，人固不可一日無茶，然或有忌而不飲，每食已，輒以濃茶漱口，煩膩既去，而脾胃自清。凡肉之在齒間者，得茶滌之，乃盡消縮，不覺脱去，不煩刺挑也。而齒性便苦，緣此漸堅密，蠹毒自去矣。然率用中下茶。出蘇文。

人品

茶之爲飲，最宜精行修德之人[一七]。兼以白石清泉，烹煮如法，不時廢而或興，能熟習而深味，神融心醉，覺與醍醐、甘露抗衡，斯善賞鑒者矣。使佳茗而飲非其人，猶汲泉以灌蒿萊，罪莫大焉。有其人而未識其趣，一吸而盡，不暇辨味，俗莫甚焉。司馬温公與蘇子瞻嗜茶墨，公云：「茶與墨正相反，茶欲白，墨欲黑；茶欲重，墨欲輕；茶欲新，墨欲陳。」蘇曰：「奇茶妙墨俱香，公以爲然。」

唐毋煚博學[一八]，有著述才，性惡茶，因以詆之。其略曰：『釋滯消壅，一日之利暫佳；瘠氣侵精，終身之累斯大。獲益則歸功茶力，貽患則不爲茶災。豈非福近易知，禍遠難見。』

李德裕奢侈過求，在中書不飲京城水，悉用惠山泉，時謂之『水遞』。清致可嘉，有損盛德。

《傳》稱陸鴻漸闔門著書，誦詩擊木，性甘茗荈，味辨淄澠，清風雅趣，膾炙古今。鬻茶者至陶其形，置煬突間，祀爲茶神，可謂尊崇之極矣。嘗考《蠻甌志》云：「陸羽採越江茶，使小奴子看焙，奴失睡，茶燋爍不可食。羽怒以鐵索縛奴，而投火中。殘忍若此，其餘不足觀也已矣。」

茶具

苦節君，湘竹風爐。建城，藏茶箬籠。湘筠焙，焙茶箱。蓋其上，以收火氣也；隔其中，以有容也；納火其下，去茶尺許，所以養茶色香味也。雲屯，泉缶。烏府，盛炭籃。水曹，滌器桶。鳴泉，煮茶罐。品司，編竹爲簏[一九]，收貯各品葉茶。

沉垢，古茶洗。分盈，木杓，即《茶經》水則，每兩升，用茶一兩。執權，準茶秤。每茶一兩，用水二升。合香，藏日支茶瓶，以貯司品者。歸潔，竹筅箒。用以滌壺。漉塵，洗茶籃。商象，古石鼎。遞火，銅火斗。降紅，銅火筯，不用連索。團風，湘竹扇。注春，茶壺。靜沸，竹架。即《茶經》支腹。運鋒，鑱果刀。啜香，茶甌。撩雲，竹茶匙。甘鈍，木碪墩。納敬，湘竹茶橐。易持，納茶，漆雕秘閣。受污，拭抹布。

茶寮〔二〇〕

構一斗室，相傍書齋。内設茶具，收一童子，專主茶設。以供長日清淡，寒宵兀坐，幽人首務，不可少廢者。

〔校證〕

〔一〕地志云　『地志』，底本原作『地誌』，據『茶道本』改。

〔二〕別用炭火入大爐内　『用』，原作『有』，據喻乙、茶道等本改。

〔三〕仍復覆灰　『復』，原無，據同右引補。

〔四〕諸花茶　方案：本則大體上照抄錢椿年《茶譜·製茶諸法》，但顛倒了錢譜橙茶、蓮花茶製法順序而已。諸本頗有删節，如茶道本全删，而喻乙本則僅保留了篇末『茗花入茶』等十字及『茉莉花』製法。此不見於錢譜及高氏《遵生八箋》，或即屠隆爲數極少的『創作』。

〔五〕將半含白蓮花撥開　『將』，原脱，據右引錢譜補。

〔六〕隨意以别蕊製之　同右引錢譜原作：『又將茶葉入别蕊中，如此者數次。』屠氏已以己意改寫，原書義勝。

〔七〕入橙絲間和　『絲』，原脱，據錢譜補。

〔八〕用密麻布襯墊火箱　『箱』，原作『廂』，據錢譜改。

〔九〕仍以被罨烘乾收用　『烘』，同右引原書作『焙』，義長。

〔一〇〕摘其半含半放蕊其香氣全者　下『其』字，原書作『之』，義勝。

〔一一〕摘花爲拌　『拌』，原譌作『伴』，據本條下文『細茶拌之』及《遵生八牋》改。又，錢、顧二譜『拌』均涉上而譌作『茶』，今據改，並補出校記。

〔一二〕俱平等細茶拌之可也　方案：本句及上云『花香滿頰，茶味不減』等文字，錢譜無，乃屠氏據高濂《遵生八牋》卷一一之文潤色後補入。其下之『茗花入茶』及『茉莉花』製法一段文字，則錢譜、高書均無，算是屠隆自創，故喻政《茶説》據以補入。

〔一三〕取香甘者　方案：以下二條凡二十九字，底本脱，據喻乙本《茶説》補。

〔一四〕揚子南泠　『揚子』，原作『揚州』，據同右引改。

〔一五〕淘西湖葛洪井　『淘』，原脱，據喻乙本《茶説》及《遵生八牋》卷一一補。

〔一六〕茶瓶茶盞茶匙生鉎　『茶瓶』，原作『茶甌』，誤。甌，即盞，不應重複。據茶道本及《遵生八牋》改。

〔一七〕最宜精行修德之人　『行』，原譌作『形』，據喻乙本、茶道本及《茶經·一之源》改。

〔一八〕唐毋煚博學　『毋煚』原譌作『武曌』，大誤。據《大唐新語》卷一一及《太平御覽》卷八六七、《太平廣記》卷一四三、《侯鯖録》卷四改。毋煚之名及其生平，請詳本《全集》下編《續茶經》拙校〔四七二〕所考。其《代茶飲序》中引文：『累』，原作『害』；『歸』，原作『收』，據同上改。

〔一九〕編竹爲篚　『篚』，《遵生八牋》卷一一作『橦』，兩通之。惟茶道本又音譌作『狀』。

〔二〇〕茶寮　本則原無，據喻乙本《茶説》補。餘詳本書提要。

茶録

〔明〕程用賓

〔提要〕

《茶録》，明代茶書。程用賓撰，四卷。今存。程用賓，字觀我，自署新都人。萬國鼎先生以爲即新安郡之古稱，即今浙江淳安人，其説近真。但另一種無法排除的可能性是程氏確爲新都（治今四川新都）人。明代聞人楊慎（一四八八——一五五九）等大批名流均爲四川新都人。惜程氏事蹟遍考未見，不能遽定，儘管這種可能性很小。

是書卷首有邵啓泰萬曆三十二年（一六〇四）序，惜邵序同樣未對本書作者生平略作簡介，且邵氏事略同樣遍考未得，殊甚遺憾。是書僅有萬曆三十二年戴鳳儀刻本，今藏國圖。見《中國古籍善本書目》卷一七《子部·譜録類》著録。刻書者戴鳳儀，字次泉，浙江秀水人，撰有《詩經纂義》等，事見《浙江通志》卷二四一引《秀水縣志》。據此仍無法得知作者生平的任何綫索。

本書卷爲一集，凡四集。首集，即摹宋審安老人《茶具圖贊》十二款。次則正集十四目：原種、採候、選製、封置、酌泉、積水、器具、分用、煮湯、治壺、潔盞、投交、釃啜、品真，多爲作者參據已刊行茶書而撰寫，雖不乏新意，仍給人以『似曾相識』之感。末集則摹刻明代茶具十二種，且以《茶經》所列茶具比況之。有圖十一幅，僅缺具列一幅，已見於

《遵生八牋》等書。附集收唐宋茶詩賦七首：陸羽《六羨歌》、盧仝《茶歌》、劉夢得《試茶歌》、吴淑《茶賦》、范仲淹《鬥茶歌》、黄庭堅《煎茶賦》、蘇軾《煎茶》詩。上舉名作，已被明代茶書多次收録而廣爲人所熟知。以上參據萬國鼎《茶書總目提要》立説。

今據是書明刊戴鳳儀刻本正集（即第二卷）録入本書中編，加以標點。參校陳朱本《選輯》，酌校相關資料，以存其概要。餘三集，因與已收諸書重複而删節。

茶録

正集

原種

茶無異種，視産處爲優劣。生於幽野，或出爛石，不俟灌培，至時自茂，此上種也。肥園沃土，鋤溉以時，萌蘖豐腴，香味充足，此中種也。樹底竹下，礫壤黄砂，斯所産者，其第又次之。陰谷性滯，飲結瘕疾，則不堪掇矣。

採候

問茶之勝，貴知採候。太早其神未全，太遲其精復涣。前穀雨五日間者爲上，後穀雨五日間者次之，再五日者再次之，又再五日者又再次之。白露之採，鑒其新香；長夏之採，適足供廚；麥熟之採，無所用之。凌露無雲，採候之上；霽日融和，採候之次；積陰重雨，吾不知其可也。

選製

既採就製，毋令經宿。擇去枝梗、老敗葉屑。以茶芽紫而筍及葉捲者上，緑而芽及葉舒者次。鍋廣徑一尺八九寸，蕩滌至潔，炊炙極熱，入茶觔許，急炒不住。火不可緩，看熟撇入筐中。輕輕團挪數遍，再解復下鍋中，漸漸減火，再炒再挪，透乾爲度。邇時言茶者多羡松蘿、蘿墩之品，其法：取葉腴津濃者除筋摘片，斷蒂去尖，炒如正法。大要：得香在乎始之火烈，作色在乎末之火調。逆挪則澁，順挪則甘。《經》曰：『茶之否臧，存於口訣。』

封置

太日製成，盛以舊竹木器，覆藏三日，俾回未老死之勝。再復舉微火，於鍋炒極乾。撤（徹？）冷，篩去茶末，入新罎中，乾箬襯實，取相宜也。而以紙包所篩茶末塞其口〔一〕，以花筍籜重紙封固。火煨新磚冷定，壓之，置於燥密之處，勿令露風臨日，近火犯濕。

酌泉

茶之氣味，以水爲因，故擇水要焉。刿天下名泉，載於諸《水記》者，亦多不合。故昔人有言舉天下之水，一一而次第之者，妄説也。大抵流動者愈於安靜，負陰者勝於向陽。鴻漸氏曰〔二〕：山水上，江水次，井水下。〔其〕山水，揀乳泉石池漫流者上，〔其〕瀑涌湍漱勿食〔之〕。江水，取去人遠者；井，（水）取汲多者。言雖簡而意則盡該矣。

積水

世傳水仙遺人鮫綃可以積水，此語數幻。江流、山泉或限於地，梅雨，天地化育萬物，最所宜留。雪水性感重陰，不必多貯，久食寒損胃氣。凡水，以瓮置負陰燥潔檐間穩地，單帛掩口，時加拂塵，則星露之氣常交，而元神不爽。如泥固紙封，曝日臨火，塵朦擊動，則與溝渠棄水何異！

器具

昔東岡子以銀鍑煮茶，謂涉於侈，瓷與石難可持久，卒歸於銀。此近李衛公煎汁調羹，不可爲常，惟從錫瓶煮湯爲得。壺或用磁可也，恐損茶真，故戒銅鐵器耳。以頗小者易候湯，況啜存停久，則不佳矣。茶盞不宜太巨，致走元氣。宜黑青磁，則益茶，茶作白紅之色。體可稍厚，不烙手而久熱。拭具布，用細麻布，有三妙：曰耐穢，曰避臭，曰易乾。又以錫爲小茶盒，徑可三寸許，高可四寸許。

分用

貯茶時發，多受氛氣。不若間開，分數兩於茶盒置之。用之多寡，當準中平。茶重，則味苦香沉；水勝，則氣薄味淡。如水一觔，約茶八分可矣。此其大略也。若茶有厚薄，水有輕重，調劑工巧，存乎其人。

煮湯

湯之得失，火其樞機。宜用活火，徹鼎通紅，潔瓶上水。揮扇輕疾，聞聲加重，此火候之文武也。蓋過文則水性柔，茶神不吐；過武則火性烈，水抑茶靈。候湯有三辨：辨形，辨聲，辨氣。辨形者，如蟹眼，如魚目，如湧泉，如聚珠，此萌湯形也。至騰波鼓濤，是爲形熟。辨聲者，聽噫聲，聽轉聲，聽驟聲，聽亂聲，此萌湯聲也。至急流灘聲，是爲聲熟。辨氣者，若輕霧，若淡煙，若凝雲，若布露，此萌湯氣也。至氤氳貫盈，是爲氣熟。已上則老矣。

治壺

伺湯純熟，注盃許於壺中，命曰浴壺。以祛寒冷宿氣也。傾去交茶，用拭具布乘熱拂拭，則壺垢易遁，而磁質漸蜕。飲訖，以清水微蕩，覆淨，再拭藏之。令常潔冽，不染風塵。

潔盞

飲茶先後，皆以清泉滌盞，以拭具布拂淨。不奪茶香，不損茶色，不失茶味，而元神自在。

投交〔三〕

湯茶協交，與時偕宜。茶先湯後，曰早交；湯半茶入，茶入湯足，曰中交；湯先茶後，曰晚交。交茶：冬早夏晚，中交行於春秋。

釃啜

協交中和，分釃布飲。釃不當早，啜不宜遲。釃早，元神未逞；啜遲，妙馥先消。毋貴客多，溷傷雅趣。獨啜曰神，對啜曰勝，三四曰趣，五六曰泛，七八曰施。毋染味，毋嗅香。腮頤連握，舌齒再嚼。既吞且嘖，載玩載哦，方覺雋永。

品真

茶有真乎？曰有。爲香，爲色，爲味，是本來之真也。抖擻精神，病魔斂迹，曰真香。清馥逼人，沁入肌髓，曰奇香。不生不熟，聞者不置，曰新香。恬澹自得，無臭可倫，曰清香。論乾葩，則色如霜臉芰荷；論釃湯，則色如蕉盛新露。始終惟一，雖久不渝，是爲嘉耳，丹黄昏暗，均非可以言佳。甘潤爲至味，淡清爲常味，苦澁，味斯下矣。乃茶中着料，盞中投菓〔四〕，譬如玉貌加脂，蛾眉施黛，翻爲本色累也。

〔校證〕

〔一〕而以紙包所篩茶末塞其口　方案：以茶末塞壜口而保存茶葉之法，僅見於此。茶末吸附性強，可防止濕潤之氣入壜，其法甚佳。堪稱作者一大發明。

〔二〕鴻漸氏曰　其下乃引陸羽《茶經》卷下《五之煮》之文，據拙校本《茶經》改二字，補三字，删一字。

〔三〕投交　『投交』一則，全據張源《茶録·投茶》上中下投法化用而言之。

〔四〕乃茶中着料盞中投菓　本條，全抄邢士襄《茶説》，已見《續茶經》卷下之二引録。

羅岕茶記

〔明〕熊明遇

〔提要〕

《羅岕茶記》，明代茶書，殘存。一卷，熊明遇撰。熊明遇，字良孺，一字子良，號文直。堂名馴雉，室名緑雪樓。江西進賢人。從學於進賢教諭林子孟（《廣東通志》卷四五）。萬曆二十九年（一六〇一）進士。知長興縣，凡在任七年，興利除害。三十一年，重修縣學，創觀德堂、甲秀閣。三十四年，建箬溪書院並撰記文；修浚内外城河；築薦春臺。每清明前三日，詣顧渚山採茶，先於此設祭（見《浙江通志》卷二三、二六、四二、九九、一五一）。其《羅岕茶記》，必撰於此數年間（一六〇二—一六〇七）。因爲成書於萬曆三十八年（一六一〇）的屠本畯《茗笈》已收録《羅岕茶記》全部七則，且文全相同。據附録所引《茶疏》『爲邑六年』云云，則又可定《茶記》當成於萬曆三十四五年間（一六〇六—一六〇七）。

萬曆四十三年，擢兵科給事中，因與東林黨人關係密切，出爲福建僉事，遷寧夏參議。天啓元年（一六二一），以尚寶少卿進太僕少卿，尋擢南京右僉都御史。四年，提督操江治河（《行水金鑑》卷四四）。因忤魏忠賢，旋於五年被其矯詔革職。又誣以坐汪文言獄而被追贓並謫戍貴州平溪衛。朱由檢即位，釋還。崇禎元年（一六二八），起兵部右侍郎；明年，進左侍郎；遷南京刑部尚書。四年，召拜兵部尚書。五年，因坐救擅主和議而得罪的沈棨，被勒罷官致仕。崇禎末，以薦起，任南京兵部尚書，改工部，引疾歸。明亡後卒。撰有《劍草》一卷、《五經約》（卷亡）、《緑雪樓集》十八卷、《馴雉集》四卷，見《四庫總目》卷一〇〇、《千頃目》卷三、卷二六著録。《江西通志》卷九〇又稱其有《中樞集》。其生平事蹟見《明史》卷二五七本傳，又分見同書卷二四四、二五三、二五四、二六四、二七六及《東林列傳》卷末下等。

《羅岕茶記》，今存凡七則，約五百餘字，分述産茶、鑒别、藏茶、烹茶、擇水、茶之色香味等内容。是他自己在長興獨特的體驗，非明人轉相傳抄者可比。其稱茶書一卷，乃名實不符，充其量不過一篇關於岕茶的茶文。今因約定俗成，仍作茶書一卷。後任湖州司理的馮可賓《岕茶牋》似參考過熊氏之文，僅未逐字逐句抄襲而已。此在現存的茶書中，是關於岕茶的較早記載之一。是書，今僅存陶珽輯《説郛續》（卷三七）本，始刊於清順治三年（一六四六）李際期宛委山堂本。張芳等主編《中國農業古籍目録》（北京圖書館出版社二〇〇三年版頁一一三）稱，《羅岕茶記》另有《廣百川學海·癸集》本，注文又稱國圖藏有是書兩種，其一『收《羅岕茶記》，另一種收《茶箋》』云然。今核上圖鄉前賢顧起潛先生主編《中國叢書綜録》，是書癸集僅收馮可賓《岕茶牋》及許次紓《茶疏》各一卷。屠隆《茶箋》作爲《考槃餘事》（凡十七卷）之一被收入庚集而非癸集。其兩失之矣，疑其殆據耳食之言著録，未目驗原書歟？今國圖編《中國古代茶道秘本五十種》（全國圖書館文獻縮微複製中心二〇〇三年版）有《羅岕茶記》影印本，今校《説郛續》本，完全相同，疑即據宛委本《説郛續》影印。又，據臺灣吴智和《明人飲茶生活》第五章（頁一一九）稱：熊明遇《羅岕茶記》全文見其《文直行書》卷一七（頁二四），是書今藏臺北中央圖書館清順治間熊氏家刊本。惜未能得見而校之。

檢董斯張《吴興備志》卷二六引熊明遇書，與《説郛續》本有不同凡三：其一，書名作《嵸嶰茶疏》。其二，編次不同，原第三條，董氏作第一條；原第一、二條，董氏合爲第二條。其三，董書所録二條比《説郛續》本多出約五十字，文也頗有異同。據上述，《説郛續》本乃未完之節删、改編本；又似乎熊氏成文後，被明代萬曆間纂修的湖州方志所收入，董斯張《備志》得以傳承。約略同時，屠本畯將熊氏之文節删後分七則加以潤色後分抄入《茗笈》各章，而陶珽《説郛續》本又從屠氏《茗笈》中將熊氏之文録出，這從其次序、分條、文字的完全一致可以得到證明。唯一的不同，《茗笈》七則注文僅第一條注出《岕山茶記》，餘均作《岕茶記》，而《説郛續》本則改題作《羅岕茶記》而已。今將原存《文直行書》卷一七《𡾰嶰茶疏》一文附録於末，熊氏此文，頗類《茶記》序跋之文。又，明末盧之頤《本草乘雅半偈》卷七亦已全引此七則；清陸廷燦《續茶經》引五則，冒襄《岕茶彙抄》録其四則；文字略有不同，前者當亦從《茗笈》或湖州方志出，後者則顯據《説郛續》本。今以《説郛》宛委山堂本爲底本，校以《吴興備志》（下簡稱《備志》）、《本草半偈》、《續茶經》等引文，凡改、補之文字詳校記。又，《茗笈》、《半偈》、《續茶經》均引作《岕山茶記》，似書名當以此爲是。《説郛續》編者尋章摘句，去取無藝，改題書名，割裂古書，原爲其拿手好戲。

羅岕茶記

〔兩山之夾曰嶰，俗止云嶰茶，則山盡嶰也。嶰以𡾰名者，是〕産茶處〔一〕。山之夕陽勝於朝陽。廟後山西向，故稱佳。總不如洞山南向，受陽氣特專，稱僊品〔二〕。〔然只數十畝而已〕〔三〕。

〔凡〕茶産〔於〕平地，受土氣多〔四〕，故其質濁。岕茗産於高山〔巖石〕〔五〕，渾是風露清虚之氣〔六〕，故爲可尚。

〔凡〕茶，以初出雨前〔細〕者佳[七]。惟羅岕立夏開園，吴中所貴，梗觕葉厚，有蕭箬之氣[八]。還是夏前六七日如雀舌者佳，最不易得。〔每歲只宜廉取，多取則土人必淆雜爲贏，無復真者[九]。〕

藏茶，宜箬葉而畏香藥，喜温燥而忌冷濕。收藏時，先用青箬以竹絲編之，置罌四週，焙茶俟冷，貯器中。以生炭火煆過，烈日中曝之，令滅，亂插茶中。封固罌口，覆以新磚，置高爽近人處。霉天雨候，切忌發覆。須於晴明〔時〕[一〇]，取少許別貯小缾。空缺處，即以箬填滿，封置如故，方爲可久。或夏至後一焙，或秋分後一焙。

烹茶，水之功居六。無泉則用天水，秋雨爲上，梅雨次之。秋雨冽而白，梅雨醇而白。雪水，五穀之精也，色不能白。養水須置石子於甕，不惟益水，而白石清泉，會心亦不在遠。

茶之色重、味重、香重者，俱非上品。松羅香重，六安味苦而香與松羅同。天池亦有草萊氣，龍井如之。至雲霧則色重而味濃矣。嘗啜虎丘茶，色白而香，似嬰兒肉，真〔稱〕精絶[一一]。

茶色貴白，然白亦不難。泉清瓶潔，葉少水洗，旋烹旋啜，其色自白。然真味抑鬱，徒爲目食耳。若取青緑，則天池、松羅及岕之最下者。雖冬月，色亦如苔衣，何足爲妙！莫若余所收洞山茶，自穀雨後五日者，以湯蕩滌[一二]，貯壺良久，其色如玉。至冬則嫩緑，味甘色淡，韻清氣醇，亦作嬰兒肉香而芝芬浮蕩，則虎丘所無也。

附録　巙嶰茶疏

熊明遇

巙嶰主人，嘗浮慕盧、蔡諸賢嗜茶之癖。間一與好事者，致東南名産而次第之，指必首屈巙嶰云。主人每於杜鵑鳴後，遣小吏微行山間購之，不以官檄致。即或採時，晴雨未若，或産地陰陽未辨。甘露肉芝，艱於一遘，亦往往得佳品。主人舌根多爲名根所役，時於松風、竹雨、暑（晝）〔書〕、清宵，呼童子汲水吹爐，依依覺鴻漸之致不遠。至爲邑六年，而得洞山者之産，脱盡凡茶之氣。偶泛舟苕上，偕安吉陳刺史啜之。刺史故稱鑑賞，不覺擊節曰：『半世清游，當以今日爲第一椀，名冠天下不虚也〔一三〕。』

〔校證〕

〔一〕産茶處　『産茶』其上之二十二字原無，據《吴興備志》卷二六引文補。

〔二〕稱僊品　『稱』上，《續茶經》卷上之一有『足』字。

〔三〕然只數十畝而已　七字原無，據同右引《備志》補。

〔四〕凡茶産於平地受土氣多　『凡』、『於』二字，原無，據同右引《備志》補；『受土氣多』，《備志》引作『多受土氣』。

〔五〕岕茗産於高山巖石　『岕茗』，同右引《備志》作『巙茗』；《本草半偈》卷七又引作『岕茶』。『巖石』，二字原無，據《備志》補。

〔六〕渾是風露清虛之氣　『風露』，同右引《備志》作『風霜』。

〔七〕凡茶以初出雨前細者佳　『凡』、『細』二字，原無，據同右引《備志》補。

〔八〕有蕭箬之氣　『有』，《備志》作『微有』，《本草半偈》作『便有』。

〔九〕每歲……無復真者　此二十字，底本原無，據同右引《備志》補。三處合計凡補四十九字。

〔一〇〕須於晴明時　『時』，原無，據同右引《本草半偈》補。又，《續茶經》引此條，已有删節改寫。

〔一一〕真稱精絶　『稱』，原無，據《續茶經》卷下之二補。

〔一二〕以湯蕩滌　『蕩』，原作『薄』，據《續茶經》卷下之一及《岕茶彙抄》作『洗蕩』、《洞山岕茶系》作『排蕩』改。

〔一三〕名冠天下不虛也　方案：本文見熊明遇《文直行書》（清順治間熊氏家刊本）卷一七，轉引自吴智和《明人飲茶文化生活》第五章第一一九頁（臺灣明史研究小組印行，一九九六）。《茶疏》撰於萬曆三十四年（一六〇六），時其知長興縣，次年即離任。本文述其得岕茶之不易，似即《茶記》之序或跋文。其下尚有節删之文，惜未能目驗熊氏《文直行書》而得其真。

茶解

〔明〕羅廪

〔提要〕

《茶解》，明代茶書。一卷，羅廪撰。羅廪，字高君。寧波慈溪（今屬浙江）人。其生平事歷不詳，待考。與胡應麟、徐𤊹等學者交遊唱酬，與龍膺、屠本畯、聞龍等交往，過從甚密。從其隱居中隱山十年的經歷判斷，似未出仕。其事略見《少室山房集》卷五八《秋夜集程中凱玉樹亭同梅太符羅高君作》、《筆精》卷八《煮茶》及屠本畯《茶解敘》、龍膺《茶解跋》等。

屠序撰於萬曆三十七年（一六〇九），龍跋則撰於萬曆四十年（一六一二），似此書成於十七世紀初，至今已有四百餘年之久了。作者有隱居中隱山採製茶葉十年之久的實踐，又有遍歷各地搜訪名茶的茶事經驗，且又終身嗜茶，不斷與明代一流茶學專家相交流，對烹飲、收藏、器具、禁忌等有切身體驗。因是其親歷經驗的總結，故能深中肯綮。如其認爲唐宋團餅茶因過度加工包裝而『茶性愈失』，遠不如明代以來炒焙製茶而未失茶之『本真』；其採製、烹飲之法，又集明代之大成，曰臻於精妙。故其書甫出，就得到屠本畯、聞龍、龍膺、徐𤊹等人的一致好評。如屠敘稱是書：『其論審而確，其詞審而覈』；龍跋則云：其書『語語入倫，法法入解』，『妙證色香味三昧』。均非虛譽。《茶解》堪與朱權《茶譜》、張源《茶録》、許次紓《茶疏》、錢椿年《製茶新譜》等並列爲明代茶書中罕見的上乘之作。

全書分十目，凡五十八條，約三千餘字，前有『總論』，相當於前言，其十目則爲：原、品、藝、採、製、藏、烹、水、禁、器，屠序已銓釋其具體内容。是書所論，多切實詳明，但也偶有疏失。如《茶解·禁》載：茶有真香，不應羼入花果雜物，以奪其真；從而誤駁蔡襄曾主張以蓮花、茉莉等花入茶之論，實際上北宋尚無茉莉花茶等問世，蔡襄《茶録》也力主茶有真香，切不可入龍腦之類，以奪其香。窨製花茶，始於明人。如同明人將蔡襄《茶録》誤題爲《茶譜》一樣，羅氏似將錢椿年、顧元慶《茶譜》之説，誤繫於蔡襄，在信息傳播不暢的時代因偶誤記而張冠李戴，不足以深責。羅氏對前人採製焙藏，烹茶煮水，擇器品泉等方面的陳説，頗多批評，大體亦尚言之成理，至少尚可聊備一説。

本書僅有喻乙本和《説郛續》本。喻政《茶書》乙本編次爲：首龍膺跋，次羅氏《茶解·總論》，復次爲屠本畯序，頗失倫緒。疑或編入時已錯簡。今稍加乙正：卷首爲屠序，次則羅廩『總論』，而將龍跋移至卷末。以合一般古籍之編次卷第，特此説明。本書比較完備的版本，今所傳者僅喻乙本而已。《説郛續》卷三七收《茶解》十二條，（方案：其中第六條誤引張源《茶録》，第十二條後半又誤引許次紓《茶疏》），不僅條目分合不同，編次雜亂，且分門别類亦與喻乙本有異，文字也大相徑庭。《續茶經》各卷引《茶解》十來條，《本草乘雅半偈》卷七引羅書十二條，《廣羣芳譜》卷二一引是書二條，其文字多同《説郛續》本而異於喻乙本。但屠本畯編《茗笈》，曾從龍膺處得其原本，且其刊行早於《説郛續》本，但文字亦多同《説郛續》本，這就啓示我們，在明代喻乙本成書前，當有更早版本的羅廩《茶解》流傳，構成與喻乙本不同的兩個版本系統。《茗笈》、《本草半偈》、《續茶經》、《廣羣芳譜》及《説郛續》本均從這一版本引文，故與喻乙本編次、文字有較大差異。今以喻乙本爲底本，以《説郛續》本爲主校本，參校所引諸書，凡諸書同者合稱『諸書』。諸書間也互有異同。不輕改喻乙本原文，而僅出校記以存其另一版本之梗概。

茶解敍

羅高君性嗜茶，於茶理有縣解。讀書中隱山，手著一編曰《茶解》，云書凡十目：一之原其茶所自出，二之品其茶色味香，三之程其藝植高低，四之定其採摘時候，五之摝其法製焙炒，六之辨其收藏涼燥，七之評其點瀹緩急，八之明其水泉甘洌，九之禁其酒果腥穢，十之約其器皿精粗。爲條凡若干，而茶勛於是乎勒銘矣。其論審而確也，其詞簡而覈也。以斯解茶，非眠雲跂石人不能領略。高君自述曰：『山堂夜坐，汲泉烹茗，至水火相戰，儼聽松濤傾瀉入杯，雲光瀲灩，此時幽趣，未易與俗人言者。』其致可挹矣。初予得《茶經》、《茶譜》、《茶疏》、《泉品》等書，今於《茶解》而合璧之，讀者口津津，而聽者風習習，渴悶既涓，榮衛斯暢。予友聞隱鱗，性通茶靈，早有季疵之癖，晚悟禪機，正對趙州之鋒，方與裒輯《茗笈》。持此示之，隱鱗印可曰：『斯足以爲政於山林矣！』

萬曆己酉歲端陽日，友人屠本畯撰。

茶解

總論

茶通仙靈，久服能令升舉。然蘊有妙理，非深知篤好不能得其當。蓋知深，斯鑒別精；篤好斯修製力。

余自兒時性喜茶，顧名品不易得，得亦不常有。乃周游産茶之地，採其法製，參互考訂，深有所會。遂于中隱山陽栽植培灌，兹且十年。春夏之交，手爲摘製，聊足供齋頭烹啜。論其品格，當雁行虎丘。因思制度有古人意慮所不到，而今始精備者，如席地團扇，以册易卷，以墨易漆之類，未易枚舉。即茶之一節，唐宋間研膏、蠟面，京挺、龍團，或至把握纖微，直錢數十萬，亦珍重哉！而碾造愈工，茶性愈失，矧雜以香物乎！曾不若今人止精於炒焙，不損本真，故桑苧《茶經》第可想其風致，奉爲開山。其舂、碾、羅，則諸法，殊不足倣。余嘗謂茶酒二事，至今日可稱精妙，前無古人，此亦可與深知者道耳。

原

鴻漸志茶之出，曰山南、淮南、劍南、淛東、黔州、嶺南諸地，而唐宋所稱則建州、洪州、穆州、惠州、綿州、福州、雅州、南康、婺州、宣城、饒、池、蜀州、潭州、彭州、袁州、龍安、涪州、建安、岳州，而紹興進茶自宋范文虎始。余邑貢茶，亦自南宋季至今，南山有茶局、茶曹、茶園之名，不一而止。蓋古多園中植茶，沿至我朝，貢茶爲累，茶園盡廢，第取山中野茶，聊且塞責，而茶品遂不得與陽羨、天池相抗矣。余按：唐宋産茶地，僅僅如前所稱[一]，而今之虎丘、羅岕、天池、顧渚、松蘿、龍井、雁蕩、武夷、靈山、大盤、日鑄諸有名之茶[二]，無一與焉。乃知靈草在在有之，但人不知培植，或踈於制度耳[三]。嗟嗟，宇宙大矣！

《經》云：一茶，二檟，三蔎[四]，四茗，五荈，精粗不同，總之皆茶也。而至如嶺南之苦薆、玄嶽之騫林葉，蒙陰之石蘚，又各爲一類，不堪入口。《研北志》云：交趾薆茶如緑苔，味辛烈，而不言其苦惡，要非知茶者。

茶，《六書》作荼，《爾雅》、《本草》、《漢書》、茶陵俱作荼。《爾雅》注云：樹如梔子，是已。而謂冬生葉，可煮作羹飲，其故難曉。

品

茶須色、香、味三美具備。色以白爲上，青緑次之，黄爲下。香如蘭爲上〔五〕，如蠶豆花次之。味以甘爲上，苦澀斯下矣。

茶色貴白，白而味覺甘鮮，香氣撲鼻〔六〕，乃爲精品。蓋茶之精者，淡固白〔七〕，濃亦白，初潑白，久貯亦白。味足而色白，其香自溢，三者得，則俱得也。近好事家或慮其色重，一注之水〔八〕，投茶數片，味既不足，香亦杳然，終不免『水厄』之誚耳。雖然尤貴擇水〔九〕。

茶難於香而燥，燥之一字，唯真岕茶足以當之。故雖過飲，亦自快人。重而濕者，天池也。茶之燥濕，由於土性，不繫人事。

茶須徐啜，若一吸而盡，連進數杯，全不辨味，何異傭作。盧仝七碗，亦興到之言，未是實事。

山堂夜坐，手烹香茗〔一〇〕，至水火相戰，儼聽松濤，傾瀉入甌〔一一〕，雲光艷瀲〔一二〕，此時幽趣〔一三〕，故難與俗人言。

藝

種茶，地宜高燥而沃，土沃，則産茶自佳。《經》云：生爛石者上，土者下；野者上，園者次。恐不然。

秋社後，摘茶子，水浮取沉者。略曬，去濕潤，沙拌，藏竹簍中，勿令凍損。俟春旺時種之。茶喜叢生，先治地平正，行間疎密，縱横各二尺許。每一坑下子一掬，覆以焦土，不宜太厚，次年分植，三年便可摘取。

茶地，斜坡爲佳〔一四〕，聚水向陰之處，茶品遂劣。故一山之中，美惡相懸〔一五〕。至吾四明海内外諸山，如補陀、川山、朱溪等處皆産茶〔一六〕，而色香味俱無足取者。以地近海，海風鹹而烈，人面受之，不免顦顇而黑，况靈草乎！

茶根土實，草木難生，則不茂。春時薙草，秋夏間鋤掘三四遍，則次年抽茶更盛。茶地覺力薄，當培以焦土。治焦土法，下置亂草，上覆以土，用火燒過。每茶根傍掘一小坑，培以升許，須記方所，以便次年培壅。晴晝鋤過，可用米泔澆之。

茶園不宜雜以惡木〔一七〕，惟桂、梅、辛夷、玉蘭、〔玫瑰〕、蒼松、翠竹之類〔一八〕，與之間植，亦足以蔽覆霜雪，掩映秋陽。其不可蒔芳蘭、幽菊及諸清芬之品〔一九〕，最忌與菜畦相逼，不免穢汙滲漉〔二〇〕，滓厥清真。

採

雨中採摘，則茶不香。須晴晝採，當時焙，遲則色味香俱減矣。故穀雨前後，最怕陰雨，陰雨寧不採。久雨初霽，亦須隔一兩日方可，不然必不香美。採必期於穀雨者，以太早則氣未足，稍遲則氣散。入夏，則氣暴而味苦澀矣。

採茶入簞，不宜見風日，恐耗其真液，亦不得置漆器及瓷器内。

製

炒茶，鐺宜熱；焙，鐺宜温。凡炒，止可一握，候鐺微炙手，置茶鐺中，札札有聲，急手炒匀，出之箕上，薄攤，用扇搧冷。略加揉挼，再略炒，入文火鐺焙乾，色如翡翠。若出鐺不扇，不免變色。

茶葉新鮮，膏液具足。初用武火急炒，以發其香，然火亦不宜太烈。最忌炒製半乾，不於鐺中焙燥而厚罨籠内，慢火烘炙。

茶炒熟後，必須揉挼，揉挼，則脂膏溶液少許入湯，味無不全。

鐺不嫌熟，磨擦光淨，反覺滑脱。若新鐺則鐵氣暴烈，茶易焦黑。又若年久銹蝕之鐺，即加磋磨亦不堪用。

炒茶用手，不惟匀適，亦足驗鐺之冷熱。

薪用巨榦，初不易燃，既不易熄，難于調適。易燃易熄，無逾松絲，冬日藏積，臨時取用。

茶葉不大苦澀，惟梗苦澀而黄，且帶草氣。去其梗則味自清澈，此松蘿、天池法也。余謂及時急採急焙，即連梗亦不甚爲害。大都頭茶可連梗，入夏便須擇去。

松蘿茶出休寧，松蘿山僧大方所創造。其法，將茶摘去筋脉，銀銚炒製〔二一〕，今各山悉倣其法。真僞亦難辨別。

茶無蒸法，惟岕茶用蒸。余嘗欲取真岕用炒焙法製之，不知當作何狀。近聞好事者亦稍稍變其初製矣。

藏

藏茶，宜燥又宜凉，濕則味變而香失，熱則味苦而色黄。蔡君謨云茶喜温，此語有疵。大都藏茶宜高樓，宜大瓮包口，用青箬，瓮宜覆，不宜仰，覆則諸氣不入。晴燥天，以小瓶分貯用，又貯茶之器，必始終貯茶，不得移爲他用。小瓶不宜多用青箬，箬氣盛，亦能奪茶香。

烹

名茶宜瀹以名泉。先令火熾，始置湯壺，急扇令涌沸，則湯嫩而茶色亦嫩。《茶經》云：如魚目微有聲爲一沸，沿邊如涌泉連珠爲二沸，騰波鼓浪爲三沸，過此則湯老不堪用。李南金謂當用背二涉三之際爲合量，此真賞鑒家言。而羅大經懼湯過老〔二二〕，欲於松風澗水後移瓶去火〔二三〕，少待〔其〕沸止而瀹之。不知湯既老矣，雖去火，何救耶！此語亦未中竅〔二四〕。

岕茶用熱湯洗過擠乾。沸湯烹點，緣其氣厚。不洗則味色過濃，香亦不發耳。自餘名茶，俱不必洗。

水

古人品水，不特烹時所須，先用以製團餅，即古人亦非遍歷宇内，盡嘗諸水，品其次第，亦據所習見者耳。甘泉偶出於窮鄉僻境，土人或藉以飲牛滌器，誰能省識？即余所歷地，甘泉往往有之，如象川蓬萊院後有丹井焉，晶瑩甘厚，不必瀹茶，亦堪飲酌。蓋水不難於甘而難於厚，亦猶之酒不難於清香美洌而難於淡。水厚酒淡，亦不易解。若余中隱山泉止可與虎跑、甘露作對，較之惠泉，不免徑庭。大凡名泉，多從石中迸出，得石髓故佳，沙潭爲次，出於泥者，多不中用。宋人取井水，不知井水止可炊飯作羹，瀹茗必不妙，抑山井耳？

瀹茗必用山泉〔二五〕，次梅水。梅雨如膏，萬物賴以滋養〔二六〕，其味獨甘。《仇池筆記》云〔二七〕：時雨甘滑，潑茶煮藥，美而有益。梅後便劣〔二八〕，至雷雨最毒，令人霍亂。秋雨、冬雨，俱能損人。雪水尤不宜，令肌肉銷鑠。

梅水，須多置器於空庭中取之，并入大甕，投伏龍肝兩許〔二九〕，包藏月餘汲用，至益人。伏龍肝，竈心中乾土也，〔乘熱投之〕〔三〇〕。

武林南高峰下有三泉：虎跑居最，甘露亞之，真珠不失下劣，亦龍井之匹耳。許然明武林人，品水不言甘露，何耶？甘露寺在虎跑左，泉居寺殿角，山徑甚僻，游人罕至，豈然明未經其地乎？

黄河水自西北建瓴而東〔三一〕，支流雜聚，何所不有。舟次無名泉，聊取充用可耳，謂其源從天來，不減惠泉，未是定論。

《開元遺事》紀逸人王休，每至冬時取冰，敲其精瑩者煮建茶，以奉客，亦太多事。

禁

採茶、製茶，最忌手汗、羝氣〔三二〕、口臭、多涕、多沫不潔之人及月信婦人。

茶酒性不相入，故茶最忌酒氣。製茶之人，不宜沾醉〔三三〕。

茶性淫，易於染着，無論腥穢及有氣〔息〕之物〔三四〕，不得與之近。即名香，亦不宜相雜〔三五〕。

茶内投以果核及鹽椒、薑橙等物，皆茶厄也。茶採製得法，自有天香。不可方擬蔡君謨云〔三六〕，蓮花、木犀、茉莉、玫瑰、薔薇、蕙蘭、梅花種種，皆可拌茶，且云重湯煮焙收用，似于茶理不甚曉暢。至倪雲林點茶用糖，則尤爲可笑。

器

簞

以竹篾爲之，用以採茶，須緊密，不令透風。

竈

置鐺二，一炒一焙，火分文武。

箕

大小各數箇，小者盈尺，用以出茶；大者二尺，用以攤茶。揉挼其上，並細篾爲之。

扇

茶出箕中，用以扇冷，或藤，或箬，或蒲。

籠

茶從鐺中焙燥，復於此中再總焙入甕，勿用紙襯。

帨

用新麻布洗至潔，懸之茶室，時時拭手。

甕

用以藏茶，須内外有油水者，預滌淨，曬乾以待。

爐

用以烹泉，或瓦或竹，大小要與湯壺稱[三七]。

注

以時大彬手製粗沙燒缸色者爲妙，其次錫。

壺

内所受多寡，要與注子稱。或錫或瓦，或汴梁擺錫銚。

甌

以小爲佳，不必求古，只宣、成、靖窑足矣。

以竹爲之，長六寸，如食筯而尖其末。注中潑過茶葉，用此挾出。

梜

茶解跋

家孝廉兄有茶圃在桃花源西，岩幽奇，別一天地。琪花珍羽，莫能辨識其名。所産茶，實用蒸法，如岕茶第知有炒焙揉挼之法。予理鄣日，始游松蘿山，親見方長老製茶法甚具，予手書茶僧卷贈之，歸而傳其法。故出山中人弗習也。中歲自祠部出，偕高君訪太和，輒入吾里，偶納涼城西莊稱姜家山者，上有茶數株，翳叢薄中。高君手擷其芽數升，旋沃山莊鐺炊，松茅活火，且炒且揉，得數合，馳獻先計部[三八]，餘命童子汲溪流烹之。洗盞細啜，色白而香，彷彿松蘿等。自是吾兄弟每及穀雨前，遣幹僕入山，督製如法分藏。堇堇遡年，榮邸中益稔兹法，近採諸梁山製之，色味絶佳。乃知物不殊，顧腕法工拙何如耳！予晚節嗜茶益癖，且益能別澠淄，覺舌根結習未化。於役湟塞，遍品諸水，得城隅北泉，自岩隙中淅瀝如綫漸出，輒涛然迸流。嘗之，味甘冽且厚，寒碧沁人，即弗能顔行中泠，亦庶幾昆龍泓而季蒙惠矣。日汲一盎，供博士罏茗，必松蘿始御，弗繼，則以天池、顧渚需次焉。頃從臯蘭書郵中，接高君八行兼寄《茶解》自明州至。亟讀之，語語中倫，法法入解。贊皇失其鑒，竟陵褫其衡。風旨泠泠，翛然人外，直將蓮花齒頰吸盡西江，洗滌根塵，妙證色香味三昧，無論紫茸作供，當拉玉版同參耳。予因追憶西莊採啜酣笑時，一彈指十九年矣。予疲暮尚逐戎馬，不耐膻鄉湩酪，賴有此家常生活。顧絶塞名茶不易致，而高君乃用。此爲政中隱山，足以茹真卻老，予實妬之。更卜何時盤礴相對，倚聽松濤，口津津林壑間事，言之色飛。予近築滁園，作漚息計，饒陽阿爽塏藝茶，歸當手兹編爲善知識，亦甘露門不二法也。昔白香山治池園洛下，以所獲潁川釀法、蜀客秋聲、傳陵之琹、弘農之石爲快。惜無有以兹解授之者。予歸且習禪，無所事釀，孤桐怪石，夙故畜之。今復得兹，視白公池上物奢矣。率爾書報高君志蘭息心賞時。

萬曆壬子春三月，武陵友弟龍膺君御甫書。

〔校證〕

〔一〕唐宋産茶地僅僅如前所稱　方案：『唐宋』，《茗笈》等諸書改作『唐時』，《説郛續》卷三七等譌作『唐氏』，『如前』，同上改作『如季疵』，乃因删去本條前半文字而改，但此改並不確切，仍以『唐宋』爲是。

〔二〕而今之虎丘羅岕天池顧渚松蘿龍井雁蕩武夷靈山大盤日鑄諸有名之茶　『靈山』，《本草半偈》作『靈川』。『日鑄』下，《説郛續》本及同右引諸書均有『朱溪』二字，『朱溪』乃明代寧波名茶，疑底本脱。

〔三〕但人不知培植或踈於制度耳　『人不知培植』，《説郛續》本及同右引《茗笈》、《半偈》、《續茶經》諸書皆作『培植不佳』；『制度』，同上諸書均作『採製』，底本誤，當據改。

〔四〕三譤　『譤』，原作『葮』，據《茶經·一之源》改。

〔五〕香如蘭爲上　《説郛續》本作『香以蘭花上』，《本草半偈》卷七作『香似蘭花上』，義勝。似《説郛續》本譌『似』作『以』。

〔六〕香氣撲鼻　惟《説郛續》本作『香觸鼻』，非是。諸書皆同底本，是。

〔七〕淡固白　『固』《説郛續》及上引諸書皆作『亦』。

〔八〕一注之水　惟《説郛續》本作『先注之湯』。

〔九〕雖然尤貴擇水　惟《説郛續》本『雖』字無，義長。

〔一〇〕手烹香茗　屠本畯序及諸書俱引作『汲泉烹茗』，《説郛續》同，是。

〔一一〕傾瀉入甌　惟《説郛續》本作『清芬滿杯』，『甌』，《茗笈》作『杯』。

〔一二〕雲光艷瀲　底本原作『雲光縹緲』，據諸書及屠序改。

〔一三〕此時幽趣　底本原作『一段幽趣』，據同右引改。

〔一四〕茶地斜坡爲佳　『斜坡』，《説郛續》本及諸書皆作『南向』，是，當據改。

〔一五〕美惡相懸　惟《説郛續》本作『美惡大相懸』。

〔一六〕如補陀川山朱溪等處皆産茶　『補陀』，疑應作『普陀』；『川山』似爲『靈山』之譌。

〔一七〕茶園不宜雜以惡木　『茶園』，諸書及《説郛續》本作『茶固』。『雜』，《説郛續》作『加』。

〔一八〕惟桂梅辛夷玉蘭玫瑰蒼松翠竹之類　『玫瑰』，原脱，據同右引諸書補。

〔一九〕其不可蒔芳蘭幽菊及諸清芬之品　『其不可蒔』，諸書及《説郛續》皆作『其下可植』。

〔二〇〕不免穢汙滲漉　『穢汙』二字，諸書及《説郛續》皆無。

〔二一〕銀銚炒製　『炒』，原作『妙』，疑形譌，據上下文意改。

〔二二〕而羅大經懼湯過老　『羅大經』，諸書及《説郛續》本皆作『羅鶴林』。但羅大經不號『鶴林』，明人僅取其書名之半，實出臆度，今不取，唯喻乙本是。

〔二三〕欲於松風澗水後移瓶去火　『松風』，原作『松濤』，據《鶴林玉露》丙編卷三《茶瓶湯候》及諸書改，《説郛續》本譌作『松楓』，是其證。下句又脱『其』字，據原書補。

〔二四〕此語亦未中竅　此句，諸書及《説郛續》均在『不知湯既老矣』之上，似應據乙。據上下文意，不應置於卷末，似錯簡，應乙正。

〔二五〕瀹茗必用山泉　諸書及《説郛續》作『烹茶須甘泉』，似義勝。

〔二六〕萬物賴以滋養　『滋養』，原作『滋長』，據諸書及《説郛續》改。

〔二七〕仇池筆記云　方案：下引十二字，見《東坡志林》卷一〇，不見於今傳本《仇池筆記》（二卷）。且文字已頗有删節。

〔二八〕梅後便劣　『劣』，諸書及《説郛續》作『不堪飲』。

〔二九〕并入大甕投伏龍肝兩許　『并入大甕』，同右引作『大甕滿貯』；『兩許』，同右引作『一塊』。

〔三〇〕竈心中乾土也乘熱投之　『心中』，同右引作『中心』；末四字，底本原無，據諸書及《説郛續》補。

〔三一〕黄河水自西北建瓴而東　『瓴』，原作『瓶』，似形近而譌，據上下文意改。

〔三二〕手汗羝氣　『羝』，諸書及《續説郛》均作『膻』。乃清刻本避違礙而改。

〔三三〕不宜沾醉　同右引『不宜』作『切忌』，當是。

〔三四〕無論腥穢及有氣息之物　『息』，原無，據同右引補。

〔三五〕亦不宜相雜　『相雜』，同右引作『近』。

〔三六〕不可方擬蔡君謨云　『擬』，原作『儗』，似形譌，據上下文意改。又，此非蔡襄《茶録》中語，或乃明人多誤書蔡氏《茶録》爲《茶譜》，遂與錢椿年、顧元慶《茶譜》之説混爲一談。説詳本篇提要。

〔三七〕大小要與湯壺稱　『湯壺』，《本草半偈》卷七作『湯銚』。

〔三八〕馳獻先計部　『先計部』，指作跋者龍膺之父龍德孚（一五三一——一六〇二），因其子貴而贈户部郎中，故云。參見《蒙史》提要。龍氏撰跋時乃父已亡故，此追憶十九年前羅廪採製茶數合獻龍膺父之事。

蔡端明別紀·茶癖

〔明〕徐𤊹

〔提要〕

《蔡端明別紀·茶癖》一卷，徐𤊹輯。自萬曆四十一年（一六一三）收入喻政《茶書》乙本以來，就作爲一種明代茶書而流傳。實際上僅是關於蔡襄茶事的一種小型資料匯編，其文獻所出多爲宋人之書。徐𤊹生平詳見《茗譚》提要。此僅述其《蔡端明別紀》的成編與刊刻，又須從明本《蔡襄集》的編刊説起。

歐陽修撰《蔡公墓誌銘》（《文忠集》卷三五）僅云『有《文集》若干卷』，語焉不詳。《晁志》卷三下及《通考》卷二三五均著録《蔡君謨集》爲十七卷，證諸《宋史》卷二〇八《藝文志》所載，當爲七十卷之譌倒。至南宋初，北宋本蔡集已失傳。乾道四年（一一六八），王十朋知泉州，其囑知興化軍鍾離松訪得蔡書，重編爲三十六卷。宋本凡收詩三百七十首，奏議六十四首，雜文五百八十四首，詩文合計凡一千零十八首。而以《四賢一不肖》詩冠之卷首。陳氏《解題》卷一七著録的三十六卷本蔡集殆即乾道五年王十朋序刊本。此本元明失傳（今國圖藏宋刊本已缺八卷，據清鈔本補配，非完本）。其在明代萬曆間湮而復出，徐𤊹有首善之功。其《紅雨樓題跋》卷一《蔡忠惠年譜》條嘗記其始末云：

公所著《文集》，求之海内三十年矣，不能得。稽之館閣書目亦亡失久矣。辛亥（方案：萬曆三十九年，一六一一），移書豫章喻秀才叔虞，廣搜於藏書之家。叔虞偶一詢訪，便獲故家鈔本，正乾道年間王龜齡所編三十六卷者。時莆陽盧貞常方爲江右副憲，叔虞以公集上之。命工繕寫兩部，還其原本。值吾鄉謝工部在杭過豫章，副憲出其一予在杭，校定，篋而藏之未遑也。叔虞慮孤余之託，又函原本附曹觀察能始至閩，以了宿諾。啓函讀之，喜而忘寐，不能釋手。然中間錯簡訛字，不一而足，稍稍爲之更定。歲甲寅（萬曆四十二年），友人陳侍御泰始乘驄江右，余堅投以公集，侍御納之皁囊中去，下車即請王孫朱爵儀、秀才李克家嚴加讎校，並外紀載之梨棗。甫一週，而吴興蔡侯伯達來守泉郡。以公同姓同官又同地也，於是從盧副憲求録本，張廣文啓睿訂正，鏤板以傳。萬曆丁巳（四十五年，一六一七）仲夏，閩邑後學徐𤊹興公謹跋。

據上述可知：對蔡襄仰慕已極的布衣藏書家徐𤊹，托南昌喻叔虞訪得蔡襄集源於宋本的三十六卷鈔本，上之副憲盧廷選。委鈔手過録二本，其一贈謝肇淛，經其校定。原本還喻氏，即托曹學佺函付徐𤊹。徐氏略作校改，交付即將赴任南昌的陳一元，陳到官後，即付朱謀瑋、李克家詳加校勘，析爲四十卷，於萬曆四十三年（乙卯，一六一五）刊刻於南昌，此本全稱《宋端明殿學士蔡忠惠公文集》，簡稱《端明集》，四庫開館時，即據此本收入。此本已附徐𤊹所編《蔡端明别記》十卷，凡四百七十餘事。陳本刊行的次年（即萬曆四十四年，一六一六），蔡繼善來任泉州知府，又從盧廷選處求得再加過録的副本，委府學教諭張啓睿校訂後，刊於郡齋，世稱雙甕齋本，是爲泉州本，三十六卷，題爲《蔡忠惠集》。兩本實同出一源，且校勘未精。誠如《四庫總目》卷一五二所論：『盧本錯雜少緒，陳、蔡二本均未及銓次。』『反覆潛玩』的徐𤊹更認爲其本『錯簡訛字，不一而足』。遺憾的是：今坊間兩種點校本，均未以宋本（已有國圖《珍本叢刊》影印本行世）作爲底本及參校本，仍繼承了明本的謁誤。《四庫提要》亦不無小誤，以爲徐氏《别紀》十卷乃始附於蔡氏雙甕齋本，其實陳本《端明集》已有。清雍正十年（一七三二）蔡氏裔孫仕舢、廷魁又裒次重編蔡集，改正了明本的一些錯誤，並附入宋珏編《蔡端明别記補遺》二卷。是編已將徐氏《别紀》汰其與《文集》重出者，另補遺大量條目，將《别紀》、《補遺》合併爲二卷。宋珏得盧氏另一録本蔡集，欲加校刊而未果，僅成《補遺》二卷。

必須指出，徐㶿不僅是蔡集於明代湮而復出的一大功臣，而且還編了蔡集的三個附録，一爲《蔡忠惠年譜》，令人費解的是諸本蔡集均未附徐撰《年譜》，疑已佚。二是搜輯蔡襄軼事凡三百七十餘則，分爲十目，題爲《蔡端明别紀》（又稱《外紀》），附刊於陳一元豫章（南昌）刻本；其宋珏改編補遺本，又附於蔡氏雙甕齋本。三是搜集蔡襄集外佚詩文數十首，其中多據徐氏家藏蔡帖或碑本補入，具有很高的史料價值。另外，將《茶録》和《荔枝譜》原單行的兩種蔡著編入文集，亦出於徐㶿的創始。綜上所述，徐㶿不失爲蔡襄的功臣（以上據馬歘、陳鶴鳴、蔣孟育三序撮述）。

徐㶿編《蔡端明别紀》十卷，據其自序，完成於萬曆三十七年（一六〇九）春以前，其時，蔡集尚未復出。今存明刊始刻本，爲《蔡端明别紀》十卷，《茶録》、《荔譜》各一卷，凡十二卷。今藏福建圖書館。也許正是《别紀》之編，促使他下決心遍托友人於海内訪書，終得如願。又，《四庫總目》卷六〇著録於存目有《宋四家外紀》四十九卷。四家者謂蔡襄、蘇軾、黄庭堅、米芾。編《外紀》者則均爲明人，蔡紀成於徐㶿，蘇紀成於王世貞，黄紀成於陳之伸，米紀成於范明泰。原本分别爲編，明季坊賈乃合刻之。此本今上海、南京圖書館皆有藏。徐紀題作《蔡福州外紀》，十卷。《别紀》中《茶癖》一目凡三十二條，萬曆四十一年（一六一三），徐氏協助喻政編校《茶書》時，析出此卷而編入，遂以《蔡端明别紀》而作爲一種茶書，今併其子目（篇名）作爲書名，似更符合實際。另，宋珏編《補遺》溢出《别紀》的十條，今作爲附録附於卷末。徐㶿《别紀》自序等序、記六首亦作爲附録一併收入。點校時以喻乙本作底本，校所引史料原書，僅改正一些明顯的脱誤。經逐字校勘本書所引宋代資料，文字極少錯譌，偶有脱誤，亦多爲原書之譌或轉引自他書之失。即使同是輯録，《别紀》文字之勝，乃明代茶書之最，餘書難望其項背。這位精通目録版本之學的布衣藏書家，數十年如一日手自校讎的嚴謹治學精神，不禁令人肅然起敬。即使較之乾嘉學者，亦有過之而無不及。可惜，徐氏在明代學者中真乃鳳毛麟角，迥出流輩，極爲罕見矣。如多些這樣的學者，明代茶書乃至其時整體學術水平，可能會提高好幾個檔次，遠非今日之面目。而宋玨《補遺》之文字，則已遠不如徐氏也。

蔡端明别紀・茶癖

世言團茶始於丁晉公，前此未有也。慶曆中，蔡君謨爲福建漕(使)，更製小團，以充歲貢。元豐初，下建州又製密雲龍，以獻其品，高於小團而其製益精矣。曾文昭所謂『莆陽學士蓬萊仙，製成月團飛上天』；又云『密雲新樣尤可喜，名出元豐聖天子』是也。唐陸羽《茶經》於建茶尚云未詳，而當時獨貴陽羨茶，歲貢特盛。茶山居湖、常二州之間，修貢則兩守相會，山椒有境會亭，基尚存。盧仝《謝孟諫議茶》詩云：『天子須嘗陽羨茶，百草不敢先開花。』是已。然又云：『開緘宛見諫議面，手閲月團三百片。』則團茶已見於此。當時李郢《茶山貢焙歌》云：『蒸之護之香勝梅，研膏架勤聲如雷。茶成拜表貢天子，萬人爭噉春山摧。』觀研膏之句，則知嘗爲團茶無疑。自建茶入貢，陽羨不復研膏，衹謂之草茶而已。《韻語陽秋》〔一〕

茶之品莫貴於龍鳳，謂之團茶。凡八餅重一斤。慶曆中，蔡君謨爲福建路轉運使，始造小片龍茶以進，其品絶精，謂之小團，凡二十〔八〕餅重一斤。其價直金二兩，然金可有而茶不可得，每因南郊致齋，中書、樞密院各賜一餅，四人分之。宫人往往縷金花〔於〕其上，蓋其貴重如此。《歸田録》〔二〕

故事：建州歲貢大龍鳳團茶各二斤，以八餅爲斤。仁宗時，蔡君謨知建州，始别擇茶之精者，爲小龍團十斤以獻，斤爲十餅。仁宗以非故事，命〔劾〕〔劾〕之，大臣爲請，因留而免劾。然自是遂爲歲額。《石林燕語》〔三〕

論者謂：君謨學行政事高一世，獨貢茶一事，比於宦官、宫妾之愛君。而閩人歲勞費於茶，貽禍無窮。蘇長公亦以進茶譏君謨，有『前丁後蔡』之語。殊不知理欲同，行異情，蔡公之意，主於敬君；丁謂之意，主於媚上，不可一概論也。後曾子固在福州，亦進荔枝，未可以是少之也。《興化志》〔四〕

丁晉公爲福建轉運使，始製〔爲〕鳳團，後又爲龍團，不過四十餅，專擬上供。雖近臣之家，徒聞之，未嘗見也。天聖中，蔡君謨又爲小團，其品迥加於大團，賜兩府，然止於一斤。惟上大齋宿，八人兩府共賜小團一餅，縷之以金，八人〔折〕〔析〕歸，以侈非常之賜。親知瞻玩，賡唱以詩。《畫墁録》〔五〕

建茶盛於江南，近歲製作尤精。龍團茶最爲上品，一斤八餅。慶歷中，蔡君謨爲福建運使，始造小團，以充歲貢。一斤二十〔八〕餅，所謂上品龍茶者也。仁宗尤所珍惜，雖宰相未嘗輒賜，惟郊禮致齋之夕，兩府各四人共賜一餅。宫人剪金爲龍鳳花，貼其上，八人分蓄之，以爲奇玩，不敢自試。有佳客，出爲傳玩。歐陽文忠公云：茶爲物之至精，而小團又其精者也。嘉祐中，小團初出時也，今小團易得，何至如此珍貴！《澠水燕談録》〔六〕

歐陽文忠公《嘗新茶呈聖俞》云：『建安三千里，〔京師〕三月嘗新茶。人情好先務取勝，百物貴早相矜誇。年窮臘盡春欲動，蟄雷未起驅龍蛇。夜聞擊鼓滿山谷，千人助叫聲喊呀。萬木寒凝睡不醒，惟有此樹先萌芽。乃知此爲最靈物，宜其獨得天地之英華。終朝採摘不盈掬，通犀銙小圓復窊。鄙哉穀雨槍與旗，多不足貴如刈麻。建安太守急寄我，香蒻包裹封題斜。泉甘器潔天色好，坐中揀擇客亦嘉。新香嫩色如始造，不似來遠從天涯。停匙側盞試水路，拭目向空看乳花。可憐俗夫把金錠，猛夫炙背如蝦蟆。由來真物有真賞，坐逢詩老頻咨嗟。須臾共起索酒飲，何異奏雅終哇哇。』

《次韻再作》云：『吾年向老世味薄，所好未衰惟飲茶。建溪苦遠雖不到，自少嘗見閩人誇。每嗤江浙凡茗草，叢生狼藉惟龍蛇。豈如含膏入香作金餅，蜿蜒兩龍戲以呀。其餘品第亦奇絶，愈小愈精皆露芽。泛之白花如粉乳，乍見紫面生光華。手持心愛不欲碾，有類〔美〕〔弄〕印幾成窊。論功可以療百疾，輕身久服信胡麻。我謂斯言頗過矣，其實最能袪睡邪。茶官貢餘偶分寄，地遠物新來意嘉。親烹屢酌不知厭，自謂此樂真無涯。未言久食成手顫，已覺疾饑生眼花。客遭水厄疲捧椀，口吻無异蝕月蟇。僮奴傍視疑復笑，嗜好乖僻誠堪嗟。更蒙酬句怪可駭，兒曹助噪聲哇哇。』《歐陽文忠公集》〔七〕

余觀東坡《荔枝嘆》注云：『大小龍茶始於〔丁〕晉公，而成於蔡君謨，歐陽永叔聞君謨進龍團，驚嘆曰：「君謨士人也，何至作此事！」今年閩中監司乞進鬭茶，許之。』故其詩云：『武夷溪邊粟粒芽，前丁後蔡相籠加。争新買寵各出意，今年鬬品充官茶。』則知始作俑者，大可罪也！《冷齋夜話》〔八〕

蔡君謨善别茶，後人莫及。建安能仁院有茶生石縫間，寺僧採造得茶八餅，號『石巖白』。以四餅遺君謨，以四餅密遣人走京師，遺王内翰禹玉。歲余，君謨被召還闕，訪禹玉，禹玉命子弟於茶笥中選取茶之精品者，碾待君謨。君謨捧甌未嘗，輒曰：『此茶極似能仁院石巖白，公何從得之？』禹玉未信，索茶貼驗之，乃服。《墨客揮犀》

王荆公爲小學士時，嘗訪君謨，君謨聞公至，喜甚。自取絶品茶，親滌器烹點，以待公，冀公稱賞。公於夾袋中取消風散一撮，投茶甌中，併食之。君謨失色。公徐曰：『大好茶味！』君謨大笑，且嘆公之真率也。《墨客揮犀》〔九〕

蔡君謨議茶者，莫敢對公發言，建茶所以名重天下，由公也。後公製小團，其品尤精於大團。一日，福唐蔡葉丞秘教召公啜小團，坐久，復有一客至。公啜而味之曰：「非獨小團，必有大團雜之。」丞驚呼童，曰：「本碾造二人茶，繼有一客至，造不及，乃以大團兼之。」丞〔神〕服公之明審。《墨客揮犀》

晁氏曰：《試茶録》二卷，皇朝蔡襄撰。〔襄〕皇祐中修注，仁宗嘗面諭云：『卿所進龍茶甚精』，襄退而記其烹試之法，成書二卷進御。世傳歐公聞君謨進小團茶，驚曰：『君謨士人，何故如此！』《文獻通考》〔一〇〕

公《茶壠》詩云：『造化曾無私，亦有意所加。夜雨作春力，朝雲護日（車）〔華〕。千萬碧玉枝，戢戢抽靈芽』。採茶詩云：『春衫逐紅旗，散入青林下。陰崖喜先至，新苗漸盈把。竟携筠籠歸，更帶山雲（寓）〔寫〕。』《造茶》詩云：『屑玉寸陰間，（摶）〔搏〕金新範裏。規呈月正圓，勢動龍初起。焙出香色全，爭誇火候是。』《試茶》詩云：『兔毫紫甌新，蟹眼清泉煮。雪凍作成花，雲閑未垂縷。願爾池中波，去作人間雨。』《茶書》〔一一〕

晁氏曰：東溪試茶録一卷，皇朝（朱）〔宋〕子安集拾丁、蔡之遺。東溪，亦建安地名。《茶書》〔一二〕

梅聖俞《和杜相公謝蔡君謨寄茶》云：『天子歲嘗龍焙茶，茶官催摘雨前芽。團香已入中都府，斗品爭傳太傅家。小石冷泉留早味，紫泥新品泛春華。吳中内史才多少，從此（蓴）〔蒓〕羹不足誇。』因茶而薄蓴羹，是亦至論。陸機以蓴羹對晉武帝羊酪，是時尚未有茶耳。然張華博物志已有『真茶令人不寐』之語。《瀛奎律髓》〔一三〕

陸羽《茶經》、裴汶《茶述》，皆不載建品。唐末，然後北苑出焉。宋朝開寶間，始命造龍團，以別庶品。厥後丁晉公漕閩，乃載之茶録，蔡忠惠又造小龍團以進。東坡詩云：『武夷溪邊粟粒芽，前丁後蔡相（寵）〔籠〕加。吾君所乏豈此物，致養口體何陋耶！』茶之爲物，滌煩雪滯，於務學勤政，未必無助。其與進荔枝、桃花者不同，然充類至義，則亦宦官宫妾之愛君也。忠惠直道高名，與范、歐相亞，而進茶一事，乃儕晉公。君子之舉措，可不慎哉！《鶴林玉露》〔一四〕

歐陽脩《龍茶録後序》云：茶爲物之至精，而小團又其精者，《録敍》所謂上品龍茶者是也。蓋自君謨始造而歲貢焉。仁宗尤所珍惜，雖輔相之臣未嘗〔輒賜〕。惟南郊大禮致齋之夕，中書、樞密院各四人共賜一餅。宫人剪金爲龍鳳花草貼其上，兩府八家，分割以歸，不敢碾試，相家藏以爲寶，時有佳客，出而傳翫爾。至嘉祐七年，親享明堂，齋夕始人賜一餅。余亦忝預，至今藏之。余自以諫官供奉仗内至登二府，二十餘年纔一獲賜，而丹成龍駕，舐鼎莫及。每一捧翫，清血交零而已。因君謨著録，輒附於後，庶知小團自君謨始而可貴如此。治平甲辰七月丁丑，廬陵歐陽修書還公期書室。《歐陽文忠集》〔一五〕

北苑茶焙，在建寧吉苑里鳳皇山之麓。咸平中，丁謂爲本路漕，監造御茶，歲進龍鳳團。慶曆間，蔡襄爲漕使，始改造小龍團茶，尤極精妙。邑人熊蕃詩云：『外臺慶曆有仙官，龍鳳才聞製小團。』蓋謂是也。其後則有細色五綱：第一綱曰貢新；第二綱曰試新；第三綱曰龍團勝雪，曰白茶，曰御苑玉芽，曰萬壽龍芽，曰上林第一，曰乙夜供清，曰承平雅玩，曰龍鳳英華，曰玉除清賞，曰啓沃承恩，曰雪英，曰雪葉，曰蜀葵，曰金錢，曰玉華，曰寸金；第四綱曰無比壽芽，曰萬春銀葉，曰宜年寶玉，曰玉清慶雲，曰無疆壽龍，曰玉葉長春，曰瑞雲翔龍，曰長壽玉圭，曰興國岩銙，曰香口焙銙，曰上品揀芽，曰新收揀芽；第五綱曰太平嘉瑞，曰龍苑報春，曰南山應瑞，曰興國揀芽，曰興國岩小龍，曰興國岩小鳳，曰大龍，曰大鳳。其粗色七綱：曰小龍、小鳳，曰大龍、大鳳，曰不入腦上品揀芽小龍，〔曰〕入腦小龍，曰入腦小鳳，曰入腦大龍，曰入腦大鳳。此茶之名色也。北焙之名，極盛於宋。當時士大夫以爲珍异而寶重之。嗟夫，以一草一木之味而勞民動衆，縻費不貲，餘人不足道。君謨號正人君子，亦忍爲此，何也！《北苑雜述》〔一六〕

武夷喊山臺在四曲御茶園中，製茶爲貢，自宋蔡襄始。先是，建州貢茶，首稱北苑龍團，而武夷之石乳，名猶未著也。宋劉説道詩云：『靈芽得春光，龍焙收奇芬。進入蓬萊宫，翠甌生白雲。坡詩咏粟粒，猶記少時聞』。《武夷志》〔一七〕

公《出東門向北〔苑〕路》詩云：『曉行東城隅，光華著諸物。溪漲浪〔花生〕，天晴鳥聲出。稍稍見人烟，川原正蒼鬱。』北苑詩云：『蒼山走千里，村落分兩臂。靈泉出地清，嘉卉得天味。入門脱世氛，官曹真傲吏。』《建州志》〔一八〕

歐陽公《和梅公儀嘗茶》云：『溪山擊鼓助雷驚，逗曉靈芽發翠莖。摘處兩旗香可愛，貢來雙鳳品尤精。

寒侵病骨惟思睡，花落春愁未解醒。喜共紫甌吟且酌，羡君瀟灑有餘清。』《歐陽集》〔一九〕

歐陽公《送龍茶與許道人》云：『潁陽道士青霞客，來似浮雲去無跡。夜朝北斗太清壇，不道姓名人不識。我有龍團古蒼壁，九龍泉深一百尺。憑君汲井試烹之，不是人間香味色。』《歐陽文集》〔二〇〕

蔡君謨謂范文正曰：公《採茶歌》云：『黄金碾畔緑塵飛，碧玉甌中翠濤起。』今茶絶品，其色甚白，翠緑乃下者耳。欲改爲『玉塵飛』、『素濤起』，如何？希文曰：『善。』《珍珠船》〔二一〕

蘇才翁與蔡君謨鬭茶，俱用惠山泉。蘇茶少劣，用竹瀝水煎，遂能取勝。《珍珠船》〔二二〕

蔡端明守福州日，試茶必取北郊龍腰泉水烹者，無沙石氣。手書『苔泉』二字，立泉側。《三山志》〔二三〕

蔡君謨湯取嫩而不取老，蓋爲團餅茶發耳，今旗芽，鎗甲，湯不足則茶神不透，茶色不明，故茗戰之捷，尤在五沸。《太平清話》〔二四〕

東坡云：『茶欲其白，常患其黑。墨則反是。然墨磨隔宿則色暗，茶碾過日則香減，頗相似也。茶以新爲貴，墨以古爲佳，又相反矣。茶可於口，墨可於目。蔡君謨老病不能飲，則烹而玩之；吕行甫好藏墨而不能書，則時磨而小綴之。此又可以發來者一笑也。』《春渚紀聞》〔二五〕

北苑連屬諸山，茶最勝。北苑前枕溪流，北涉數里，茶皆氣弇然，色濁，味尤薄惡，況其遠者乎！亦猶橘過淮爲枳也。近蔡公作《茶録》，亦云：隔溪諸山，雖及時加意製造，色味皆重矣。蔡公又云：北苑鳳皇山連屬諸焙所産者味佳。慶曆中，歲貢有曾坑上品一斤，叢出於此，氣味殊薄。而蔡公《茶録》亦不云曾坑者佳。《東溪試茶録》〔二六〕

龍鳳等茶，皆太宗朝所製。至咸平初，丁晉公漕閩，始載之於《茶録》。慶曆中，蔡君謨將漕，創〔造〕小龍團以進，被旨〔乃〕〔仍〕歲貢之。自小團出而龍鳳遂爲次矣。熊蕃《北苑貢茶録》〔二七〕

君謨論茶色以青白勝黄白，余論茶味以黄白勝青白。黄儒《品茶要録》〔二八〕

杭妓周韶有詩名，好畜奇茗，嘗與蔡君謨鬬勝，題品風味，君謨屈焉。《詩女史》〔二九〕

襄啓：暑熱不及通謁，所若想已平復。日夕風日酷烦，無處可避。人生韁鎖如此，可嘆可嘆！精茶數片，不一一。襄上公謹左右。《宋名賢尺牘》〔三〇〕

附　蔡端明别紀補遺十則

〔明〕宋珏〔三一〕

〔某啓〕：自入夏，閭巷相傳，以謂今秋水當不減去年。初以爲謡言，今乃信然。兩夜家人皆戽水，并乃翁達旦不寐。街衢浩渺，出入不得，更三數日不止，遂復謀逃避之處。住京况味〔其實〕如此，奈何奈何！蔡君謨寄茶來否？閎中喜見慰人還。忉忉。《歐陽文忠集》〔三二〕

聖俞有《宋著作寄鳳茶》詩云：『春雷未出地，南土物尚凍。呼噪助發生，萌穎强抽莊。團爲蒼玉璧，隱起雙飛鳳。獨應近臣頒，豈得常寮共！顧兹實賤貧，何以叨贈貢。石碾破微緑，山泉貯寒洞。味餘喉舌甘，色薄牛馬湩。陸氏《經》不經，周公夢不夢。雲腳俗所珍，鳥嘴誇仍衆。常常濫杯甌，草草盈罌甕。寧知有奇品，圭角百金中。秘惜誰可邀，虚齋對禽哢。』又《建溪新茗詩》云：『南國溪陰暖，先春發茗芽。采從青竹籠，

蒸自白雲家。粟粒烹甌起，龍文御餅加。過茲安得比顧渚不須誇。』《宛陵集》〔三三〕

劉成伯遺梅聖俞建州小片的乳茶十枚，聖俞答以詩曰：『玉斧裁雲片，形如阿井膠。春溪鬥新色，寒籜見重包。價劣黄金敵，名將紫笋抛。桓公不知味，空問楚人茅。』《宛陵集》〔三四〕

梅聖俞有《答建州沈屯田寄新茶》詩云：『春芽研白膏，夜火焙紫餅。價與黄金齊，包開青蒻整。碾爲玉色塵，〔遠〕及蘆底井。一（綴）〔啜〕同醉翁，思君聊〔引領〕』。《謝人惠茶》詩云：『山（色）〔上〕已驚溪上雷，火前那及兩旗開。采芽幾日始能就，碾月一罌初寄來。以酪爲奴名價重，將雲比腳味甘迴。更勞誰致中泠水，況復顔生不解杯。』《宛陵集》〔三五〕

後唐天成四年五月七日，度支奏：朝臣乞假覲省者欲量賜茶藥。文班自左右常侍至侍郎，宜各賜蜀茶三斤、蠟面茶二斤；武班官各有差。以此知建茶以蠟面爲上供，自唐末已然矣。第龍鳳之製，至本朝始備，而君謨爲獨精耳。《浪樓雜記》〔三六〕

張芸叟云：有唐茶品，以陽羨爲上供，建溪北苑未著也。貞元中，常衮爲建州刺史，始蒸焙而研之，謂之『研膏茶』。其後，（始）〔稍〕爲餅樣貫其中，故謂之『一串』。陸羽所烹，惟是草茗爾。迨至本朝，建溪獨盛。丁晉公爲〔福建〕轉運使，始製爲鳳團，后又爲龍團，歲貢不過四十餅。至蔡君謨，又爲小團，其品迥加於大團〔三七〕。熙寧末，神宗有旨下建州製『密雲龍』，其品又加於小團。〔三八〕《畫墁録》

天台〔山〕竹瀝水，斷竹梢，屈而取之盈瓮。若雜以他水，則亟敗。蘇才翁與蔡君謨（比）〔鬥〕茶，蔡茶精，用惠山泉；蘇〔茶少〕劣，用竹瀝水，（亦）〔遂〕能取勝。此説見江鄰幾所著《嘉祐雜志》。雙井因山谷而重。

蘇魏公嘗云：『平生薦舉不知幾何人，唯孟安序朝奉歲以雙井一（益）〔斤〕爲餉。』蓋公不納苞苴，顧獨受此，其亦珍之耶！《清波雜志》〔三九〕

惠山泉久貯，未免瓶盎氣，用細沙淋過，則如新汲，時號『（折）〔拆〕洗惠山泉』。蔡君謨生日，葛公綽以九龍泉爲壽，即此九龍，惠山别名。《浪齋便録》〔四〇〕

公仕於慶曆、嘉祐之間，事仁宗願治之主，出入殿陛，正言讜論，每形章奏。最委曲感悟莫如進龍茶一疏，蓋嘗反覆。《茶録》曰：處之得地，能盡其材。曰善别茶者，如相工視人氣色，察之於内。曰民間試茶皆不入香，恐奪其真。曰水泉不甘，能損茶味。罕譬牖達，無非欲天子深惟自省，審邪正真譌之辨，以盡賢才之用。嗟嗟！公豈好事者哉？黄論德《序》〔四一〕

或者謂公龍團一節爲歐陽永叔所致慨，若以爲公微瑕。《傳》不云乎『臣事君猶子事父』也？味爽日入慈以旨甘，棗栗飴蜜以甘之，堇荁粉榆免薨滫瀡以滑之，脂膏以膏之，豈不孝子哉！况乎公之爲人爲文，凡百森整，豈有供御品式不致精鑿以圂！尚方屈建，薦芰必違乃道。仁宗絶愛公書，命公書《元舅隴西王碑》，公唯唯奉詔；及書《温成后父碑》，則辭曰：『此待詔職也。』若傲然而慢其上。予謂合此二事，可以覩公之爲臣焉。《何匪莪集》〔四二〕

徐㶿序

蘇、黄、米、蔡，宋稱四名家者也。遺言佳事，傳播後世，未可僂指。王長公有《東坡外紀》矣，范長康有

《襄陽志林》矣。端明之德行，與夫書法之工，政事之異，名與三公雁行，但恨遺稿散逸，不得其傳。予生同桑梓，夙負恭敬之念，乃蒐厥陳言，彙爲《别紀》。自世系、本傳、以及《荔譜》、《茶録》，分門别類，爲卷十二。公之生平，悉其大，都至與六一先生侃侃立朝，號『慶曆四諫』。其風稜凜乎不可犯，千載猶有生氣。《别紀》瑣屑，又不足以盡公萬一也。近聞亦有作《黄豫章志林》者，余之《别紀》，其可已乎？若曰端明藎臣，則吾豈敢！萬曆己酉春日，後學徐㶿興公題。

馬欻序

余曩見弇州先生所輯《蘇長公外紀》，竊嘆如黄、如米、如蔡三家者皆不可闕。嗣聞黄、米二公亦有《志林》，而忠惠公竟寥寥也。暇思採摭遺事，以成四家盛美。愧考索既薄，復半羈於經生帖括，不遑及此。亡何，余友徐興公輯之，名曰《蔡端明别紀》。間以相示，余不勝其愉快也。夫古之名流高品，其德行、政事、文章，雖昭昭史册，而膚學者仍侈談漢、晉以前人物，遞至於宋，一切略之矣。故公雖閩人，而居人過客，不經楓亭道温陵者，猶未知有路旁之墓、橋左之祠也。諸好事家輒稱其《荔譜》、《茶録》及數紙遺墨於世，試叩以德行、政事、文章，輒相顧自失。誰能旁蒐獵秘，彙成一書，俾五百年之遠披閱如見乎！公集古律詩三百七十首，奏議六十四首，雜文五百八十四首，昔王龜齡刻而序之，與公復殫厥力，採掇遺文，録於别載，其得與《别紀》並傳不朽，興公固端明之功臣也。豫章璩君，捃拾長公事以足《外紀》，曰《逸編》。則是書也興公引其始，將來必有如璩君者，爲公竟其全矣！萬曆己酉秋日，懷安馬欻季聲撰〔四三〕。

謝肇淛序

宋蔡忠惠先生，閩産也，而宦於閩最久，蓋嘗再知福州，一知泉州，一爲轉運使。所至興利除病，政教敷暢，而流風餘韻，至今村甿婦孺，猶能道説之也。先生立朝，忠孝大節，具在史乘。乃其軼詩，時見於他書，豐神軌度，爲世隆尚，千載之下，猶想見其爲人云。先生曾譜《荔枝》，吾舅徐興公因之而成通譜，私心謂異代有知己也。因而蒐剔載籍，旁及猥稗，摭其行事而論次之，取裁於蘇之《外紀》、米之《志林》，釐爲十則，而以《荔譜》、《茶録》附焉。述而不作，文獻犂然。夫士顧所竪立謂何耳！苟其懿行芳躅，足以流聲百代，即稗言瑣事，皆附之而不朽。以先生之風流文采，才名志節，便當頡頏眉山；而端方後整，似或過之。至於吟賞高標，毫楮剩技，與夫方外流攬之蹤，色香意興之寄，不過其尺度之餘，而豈襄陽所敢望哉！先生有集，向行於世，自莆陽兵燹之後，梨棗爲灰。余足迹半天下，覓之不得也。興公是編出，四方同志之士，或有讀而會心，因而出壁間之藏、發帳中之秘者，不佞將拜而受之。萬曆庚戌秋日，晉安謝肇淛撰[四四]。

陳鳴鶴序

聞細人之行，若閲枯魚見一鯢，輒欲吐棄；聞君子之行，若覩珍奇於武庫，惟恐其將盡。余讀《黄憲列傳》，每恨范曄搜羅不廣，不能盡叔度之爲人。劉向少慕東方朔，數問長老賢人通於事及朔時者。朔固通儒足喜，向亦好善若渴，博聞君子哉！蔡君謨朗節瑰才，爲宋名臣，而旁游於藝，顯名今昔，揮麈操觚之士多稱之，獨以貢茶爲儒者不滿。然君謨固癖於茶者，至老病不能飲，則烹而玩之，野芹曝背之敬，遂不覺與丁謂情異同行，蓋亦『觀過知仁』矣！管冗者徒以名字賞譽，風聽者又以他人怪誕事附之。余友徐興公蘊藉二酉，無所不覽，嘗彙君謨三百七十餘事，其目有十。興公博踰王儉，余即有意爲陸澄，無以復加也。第謂君謨詩文三十六卷，今存者獨數十篇，與《貢茶録》、《荔枝譜》耳。於是乃終以譜録，而詩文則別爲集焉。荔枝，閩産也，興公嘗續譜之，視君謨尤詳。君謨有茶癖，而興公有書癖，薄飲食，節衣服，盡以其贏購書。書充棟宇，過於生産，日夕手一編，煮武夷、北苑名茶，且飲且讀，何減君謨風致？是編也，真如子政之博訪滑稽生，不類蔚宗之傳牛醫兒者矣！萬曆庚戌冬日，侯官陳鳴鶴書於柯山之泡庵〔四五〕。

蔣孟育序

蔡公以文章、氣節著於仁英兩朝，與歐陽文忠友善。文忠評其文，清遒粹美，舉世寶之。王龜齡先生謂：『後之人，雖有善文辭、好議論者，莫能改。』是評也。其集凡三十六卷，龜齡守泉日刻於學宫。自南渡後，屢遭兵燹，遂湮没不傳。只《荔枝譜》、《茶録》二卷行於世。晉安徐興公、謝在杭，好古君子也，編搜遺搞不可得。興公姑摭公遺事，刻爲《别紀》。在杭爲水部時，意秘府中有之，因濳隨福唐相公入閣翻閲，但檢得其書目而無其書，僅抄《劉後村集》三十册以歸，則知蔡集不存已五百餘年矣！近盧觀察鉉卿，忽得抄本於豫章喻氏，雖錯雜無首尾，如千年神劍，一旦出獄，即土花繡澀，光芒動世。鉉卿授其本於敝門人宋珏，令讎校分緝，將梓之於莆。未幾，而陳四游刻於南昌，蔡五嶽刻於温陵，皆依喻氏本，任其錯雜，不遑參訂也。宋生抱善本入金陵，將依向歲歐陽四門、黄侍御二集故事，而搏沙作塔，竟不能成。遂請先刻《詩集》全編及《别紀補遺》二册，以公海内同好，且以伸五百餘年湮没不彰之氣。《詩集》即分體編輯，復附入諸公和韻之作，而《别紀》搜括諸書，殆無剩義，比興公創始不啻倍之。是集且不獨補吾閩之缺典，實以表宇内之奇觀。予甚壯焉，而因述其所以再刻《别紀》之意如此。清漳蔣孟育道力題〔四六〕。

徐居敬題記

徐興公刻《别紀》十卷，蓋惜蔡集之不傳而寓存羊求野意耳。迨後集出，莆陽宋比玉乃取興公《别紀》，參訪稽訂，不遺餘力。於集之所有删之，所缺補之，去本傳而載逸編，以《荔譜》、《茶録》分爲二卷，額曰《别紀補遺》，較徐本更精矣。余藏是集十餘年，比乃遇藐村、鶴村蔡二先生，同心同好，購《忠惠集》善本，經營授梓，遂於集後刻《别紀補遺》附焉，庶幾無重複、散佚之病云。後之敬桑梓而仰高山者，能無流濕就燥之思哉！晉江徐居敬簡之謹記〔四七〕。

〔校證〕

〔一〕韻語陽秋　本則見葛立方是書卷五。文全同。惟『福建漕』，徐氏補一『使』字，轉運使可簡稱爲『漕使』或『漕』，此字不當補。『曾文昭』，即曾肇（一〇四七—一一〇七），字子開，建昌軍南豐人。鞏弟。官至翰林學士、知制誥。崇寧元年（一一〇二）入黨籍，南宋初平反，追謚文昭。李郢詩中『護之』，《全芳備祖·後集》卷二八同《韻語陽秋》，但《唐百家詩選》卷一八、《詩話總龜》後集卷三〇、《全唐詩》卷五九〇等皆作『馥之』，義勝。『架動』，《陽秋》原已形譌作『架勤』，據上引諸書改。

〔二〕歸田録　引文見歐陽修是書卷下，又見《文忠集》卷一二七。『八』字，據蔡襄詩注補，原書已無，『於』據《歸田録》補。餘文全同。

〔三〕石林燕語　引文見葉夢得是書卷八。『斤爲十餅』，《燕語》原書已誤，《考異》改作『二十』，亦非是。蔡襄創製的上品龍茶即小團，斤爲二十八餅。見《端明集》卷二《北苑十詠·造茶》詩注：『上品龍茶，每斤二十八片。』又，兩『劾』字，徐氏皆譌作『効』，據改。

〔四〕興化志　方案：與本則類似之爲蔡襄進茶辯護之詞，亦見明人彭韶《彭惠安集》卷八《與郡守岳公書》。同爲供進茶，丁謂所爲，乃『主於媚上』；蔡襄進之，即爲『主於敬君』。實在未免太具感情色彩，有『愛之欲其生，惡之欲其死』之嫌，不必強爲之辯也。況且，史以丁謂爲奸，亦未必盡然。

〔五〕畫墁録　引文見張舜民是書，文全同。惟脱一『於』字，據補。又，張氏原書已誤『慶曆中』爲『天聖中』，應據歐陽修《歸田録》及下引《澠水燕談録》改。

〔六〕澠水燕談録　引文見王闢之是書卷九《事誌》，文全同。

〔七〕歐陽文忠公集　二詩均見《文忠集》卷七。前詩據補『京師』二字，後詩據改『美』作『弄』，形近而譌。

〔八〕冷齋夜話　方案：此徐氏誤引出處，實乃見胡仔《苕溪漁隱叢話》前集卷四六，且爲胡仔之論。又，引文誤脱一『丁』字，『籠加』，原作『寵加』；『爭新買寵』，原譌作『爭買龍團』，據上引胡仔書及始出之

《東坡全集》卷二三《荔支嘆》改補。

〔九〕墨客揮犀　以上二條，均見是書卷四，下一條則見同書卷八。文全同。

〔一〇〕文獻通考　本則引文見馬端臨是書卷二一八，但實乃始見於晁公武《郡齋讀書志》卷三上。

〔一一〕茶書　方案以上四詩轉引自喻政輯《茶集》，又被收入其《茶書》乙種本。故云。原詩見蔡襄《端明集》卷二《北苑十詠》，所引乃第三—六之四首。據蔡集改正三字。又《造茶》中『焙出香色全』，譌倒作『出焙色香全』，據以乙正。《造茶》詩題注及詩注二條全删。從本條可證：喻政之治學遠不如徐㶿之嚴謹。

〔一二〕茶書　本條亦轉引自喻政《茶書·茶集》，乃出《通考》卷二一八，始見於《晁志》卷三上。參閲上注〔一〇〕。又，『朱子安』，當爲『宋子安』之譌。説詳本《全集》上編《東溪試茶録》提要。

〔一三〕瀛奎律髓　本則見方回是書卷一八。詩末句『蓴羹』，原作『蒓羹』。原詩見梅堯臣《宛陵集》卷一五，詩題『和』上有『依韻』二字，當補。『蓴』，亦作『蒓』，當徐氏所引涉下而譌，應據改。

〔一四〕鶴林玉露　本則引文，見羅大經是書卷一三。據改一字，餘全同。引詩二聯，始見於《東坡全集》卷二三《荔支嘆》。又，『宋朝』，應作『皇朝』，徐氏所據尚田爲明本。

〔一五〕歐陽文忠集　本則引文，見《文忠集》卷六五《龍茶録後序》。僅脱二字，餘文全同，據補。

〔一六〕北苑雜述　方案：是書未詳，疑已佚。其書所引熊蕃一聯詩，則見《宣和北苑貢茶録》，似此書乃南宋人之作。

〔一七〕武夷志　方案：徐氏所據或爲明人衷仲孺《武夷山志》，或爲徐表然《武夷志略》。其所引劉説道詩，今見清乾隆刊本董天工《武夷山志》卷九下《四曲》。惟「春光」，董志引作「春先」；「少時」，董志作「少年」。

〔一八〕建州志　二詩分見蔡襄《端明集》卷二《北苑十詠》第一、二首。據補三字，當爲《建州志》原無。徐氏此轉引自郡志，足證其《别紀》成於他得到鈔本蔡集之前。説詳本書卷首之提要。

〔一九〕歐陽集　詩見《文忠集》卷一二，全同。又，梅公儀，即梅摯（九九五—一〇五九），字公儀，成都新繁（治今四川新都）人。天聖五年（一〇二七）進士。官大理評事，通判蘇州。慶曆四年（一〇四四），擢殿中侍御史，改度支判官，進侍御史，權判大理寺，擢户部副使。七年黜知海州，移蘇州。召爲度支副使。皇祐三年（一〇五一），出爲陝西都轉運使，召判吏部流内銓。後出知滑州、杭州、江寧府，累官右諫議大夫。嘉祐四年（一〇五九），徙知河中府，卒。梅摯工詩，著作已佚。今僅存《梅諫議集》詩一卷，被收入《兩宋名賢小集》。其生平事蹟見《長編》卷一五四、一七〇、《乾道臨安志》卷三、《東都事略》卷七五、《宋史》卷二九八本傳等。

〔二〇〕歐陽文集　詩見《文忠集》卷九，文全同。

〔二一〕珍珠船　方案：徐氏本則轉引自陳繼儒《珍珠船》，但已始見於南宋初曾慥《類説》卷四六《范文正茶詩》，文全同。陳氏稗販於宋人之説而已，文全同。

〔二二〕珍珠船　方案：本則始見於江鄰幾《嘉祐雜志》，周煇《清波雜志》卷四已轉引之。陳氏殆已轉相稗販。蘇才翁，即蘇舜元（一〇〇六—一〇五四），字叔才，改字才翁。梓州銅山（治今四川中江東南）人。耆子，舜欽兄。以蔭入仕，天聖八年（一〇三〇），召試學士院，賜進士出身。歷宦扶溝主簿，知咸平、眉山縣，通判延州，與范仲淹定交。召爲三司勾當公事，出爲福建提刑，移京西、河東、兩浙提刑，擢京西轉運使。終官度支員外郎、三司度支判官。舜元擅詩工書。撰有《奏御集》十卷、《奏議》三卷、《塞垣近事》三卷、《文集》十卷等，均已佚。其事略見《端明集》卷三九《蘇才翁墓誌銘》、《宋史》卷四四二《蘇舜欽傳·附傳》等。

〔二三〕三山志　方案：本則不見《淳熙三山志》，疑徐氏或據明志。本條事見乾隆《福建通志》卷六二，文略有異，或即據明志而改寫。

〔二四〕太平清話　本則見陳繼儒《太平清話》，其《茶話》已收此條。

〔二五〕春渚紀聞　方案：檢何薳是書十卷不見此條，似徐氏誤引出處。東坡記『看茶啜墨』事見其《仇池筆記》卷下，《東坡志林》卷一〇。其記『茶墨相反』云云，孔凡禮校《蘇軾文集》已作佚文收入，但似仍難以確定是否真出東坡手筆。與徐氏此則引文略同者僅見於王象晉《羣芳譜》卷二一，稱出《東坡雜記》，或即其佚文，疑即徐氏之所本。又，吕行甫，即吕希彦，字行甫，吕公著侄。與蘇軾、文同等交遊，行義有過人處，享年不永。嘗官司門郎中、河陽（治今河南孟縣）通判。事見《丹淵集》卷一八《送吕希彦司門通判河陽》、清·查慎行《蘇詩補注》卷二八《送吕行甫司門倅河陽》等。

〔二六〕東溪試茶録　方案：本則『慶曆中』之上，引自《試茶録·前言》，其下則引自《試茶録·北苑·附曾坑》。文有删節，故略有潤色，如『茶最勝』，原書『茶』作『者』之類。

〔二七〕熊蕃北苑貢茶録　方案：書名全稱《宣和北苑貢茶録》，此用簡稱。引文據以補改各一字。

〔二八〕黄儒品茶要録　本則引文見《品茶要録・過熟》，『色』、『味』上之二『茶』字原書無，而其下有二『則』字。餘文相同。

〔二九〕詩女史　本則又見田汝成《西湖游覽志餘》卷一六《香奩艷語》。

〔三〇〕宋名賢尺牘　方案：蔡襄《暑熱帖》墨迹今存，見榮寶齋《中國書法全集》蔡襄卷著録。

〔三一〕宋珏　宋珏（一五七六—一六三二），一名轂，字比玉，莆田人，寓居金陵。號浪道人、荔枝仙，室名古香齋。家世仕宦，不屑於功名。年三十，負笈入太學。遊吴越，與程嘉燧（一五六五—一六四三）等相交游。工書畫，尤善八分書，精篆刻。相傳其創將漢隷入圖書法，爲『莆田』派之創始者。能詩賦，嗜戲劇。客死吴門。撰有《宋比玉遺稿》、《荔支譜》，編有《古香齋寶藏蔡帖》等。亦蔡襄之明代知己。字見《列朝詩集小傳》丁集下，《明詩紀事》庚籤卷七上。宋珏曾從乃師盧廷選處獲《蔡襄集》另一鈔本，欲校刊之而未果。又得萬曆刊本蔡集，見徐𤊹《别紀》，遂就徐氏《别紀》加以增删，删去了蔡集及歐集中已有的詩等内容，又補入大量新的内容。就『茶癖』（宋珏改作『茶事』）一目而言，删去《别紀》九條，補入十條，凡三十三條，比徐氏《别紀》多一條。重編爲《蔡端明别紀補遺》二卷，始刊於雍正刊遜敏齋本附録。今從是本移録溢出於徐氏《别紀》的十條，作爲本書的附録。仍依前之例加以標點校勘。末附徐𤊹自序等六首序記，以明《别紀》、《補遺》之編輯始末及版本流傳。此爲補益喻政《茶書》

乙本失收的内容。餘詳本篇提要。

〔三二〕歐陽文忠集　方案：此簡見《文忠集》卷一四九《書簡六·與梅聖俞》。乃其嘉祐二年（一〇五七）致梅堯臣書。據補四字。

〔三三〕宛陵集　前詩見梅堯臣是書卷七，後詩見《宛陵集》卷一二。

〔三四〕宛陵集　詩見《宛陵集》卷九《劉成伯遺建州小片的乳茶十枚因以爲答》。成伯，乃劉异字。其生平見本《全集》上編拙輯《北苑拾遺録》提要之考。

〔三五〕宛陵集　前詩見梅集卷二二，據補三字，改一字。後詩見梅集卷一二，據改一字。

〔三六〕浪樓雜記　方案：是書未詳，但據『至本朝始備』云云，則似宋人著作。其『以此知』以上之文，亦見《五代會要》卷一二《休假》，其載尤詳。惟『七曰』，王溥《會要》作『四曰』。『以此知』之上文亦見《續茶經》卷下之三、《廣羣芳譜》卷一八，皆稱出《浪樓雜記》，或即據《別紀補遺》轉引。

〔三七〕至蔡君謨又爲小團其品迥加於大團　『至蔡君謨』，原書作『天聖中』，實誤，應作『慶曆中』。蔡襄（一〇一二—一〇六七）天聖八年（一〇三〇）進士及第，其漕閩並製小團在慶曆中。宋珏徑改爲『至蔡君謨』，也許是已知其誤，但徑改原書，非引書輯録之體。『其品迥』，《補遺》譌作『其餅過』，據原書改，詳下注。

〔三八〕熙寧末神宗有旨下建州製密雲龍其品又加於小團　『熙寧末』，應作『元豐中』。元豐五年（一〇八二），賈青始製密雲龍，但原書已誤。本《全集》上編《宣和北苑貢茶録》拙釋〔二七〕至〔二九〕有詳考，可參閲。『製』，《補遺》譌作『置』；『品』，又誤作『餅』，均據《畫墁録》改。本條雖徐𤊹《别紀》已引，但僅『丁晉公』起云云，未及其半，故再録之。又，據補三字，改一字。

〔三九〕清波雜志　本則見周煇是書卷四，據補、改各三字。

〔四〇〕浪齋便録　是書未詳待考。徐波，字元嘆，號浪齋，又號落木庵。明代吴縣人。不知是否乃此人之作。又，『拆洗惠山泉』以上文字，見《清波雜志》卷四。『拆』，原譌作『折』，據改。

〔四一〕黄諭德序　黄諭德，即黄國鼎（一五五六—一六一八），字敦柱，號九石。晉江人。萬曆二十六年（一五九八）進士，選庶吉士，授編修。累官至右庶子兼翰林侍讀。致仕，卒。事見《蒼霞餘草》卷一〇《黄公暨配賴孺人合葬墓誌銘》。此序，節引自黄氏撰《宋端明殿學士蔡忠惠公文集序》，刊蔡集卷首。『自省』，原作『自當』，據改。

〔四二〕何匪莪集　何匪莪，即何喬遠，字穉孝，號匪莪。晉江人。生平事蹟詳本《全集·補編》所收之《名山藏·茶馬記》提要。此文亦爲蔡襄辯護者。但歐陽修實並無對蔡進龍團頗有微詞之事，乃宋代小説家言杜撰之，而明人不加考覈，遂信以爲真，强爲之辯耳。從宋珏《補遺·茶事》十條而言，其文字錯譌之多亦遠過於徐氏《别紀》。其學之高下，如涇渭分明而立判。

〔四三〕懷安馬欻季聲撰　馬欻，字季聲，號漱六。德安人。森子。萬曆歲貢生，官興國州判官。有《南粤概》四卷，《漱六齋稿》六卷、《廣陵游草》等。事見《明史》卷九七、《千頃目》卷七、二六，《福建通志》卷三九、七七等。

〔四四〕晉安謝肇淛撰　謝肇淛（一五六七—一六二四），字在杭。福建長樂人。萬曆二十年（一五九二）進士，釋褐湖州推官，移東昌府。歷宦南京刑部、兵部主事，工部屯田主事，都水司郎中，雲南布政司左參政等。擢廣西按察使，陞左布政使，卒於任。撰有《小草齋文集》五十卷（其中詩二十卷、文三十卷），另撰有其他經史子集四部書二十餘種，凡一百八十餘卷。謝氏博學，工草書。與其同官僚友、兒女親家、文字畏友曹學佺及外舅徐𤊹鼎足而三，執明季閩學之牛耳，且又門生故吏遍布。其事蹟見曹學佺撰《墓誌銘》、徐𤊹撰《行狀》，並刊明天啓刻本《小草齋文集》附録。又見《列朝詩集小傳》丁集下，《千頃目》卷二五、《明史》卷二八六《鄭善夫傳·附傳》等。

〔四五〕侯官陳鳴鶴書於柯山之泡庵　陳鳴鶴，字汝翔，號泡庵。福州侯官人。庠生，不事舉業。與徐熥、徐𤊹兄弟及謝肇淛相善，攻詩三十餘年，尤擅七絶。有詩數百篇。撰有《東越文苑傳》六卷、《閩中考》一卷、《晉安逸志》三卷、《田家月令》一卷、《泡庵詩集》八卷等。事蹟見《列朝詩集小傳》丁集下，《明詩紀事》庚籤卷三〇上，《四庫總目》卷六二、七七，《千頃目》卷七、一〇、二六，《明史》卷九七、九八等。

〔四六〕清漳蔣孟育道力題　蔣孟育（一五五八—一六一九），字道力，號恬庵。漳州龍溪人。萬曆十七年（一五八九）進士，選庶吉士，授檢討，歷南京國子監祭酒等，終官南京吏部侍郎。與張燮等合稱『七才子』，有《恬菴遺稿》三十八卷。事見《羣玉樓集》卷五二《蔣公行狀》、《弇山堂别集》卷八四、《閩中理學淵源考》卷八三、《千頃目》卷二五等。蔣序乃爲其門人宋珏編《蔡忠惠詩集全編》二卷、附《别紀補遺》二卷所撰的序言。此本刊刻於天啓二年（一六二二），由顔繼祖合刻於漳州龍溪，世稱龍溪本或顔本。其時，蔣氏已亡故。但蔣序同様述及蔡集湮而復出之經過。即盧廷選始得之於江西喻氏，陳一元始刻於南昌，蔡繼善再刻於泉州。正可與本書提要所引徐𤊹《題跋》相印證。其述宋珏得蔡集欲校正重編再刻而未果，先成《詩編》及《别紀補遺》各二卷之原委亦獨家記載。其所編蔡襄詩集還附入交遊諸公和韻之作，尤可貴。在蔡集流傳諸本中是值得珍視的重要版本。

〔四七〕晉江徐居敬簡之謹記　徐居敬，字簡之。安溪人，清雍正、乾隆間人。與李清馥相友善，李稱其『山人』，則似未仕。乃雍正刊遜敏齋本蔡集之校字者也。其跋稱《别紀補遺》附蔡襄全集刊行，乃始於雍正本。

茶録

〔明〕馮時可

〔提要〕

《茶録》，明代茶書。一卷。馮時可撰。馮時可，字敏卿，號元成、文所。「四鐵御史」馮恩次子。華亭（治今上海松江）人。隆慶五年（一五七一）進士。除刑部主事，改兵部，歷員外、郎中。出爲貴州提學副使，再補四川提學副使。調雲南布政司右參議，分巡大理，撰《滇南稿》二卷。擢廣西按察司副使，終官湖北布政司右參政。所至有政聲，尤以著述爲天下所重。撰有《左氏釋》、《左氏討》、《左氏論》各二卷，《詩臆》二卷、《易説》五卷、《俺答前後志》（即《誅仇鸞始末》）二卷、《南史伐山》四卷，《池雜説》一卷、《雨航雜録》二卷，《元成選集》八十三卷，又《北征集》十六卷，《西征集》十四卷、《金閶集》十卷、《巖棲稿》三卷、《石湖稿》二卷、《茇茹稿》二卷等。還有《超然樓》、《天池》、《皆可》、《繡霞》、《後北征》、《燕喜》、《武陵》等集。時可博覽羣書，其文遍及經、史、子、集，往往下筆千言，有『博綜』之稱。其詩則極爲錢謙益所詆，不能名家，獨五古一體，尚可觀之。其生平事蹟見《明史》卷二〇九《馮恩傳·附傳》，《明詩綜》卷五六，《明詩紀事》庚籤卷一〇，《别號録》卷三，《滇略》卷八，《湖廣通志》卷二八、四一，《廣西通志》卷五三，《雲南通志》卷一八上，《貴州通志》卷一七、四一等。其著作則據《明史》卷九六、九九，《千頃目》卷一、二、五、二五，《四庫總目》卷二八、一〇五、一二二及《明詩紀事》等著録。

《茶録》僅五條，約近六百字，所述極爲淺陋，且殊失倫緒，毫無條理。不象出於頗有文名的馮氏之手，更不象一種茶學專著。誠如萬國鼎先生所疑，並非『馮氏自己編寫』之作。或爲《説郛續》編者摘引馮氏文中若干内容而敷衍成篇，拼湊成文，或乾脆便是嫁名享有時譽的馮時可而已。此僅《説郛續》（卷三七）及《古今圖書集成》二本，後者又作《茶録總敍》，尤不倫不類。所述除虎丘僧比丘大方採製松蘿等個别内容外，也毫無新意。很難令人相信，會是大名士馮時可之作。今以《説郛續》卷三七所録爲底本，校以《續茶經》等所引之三條，姑録存之。其引《茶經》之文，詳本書上編《茶經》抽釋，不再另行出校。

茶録

茶，一名檟，又名蔎，名茗，名荈。檟，苦茶也。蔎則西蜀語，茗則晚取者。《本草》：荈甘檟苦。羽《經》則稱檟甘荈苦。茶尊爲《經》，自陸羽始。羽《經》稱：『茶味至寒，採不時，造不精，雜以卉莽，飲之成疾。』若採造得宜，便與醍醐、甘露抗衡。故知茶全貴採造。蘇州茶飲遍天下，專以採造勝耳。徽郡向無茶，近出松羅茶最爲時尚。是茶始比丘大方，大方居虎丘最久，得採造法。其後於徽之松羅結庵，採諸山茶於庵焙製。遠邇爭市，價倏翔涌。人因稱松羅茶，實非松蘿所出也。是茶，比天池茶稍粗而氣甚香，味更清，然於虎丘能稱仲不能伯也。松郡佘山亦有茶，與天池無异，顧採造不如。近有比丘來，以虎丘法製之，味與松蘿等。老衲亟逐之，曰：『無爲此山開羶徑而置火坑。』蓋佛以名爲五欲之一，名媒利，利媒禍。物且難容，况人乎！

鴻漸伎倆磊塊，著是《茶經》，蓋以逃名也。示人以處其小，無志於大也。意亦與韓康市藥事相同〔一〕，不知者，乃謂其宿名。夫羽惡用名，彼用名者，且經《六經》，而經茶乎！張步兵有云〔二〕：使我有身後名，不如生前一杯酒。夫一杯酒之可以逃名也，又惡知一杯茶之欲以逃名也。

芘莉，一曰筹筤，茶籠也。犧，木杓也，瓢也。永嘉中，餘姚人虞洪入瀑布山採茗，遇一修真道士云：吾丹丘子，祈子他日甌犧之餘，乞相遺也。故知神仙之貴茶久矣。

《茶經》用水以山爲上，江爲中，井爲下。山勿太高，勿多石，勿太荒遠。蓋潛龍巨虺，所蓄毒多於斯也。又，其瀑涌湍激者，氣最悍，食之令頸疾。惠泉最宜人，無前患耳。

『江水，取去人遠者；井，取汲多者。』其沸：『如魚目微有聲爲一沸，緣邊如涌泉連珠爲二沸，騰波鼓浪爲三沸。』過此，水老不可食也。『沫餑，湯之華也。華之薄者，曰沫；厚者，曰餑。』皆《茶經》中語。大抵畜水惡其停，煮水惡其老，皆於陰陽不適，故不宜人耳。

〔校證〕

〔一〕亦與韓康市藥事相同『韓康市藥』，事見《後漢書》卷一一三《韓康傳》：『韓康，字伯休，一名恬休。京兆霸陵人，家世著姓。常採藥名山，賣於長安市，口不二價，三十餘年。時有女子從康買藥，康守價不移。女子怒曰：「公是韓伯休那？乃不二價乎？」康嘆曰：「我本欲避名，今小女子皆知有我焉，何用藥爲！」乃遁入霸陵山中，博士、公車連徵不至。』意指欲避名而不求見用於世。參見庾信《庾子山集》卷三《和張侍中述懷》詩注『韓康市藥』。

〔二〕張步兵有云　『張步兵』，指西晉張翰，字季鷹。吴郡吴（治今蘇州吴中區）人。有清才，善屬文而縱任不拘，時人號爲『江東步兵』。齊王冏辟爲大司馬東曹掾。時值『八王之亂』，從顧榮之計，秋風起，思故鄉菰菜、蒓羹，棄官而歸。翰任心自適而不求見用於當世。人或謂曰：『獨不爲身後名邪？』答云：『使我身後名，不如即時一杯酒！』時人貴其曠達。性至孝，丁母憂，哀毁過禮，卒，年五十七。其文數十篇，行於當時，今多佚。僅存文三篇，詩六首。事見《晉書》卷九二《張翰傳》，參見同書卷六八《顧榮傳》。作者以韓康、張翰事，喻陸羽著《茶經》亦避名，而不求見用於唐世。

茶話

〔明〕陳繼儒

〔提要〕

《茶話》，明代茶書，一卷。陳繼儒撰，今存。被喻政收入《茶書全集》甲本，而始刊於萬曆四十年（一六一二）。

作者陳繼儒（一五五八—一六三九），字仲醇，號眉公，又號腐儒、醇儒、空青子、糜公等，室名則有來儀堂、晚香堂、巖栖草堂、寶顔堂等。華亭（治今上海松江）人。諸生，顧憲成講學東林，招之，不就。二十九歲時就立志治學，不復出仕。隱居崑山之陽，復築室於東佘山，杜門著述，著作宏富。工詩善文，擅書能畫。書法蘇米，名重當時。與屠隆、董其昌齊名，深得王世貞等雅重。黄道周疏稱其『志尚高雅，博學多通』。雖屢蒙薦舉、徵召，但稱病堅卧不出。《四庫全書總目》提要編者卻對其責之甚苛，云：明末，『國政壞而士風亦壞，掉弄聰明，決裂防檢。』至不可收拾者，『屠隆、陳繼儒諸人不得不任其咎也』（《總目》卷一一六）。要明末大名士來承擔政治腐敗、士風亦壞的歷史責任，實在有些莫名所以。繼儒著作見於《四庫總目》、《千頃堂書目》、《明史·藝文志》著録者就有數十種、數百卷之多。其詩文，集成爲《陳眉公先生全集》六十卷、輯《寶顔堂秘笈》（續、廣、普、彙秘笈）一三〇卷、《松江府志》九十四卷等。其事見《眉公全集》卷首所載《空青先生墓誌銘》、《行略》、《年譜》，又見《明史》卷二九八《隱逸傳》等。

《茶話》録自其《太平清話》者十一則，《巖棲幽事》者七則，凡十八則。其文字略有異同。陳氏以小品文鳴於當世，《茶話》正體現這一特長，似爲喻政摘編輯録，文字略有修訂，作爲一種茶書則有名實不符之嫌。内容亦大致雜採他人之作，間有己意。對唐宋茶書頗有貶意，甚至認爲《大觀茶論》尚不如《清異録》，非的評也，乃晚明文風所尚也。是書有一則還最早記述了日本人頗嗜飲茶，是中日茶文化交流史上難得之史料。今以《茶書全集》本爲底本，校以上引繼儒《太平清話》等二書，加以標點整理。

茶話

採茶欲精，藏茶欲燥，烹茶欲潔。

茶見日而味奪，墨見日而色灰。

品茶一人得神，二人得趣，三人得味，七八人是名施茶。

山谷《煎茶賦》云：洶洶乎如澗松之發清吹，浩浩乎如春空之行白雲，可謂得煎茶三昧。

山谷云：相茶瓢與相邛竹同法，不欲肥而欲瘦，但須飽風霜耳。

箕踞斑竹林中，徙倚青石几上，所有道笈梵書，或校讐四五字，或參諷一兩章。茶不甚精，壺亦不燥，香不甚良，灰亦不死。短琴無曲而有絃，長歌無腔而有音，激氣發於林樾，好風送之水涯。若非義皇以上，定亦嵇阮兄弟之間。

三月茶筍初肥，梅風未困；九月蓴鱸正美，秫酒新香。勝客晴窓，出古人法書、名畫，焚香評賞，無過此時。

昔人以陸羽飲茶比於後稷樹穀，及觀韓翃書云：吴王禮賢，方聞置茗；晋人愛客，纔有分茶。則知開創之功，非關桑苧老翁也〔一〕。

太祖高皇帝極喜顧渚茶，定額貢三十二斤，歲以爲常。

洞庭中西盡處有仙人茶，乃樹上之苔蘚也，四皓採以爲茶。

吴人於十月採小春茶，此時不獨逗漏花枝，而尤喜日光晴暖〔二〕。從此蹉過霜凄雁凍，不復可堪。宋徽宗有《大觀茶論》二十篇，皆爲碾餘烹點而設，不若陶穀《十六湯》，韻美之極。

徐長谷《品惠泉賦序》云〔三〕：叔皮何子〔四〕，遠游來歸，汲惠山泉一罌遺予。東皋之上，予方静掩竹門，消詳鶴夢，奇事忽來，逸興横發。乃乞新火，煮而品之，使童子歸謝叔皮焉。

瑯琊山出茶，類桑葉而小〔五〕，山僧焙而藏之，其味甚清。

杜鴻漸《與楊祭酒書》云：顧渚山中紫筍茶兩片，此茶但恨帝未得嘗，寔所嘆息。一片上太夫人，一片充昆弟同啜。余鄉佘山茶，寔與虎丘伯仲。深山名品，合獻至尊，惜妝置不能五十斤也。

蔡君謨湯取嫩而不取老，蓋爲團茶發耳。今旗芽槍甲，湯不足，則茶神不透，茶色不明。故茗戰之捷，尤在五沸。

琉球亦曉烹茶。設古鼎於几上，水將沸時，投茶末一匙，以湯沃之。少頃捧飲，味甚清。

山頂泉輕而清，山下泉清而重，石中泉清而甘，沙中泉清而洌，土中泉清而厚。流動者良於安靜，負陰者勝於向陽。山峭者泉寡，山秀者有神。真源無味，真水無香〔六〕。

陶學士謂：湯者，茶之司命。此言最得三昧。馮祭酒精於茶政，手自料滌，然後飲客。客有笑者。余戲解之云：此正如美人，又如古法書名畫，度可着俗漢手否〔七〕。

〔校證〕

〔一〕非關桑苧老翁也　方案：本則似始見於《本草乘雅半偈》卷七，乃其書編者明·盧之頤的評語。後包衡《清賞録》又引之，此乃轉手稗販而録之也。

〔二〕而尤喜日光晴暖　『日』，原作『月』，據《續茶經》卷上之三引《太平清話》改。

〔三〕徐長谷品惠泉賦序云　『長谷』，徐獻忠號，詳《水品》提要。《品惠泉賦》，見《明文海》卷一八，『品』作『煮』。其序頗有異文，略作校勘。如：『叔皮何子』，《明文海》作『叔毗』；『品之』下，《明文海》有『因述其概』四字，疑陳氏引時已删；其下之『使』，《明文海》作『授』；又下之『叔皮』，亦作『叔毗』。

〔四〕叔皮何子　方案：此指徐獻忠友人何良傅。何良傅（一五〇九—一五六二），字叔皮，號大壑。華亭人。良俊弟。嘉靖二十年（一五四一）進士，授行人，官至南禮部祠祭司郎中。與兄俱有文名，時稱『二何』，有《禮部集》十卷。立身守官甚嚴，然體羸，享年不永。事見《萬姓統譜》卷三四，《陸文定公集》卷九《送何大壑年兄改南序二篇》，《寶日堂初集》卷二三《先進舊聞》，《明詩綜》卷五〇，《明史》卷九九、卷二八七及《千頃堂書目》卷二三等。

〔五〕瑯琊山出茶類桑葉而小　《續茶經》卷下之四引陳氏《筆記》（方案：出《巖栖幽事》）作：『雲桑茶出瑯琊山，茶類桑葉。』疑喻政引時已有改寫。

〔六〕真水無香　方案：本則録自張源《茶録·品泉》，略有異文。如：『泉清而厚』，《茶録》作『泉淡而白』；『良於』，《茶録》作『愈於』。而『山峭者』二句凡十字，《茶書全集》本《茶録》無，則可據此及《續茶經》卷下之一補。

〔七〕度可着俗漢手否　方案：據《續茶經》卷下之三稱，本則出湯顯祖《題飲茶録》，文全同，如是。則陳氏全抄湯臨川之語耳。文中所稱陶學士，乃指陶穀；馮祭酒，爲馮可賓。其生平，見本全集《岕茶箋》提要。

茗笈

〔明〕屠本畯

〔提要〕

《茗笈》，明代茶書。二卷，屠本畯撰。屠本畯，字田叔，一字豳叟，號漢陂，自號憨先生、道素居士。室名霞爽閣。寧波鄞縣（治今浙江寧波）人。其父屠大山（一五〇〇——一五七九），字國望，號竹墟，嘉靖二年（一五二三）進士，累官川湖總督（《農上人文集》卷一一《屠公行狀》等）。本畯以門蔭出仕，授刑部檢校，稍遷太常典簿，撰《太常典録》六卷。遷南膳部郎中，出爲兩淮鹽運司同知，約在萬曆二十四年（一五九六）或稍前（方案：此據徐𤊹跋推算），移福建爲運使，擢守辰州。本畯性豪放，嗜交遊，公暇，喜與名士結社雅集。後退居甬上，好客益甚，好學不倦，手不釋卷，嘗云：『於書飢以當食，渴以當飲。』曾起生壙，自撰行狀、墓表，年八十餘卒。事見錢謙益《列朝詩集小傳》丁集、《明詩綜》卷六七、《甬上耆舊詩》卷二〇小傳等。其著述頗富，遍及四部。見於《四庫全書總目》著録的有《閩中海錯疏》三卷（《總目》卷七〇），《韋弦佩》凡四篇，無卷數（卷一二四），《離騷草木疏補》四卷，乃補宋·吴仁傑之書（卷一四八），《楚騷協韻》十卷附《讀騷大旨》一卷，乃補朱熹《楚辭集注》之闕（同上），《情採編》三十六卷，《提要》云：『編選漢魏至唐之詩，既踳駁不倫，又參以杜撰。』（卷一九三）見於《千頃堂書目》著録的則有：《卦玩》二卷、《毛詩鄭箋》二十卷、《尚書别録》六卷(以上卷一)、《閩中荔枝譜八卷》(卷九)、《傳潔典記》二卷(卷一〇)、《燕閑會纂》一卷(卷一二)、《兼三圖》一卷(卷一五)、《田叔詩草》十六卷(《明史》卷九九作《詩文草》六卷)、《老言》一卷(以上卷二六)、《詩言五至》五卷(卷三二)等。

《茗笈》,《千頃堂書目》卷九著録爲三卷,疑『二』字之譌也。此書分上下二篇,各八章,每章首列贊語,次摘《茶經》爲經文,再録蔡襄《茶録》以下十餘種書文字爲傳文,其後又附評語。但下篇『點瀹』、『申忌』二章卻又闕《茶經》引文,頗有不倫不類之嫌。故《四庫全書總目》卷一一六《提要》謂其書『割裂餖飣』,『似疏解《茶經》,又不似疏解《茶經》;似增删《茶經》,又不似增删《茶經》,紛紜錯亂,不解其何意也。』雖譏評甚苛,卻不無道理。

此書卷首有友人薛岡萬曆三十八年(一六一〇)序,次年秋徐𤊹序及自序。疑即成書於此際或稍前。萬曆四十年(一六一二),喻政即把此書編入《茶書》;次年,又有乙種本覆刻,並增補十種,亦收此書。今分稱喻甲本、喻乙本。甲本已被日本布目潮渢《中國茶書全集》影印收入上卷,今簡稱布目本。乙本,《四庫存目叢書》,據湖南省圖書館所藏的喻乙本收入《茗笈》。遺憾的是:喻政《茶書》(布目本誤沿之)已把作爲附録的《茗笈品藻》四首離析爲另一種茶書,實非。此與《茗笈》爲相附而行的同一種書無疑。毛晉本《茗笈》下篇目録已列入此四首『品藻』,極是。即爲同一書之附録顯證。是書卷末有其外甥范大遠(布目本《解題》又誤作女婿)跋,後則附有王嗣奭、范汝梓、陳瑛、屠玉衡四篇『《茗笈》品藻』。全書約一萬餘字。此書還有《羣芳清玩》本,乃明崇禎二年(一六二九)毛晉汲古閣刻本;美術叢書本,民國十七年(一九二八)神州國光社排印本,又有一九九八年北京古籍出版社據以影印本。毛晉本編排稍有不同,如將下篇目録移至上篇正文之後等。四庫存目本較諸本多一引用書目,次上下篇目録後,末又附《四庫全書總目提要》。今以四庫存目本爲底本,編次仍其舊,即按原次序編排。匯校喻甲本、毛晉本、美術本,必要時,校所引原書,仍以校是非爲主。又，徐𤊹曾序屠氏《茗笈》，或病其簡陋，遂據其極爲豐富的藏書匯輯，復撰《茗笈》三十卷，僅見《千頃堂書目》卷九著録。十分可惜，徐氏這部大型茶事分類匯編，未能流傳下來。這應是已知茶書中篇幅最多的一部，其久佚不傳，無疑是中國茶史研究不可彌補的莫大損失。

其雜引諸茶書，多非原文，已經屠氏删改，如需引用，務請檢核原書。所引十六種茶書，本書均已收入，爲免繁瑣，不再一一校改其引文。但《茗笈》引文，亦頗有勝原出茶書者，如張源《茶録》之文字，今特補出校記。總之，《茗笈》的可取之處之一，乃爲上引十六種茶書提供了又一校本。有興趣的讀者，可自行核對原書與屠氏引文間的異同，於此亦可見明人治學風氣之一斑。屠氏所引唐、宋、明茶書與《茗笈》有異文者，一般不出校記，明顯的譌字誤詞則仍按凡例中所定校勘法處置。又，屠氏自序中詩十章後有目録，既失倫緒，又與正文中標目重複，今删。

茗笈

茗笈序一

清士之精華，莫如詩，而清士之緒餘，則有掃地、焚香、煮茶三者。焚香、掃地，余不敢讓。而至於茶，則恒推轂吾友聞隱鱗氏〔一〕，如推轂隱鱗之詩，蓋隱鱗高標幽韻，迥出塵表，於斯二者，吾無間然。其在縉紳，惟豳叟先生與隱鱗同其臭味。隱鱗嗜茶，豳叟之於茶也，不甚嗜，然深能究茶之理，契茶之趣。自陸氏《茶經》而下，有片語及茶者，皆旁蒐博訂，輯爲《茗笈》，以傳同好。其間採製之宜，收藏之法，飲啜之方，與夫鑒别品第之精，當可謂陸氏功臣矣。余謂幽叟宦中詩多取材齊梁，而其林下諸作無不力追老杜，少陵之後，有稱詩史者，惟幽叟。而季疵之後稱茶史者，亦惟幽叟。隱鱗有幽叟，似不得專其美矣。兩君皆吾越人，余因謂茶之與泉猶生才，何地無佳者？第託諸通都要路者取名易，而僻在一隅者起名難。吾鄉泉，若它山，茶若朱溪，以其產於海隅，知之者遂尠。世有具賛皇之口，玉川之量，不遠千里可也。庚戌上巳日，社弟薛岡題〔二〕。

茗笈序二

屠幽叟先生昔轉運閩海衙，齋中闃若僧寮。予每過從，輒具茗椀，相對品騭古人文章詞賦，不及其他。茗盡而談未竟，必令童子數燃鼎繼之，率以爲常。而先生亦賞予雅通茗事，喜與語，且喜與啜。凡天下奇名異品，無不烹試，定其優劣，意豁如也。及先生擢守辰陽，掛冠歸隱鑑湖，益以烹點爲事。鉛槧之暇，著爲茗笈十六篇。本陸羽之文爲經，採諸家之説爲傳，又自爲評賛以美之。文典事清，足爲山林公案。先生其泉石膏肓者耶！予與先生别十五載，而謝在杭自燕歸〔三〕，出《茗笈》，讀之清風逸興，宛然在目。乃謀諸守公喻使君梓之郡齋，以廣同好，善夫。陸華亭有言曰〔四〕：此一味，非眠雲跂石人未易領略。可爲幽叟實録云。

萬曆辛亥年秋日，晉安徐㶿興公書〔五〕。

茗笈〔自〕序

不佞生也憨，無所嗜好，獨於茗不能忘情。偶探友人聞隱鱗架上，得諸家論茶書，有會於心，採其雋永者著於篇，名曰《茗笈》。大都以《茶經》爲經，自茶〔譜〕〔録〕迄茶箋列爲傳。人各爲政，不相沿襲。彼創一義而此釋之，甲送一難而乙駁之，奇奇正正，靡所不有。政如春秋爲經，而案之左氏、公、穀爲傳，而斷之是非。予奪豁心胸而快志意，間有所評，小子不敏，奚敢多讓矣。然書以筆札簡當爲工，詞華麗則爲尚，而器用之精良，賞鑒之貴重，我則未之或暇也，蓋有含英吐華，收奇覓秘者在。書凡二篇，附以贊評。豳叟序。

南山有茶美茗笈也醒心之膏液砭俗之鼓吹是故詠之

南山有茶，天雲卿只，采采人文，笈笥盈只。（一章）

有經有譜，有記有品，寮録解箋，説評斯盡。（二章）

溯原得地，乘時揆製，藏茗勛高，品泉論細。（三章）

候火定湯，點瀹辨器，亦有雅人，惟申嚴忌。（四章）

既防縻濫，又戒混淆，相度時宜，乃忘至勞。（五章）

我徂東山，高崗捃拾，衡鑒玄賞，咸登於笈。（六章）

予本憨人，坐草觀化，趙茶未悟〔六〕，許瓢欲挂。（七章）

滄浪水清，未可濯纓，旋汲旋瀹，以注茶經。（八章）

蘭香泛甌，靈泉在卣，惟喜詠茶，罔解頌酒。（九章）

竹裹韻士，松下高僧，汲甘露水，禮古先生。（十章）

南山有茶十章，章四句。

品茶姓氏

《茶經》，陸羽著，字鴻漸，一名疾，字季疵，號桑苧翁。

《試茶歌》，劉夢得著，字禹錫。

《陸羽點茶圖跋》，董卣著。

《茶録》，蔡襄著[七]，字君謨。

《煮茶泉品》，葉清臣著。

《僊芽傳》，蘇廙著。

《東溪試茶録》，宋子安著[八]。

《鶴林玉露》，羅大經著，字景綸[九]。

《茶寮記》，陸樹聲著，字與吉。

《煎茶七類》，同上。

《煮泉小品》，田藝蘅著，字子萟。

《類林》，焦竑著，字弱侯[一〇]。

《茶録》，張源著，字伯淵。

《茶疏》，許次紓著，字然明。

《羅岕茶記》，熊明遇著。

《茶説》，邢士襄著，字三若。

《茶解》，羅廩著，字高君。

《茶箋》，聞龍著，字隱鱗，初字仲連。

茗笈上篇贊評

第一遡源章

贊曰：世有僊芽，消類捐忿，安得登枝，而忘其本。

茶者，南方之嘉木。其樹如瓜蘆，葉如梔子，花如白薔薇，實如栟櫚，(蕊)〔蔕〕如丁香，根如胡桃。其名：一曰茶，二曰檟，三曰蔎，四曰茗，五曰荈。山南以(陜)〔峽〕州上，襄州、荊州次，衡州下，金州、梁州又下。淮南以光州上，義陽郡、舒州次，壽州下，蘄州、黄州又下。浙西以湖州上，常州次，宣州、〔杭州〕、睦州、歙州下，潤州、蘇州又下。劍南以彭州上，綿州、蜀州、(印)〔邛〕州次，雅州、瀘州下，眉州、漢州又下。浙東以越州上，明州、婺州次，台州下。黔中生(恩)〔思〕州、播州、費州、夷州，江南生鄂州、袁州、吉州，嶺南生福州、建州、〔泉州〕、韶州、象州。其(恩)〔思〕、播、費、夷、鄂、袁、吉、福、建、〔泉〕、韶、象十(一)〔二〕州未詳，往往得之，其味極佳。陸羽《茶經》〔一一〕

按：唐時産茶地，僅僅如季疵所稱。而今之虎丘、羅岕、天池、顧渚、松蘿、龍井、雁宕、武夷、靈山、大盤、

日鑄、朱溪諸名茶，無一與焉。乃知靈草在在有之，但培植不嘉，或疏採製耳。羅廩《茶解》〔一二〕

吳楚山谷間，氣清地靈，草木穎挺，多孕茶荈。大率右於武夷者爲白乳，甲于吳興者爲紫筍，産禹穴者以天章顯，茂錢塘者以徑山稀。至於（續）〔桐〕廬之巖，雲衡之麓，（雅）〔鴉〕山著於（無）〔吳〕歙，蒙頂傳於岷蜀，角立差勝，毛舉實繁。葉清臣《煮茶泉品》

唐人首稱陽羡，宋人最重建州，於今貢茶，兩地獨多。陽羡僅有其名，建州亦非上品，惟武夷雨前最勝。近日所尚者，爲長興之羅岕，疑即古顧渚紫筍。然岕故有數處，今惟洞山最佳。姚伯道云：『明月之峽，厥有佳茗，韻致清遠，滋味甘香，足稱仙品。』其在顧渚，亦有佳者。今但以水口茶名之全與岕別矣。若歙之松蘿，吳之虎丘，杭之龍井，并可與岕頡頏。郭次甫極稱黄山，黄山亦在歙，去松羅遠甚。往時士人皆重天池，然飲之略多，令人脹滿。浙之産曰雁宕、大盤、金華、日鑄，皆與武夷相伯仲。錢唐諸山，産茶甚多，南山盡佳，北山稍劣。武夷之外，有泉州之清源，儻以好手製之，亦是武夷亞匹，惜多焦枯，令人意盡。楚之産曰寶慶，滇之産曰五華，皆表表有名，在雁茶之上。其他名山所産，當不止此，或余未知，或名未著，故不及論。許次紓《茶疏》

評曰：昔人以陸羽飲茶，比於后稷樹穀，然哉。及觀韓翃《謝賜茶啓》云：『吳主禮賢，方聞置茗；晉人愛客，纔有分茶。』則知開創之功，雖不始於桑苧，而製茶自出至季疵而始備矣。嗣後名山之産，靈草漸繁；人工之巧，佳名日著。皆以季疵爲墨守，即謂開山之祖可也。其蔡君謨而下，爲傳燈之士。

第二得地章

贊曰：燁燁靈荈，托根高崗，吸風飲露，負陰向陽。

上者生爛石，中者生礫壤，下者生黄土。野者上，園者次，陰山坡谷者，不堪採掇。《茶經》

産茶處，山之夕陽勝於朝陽。廟後山西向，故稱佳。總不如洞山南向，受陽氣特專，稱僊品。熊明遇《岕山茶記》

茶地南向爲佳，向陰者遂劣。故一山之中，美惡相懸。《茶解》

茶産平地，受土氣多，故其質濁。岕茗産於高山，渾是風露清虚之氣，故爲可尚。《岕茶記》

茶固不宜雜以惡木，惟桂、梅、辛夷、玉蘭、玫瑰、蒼松、翠竹，與之間植，足以蔽覆霜雪，掩映秋陽。其下可植芳蘭、幽菊清芬之物。最忌菜畦相逼，不免滲漉，滓厥清真。《茶解》

評曰：瘠土民癯，沃土民厚，城市民囂，而瀧山鄉民樸而陋。齒居晉而黄，項處齊而癭。人猶如此，豈惟茗哉！

第三乘時章

贊曰：乘時待時，不愆不崩，小人所援，君子所憑。

採茶，在二月、三月、四月之間。茶之笋者，生爛石沃土。長四五寸，若薇蕨始抽，凌露採焉。茶之芽者，發於叢薄之上，有三枝、四枝、五枝者，選其中枝穎拔者，採焉。《茶經》

清明太早，立夏太遲，穀雨前后，其時適中。若〔肯〕再遲一二日，待其氣力完足，香烈尤倍，易於收藏。《茶疏》

茶以初出雨前者佳，惟羅岕立夏開園。吴中所貴，梗觕葉厚，有蕭箬之氣，還是夏前六七日，如雀舌者佳，

最不易得。《岕茶記》

岕茶，非夏前不摘。初試摘者，謂之開園。採自正夏，謂之春茶。其地稍寒，故須（得）〔待〕〔夏〕，此又不當以太遲病之。往時無秋日摘者，近乃有之。七八月重摘一番，謂之早春，其品甚佳，不嫌少薄。他山射利，多摘梅茶。梅雨時摘，故曰梅茶。梅茶苦澀，且傷秋摘佳產，戒之。《茶疏》

凌露無雲，採候之上；霽日融和，採候之次；積雨重陰，不知其可。邢士襄《茶説》

評曰：桑苧翁製茶之聖者歟？茶經一出，則千載以來，採製之期，舉無能違其時日而紛更之者〔一三〕。

羅高君謂：知深，斯鑒別精；篤好〔一四〕，斯修製力。可以贊桑苧翁之烈矣。

第四揆製章

贊曰：爾造爾製，有矱有矩，度也惟良，於斯信汝。

其曰：有雨不採，晴有雲不採，晴採之。蒸之、搗之、拍之、焙之、穿之、封之，茶之乾矣。《茶經》

斷（茶）〔芽〕，以甲不以指。以甲則速斷不柔，以指則多（濕）〔温〕易損。宋子安《東溪試茶録》

其茶初摘，香氣未透，必借火力，以發其香。然茶性不耐勞，炒不宜久。多取入鐺，則手力不匀；久於鐺中，過熟而香散矣。炒茶之鐺，最嫌新鐵，須預取一鐺〔專用炊飯〕，毋得別作他用。一説惟常煮飯者佳，既無鐵腥亦無脂膩。炒茶之薪，僅可樹枝，不用乾葉。乾則火力猛熾，葉則易焰易滅。鐺必磨洗瑩潔，旋摘旋炒。一鐺之内，僅（用）〔容〕四兩，先用文火（炒）〔焙〕軟，次加武火催之。手加木指，急急炒轉，以半熟爲度，微俟香發，是其候也。《茶疏》

茶初摘時，須揀去枝梗老葉，惟取嫩葉。又須去尖與柄，恐其易焦，此松羅法也。炒時，須一人從傍扇之，以祛熱氣，否則黄色，香味俱減，予所親試。扇者色翠，不扇色黄。炒起出鐺時，置大磁盤中，仍須急扇，令熱氣稍退，以手重揉之，再散入鐺，文火炒乾，入焙。蓋揉，則其津上浮，點時香味易出。田子蓺以生曬、不炒不揉者爲佳，亦未之試耳。聞龍《茶箋》

火烈香清，鐺寒神倦。火（烈）〔猛〕生焦，柴疏失翠。久延則過熟，（速）〔早〕起卻還生。熟則犯黄，生則著黑。帶白點者無妨，絶焦點者最勝。張源《茶録》

《經》云：焙，鑿池深二尺，濶（一）〔二〕尺五寸，長一丈。上作短牆，高二尺，泥之。以木構於焙上，編木兩層，高一尺，以焙茶。茶之半乾，昇下棚；全乾，昇上棚。愚謂今人不必全用此法。予嘗構一焙，室高不踰尋，方不及丈，縱廣正等。四圍及頂，綿紙密糊，無小罅隙。置三四火缸於中，安新竹篩於缸内，預洗新麻布一片以襯之。散所炒茶於篩上，闔户而焙。上面不可覆蓋，蓋茶葉尚潤，一覆則氣悶奄黄。須焙二三時，俟潤氣盡，然後覆以竹箕，焙極乾，出缸，待冷，入器收藏。後再焙，亦用此法。色香與味，不致大減。《茶箋》

茶之妙，在乎始造之精，藏之得法，點之得宜。優劣定乎始鐺，清濁系乎末火。《茶録》

諸名茶法，多用炒，惟羅岕宜於蒸焙。味真藴藉，世競珍之。即顧渚、陽羨，密邇洞山，不復仿此，想此法偏宜於岕，未可概施他茗。而《經》已云蒸之、焙之，則所從來遠矣。《茶箋》

評曰：必得色全，惟須用扇；必全香味，當時炒焙。此評茶之準繩，傳茶之衣鉢。

第五藏茗章

贊曰：茶有遷德，幾微是防，如保赤子，云胡不臧。

育以木製之，以竹編之，以紙糊之。中有槅，上有覆，下有牀，傍有門，掩一扇。中置一器，貯煻煨火，令熅熅然。江南梅雨〔時〕，焚之以火。《茶經》

藏茶，宜箬葉而畏香藥，喜温燥而忌冷濕。收藏時，先用青箬以竹絲編之，置罌四週。焙茶俟冷，貯器中，以生炭火煅過，烈日中暴之，令滅，亂插茶中。封固罌口，覆以新磚，置高爽近人處。霉天雨候，切忌發覆。須於晴明，取少許，别貯小瓶。空缺處，即以箬填滿，封置如故，方爲可久。或夏至後一焙，或秋分後一焙。《岕茶記》

切弗臨風近火，臨風易冷，近火先黄。《茶録》

凡貯茶之器，始終貯茶，不得移爲他用。《茶解》

吴人絶重岕茶，往往雜以黄黑箬，大是缺事。余每藏茶，必令樵青入山採竹箭箬，拭淨烘乾，護罌四週；半用剪碎，拌入茶中。經年發覆，青翠如新。《茶箋》

置頓之所，須在時時坐卧之處。逼近人氣，則常温不寒。必在板房，不宜土室。板房（温）〔則〕燥，土室則蒸。又要透風，勿置幽隱之處，尤易蒸濕。《茶疏》〔一五〕

評曰：羅生言茶酒二事，至今日可稱精絶，前無古人。此可與深知者道耳。夫茶酒，超前代稀有之精品，羅生創前人未發之玄談。吾尤詫：夫卮談名酒者十九，清談佳茗者十一。

第六品泉章

贊曰：　仁智之性，山水樂深，載斟清泚，以滌煩襟。

山水上，江水（中）〔次〕，井水下。山水，（擇）〔揀〕乳泉石池漫流者上，其瀑涌湍漱勿食，久食，令人有頸疾。又多别流於山谷者，澄浸不泄。自火天至霜郊以前，或潛龍蓄毒於其間，飲者，可決之，以流其惡。使新泉涓涓然，酌之。其江水，取去人遠者。《茶經》

山宣氣，以（養）〔産〕萬物。氣宣則脉長，故曰山水上。泉不難於清而難於寒，其瀨峻流駛而清嵒奥積。陰而寒者，亦非佳品。田藝蘅《煮泉小品》〔二六〕

江，公也，衆水共入其中也。水共，則味雜，故曰江水次之。其水，取去人遠者，蓋去人遠，則澄深而無蕩漾之灕耳。《小品》

余少得温氏所著《茶説》，嘗識其水泉之目有二十焉。會西走巴峽，經蝦蟆窟；北憩蕪城，汲蜀岡井；東游故都，絶揚子江；留丹陽，酌觀音泉；過無錫，斟惠山水。粉槍末旗，蘇蘭薪桂，且鼎且缶，以飲以啜，莫不淪氣滌慮，蠲病（析）〔折〕酲。祛鄙吝之生心，招神明而還觀，信乎物類之得宜，臭味之所感，幽人之嘉尚，前賢之精鑒，不可及矣。《煮茶泉品》

山頂泉清而輕，山下泉清而重，石中泉清而甘，砂中泉清而冽，土中泉（清）〔淡〕而白，流於黄石爲佳，瀉出青石無用。流動愈於安静，負陰〔者〕勝於向陽。《茶録》

山厚者泉厚，山奇者泉奇，山清者泉清，山幽者泉幽，皆佳品也。不厚則薄，不奇則蠢，不清則濁，不幽則

喧，必無（用矣）〔佳泉〕。《小品》

泉不甘，能損茶味。前代之論水品者，以此。蔡襄《茶録》

吾鄉四陲皆山，泉水在在有之，然皆淡而不甘。獨所謂它泉者，其源出自四明潺湲洞，歷大闌小皎諸名岫，回溪百折，幽澗千支，沿洄漫衍，不舍晝夜。唐鄞令王公元偉，築埭它山，以分注江河。自洞抵埭，不下三數百里。水色蔚藍，素砂白石，粼粼見底，清寒甘滑，甲於郡中。余愧不能爲浮家泛宅，送老於斯。每一臨泛，浹旬忘返，携茗就烹，珍鮮特甚。洵源泉之最勝，甌犧之上味矣。以僻在海陬，圖經是漏，故又新之《記》罔聞，季疵之杓莫及，遂不得與谷簾諸泉齒。譬猶飛遁吉人，滅影貞士，直將逃名世外，亦且永托知稀矣。《茶箋》

山泉稍遠，接竹引之。承之以奇石，貯之以淨缸，其聲〔尢〕琤琮可愛〔一七〕。移水取石子，雖養其味，亦可澄水。《小品》

甘泉，旋汲用之斯良。丙舍在城，夫豈易得？故宜多汲，貯以大甕，但忌新器，爲其火氣未退，易於敗水，亦易生蟲。久用則善，最嫌他用。水性忌木，松杉爲甚。木桶貯水，其害滋甚。挈瓶爲佳耳。《茶疏》

烹茶須甘泉，次梅水。梅雨如膏，萬物賴以滋養，其味獨甘，梅後便不堪飲。大甕滿貯，投『伏龍肝』一塊，即竈心中乾土也，乘熱投之。《茶解》〔一八〕

烹茶，水之功居六。無泉則用天水，秋雨爲上，梅雨次之。秋雨冽而白，梅雨醇而白。雪水，五穀之精也，色不能白。養水，須置石子於甕，不惟益水，而白石清泉，會心亦不在遠。《岕茶記》

貯水甕，須置陰庭。覆以紗帛，使承星露，則英華不散，靈氣常存。假令壓以木石，封以紙箬，暴於日中，

則外耗其神，内閉其氣，水神敝矣。《茶録》〔一九〕

評曰：《茶記》言：養水，置石子於甕，不惟益水，而白石清泉，會心不遠。夫石子須取其水中，表裏瑩澈者佳。白如截肪，赤如鷄冠，藍如螺黛，黄如蒸栗〔二〇〕，黑如玄漆，錦紋五色，輝映甕中。徙倚其側，應接不暇，非但益水，亦且娱神。

第七候火章

贊曰：君子觀火，有要有倫，得心應手，存乎其人。

其火用炭，曾經燔炙，爲脂膩所及，及膏木敗器不用。古人識勞薪之味，信哉！《茶經》

火，必以堅木炭爲上。然木性未盡〔二一〕，尚有餘烟，烟氣入湯，湯必無用。故先燒令紅，去其烟焰，兼取性力猛熾，水乃易沸。既紅之後，方授水器，乃急扇之，愈速愈妙，毋令手停。停過之湯，寧棄而再烹。《茶疏》

爐火通紅，茶銚始上〔二二〕。扇起要輕疾，待湯有聲〔二三〕，稍稍重疾，斯文武火之候也〔二四〕。若過乎文，則水性柔，柔則水爲茶降；過於武，則火性烈，烈則茶爲水製。皆不足於中和，非茶家之要旨。《茶録》

評曰：蘇廙《僊芽傳》載湯十六云：調茶，在湯之淑慝而湯最忌烟。燃柴一枝，濃烟滿室，安有湯耶，又安有茶耶！可謂確論。田子蓺以松實松枝爲雅者，乃一時興到之言，不知大謬茶理。

第八定湯章

贊曰：茶之殿最，待湯建勛，誰其秉衡，跂石眠雲。

其沸：如魚目微有聲爲一沸，緣邊如涌泉連珠爲二沸，騰波鼓浪爲三沸，已上水老，不可食也。凡酌，置諸碗，令沫餑均。沫餑，湯之華也。華之薄者曰沫，厚者曰餑，細輕者曰華。如棗花漂漂然於環池之上，又如回潭曲渚青萍之始生，又如晴天爽朗有浮雲鱗（鱗）然。其沫者，若緑錢浮於（渭水）〔水渭〕，又如菊英墮於尊俎之中。餑者，以滓煮之及沸，則重華累沫，（皓皓）〔皤皤〕然若積雪耳。《茶經》

水〔一〕入銚，便須急煮。候有松聲，即去蓋，以消息其老嫩。蟹眼之後，水有微濤，是爲當時。大濤鼎沸，旋至無聲，是爲過時。過時老湯〔二五〕，決不堪用。《茶疏》

沸速，則鮮嫩風逸；沸遲，則老熟昏鈍。《茶疏》

湯有三大辨：一曰形辨，二曰聲辨，三曰（捷）〔氣〕辨。形爲内辨，聲爲外辨，氣爲捷辨。如蝦眼、蟹眼、魚目連珠，皆爲萌湯；直至涌沸，如騰波鼓浪，水氣全消，方是純熟。如初聲、轉聲、振聲、駭聲〔二六〕，皆爲萌湯；直至無聲，方爲純熟。如氣浮一縷、二縷、三〔四〕縷及縷亂不分，氤氲亂繞，皆爲萌湯；直至氣直沖貫，方是純熟。蔡君謨因古人製茶碾磨作餅，則見沸而茶神便發〔二七〕，此用嫩而不用老也。今時製茶，不假羅碾，全具元體，湯須純熟，元神始發也。《茶録》

余（友）〔同年〕李南金云：《茶經》以魚目涌泉連珠爲煮水之節。然近世瀹茶，鮮以鼎鍑，用瓶煮水，難以候視，則當以聲辨一沸、二沸、三沸之節。又陸氏之法，以未就茶鍑，故以第二沸爲合量而下，未若以今湯就茶甌瀹之，則當用背二涉三之際爲合量。乃爲聲辨之詩云：『砌蟲唧唧萬蟬催，忽有千車捆載來。聽得松風并澗水，急呼縹色緑磁杯。』其論固已精矣。然瀹茶之法，湯欲嫩而不欲老。蓋湯嫩則茶味甘，老則過苦矣。若聲如松風澗水而遽瀹之，豈不過於老而苦哉！惟移瓶去火，少待其沸止而瀹之，然後湯適中而茶味甘。此南金之所未講者也。因補一詩云：『松風（桂）〔檜〕雨到來初，急引銅瓶離竹爐。待得聲聞俱寂後，一瓶春雪勝醍醐。』羅大經《鶴林玉露》

李南金謂當用背二涉三之際爲合量，此真賞鑒家言。而羅鶴林懼湯老，欲於松風澗水後移瓶去火，少待沸止而瀹之，此語亦未中窾。殊不知湯既老矣，雖去火何救哉！《茶解》

評曰：《茶經》定湯三沸，而貴當時。《茶録》定沸三辨，而畏萌湯。夫湯貴適中，萌之與熟，皆在所棄，初無關於茶之芽餅也。今通人所論尚嫩，《茶録》所貴在老，無乃闊於事情耶？羅鶴林之談，又別出兩家外矣，羅高君因而駁之，今姑存諸説。

茗笈下篇贊評

第九點瀹章

贊曰：伊公作羹，陸氏製茶，天錫甘露，媚我僊芽。

未曾汲水，先備茶具，必潔必燥。瀹時壺蓋必仰置，磁盂勿覆。案上漆氣、食氣，皆能敗茶。《茶疏》

茶注宜小不宜大，小則香氣氤氲，大則易於散漫。若自斟酌，愈小愈佳。容水半升者，量投茶五分，其餘以是增減。《茶疏》

投茶有序，無失其宜。先茶後湯，曰下投；湯半下茶，復以湯滿，曰中投；先湯後茶，曰上投。春秋中投，夏上投，冬下投。《茶録》

握茶手中，俟湯入壺，隨手投茶，定其浮沉，然後瀉啜〔二八〕。則乳嫩清滑，馥鬱鼻端，病可令起，疲可令爽。《茶疏》

釃不宜早，飲不宜遲。釃早，則茶神未發；飲遲，則妙馥先消。《茶録》

一壺之茶，只堪再巡。初巡鮮美，再巡甘醇，三巡意欲盡矣。余嘗與客戲論〔二九〕，初巡爲婷婷嫋嫋十三餘，再巡爲碧玉破瓜年，三巡以來，緑葉成陰矣。所以茶注宜小，小則再巡已終。寧使餘芬剩馥尚留葉中，猶堪飯後供啜嗽之用。《茶疏》

終南僧亮公從天池來，餉余佳茗，授余烹點法甚細。予嘗受法於陽羡士人，大率先火候，次候湯，所謂蟹眼、魚目參沸，沫浮沉，〔以驗生熟〕，法皆同。而僧所烹點絶味清，乳面不黟，是具入清淨味中三昧者。要之，此一味，非眠雲跂石人未易領略。余方避俗，雅意棲禪，安知不因〔遂〕是悟入趙州耶？陸樹聲《茶寮記》〔三〇〕

評曰：凡事俱可委人，第責成效而已。惟瀹茗須躬自執勞，瀹茗而不躬執，欲湯之良，無有是處。

第十辨器章

贊曰：精行惟人，精良惟器，毋以不潔，敗乃公事。

鍑，音釜。以生鐵爲之。洪州以瓷，萊州以石，瓷與石皆雅器也。性非堅實，難可持久。用銀爲之，至潔，但涉於侈麗。雅則雅矣，潔亦潔矣，若用之恒，而卒歸於鐵也〔三一〕。《茶經》

山林隱逸，水銚用銀尚不易得，何况鍑乎。若用之恒，而卒歸於鐵也。《茶箋》

貴欠金銀，賤惡銅鐵，則磁瓶有足取焉。幽人逸士品色尤宜，然慎勿與誇珍衒豪者道。蘇廙《僊芽傳》〔三二〕

金乃水母，錫備剛柔。味不鹹澀，作銚最良。製必穿心，令火氣易透。《茶録》〔三三〕

茶壺，往時尚龔春。近日，時大彬所製，大爲時人所重。蓋是粫砂，正取砂無土氣耳。《茶疏》

茶注、茶銚、茶甌，最宜蕩滌燥潔。修事甫畢，餘瀝殘葉必盡去之。如或少存，奪香敗味。每日晨興，必以沸湯滌過，用極熟麻布向内拭乾，以竹編架，覆而庋之燥處，烹時取用。《茶疏》〔三四〕

茶具滌畢，覆於竹架，俟其自乾爲佳。其拭巾，只宜拭外，切忌拭内。蓋布帨雖潔，一經人手，極易作氣。縱器不乾，亦無大害。《茶箋》

茶甌，以白磁爲上，藍者次之。《茶録》〔三五〕

人必各手一甌，毋勞傳送。再巡之後，清水滌之。《茶疏》

茶盒以貯茶，用錫爲之，從大壜中分出，若用盡時再取。《茶録》

茶爐或瓦或竹，大小〔要〕與湯銚稱。《茶解》

評曰：　鍑宜鐵，爐宜銅，瓦、竹易壞，湯銚宜錫與砂。甌則但取圓潔白磁而已，然宜小。若必用柴、汝、宣、成，則貧士何所取辦哉？許然明之論，於是乎迂矣。

第十一申忌章

贊曰：　宵人欒欒，腥穢不戒，犯我忌制，至今爲慨。

採茶製茶，最忌手汗、羶氣、口臭、多涕不潔之人及月信婦人。又忌酒氣，蓋茶、酒性不相入，故製茶人切忌沾醉。《茶解》

茶性淫，易於染着。無論腥穢及有氣息之物，不宜近。即名香，亦不宜〔近〕〔相雜〕。《茶解》

茶性畏紙，紙於水中成，受水氣多。紙裹一夕，隨紙作氣盡矣。雖再焙之，少頃即潤。雁宕諸山，首坐此病。〔每以〕紙帖貽遠，安得復佳。《茶疏》

吴興姚叔度言，茶葉多焙一次，則香味隨減一次。予驗之良然。但於始焙極燥，多用炭、箬，如法封固，即梅雨連旬，燥固自若。惟開壜頻取，所以生潤，不得不再焙耳。自四五月至八月，極宜致謹。九月以後，天氣漸肅，便可解嚴矣。雖然，能不弛懈，尤妙尤妙。《茶箋》

不宜用：惡木、敝器、銅匙、銅銚、木桶、柴薪、麩炭、粗童、惡婢、不潔巾帨，及各色果實、香藥。《茶疏》〔三六〕

不宜近：陰室、廚房、市喧、小兒啼、野性人、童奴相鬨、酷熱齋舍。《茶疏》

評曰：茶，猶人也。習於善，則善；習於惡，則惡。聖人致嚴於習染，有以也。墨子悲絲在所染之。

第十二防濫章

贊曰：客有霞氣，人如玉姿，不泛不施，我輩是宜。

茶性儉，不宜廣。〔廣〕則其味黯淡。且如一滿碗，啜半而味寡，況其廣乎？夫珍鮮馥烈者，其碗數三。次之者，碗數五。若坐客數至五，行三碗。至七，行五碗。若六人以下，不約碗數。但闕一人而已，其雋永，補所闕人。《茶經》

按經云：第二沸留〔熱〕〔熟盂〕以貯之，以備育華救沸之用者，名曰雋永。五人則行三碗，七人則行五

碗，若遇六人但闕其一，正得五人，即行三碗，以雋永補所闕人，故不必別約碗數也。《茶箋》

飲茶，以客少爲貴。客衆則喧，喧則雅趣(之)〔乏〕矣。獨啜曰幽，二客曰勝，三四曰趣，五六曰泛，七八曰施。《茶録》

煎茶燒香，總是清事，不妨躬自執勞。對客談諧，豈能親莅？宜兩童司之。器必晨滌，手令時盥，爪須淨剔，火宜常宿。《茶疏》

三人以(上)〔下〕，止熱一爐；如五六人，便當兩鼎。爐用一童，湯方調適，若令兼作，恐有參差。《茶疏》

煮茶而飲非其人，猶汲乳泉以灌蒿，猶飲者一吸而盡，不暇辨味，俗莫甚焉。《小品》

若巨器屢巡，滿中瀉飲，待停少温，或求濃苦，何异農匠作勞，但資口腹。何論品賞，何知風味乎？《茶疏》

評曰：飲茶防濫，厥戒惟嚴。其或客乍傾蓋，朋偶消煩，賓待解酲，則玄賞之外，別有攸施矣。此皆排當於闔政，請勿弁髦乎茶榜。

第十三戒淆章

贊曰：珍果名花，匪我族類，敢告司存，亟宜屏置。

茶有九難：一曰造，二曰別，三曰器，四曰火，五曰水，六曰炙，七曰末，八曰煮，九曰飲。陰采夜焙，非造也；嚼味嗅香，非別也；羶鼎腥甌，非器也；膏薪庖炭，非火也；飛湍壅潦，非水也；外熟内生，非炙也；碧粉縹塵，非末也；操艱攪遽，非煮也；夏興冬廢，非飲也。《茶經》〔三七〕

茶，用葱、姜、棗、橘皮、茱萸、薄荷等煮之百沸，或揚令滑，或煮去沫。斯溝(瀆)〔渠〕間棄水耳。《茶經》

（茶有真香，而入貢者微以龍腦和膏，欲助其香。建安民間試茶，皆不入香，恐奪其真。若烹點之際，又雜珍果、香草，其奪益甚，正當不用。《茶録》

夫茶中着料，碗中着果，譬如玉貌加脂，蛾眉着黛，翻累本色。《茶説》〔三八〕

評曰：花之拌茶也，果之投茗也，爲累已久。惟其相沿，似須斟酌，有難概施矣。今署約曰：不解點茶之儔而缺花果之供者，厥咎慳；久參玄賞之科而瞶老嫩之沸者，厥咎怠。慳與怠，於汝乎有讉〔三九〕。

第十四相宜章

贊曰：宜寒宜暑，既游既處，伴我獨醒，爲君數舉。

茶之爲用，味至寒。爲飲，最宜精行儉德之人。若熱渴凝悶，腦痛目澀，四肢煩，百節不舒，聊四五啜，與醍醐、甘露抗衡也。《茶經》

《神農食經》：茶茗久服，令人有力悦志。《茶經》

華陀《食論》：苦茶久食，益意思。《茶經》

煎茶非漫浪，要須人品與茶相得〔四〇〕。故其法往往傳於高流隱逸，有烟霞泉石磊塊胸次者。陸樹聲《煎茶七類》

茶候：涼臺淨室，明窗曲几〔四一〕，僧寮道院，松風竹月，晏坐行吟，清談把卷。《七類》

山堂夜坐，汲泉煮茗。至水火相戰，如聽松濤，傾瀉入杯，雲光灔瀲。此時幽趣，故難與俗人言矣。《茶解》〔四二〕

凡士人登臨山水，必命壺觴。若茗碗、熏爐，置而不問，是徒豪舉耳。余特置遊裝，精茗、名香同行异室：茶罌、銚注、甌洗、盆巾，附以香奩、小爐、香囊、（匙）〔匕〕筯。《茶疏》〔四三〕

評曰：家緯《真清語》云〔四四〕：茶熟香清，有客到門，可喜。鳥啼花落，無人亦自悠然。可想其致也。

第十五衡鑒章

贊曰：肉食者鄙，藿食者躁，色味香品，衡鑒三妙。

茶有千〔類〕萬狀，如胡人鞾者蹙縮然，犎牛臆者廉襜然，浮雲出山者輪菌然，輕飆拂水者涵澹然。有如陶家之子，羅膏土以水澄泚之，又如新治地者，遇瀑雨流潦之所經。此皆茶之精腴〔者也〕。有如竹籜者，枝幹堅實，艱於蒸擣，故其形籭簁然。有如霜荷者，莖葉凋沮，易其狀貌，故厥狀萎萃然，此皆茶之瘠老者也。陽崖陰林，紫者上，綠者次；筍者上、芽者次；葉卷者上，葉舒者次。《茶經》

茶通僊靈，然〔蘊〕有妙理。《茶解・序》

其旨，歸於色、香、味；其道，歸於精、燥、潔。《茶録・序》〔四五〕

茶之色重、味重、香重者，俱非上品。松羅香重，六安味苦，而香與松羅同。天池亦有草萊氣，龍井如之。至雲霧則色重而味濃矣。嘗啜虎丘茶，色白而香，似嬰兒肉，真精絶。《岕茶記》

茶色白，味甘鮮，香氣撲鼻，乃爲精品。茶之精者，淡亦白，濃亦白；初潑白，久貯亦白。味甘色白，其香自溢，三者得，則俱得也。近來好事者，或慮其色重，一注之水，投茶數片，味固不足，香亦窅然。終不免『水厄』之誚，雖然尤貴擇水。香以蘭花上，蠶荳花次。《茶解》

茶色貴白，然白亦不難。泉清瓶潔，葉少水洗。旋烹旋啜，其色自白。然真味抑鬱，徒爲目食耳。若取青緑，則天池、松蘿，及岕之最下者。雖冬月，色亦如苔衣，何足爲妙？莫若余所收洞山茶，自穀雨後五日者，以湯薄澣，貯壺良久，其色如玉。至冬則嫩緑，味甘色淡，韻清氣醇，亦作嬰兒肉香而芝芬浮蕩，則虎丘所無也。《岕茶記》

評曰：熊君品茶，旨在言外。如釋氏所謂水中鹽味，非無非有，非深於茶者，必不能道。當今非但能言人不可得，正索解人亦不可得。

第十六玄賞章

贊曰：談席玄衿，吟壇逸思，品藻風流，山家清事。

其色緗也，其馨𣻎音備也。其味甘，檟也；啜苦咽甘，茶也。《茶經》

《試茶歌》曰〔四六〕：『木蘭墜露香微似，瑤草臨波色不如。』又曰：『欲知花乳清泠味，須是眠雲跂石人。』劉禹錫

飲泉覺爽，啜茗忘喧，謂非膏粱紈袴可語。爰著《煮泉小品》，與枕石漱流者商焉。《小品》序〔四七〕

茶侶：翰卿墨客，緇衣羽士，逸老散人，或軒冕（中）〔之徒〕超軼世味者。《七類》

茶如佳人，此論（甚）〔雖〕妙，但恐不宜山林間耳。蘇子瞻詩云：『從來佳茗似佳人』，是也。若欲稱之山林，當如毛女麻姑，自然僊風道骨，不浼烟霞。若夫桃臉柳腰，亟宜屏諸銷金帳中，毋令污我泉石。《小品》〔四八〕

竟陵大師積公嗜茶〔久〕，非羽供事，不鄉口。羽出遊江湖四五載，〔積〕師絶於茶味。代宗聞之，召入

内供奉。命宫人善茶者烹以餉師，師一啜而罷。帝疑其詐，私訪羽召入。翼日賜師齋，密令羽供茶。師捧甌，喜動顔色，且賞且啜曰：『此茶有若漸兒所爲者。』帝由是嘆師知茶，出羽相見。董逌跋《陸羽點茶圖》〔四九〕

建安能仁院，有茶生石縫間。僧採造得〔茶〕八餅，號『石岩白』。以四餅遺蔡君謨，以四餅遣人走京師遺王禹玉。歲餘，蔡被召還闕，訪禹玉。禹玉命子弟於茶笥中選精品餉蔡。蔡持杯未嘗，輒曰：『此絶似能仁「石岩白」，公何以得之？』禹玉未信，索貼驗之，始服。《類林》〔五〇〕

東坡云：蔡君謨嗜茶，老病不能飲，日烹而玩之，可發來者之一笑也。孰知千載之下，有同病焉。余嘗有詩云：『年老耽彌甚，脾寒量不勝。』去烹而玩之者，幾希矣。因憶老友周文甫，自少至老，茗碗熏爐，無時暫廢。飲茶日有定期，旦明、晏食、〔隅〕〔禺〕中、餔時、下春、黄昏凡六舉，而客至烹點不與焉。壽八十五無疾而卒。非宿植清福，烏能畢世安享？視好而不能飲者，所得不既多乎！嘗畜一龔春壺，摩抄寶愛，不啻掌珠。用之既久，外類紫玉，内如碧雲，真奇物也，後以殉葬。《茶箋》

評曰：人論茶葉之香，未知茶花之香。余往歲過友大雷山中，正值花開，童子摘以爲供，幽香清越，絶自可人。惜非甌中物耳。乃予著《缾史》月表插茗花爲齋中清玩，而高廉《盆史》亦載茗花，足以助吾玄賞。昨有友從山中來，因談茗花可以點茶，極有風致。第未試耳，姑存其説，以質諸好事者。

外舅屠漢翁，經年著書種種，皆膾炙人口。大遠不佞，無能更業也。其《茗笈》所彙，若採製、點瀹、品泉、定湯、藏茗、辨器之類，式之可享清供，讀之可悟玄賞矣。請歸殺青，庶展牘間，不待躬執而肘腋風生，齒頰薦爽，覺眠雲跂石人，相與晤言。館甥范大遠記。

茗笈品藻

品一　王嗣奭〔五一〕

昔人精茗事，自萩而採，而製，而藏，而瀹，而泉，必躬爲料理。又得家童潔慎者專司之，則可。余家食指繁，不能給饔餐，赤腳蒼頭僅供薪水。性雖嗜茶，精則無暇，偶得佳者，又泉品中下，火候多舛，雖胡韡與霜荷等。余貧不足道，即貴顯家力，能製佳茗，而委之僮婢，烹瀹不盡如法。故知非幽人閑士披雲漱石者，未易了此。夫季疵著《經》，爲開山祖，嗣後競相祖述。屠豳叟先生擷取而評贊之，命曰《茗笈》，於茗事庶幾終條理者。昔人苦名山不能遍涉，托之於卧游，余於茗事效之，日置此笈於棐几上，伊吾之暇，神倦口枯，輒一披玩，不覺習習清風兩腋間矣。

品二　范汝梓〔五二〕

予謫歸，過豳叟，出《茗笈》相視。凡陸季疵《茶經》，諸家箋疏暨豳叟所自爲評贊，直是一種異書。按《神農食經》：〔茶〕茗久服，令人有力悦志。周公《爾雅》：檟，苦茶。而伊尹爲湯説至味不及茗。《周禮·漿人》：供王六飲，不及茗。厥後杜毓《荈賦》、傅巽《七誨》間一及之。而原之《騷》，乘之《發》，植之《啓》，統之《契》，草木之佳者，採擷幾盡，竟獨遺茗，何歟？因知古人不盡用茗，盡用茗自季疵始。一切世味，葷臊甘脆，爭染指垂涎，此物面孔嚴冷，絶無和氣，稍稍霑脣漬口，輒便唾去。疇則嗜之，咄咄幽叟。世有知味，必嗜茗，并嗜此笈。遇俗物，茗不堪與酪爲奴，此笈政可覆醬瓿也。

品三 陳　瑛〔五三〕

夫茗，靈芽真笋，露液霜華，淺之滌煩消渴，妙至换骨輕身。藉非陸氏肇指於前，蔡宋數家遞闡於後，鮮不犯《經》所謂九難也者。幽叟屠先生搜剔諸書，標贊繫評曰《茗笈》云。嗜茶者持循收藏，按法烹點，不將望先生爲丹丘子、黄山君之儔耶！要非畫脂鏤冰，費日損功者可擬耳。予斷除腥穢有年，頗得清淨趣味，比獲受讀，甚愜素心。

品四 屠玉衡〔五四〕

幽叟著《茗笈》，自陸季疵《茶經》而外，採輯定品，快人心目，如坐玉壺冰啖，哀仲梨也者。幽叟吐納風流似張緒，終日無鄙言似温太真。跡罥區中，心超物外，而余臭味偶同，不覺針水契耳。夫贊皇辨水，積師辨茶，精心奇鑒，足傳千古，幽叟庶乎近之。試相與松間竹下，置烏皮几，焚博山爐，剩惠山泉，挹諸茗荈而飲之，便自羲皇上人不遠。

附録

茗笈二卷　安徽巡撫採進本

明屠本畯撰。本畯有《閩中海錯疏》，已著録。是編録論茗事。上卷分溯源、得地、乘時、揆製、藏茗、品泉、候火、定湯八章，下卷分點瀹、辨器、申忌、防濫、戒淆、相宜、衡鑒、元賞八章。每章多引諸書論茶之語，而前引以贊，後系以評。又取陸羽《茶經》，分冠各篇，頂格書之。其他諸書，皆亞一格書之。然割裂餖飣，已非《茶經》之全文。點瀹二章，併無《茶經》可引，則竟闕之。核其體例，似疏解《茶經》，又不似疏解《茶經》；似增删《茶經》，又不似增删《茶經》。紛紜錯亂，殊不解其何意也。（《四庫全書總目》卷一一六）

【校證】

〔一〕則恒推轂吾友聞隱鱗氏　『聞隱鱗』，聞龍字，其人詳見《茶箋》提要。屠本畯對《茶箋》甚稱情有獨鍾，每條必録，且忠實於原文，幾無一字有異。較之對他書的不同程度删改，判若涇渭。

〔二〕社弟薛岡題　『薛岡』，《茗笈》序作者。薛岡（一五六一—？），字千仞，號天爵翁，鄞縣（治今浙江寧波）人。未仕，少避地，客於長安。曾爲新進士代作考館文字，每與選。其年八十時，曾集其平生元旦除夕詩爲一卷，起萬曆庚辰（八年，一五八〇），至崇禎庚辰（十三年，一六四〇），身爲太平詞客六十年而名滿天下。其生年即據此而推定。晚歸故里，卒於里中，年八十餘。撰有《天爵堂集》二十卷，《天爵堂筆録》（《四庫總目》卷五〇作《筆餘》）二卷。其生平，見《明詩綜》卷七〇、《甬上耆舊詩》卷二四小傳，著作則見《千頃堂書目》卷一二、卷二六等。

〔三〕而謝在杭自燕歸　『在杭』，謝肇淛（一五六七—一六二四）字。其爲福建長樂人，萬曆二十年（一五九二）進士，釋褐湖州推官，後移東昌。歷宦南京刑部、兵部主事，工部屯田司主事、都水司郎中，雲南布政司左參政，擢廣西左布政使，卒於任。在杭爲官清政，治績頗顯，視河漲秋，督理河工，曾撰《北河紀》。博學，工詩文。撰有《小草齋文集》二十卷、《謝工部詩集》三十卷外，尚有《五雜組》、《史考》、《史測》、《滇略》、《長溪瑣語》、《文海披沙》、《游宴集》、《居東集》、《今用禮考》、《麈餘》等二十種，凡一百八十餘卷。其著作頗爲海外所重，日本即有和刻本謝著數種。其事略見曹學佺撰《墓誌銘》、徐𤊹撰《行狀》（明天啓刻本《小草齋文集》附録）、《列朝詩集小傳》丁集下、《明史》卷二八六《文苑二・鄭善夫傳附》等。

〔四〕陸華亭有言曰　『陸華亭』，即陸樹聲，其爲華亭人，故云。其生平事略，見《茶寮記》提要。

〔五〕晉安徐𤊹興公書　方案：徐𤊹，字興公，晉安人。事具本編《茗譚》提要。亦爲《茗笈》序作主。

〔六〕趙茶未悟　『未』，毛晉本作『末』。

〔七〕茶録蔡襄著　《茶録》，原譌作《茶譜》。方案：蔡襄所撰爲《茶録》，傳本極多，明代福建尚有手書本、石本多種流傳，不知何以明人多譌作《茶譜》，蔡襄無此作，據改。另自序及引文小注中亦譌『録』爲『譜』，徑改。

〔八〕東溪試茶録宋子安著　方案：『東溪』，原譌『東源』；『宋子安』，誤作『朱子安』，據本書上編《東溪試茶録》改，請參閲是書提要。勿贅。但下正文小注作者、書名均不誤，疑此目非屠氏自撰，或喻政始刊時補入歟？

〔九〕鶴林玉露羅大經著字景綸　方案：原著者名、字譌倒，作『羅景綸著，字大經』，大誤，今乙正。

〔一〇〕類林焦竑著字弱侯　方案：焦竑（一五四一—一六二〇），字弱侯，號澹園。「侯」，原譌作「候」，據改。

〔一一〕陸羽茶經　方案：「茶者……五曰荈」，引自《茶經》卷上《一之源》，其下，則録自《茶經》卷下《八之出》。據本書上編《茶經》校改五字，補三字；另：「浙東……台州下」條應乙至「劍南」之上。

〔一二〕羅廪茶解　方案：此據《茶解·原》删潤改寫。如原書「按」前之大段文字，皆述唐宋茶産地，屠隆改寫爲唐時，且僅如陸羽所稱之地，已與原書之旨大相徑庭。又如引明之名茶産地，則又其家鄉所産之「朱溪」一色，乃爲《茶解》所無等。以下如非必要，不再一一出校説明，僅用校勘法改正誤字譌句，請讀者對照原文。所引十六種書，本書皆已收，有校證可參閱。

〔一三〕舉無能違其時日而紛更之者　「舉」下，疑脱一「世」字，似應據上下文意補。

〔一四〕篤好　原作「好篤」，據《茶解·總論》乙。

〔一五〕茶疏　本條誤引出處，原作《茶録》，實乃出許次紓《茶疏·置頓》，據改。

〔一六〕田藝蘅煮泉小品　「藝蘅」，原譌作「崇衡」，據改。

〔一七〕其聲尤琤琮可愛　「尤」原脱，「琤」原作「琮」，據《煮泉小品·緒談》改。

〔一八〕茶解　本則已經大幅删改。如首句，原作「瀹茗必用山泉」；「梅後」句，原作「梅後便劣」。「竈心中」，屠氏引作「竈中心」，據《茶解·水》乙。

〔一九〕茶録　此條誤注出處，原注出《茶解》，乃實出張源《茶録》，據改。又，「紗帛」，譌作「沙帛」；「星露』，中郎本作『霜露』，義長。

〔二〇〕蒸栗　毛晉本作『蒸栗』。

〔二一〕然木性未盡　『木』原作『本』，據《茶疏·火候》改。

〔二二〕茶銚始上　『銚』，《茶録》原作『瓢』，似誤，應據屠氏引文及上下文意改。屠氏此改，極是。

〔二三〕待湯有聲　『湯』，《茶録》原無，似應據此而補。

〔二四〕斯文武火之候也　『火』，《茶録·火候》原無，應據補。方案：本則屠氏引文改一字，補二字，極是。一是屠氏所見本《茶録》不誤，二是屠氏據私意校改。無論何種可能，均應據以校改《茶録》。

〔二五〕過時老湯　《茶疏·湯候》原作『過則湯者而香消』，義勝，似不當删改。

〔二六〕如初聲轉聲振聲駭聲　『駭』，《茶録·湯辨》原作『驟』。

〔二七〕則見沸而茶神便發　『沸』，《茶録·湯用老嫩》作『湯』，屠氏引文義勝。

〔二八〕定其浮沉然後瀉啜　《茶疏·烹點》原作『定其浮薄，然後瀉以供客』。此已改寫。

〔二九〕余嘗與客戲論　『客』，《茶疏·飲啜》原作馮開之。馮夢禎（一五四六—一六〇五），字開之。秀水（治今浙江嘉興）人。萬曆五年（一五七七），會試第一。官編修，忤張居正，病歸。後復官，累遷南國子監祭酒。與屠龍等以文章氣節相尚。撰有《歷代貢舉志》、《快雪堂集》、《快雪堂漫録》等。事具錢謙益撰《馮公墓誌銘》，刊《牧齋初學集》卷五一。

〔三〇〕陸樹聲茶寮記　本則已有大幅删改，除據原書補五字外，如『亮公』，原作『明亮』；『棲禪』，原倒作『禪棲』等，姑仍其舊。

〔三一〕而卒歸於鐵也 『鐵』，《茶經》諸本原作『銀』，據本書上編拙校本改，詳見拙校〔七七〕。又，本則略有删節。

〔三二〕蘇廙僊芽傳 方案： 此則出《清異録·荈茗·十六湯品》，爲『第九壓一湯』中之語。『逸士』，原作『逸夫』；末云『者道』，原作『臭公子道』，已改寫。又，所謂蘇廙及其《僊芽傳》，乃烏有之人和僞託之書。説詳本書上編卷末《荈茗録》提要所考。

〔三三〕茶録 方案： 本則，屠氏誤注出處作《茶録》，實乃出《茶疏·煮水器》。

〔三四〕茶疏 以上二條，已據《茶疏》甌注、盪滌改寫，不僅有删潤，且有調整文字次序，甚至將篇名改寫入正文。

〔三五〕茶録 此條原作：『盞以雪白者爲上，藍白者不損茶色，次之。』已有删改。

〔三六〕茶疏 此原誤注出處作《茶録》，今檢乃出《茶疏·不宜用》，據改。

〔三七〕茶經 本條引文誤二字，『縹』，譌作『漂』；『攪』，又譌作『擾』，據《茶經》卷下《六之飲》改。

〔三八〕茶説 本條亦見《本草乘雅半偈》卷七及《續茶經》卷下之二，但以《茗笈》所引爲早。

〔三九〕於汝乎有譴 本則屠評，亦見《本草乘雅半偈》卷七，文全同。

〔四〇〕要須人品與茶相得 《茶寮記·煎茶七類》作『要須其人與茶品相得』。

〔四一〕明窗曲几 原作『曲几明窗』，據同右引乙。

〔四二〕茶解　方案：本則與《茶解・品》有多處異文。如『汲泉煮茶』，原作『手烹香茗』；『瀲灔』，原作『縹渺』；『此時』，原作『一段』。

〔四三〕茶疏　是條，據《茶疏・出游》刪改，但因刪削太甚而失宜，乃至面目全非，請參閱原書。

〔四四〕家緯真清語云　『緯真』，屠隆字。屠隆，詳《茶説》提要。『家』，猶言本家，乃本畯與屠隆同姓，故云。

〔四五〕茶録序　方案：此所引張源《茶録・自序》已佚，實乃點睛之筆，精闢地概括了《茶録》的內容。本則又見《本草乘雅半偈》卷七。

〔四六〕試茶歌曰　此二聯詩句，見《劉賓客文集》卷二五《西山蘭若試茶歌》。『泠』，原譌作『冷』，據改。

〔四七〕小品序　方案：本則摘引自《煮泉小品・敍》，但非田藝蘅自序。其序末署名云：『嘉靖甲寅（三十三年，一五五四）冬十月既望，仁和趙觀撰。』因此，乃趙觀序中之語，非《小品》原文或自序，據補『序』字。或可注云：《小品》趙序。

〔四八〕小品　方案：本則引自《煮泉小品・宜茶》，頗有刪潤。如引蘇詩下刪去引曾幾（號茶山）詩句『移人尤物衆談誇』。『僊風』，譌作『僊豐』；末句原書作『無俗我泉石』之類。

〔四九〕董逌跋陸羽點茶圖　方案：本則據宋・董逌《廣川畫跋》卷二《書陸羽點茶圖後》刪改而成，據補二字。餘改寫處甚夥，請參閱原文。又，董逌明言，此故事出於《紀異》。據王觀國《學林》卷八，《紀異録》：秦再思撰，一名《洛中紀異録》。

〔五〇〕類林　方案：此軼事始見於宋・彭乘《墨客揮犀》卷四。焦竑據以略加刪潤改寫而已。此又轉手裨販，乃明人之惡癖痼疾。

〔五一〕王嗣奭　方案：　王嗣奭，字右仲，號于越，別號拙修老人、䵷貞居士，室名密娛齋。鄞縣人。萬曆二十八年（一六〇〇）舉人。少有文名，及長，博覽經史。尤嗜少陵，撰有注杜，名曰《杜臆》。曾守涪州，與監司忤，罷。崇禎年間，起知福建永福知縣。撰有《密娛齋集》十五卷，喜辨析先儒異同，有《左右鏡》、《山中天》、《管天》等筆記。事見《明詩綜》卷六三、《甬上耆舊詩》卷二七小傳，乾隆《浙江通志》卷一四〇、一八〇，《福建通志》卷二二，《千頃堂書目》卷二五等。

〔五二〕范汝梓　方案：　范汝梓，字君材，室名落迦山房，鄞縣人。萬曆三十二年（一六〇四）進士。除工部主事，因劾太監陳永壽而左遷四川酉陽宣撫司經歷，擢襄陽推官。入爲刑部主事，歷遷員外、郎中。出知延平府，又謫襄陽同知，旋知府事，卒於官。范汝梓博學有文名，以藏書名家而享譽里中。事見《甬上耆舊詩》卷二七、《明詩綜》卷六四小傳，乾隆《浙江通志》卷一三三、卷一四〇，《福建通志》卷二四等。

〔五三〕陳瑛　方案：　在明代史料中出現過的同姓名者陳瑛約有近十八人之多，從明初至明末皆有。其中最有可能爲『品藻三』作主的有二人：　其一，陳瑛，字伯子，號巍石。晉江人。萬曆二十三年（一五九五）進士，官至提學副使。事略見乾隆《福建通志》卷三六。其二，見之於黄仲昭《未軒公文集》補遺卷上《陳瑛妻吴氏淑清列傳》，其云：『吴氏，寧波衛知事陳寅仲子瑛之妻也。瑛著録於郡庠，早逝。吴氏年方二十有八，僅一子天啓甫五歲。』兩人中何人爲是，或均非是，或爲另一同名之陳瑛，均有可能，尚難確定。姑書此以志疑，並俟博洽。其有兩個必要條件，一爲明朝後期人（萬曆、崇禎間）；二爲寧波一帶人或有宦歷於此，且與屠本畯有交往者。

〔五四〕屠玉衡　方案：此人遍索未見，俟更考，疑或爲本畯之族人歟？

蒙史

〔明〕龍膺

〔提要〕

《蒙史》，明代茶書。二卷，龍膺撰。龍膺，字君御，一字君善，號漁僊、潓公等。武陵（治今湖南常德）人。龍德孚（一五三一—一六〇二）子。萬曆八年（一五八〇）進士。除徽州府推官，謫温州府學教授，遷國子監博士。二十年，陞禮部祠祭司主事，出爲兩淮鹽運判官，轉鞏昌通判，歷同知，任山西右參政，分守河東道，爲甘肅兵備道副使，又分巡西寧道，治兵湟中。仕至南京太常卿。龍膺才兼文武，宦歷豐富。年青時師事沔陽童承敍、陳文燭（生平分見《茶經》抽釋〔三六七〕、〔三六三〕），又爲文燭之婿。二人分爲竟陵本《茶經》作序、跋者，也許龍膺的茶癖情結可溯源於此。龍氏又與陳立父、袁伯修、江盈科等爲莫逆之交。撰有《漁仙雜著》、《湟中詩》、《太玄洞微》各一卷，《淪潓集》八卷，又有《九芝集》；其兄襄編爲《九芝集選》十二卷行世。事見《太涵副墨》卷二〇《三楚升中頌》，《禮部志稿》卷四三，龍膺《白雲山房集序》（刊《湖廣通志》卷一〇二，又見是集卷首）；《明詩綜》卷五八，《山西通志》卷七九、八六，《甘肅通志》卷二七，《四庫總目》卷一七八、一七九。《千頃目》卷二五等。

是書，據其門人朱之蕃卷首《題辭》，應撰於萬曆四十年（一六一二）或稍前，或即始刊於是年。次年，即被喻政

《茶書》乙本收入而流傳至今，是書僅見喻乙本，今據以點校整理，酌加他校。其書卷下之末引羅廩《茶解》一條，足證羅書亦成於萬曆四十年之前。其書卷上述泉品，卷下敘茶品，大致雜抄前人成説，敷衍成篇，罕有己意。約爲六千餘字，是明人茶書中篇幅較大的一種。其所以名書名作《蒙史》者，似即與其在湟中烹北泉，品名茗而破「絶塞之顓蒙」的經歷有關（説詳《題辭》）。其卷上自述命名湟之「北泉」爲「蒙惠泉」亦可證。很可能其《醒鄉記》即爲《蒙史》卷上的濫觴。

本書多抄輯自他書，文字錯譌之多、之離奇，或至難以卒讀之程度。今僅改正一些太離譜的錯譌，餘則仍舊，否則校不勝校。所幸除個別外，其所出之諸書，本書多已收入，且已詳加校證。煩請讀者對照參閱。

蒙史題辭

壺觴茗椀，世俗不啻分道背馳，自知味者，視之則如左右手，兩相爲用，缺一不可。頌酒德，贊酒功；著茶經，稱水品。合之雙美，離之兩傷。從所好而溺焉，孰若因時而迭爲政也。吾師龍夫子與舒州白力士鐺夙有深契，而於瀹茗品泉不廢淨緣。頃治兵湟中，夷虜款塞，政有餘閒，縱觀泉石，扶剔幽隱，得北泉甚甘冽，取所携松蘿、天池、顧渚、羅岕、龍井、蒙頂諸名茗，嘗試之。且著《醒鄉記》，以與王無功千古競爽[一]，文囿頡頏，破絶塞之顓蒙，增清境之勝事。乃知天地有真味，不在羶酪、姜椒、羶腥、鹽豉間，而雅供清風且推而與擐甲關弧、荷氈披毳者共之矣。不肖蓄囊侍讌懽，輒困備於師之觴政，所幸量過七椀，不畏水厄耳。恨不能縮地南國，覽勝湟中，聽松風，觀蟹眼，引滿茶於函丈之前，以蕩滌塵情，消除雜念也。日奉斯編，用爲指南。輒不自諒小巫之索，然敬綴數語，以就正焉。

萬曆壬子歲春正月，江左門人朱之蕃書於七椀齋[一]。

蒙史

蒙史上卷

泉品述

醴泉，泉味甜如酒也。聖王在上，德普天地，刑賞得宜，則醴泉出。食之，令人壽考。

玉泉，玉石之精液也。《山海經》：蜜山出丹水，中多玉膏。其源沸湯，黄帝自食。《十洲記》：瀛洲玉石高千丈，出泉如酒，味甘，名玉醴泉，食之長生。又，方丈洲有玉石泉，崑崙山有玉水，元洲玄澗水如蜜漿，飲之與天地相畢。又曰：生洲之水味，如飴酪。

《淮南子》曰：崑崙四水者，帝之神泉，以和百藥，以潤萬物。

《括地圖》曰：負丘之山，上有赤泉，飲之不老，神宫有英泉，飲之眠三百歲，乃覺不知死。

《瑞應經》曰：佛持鉢到迦葉家受飯，而還於屏處，食已，欲澡漱。天帝知佛意，即下以手指地，水出成池，令佛得用，名爲指地池。

如來八功德水：一清、二冷、三香、四柔、五甘、六淨、七不咽、八不蠲痾。梁胡僧曇隱寓鍾山，值旱，有朞叟語曰：予山龍也，措之何難。俄而一沼沸出，後有西僧至，云：本域八池，已失其一。

梁天監初，有天竺僧智藥汎舶曹溪口，聞異香，掬嘗其味。曰：上流必有勝地，遂開山立石。乃云：百七十年後，當遇無上法師在此演法。今六祖南革寺是也。

梁景泰禪師居惠州寶積寺，無水，師卓錫于地，泉湧數尺，名卓錫泉。東坡至羅浮，入寺飲之，品其味，出江水遠甚。

大庾嶺雲封寺東，泉自石穴湧出，甘冽可愛。大鑒禪師傳鉢南歸，卓錫于此。

武陵廖氏譜云：廖平以丹砂三十斛冥所居井中。飲是水，以祈壽。《抱朴子》曰：余祖鴻臚爲臨沅令，有民家飲丹井，世壽考，或百歲，或八九十歲，即廖氏云。又，西湖葛井，乃稚州煉所在，馬家園役淘井出石匣，中有丹數枚，如芡實，啖之無味，棄之。有施漁翁者，拾一粒食之，壽一百六歲。此丹水龍難得。

翁源山頂石池，有泉八，曰：涌泉，香泉，甘泉，温泉，震泉，龍泉，乳泉，玉泉。相傳一龐眉叟，時見池中，因名翁水。居人飲此多壽。

柳州融縣靈巖上有白石，巍然如列仙，靈壽溪貫入巖下，清響作環佩聲。舊傳仙史投丹于中，飲者多壽。

列居傳曰：負局先生止吴山絶崖，世世懸藥與人。曰：吾欲還蓬萊山，爲汝曹下神水，厓頭一旦有水白色，從石間來下，服之多所愈。以上皆靈泉。

《爾雅》曰：河出崑崙墟，色白。又曰：泉，一見一否爲瀸。又，濫泉正出，正湧出也。沃泉懸出，懸下出也。汎泉仄出，仄旁出也。湟中北石泉，自仄出，石山骨也，流水行也。山宣氣以産萬物，氣宣則脉長，故陸鴻漸曰：山水上。

江，公也，衆水共入其中，則味雜，故曰江水中。惟揚子江金山寺之中泠，則夾石渟淵，特入首品，爲天下第一泉。

御史李季卿至維揚，逢陸鴻漸，命軍士入江赴南泠取水。及至，陸以杓揚水嘗之，俄曰：非南泠，臨岸者乎！傾至半，遽曰：止是南泠矣。使者乃吐實，李與賓從皆大駭。因問歷處之水，陸曰：楚水第一，晉水最下。因命筆口授而次第之。南泠，即（仲）〔中〕泠也。

慧山源出石穴，陸羽品爲第二泉，又名陸子泉。李德裕在中書，自毘陵至京置驛遞名水遞，人甚苦之。有僧詣曰：京都一眼井，與惠泉脉通。公笑曰：真荒唐也，井在何坊？曲僧曰：昊天觀常住庫後是也。公因取惠山一甖，昊天一甖，雜他水八甖，遣僧辨析。僧啜之，止取惠山、昊天二水，公大奇嘆，水遞遂停。

李贊皇有親知奉使金陵者，命置中泠水一壺。其人舉棹，忘之，至石頭城，乃汲一瓶，歸獻。李飲之曰：江南水味變矣，此何似建業城下水也。其人謝過。膺令軍吏取湟之北泉，吏乃近取南泉以代，予嘗而別之曰：『非北泉也。』吏不敢隱。

王仲至謂〔三〕：『嘗奉使（至）〔過〕仇池，有九十九泉，萬山環之，可以避世，如桃源〔也〕。』

有龍泉出允街谷泉眼之中，水文成蛟龍〔四〕。或試撓破之，尋平，成龍。牛馬諸獸將飲者，皆畏辟而走〔五〕，謂之龍泉。

白樂天《廬山草堂記》云〔六〕：堂北五步，據層崖積石，緑陰蒙蒙，又有飛泉植茗，就以烹燀，好事者見，可以永日。

東坡知揚州時〔七〕，與發運使晁端彦、吴倅晁無咎，大明寺汲塔院西廓井，與下院蜀井二水校〔其〕高下，以塔院水爲勝。

東坡云：惠州之佛院，東湯泉，西冷泉，雪如也。杭州靈隱寺，亦有冷泉亭。

瓊州三山庵下有泉，味類惠山，東坡名之曰惠通井，而爲之記。

廬州東有浮槎山，梵僧過而指曰：此耆闍一峰也。頂有泉極甘，歐陽公作《記》。

盧城官宅井苦，李錫爲令，變爲甘泉。張掖南城亦有泉，甚甘，因名。

范文正公鎮青〔八〕，龍興僧舍西南洋溪中有醴泉湧出，公搆一亭泉上，刻石記之。青人思公之德，目〔之〕曰范公泉。環〔泉〕古木蒙密，塵迹不到，去市廛纔數百步，如在青山中。自是，幽人逋客往往賦詩、鳴琴、烹茶其上，日光玲瓏，珍禽上下，真物外游也。歐陽文忠、劉翰林貢父賦詩刻石，及張禹功、蘇唐卿篆石〔九〕，榜之亭中，最爲營丘佳處。

承天紫盖山當陽，《道書》三十三洞天，林石皆紺色，下出綵水，香甘異常。

荆門兩峰對起，如娥眉，上有浮香、漱玉諸亭，爲游憩之所。山麓二泉，北曰蒙，南曰惠泉，以陸象山守是州而重，至今州人德之，祠貌陸公於池上。膺飲湟之北泉甚洌，合名曰蒙惠。以泉自山下出，故曰蒙；味如惠泉，故曰惠。

河中府舜泉坊二井相通。祥符中，真宗祠汾〔陰〕駐驛蒲中，車駕臨觀，賜名孝廣泉，並以名其坊。御製贊紀之：蒲，濱河，地鹵泉鹹，獨此井甘美，世以爲異。

濟南水泉清冷，凡七十二。如舜泉、瀑流、真珠、洗鉢、孝感、玉環之類皆奇。曾子固詩，以瀑流爲趵突泉爲上。又，杜康泉，康汲此釀酒。或以中泠及惠泉稱之，一升重二十四銖，是泉較輕一銖。

南康城西有谷簾泉水，如簾布，巖而下者三十餘派，陸羽品其味第一。

王禹偁云：康王谷爲天下第一水，簾高三百五十丈，計程一月，其味不變。

泉州城北泉山，一名齊雲巖。洞奇秀，上有石乳泉，清洌甘美。又，泰寧石門有飛泉，垂巖而下，甚甘，名甘露巖。

建寧城中鳳皇山下有龍焙泉，一名御泉。宋時取此水，造茶入貢。

福寧龍首山西麓，有泉曰聖泉，甘洌，可愈疾。

彬州城南有香泉，味甘洌。屬邑興寧有程鄉水，亦美。

蘄水鳳栖山下有陸羽泉，《經》謂天下第三泉。

夔州梁山〔縣〕蟠龍山中崖高數十丈〔一〇〕，飛濤噴薄如霧。張商英游此，題云：泉味甘洌〔一一〕，非陸羽莫能辨。

衛郡蘇門山下有百門泉，泉上噴如珠，下有瑶草。先君玄扈公理輝有惠政〔一二〕輝人祠貌先君子泉石之上。

内鄉天池山上有池。《山海經》云：帝臺之漿也，可愈心疾。又有菊潭崖，旁産甘菊，飲此水多壽。《風俗通》云：内鄉山碉有大菊碉，水從山流，得其花味，甚甘美。

盩厔玉女洞有飛泉，甘且冽。蘇軾過此，汲兩瓶去。恐後復取爲從者所紿，乃破竹作券，使寺僧藏之，以爲往來之信。戲曰『調水符』。

嚴陵釣臺下水，甚清激，陸羽品居第十九。

《寰宇記》：南劍州天階山乳泉，飲之，登山嶺如飛。乳泉，石鍾乳山骨之膏髓也。色白體重，極甘而香，若甘露。

武陵郡卓刀泉，在仙婆井傍。漢壽亭侯過此，渴甚，以刀卓地，出泉。下有奇石，脉與武陵溪通。即洚水不溢，大旱不竭也。後人嘉其甘冽，又名清勝泉。予恒酌之，與南泠等。沅湘間故多佳水，此其一焉。

泉非石出者，必不佳。故《楚詞》云〔一三〕：『飲石泉兮蔭松柏。』皇甫曾《送陸羽詩》〔一四〕：『幽期山寺遠，野飲石泉清。』

東坡白鶴山新居，鑿井四十尺，遇盤石，石盡乃得泉，有一勺。亦天賜曲肱，有飲歡之句。

東坡《洞酌亭詩引》〔一五〕：瓊山郡東，衆泉觱發，然皆冽而不食。軾南遷過瓊，始得雙泉之甘於城之東北隅。以告其人，自是汲者常滿。泉相去咫尺而異味。庚辰歲，還于合浦，復過之，太守陸公求泉上〔之〕亭名與詩。名〔之〕曰洞酌。又《廉泉》詩〔一六〕：『水性故自清，不清或撓之。君看此廉泉，五色爛摩尼。廉者爲我廉，我以此名爲。有廉則有貪，有慧則有癡。誰爲柳宗元，孰是吴隱之？漁父足豈潔，許由耳何淄？紛然立名字，此水了不知。毁譽有時盡，不知無盡時。朅來廉泉上，捋鬚看鬢眉。好在水中人，到處相娱嬉。』

古法〔一七〕：鑿井者先貯盆水數十，置所鑿之地，夜視盆中有大星異衆星者，必得甘泉。范文正公所居宅，必先浚井，納青朮數觔於其中，以辟瘟氣。

山木欲秀蔭，若叢惡，則傷泉。雖未能使瑶草瓊花披拂其上，而脩竹幽蘭，自不可少。

作屋覆泉，不惟殺風景，亦且陽氣不入，能致陰損。若其小者，作竹罩籠之，以防不潔，可也。

移水取石子置瓶中，雖養泉味，亦可澄水，令之不淆。黄魯直《惠山泉詩》〔一八〕："錫谷寒泉橢石俱"，是也。橢，音妥。擇水中潔淨白石，帶泉煮之，尤妙。

凡臨佳泉，不可容易漱濯。犯者，每爲山靈所憎，尤忌以不潔之器汲之。

泉，最忌爲婦女所厭。予除治北泉，設祭躬禱，泉脉益甚，若有神物護之。數日後，聞亦有婦往汲，見巨蛇入坎中，婦大悸，還及舍死。自是村婦相誡，罔敢汲焉。張参戎希孟、沈参戎應蛟於坐間言之，亦大異事也。併識于後。

泉坎須越月淘之，庶無陰穢之積。尤宜時以雄黄下墜坎中，或塗坎上，去蛇毒也。

予讀《甫里先生傳》曰：先生嗜荈，置園于顧渚山下，歲入茶租十許簿。自爲《品第書》一篇，繼《茶經》、《茶訣》之后。《茶經》，陸羽撰；《茶訣》，皎然撰。南陽張又新嘗爲《水説》，凡七等。其一曰惠山寺石泉，其三曰虎丘寺石井，其六曰吴淞江，是三水，距先生遠不百里，高僧逸人時致之，以助其好。先生始以喜酒得疾，血敗氣索者二年，而後能起。有客生亦潔罇置觶，但不服引滿向口爾。癠嗜荈嗜泉，有如甫里，而近以飲傷肺，亦誓不引滿向口，自命醒翁，更爲同病。至若所云寒暑得中，體性無事，乘小舟，設蓬席，賫一束書，茶竈、筆牀、釣具而已，自稱江湖散人，則竊有志而欣慕焉。甫里先生者，唐吴淞陸魯望也。

蒙史下卷

茶品述

《爾雅》曰：檟，苦茶。早採者爲茶，晚採者爲茗。

建州北苑、先春、龍焙，洪州西山白露，雙井白芽、鶴嶺，安吉顧渚紫筍，常州義興紫筍、陽羨春，池陽鳳嶺，睦州鳩坑，宣州陽坡，劍南蒙頂、石花、露鋑〔芽〕、籛牙，南康雲居，峽州碧澗、明月，〔綿州〕東川獸目，福州方山露芽，壽州霍山黄芽〔一九〕。蜀雅州蒙山頂有露〔鋑〕芽、穀芽〔二〇〕，皆云火前者，言採造於禁火前。蘄門團黄有一旗二槍之號，言一葉二芽也。潭州鐵色茶，色如鐵。湖州紫荀，湖州金沙泉，州當二郡界，茶時二牧畢至泉處拜祭，乃得水。

《夢溪筆談》曰〔二一〕：茶芽，古人謂之雀舌、麥顆，言〔其〕至嫩也。今茶之美者，其質素良，而所植之土又美，則新芽一發便長寸餘。其細如針，唯芽長爲上品，以其質榦、土力皆有餘故也。如雀舌、麥顆〔者〕，極下材耳。

建茶勝處〔二二〕，曰郝源、魯坑，其間又坌根、山頂二品尤勝。李氏時號爲北苑，置使領之。

焦坑〔二三〕，産庾嶺下，味苦硬，久方回甘。『浮石已乾霜後水，焦坑新試雨前茶。』坡南遷回至章貢顯聖寺詩也。（然）〔初〕非精品。

熙寧後〔二四〕，始貴密雲龍，每歲頭綱脩貢，奉宗廟，供王食也，賚〔及〕臣下無幾，戚里貴近，丐賜尤繁。宣仁一日慨嘆曰：今建州今後不得造密雲龍，受他人煎炒不得。由是密雲龍名益著。

建茶盛於江南〔二五〕。龍團茶最上，一斤八餅。慶曆中蔡君謨爲福建運使，始造小團充貢，一斤二十〔八〕餅，所謂上品龍茶〔者〕也。仁宗尤所珍惜，惟郊祀致齋之夕，兩府各四人共賜一餅。宫人鏤金爲龍鳳花，貼其上。歐陽公詩：『揀芽名雀舌，賜茗出龍團』，是也。餅製碾法，今廢不用。

鴻漸有云：烹茶于所産處，無不佳，蓋水土之宜也。況旋摘旋瀹，兩及其新耶。今武陵諸泉，惟龍泓入品，而茶亦惟龍泓山爲最。兹山深厚高秀，爲兩山主，故其泉清寒甘香，雅宜煮茶。又，其上爲老龍泓，寒碧倍之，其地産茶，爲（難）〔南〕北山絶（頂）〔品〕。鴻漸第錢塘、天竺、靈隱者品下，當未識此。郡志亦只稱寶雲、香林、白雲諸茶，皆弗能及龍泓也。

名山，屬雅州，魏蒙山也，其頂産茶。《圖經》云：受陽氣全，故香。今四頂園茶不廢，惟中頂草木繁〔茂〕，重雲積霧，鷙獸時出，人〔迹〕罕到者。青州有蒙山，産茶，味苦，亦名蒙頂茶。

南昌西山鶴嶺，産茶亦佳。

武夷山茶，佳品也。泰寧亦産茶。蔡襄有《茶録》〔二六〕。

六安茶，用大温水洗淨，去末，用礶浸鹵，亢好沸水，用可消夙酲。瀘州茶，可療風疾。

今時茶法甚精，虎丘、羅岕、天池、顧渚、松蘿、龍井、雁蕩、武夷、靈山、大盤、日鑄諸茶，爲最勝。皆陸《經》所不載者。乃知靈草在在有之，但人不知培植，或疎于製法耳。

楚地如桃源、安化多産茶，第土人止知蒸法如羅岕耳。若能製如天池、松蘿，香味更美。吾孝廉兄君超置有茶山，園在桃源鄭家驛西南二十里。巖谷奇峭，澗壑幽靚，居人以茶爲業。耕石田而茶味濃厚，近稍稍知炒焙法。

松蘿茶出休寧松蘿山，僧大方所創造，予理新安，時入松蘿，親見之，爲書茶僧卷其製法，用鐺磨擦光淨，以乾松枝爲薪，炊熱，候微炙手，將嫩茶一握，置鐺中，札札有聲，急手炒匀，出之箕上。箕用細篾爲之，薄攤箕內，用扇搧冷，略加揉挼，再略炒，另入文火鐺焙乾。色如翡翠。

湯太嫩則茶味不出，過沸則水老而茶乏。惟有花而無衣，乃得點瀹之候。子瞻詩云：『蟹眼已過魚眼生，颼颼欲作松風鳴。』山谷詩云：『曲几蒲團聽煮湯，煎成車聲遶羊腸。』二公得此解矣。

李約云：茶須緩火炙，活火煎。活火，謂炭火之有焰者。蘇公詩：『活火仍須活水烹』，是也。山中不常得炭，且死火耳，不若枯松枝爲炒。若寒月多拾松實，蓄爲煮茶之具更雅。北方多石炭，南方多木炭，而蜀又有竹炭，燒巨竹爲之，易燃無煙，耐久，亦奇物。

《清波雜志》曰〔二七〕：長沙匠者造茶器，極精緻。工直之厚，等所用白金之數。士夫家多有之，置几案間，但知以侈靡相夸，初不常用。司馬温公偕范蜀公游嵩山，各携茶往，温公以紙爲貼，蜀公盛以小黑合。温公見之，驚曰：景仁乃有茶器，蜀公遂留合與寺僧。

又曰〔二八〕：饒州景德鎮，陶器所自出。於大觀間窑變，色紅如硃砂，謂熒惑躔度，臨照而然，物反常爲妖，窑户亟碎之。時有玉牒防御使仲檝年八十餘，居饒得數種，出以相示云：比之定州紅瓷器尤鮮明。越上祕色器錢氏有國日供奉之物，不得臣下用，故曰祕色。又，汝窑宫中禁燒，内有瑪瑙末爲油，唯供御揀退，方許出賣，近尤艱得。

昭代宣、成、靖窑器精良，亦足珍玩。

茶有九難：陰采夜焙非造也，嚼味嗅香非别也，膏薪庖炭非火也，飛湍壅潦非水也，外熟内生非炙也，碧粉縹塵非末也，操艱攪遽非煮也，夏興冬廢非飲也，膩鼎腥甌非器也。

王肅初入魏，不食酪漿，唯渴飲茗汁。一飲一斗，人號爲『漏卮』。後與高祖會，乃食酪粥，高祖恠之。肅言：唯茗下，中與酪作奴，因此又號茗飲爲『酪奴』。

和凝在朝，率同列遞日以茶相飲，味劣者有罰，號爲『湯社』。建人亦以鬬茶爲茗戰。

陸羽，沔人，字鴻漸，號桑苧翁。詔拜太常，不就。寓居廣信郡北茶山中，一號東岡子。嗜茶，環植數畝，善品泉味，稱歡茗者宗焉。羽著《茶經》，常伯熊復著論推廣之。

李季卿宣慰江南，至臨淮，知伯熊善茶，乃請伯熊。伯熊着黄帔衫，烏紗幘，手執茶器，口通茶名，區分指點，左右括目。茶熟，李爲歠兩杯。既到江外，復請陸。陸衣野服，隨茶具而入，如伯熊故事。茶畢，季卿命取錢三十文，酬博士。鴻漸夙游江介，通狎勝流，遂收茶錢、茶具，雀躍而出，旁若無人。

覺林院僧志崇〔二九〕，收茶爲三等：待客以驚雷莢，自奉以萱草帶，供佛以紫茸香。紫茸，其最上也。客赴茶者，皆以油囊盛餘瀝而歸。

王濛好茶，人過輒飲之。士大夫甚以爲苦，每欲候濛，必云今日有『水厄』。

學士陶穀，得黨太尉家姬，取雪水煎茶，曰黨家應不識此。姬曰：彼武人，但能於銷金帳下飲羊羔酒爾。

唐肅宗賜張志和奴婢各一，志和配之，號漁童樵青。漁童捧釣收綸，蘆中鼓枻；樵青蘇蘭薪桂，竹裏煎茶。

《避暑録》〔三〇〕：裴晉公詩云：『飽食緩行初睡覺，一甌新茗侍兒煎。脱巾斜倚繩床坐，風送水聲來耳邊。』公自〔以爲〕得志，〔然〕吾山居享此多矣。今歲新茶適佳，夏初作小池，導安樂泉注之，亦澄澈可喜。雅州〔蒙〕山有中頂〔三一〕，有僧病冷。遇老父曰：僊家有雷鳴茶，候雷發聲，於中頂採摘。一兩服未竟，病瘥。精健至八十餘，入青城山，不知所（之）〔終〕。李德裕入蜀〔三二〕，得蒙餅，沃湯，移時盡化者，乃真。

盧仝居東都，韓昌黎喜其詩。性嗜茶，有《謝孟諫議茶歌》曰：『紗帽籠頭自煎喫。』

歐陽文忠公《嘗新茶詩》〔三三〕：『泉甘器潔天色好，（未）〔坐〕中揀擇客亦佳。』『停匙側盞試水路，拭目向空看乳花。』又詩有云〔三四〕：『吾年向老世味薄，所好未衰惟飲茶。』『泛（泛）〔之〕白花如粉乳，乍見紫面生光華。』『論功可以療百疾，輕身久服勝胡麻。』又，《雙井茶》詩〔三五〕：『西江水清江石老，石上生茶如鳳爪。窮臘不寒春氣早，雙井芽生先百草。』又，《送龍茶與許道士》絶句〔三六〕：『我有龍團古蒼壁，九龍泉深一百尺。憑君汲井試烹之，不是人間香味色。』東坡《種茶詩》略曰〔三七〕：『松間（旋）〔旅〕生茶，已與松俱瘦。』『紫笋雖不長，孤根乃獨壽。移栽白鶴嶺，土軟春雨後。彌旬得連陰，似許晚遂茂。』『未任供白磨，且作資摘嗅。（于）〔千〕團輪大官，百餅銜私鬭。何如此一啜，有味出吾囿。』膺亦有種茶詩。公《汲江煎茶》詩〔三八〕：『活水還須活火烹，自臨釣石取深清。大瓢貯月歸春甕，小杓分江入夜缾。茶雨已翻煎處脚，松風忽作瀉時聲。枯腸未易禁三盌，坐數荒村長短更。』又，《謝毛正仲惠茶》詩〔三九〕：『縲爲淮海帥，每愧厨傳缺。』『空煩（火）〔赤〕泥印，遠致紫玉玦。』『坐客皆可人，鼎器手自潔。金釵候湯眼，魚蠏亦應訣。遂令香色味，一日備三絕。』

東坡云〔四〇〕：到杭〔州〕一游龍井，謁辨才遺像，持密雲團爲獻。龍井孤山下有石室，前有六一泉，白而甘。湖上壽星院竹極偉，其傍智果院有參寥泉及新泉，皆甘冷異常，當時往一酌。

建安能仁院〔四一〕，有茶生石巖間，〔寺〕僧採造得茶八餅，號曰〔石〕巖白。以四餅遺蔡襄，以四餅遺王內翰禹玉。歲餘，蔡被召還闕。過禹玉，禹玉命子弟於茶（箇）〔笥〕中選精品，碾以待蔡。蔡捧（茶）〔甌〕未嘗輒曰：『此極似能仁石巖白，公何（以）〔從〕得之？』禹玉未信，索帖驗之，果然。〔乃服〕。

周煇《清波雜志》曰〔四二〕：煇家惠山，泉石皆爲几案物。親舊東來，數聞松竹平安信，且時致陸子泉，茗盌殊不落莫。頃歲（成）〔亦〕可致於汴都，但未免瓶盎氣，用細沙淋過，則如新汲，時號『拆洗惠山泉』。天台竹瀝水，斷竹稍屈而取之盈瓮，若雜以他水，則亟敗。蘇才翁與蔡君謨（比）〔鬥〕茶，蔡茶精，用惠山泉；蘇〔茶〕劣，用竹瀝水煎，（勝）〔遂〕能取勝。此說見江鄰幾所著《嘉祐雜志》。雙井因山谷廼重，蘇魏公嘗云：平生薦舉不知幾何人，唯孟安序朝奉，歲以雙井一（公）〔斤〕爲餉。蓋公不納苞苴，顧獨受此，其亦珍之耳。

羅高君《茶解》云〔四三〕：山堂夜坐，手烹香茗，至水火相戰，儼聽松濤傾瀉入甌，雲光縹緲，一段幽趣，故難與俗人言。

〔校證〕

〔一〕以與王無功千古競爽　『王無功』，即王績（五九〇—六四四），隋唐之際人。字無功，號東皐子。絳州龍門（治今山西河津）人。王通弟。大業末，舉孝悌廉潔科，授秘書省正字。乞外任，除揚州六合縣丞。唐武德五年（六二二），待詔門下省，因其嗜酒，特判日給酒一斗，時人號爲『斗酒學士』。貞觀四年（六三〇），托疾罷歸。十一年，以家貧赴選，爲大樂丞。後又棄官還鄉，自撰墓誌銘，憂憤而卒。撰有《會心高士傳》五卷，《酒經》、《酒譜》各二卷，有《老子注》，又撰有詩賦雜文二十餘卷，多已佚。僅友人吕才輯爲《王無功文集》五卷行世，今本以韓理洲會校本爲善。其生平事蹟見《自作墓誌銘文並序》、吕才《王無功文集序》（並刊《文集》）、《舊唐書》卷一九二、《新唐書》卷一九六本傳等。王績以嗜酒放誕而著稱，頗有魏晉稽阮之遺風。

〔二〕江左門人朱之蕃書於七椀齋　朱之蕃，字元介（一作元价），號簡嵎，南京錦衣衛籍，茌平（今屬山東）人。萬曆二十三年（一五九五）狀元及第，授翰林院修撰。歷右春坊、右諭德、右庶子，升少詹事，擢禮部右侍郎，遷吏部右侍郎。卒贈禮部尚書。萬曆三十四年，嘗被命出使朝鮮，鮮人索書，乃以潤筆之贄盡買法書、名畫、古器，收藏之富，遂甲於金陵，朱子蕃兼善文翰，又工書畫。撰有《使朝鮮稿》（一名《奉使稿》）四卷，《紀勝詩》、《南還雜著》、《延試策》各一卷。編有《中唐十二家詩》、《晚唐十二家詩》各十二卷，《唐科試詩》四卷，《明百家詩選》三十四卷，與瞿佑等合編《詠物詩》六卷等。事見明・徐應秋《玉芝堂談薈》卷二《歷代狀元》，《明史》卷二〇《神宗紀》，《明詩綜》卷六三，《列朝詩人小傳》丁集上，《千頃目》卷二五、三一，《四庫總目》卷一七九、一九三等。『七椀齋』，乃其齋名。

〔三〕王仲至謂　『王仲至』，即王欽臣，字仲至。應天府宋城（治今河南商丘）人。王洙（九九七—一〇五七）

子。以父蔭入仕。熙寧三年（一〇七〇），以文彦博薦，召試學士院，賜進士及第。八年，以太子中允、開封府推官擢權發遣羣牧判官。元豐四年（一〇八一），出爲鄜延路轉運使，六年爲陝西路運副。元祐元年（一〇八六）以工部郎中、太常少卿加直秘閣。三年，徙秘書少監；五年，遷秘書監。六年，權工部侍郎；八年，擢吏部侍郎。又嘗知和州，徙饒州，進集賢殿修撰，提舉太平觀。徽宗立，復官待製，知成德軍。不久卒，年六十七。王欽臣博學善屬文，尤工於詩。撰有《王仲至詩》十卷，《廣諷味集》五卷，《杜詩刊誤》一卷。藏書至四萬三千餘卷，多手自校定。其生平事蹟見《長編》卷二一三、二六七、三二〇、三四一、三八七、四一五、四五三、四六六、四八四，《清江三孔集》卷一四孔武仲《信安公園亭題名記》，《忠穆集》卷七《跋王仲至詩》，《齊東野語》卷一二《書籍之厄》，趙希弁《郡齋讀書志·後志》卷二，《直齋書録解題》卷二〇及《宋史》卷二九四《王洙傳·附傳》等。本則引文見於《東坡全集》卷三二《和桃花源》詩序，又見《東坡詩集注》卷三一、《施注蘇詩》卷四二等。下『至』字，原書作『過』。據改。又據補一字。

〔四〕水文成蛟龍　『文』，通『紋』，乃借字。

〔五〕皆畏辟而走　『辟』，通『避』。

〔六〕白樂天廬山草堂記云　本則引文摘録自白居易《白氏長慶集》卷四三《草堂記》，又見《文苑英華》卷八二七等。

〔七〕東坡知揚州時　本則見張邦基《墨莊漫録》卷三，其首句爲：『元祐六年七夕日，東坡時知揚州』。前七字已删，後六字又改寫，非引書之體。文又脱『其』字，據補。晁端彦（一〇三五—一〇九五），字美叔。

清豐籍，後徙彭城（治今江蘇徐州）。仲衍子，説之父。嘉祐二年（一〇五七）進士。熙寧四年（一〇七一），權開封府推官。七年，爲淮東路提刑；十年，徙兩浙提刑。元豐五年（一〇八二），任户部郎中。元祐五年（一〇九〇）出爲江浙等六路發運使。七年，知蔡州。紹聖初，以秘書少監出知陝州。其與蘇軾爲同科進士，且早在至和二年（一〇五五）就與東坡定交。元祐六年，蘇軾在知揚州任，晁氏在發運使任所，正置司於揚州，故能在大明寺汲水烹茗品泉。其生平事蹟見《華陽集》卷五〇《晁君墓誌銘》、《施注蘇詩》卷一〇《懷西湖寄晁美叔同年》、《元豐類稿》卷二〇、《欒城集》卷二九製詞，《長編》卷二二六、二八〇、四四〇、四四二，《文獻通考》卷七六等。『晁無咎』，即晁補之（一〇五三—一一一〇），字無咎，濟州鉅野人。端彦子。乃『蘇門四學士』及『六君子』之一。元豐二年（一〇七九）進士，授澶州司户參軍，改北京（治今河北大名）國子監教授。元祐初，爲太學正。召試學士院，除秘書省正字、轉教書郎。五年，通判揚州。召爲著作佐郎，出知齊州。紹聖中，坐黨籍貶監信州酒税。徽宗即位，召復故官，遷吏部員外郎、禮部郎中、國史院編修官。出知河中府，徙知湖、密、果州。崇寧間，蔡京爲相，又坐黨錮宫祠。大觀四年（一一一〇），起知達州，同年移泗州，卒於任。撰有《雞肋集》七十卷、《晁無咎詞》一卷（今傳毛晉明刊本《琴趣外編》六卷）等。時晁補之爲『揚倅』，而非『吴倅』，才能預大明寺西塔院品泉之會。所引有誤，據上考則『吴』乃『揚』之譌，但張邦基《漫録》已誤。

〔八〕范文正公鎮青　『范文正公』，乃范仲淹（九八九—一〇五二）之謚。其生平詳拙撰《范仲淹評傳》附録《事蹟著作編年簡表》（南京大學出版社二〇〇一年版）。其上，已删『皇祐中』三字。本條出《澠水燕談錄》卷九，又見江少虞《皇朝事實類苑》卷六三。文字略有删潤，『龍興』，《蒙史》譌倒作『興龍』，據乙，又據補二字。『之』、『泉』、『如在青山中』，原作『若在深山中』。

〔九〕及張禹功蘇唐卿篆石 『張禹功』，即張績（一〇一九—？），名一作勣，字禹功。漢州綿竹人。治平中，以通直郎致仕，年七十餘。二子：上行、中行。嘗補梁·任昉《文章緣起》一卷（是書，隋已佚。張績緣其名而補，一作《文章始》）。擅篆刻，有詩名。事略見石介《徂徠集》卷一八《送張勣李常序》、卷二《贈張績禹功》，《清江三孔集》卷一三《和經父寄張績》，鄭少微《孝感廟記》（刊《全蜀藝文志》卷三七），王得臣《麈史》、《玉海》卷五四等。蘇唐卿，泉州德化人。進士及第，嘉祐中，官大理寺丞，費縣令。刻歐文《醉翁亭記》於縣齋，又有詩記其事。治平三年（一〇六六），官殿中丞。通篆籀，北宋治印刻石名家。其事蹟略見《臨川文集》卷五四《蘇唐卿母孫氏萬年縣君製詞》、《玉海》卷八四、《通考》卷一一五、《齊乘》卷一、《福建通志》卷八等。

〔一〇〕夔州梁山蟠龍山中崖高數十丈 方案：本則據曹學佺《蜀中廣記》卷二三及徐獻忠《水品》卷下删改而成。梁山縣，宋屬梁山軍，夔州路所轄；明屬達州，夔州府所轄。今僅補一『縣』字，另參閲《水品》拙釋〔三八〕條。

〔一一〕張商英游此題云泉味甘冽 『張商英』，原譌作『張育英』，據同右引二書改。張商英生平事略，見《水品》拙釋〔三九〕。『泉味甘冽』，同右引二書均作：『水味甘腴，偏宜煮茗。』既宋人留題，不應改原文，當回改。又，末句『莫能辨』下，二書原有『范石湖（成大）亦以爲天下瀑布第一』十二字，龍氏亦删。

〔一二〕先君玄扈公理輝有惠政　『先君』，指膺父龍德孚（一五九一——一六〇二），字伯貞，號渠陽，又號玄扈。嘉靖三十七年（一五五八）舉人，授衛輝府司理。遷寧波府丞，擢南京户部員外郎，司淮安榷政。致仕歸，卒。以子膺貴而追贈郎中。事見《大泌山房集》卷九三《龍公唐宜人墓誌銘》。此所云，乃其在衛輝任司理時，『決疑獄立剖』，故得衛人祠像追祀。

〔一三〕故楚詞云　引文見漢·王逸《楚辭章句》卷二《河伯》，又見宋·洪興祖《補注》和朱熹《集注》卷二。

〔一四〕皇甫曾送陸羽詩　此詩始見於《文苑英華》卷二三一，題作《送陸鴻漸山人採茶回》；《吴都文粹續集》卷四八、《全唐詩》卷二一〇同。但《唐詩紀事》卷四，題作《送鴻漸採茶相過》，《三體唐詩》卷五、《瀛奎律髓》卷一八均題作《送陸羽》，或爲本書之所本。但諸書均作『野飯』，此誤引作『野飲』，據改。

〔一五〕東坡洞酌亭詩引　『詩引』，見《東坡全集》卷二五，又見《東坡詩集注》卷二六、《施注蘇詩》卷三八、《宋文鑑》卷一二等。諸書皆作『洞酌亭』，此譌『洞』作『洞』，據改。

〔一六〕又廉泉詩　『《廉泉》』，見《東坡全集》卷二二，又見《詩集注》卷二、《施注》卷三五等。『捋鬚看鬢眉』，原譌作『將須看鬚眉』，據上引諸本改。

〔一七〕古法　本則出宋·方勺《泊宅編》卷中。『青朮』，原譌作『青木』，據改。

〔一八〕黄魯直惠山泉詩　黄庭堅詩見《山谷集》卷二，原題作《謝黄從善司業寄惠山泉》。

〔一九〕壽州霍山黄芽　本則首句至此，出自《全芳備祖》後集卷二八引《茶譜》。『北苑』，原作『北茶』；『白芽』，原作『白茅』；『鶴嶺』，原作『鶴頂』；『安吉』，原譌倒作『吉安』，安吉州，即湖州；『露鋑芽』，原脱誤作『露鋑』；並據上引書改、補、乙。『劍南』，原書已譌倒作『南劍』；『綿州』，原書已脱；據本《全集》上編《茶譜》拙考即校釋〔三〕、〔四〕乙、補。

〔二〇〕蜀雅州蒙山頂有露芽　方案：本句至末『乃得水』，當亦據毛文錫《茶譜》，然錯譌甚夥，且又大加刪削，殊失原意。請參見拙輯本《茶譜》第九、三二、四〇條及各條校釋。僅改補數字，如補『鋑』字；『二芽』，原作『三芽』；『二牧』，原譌『二收』之類。

〔二一〕夢溪筆談曰　本則見沈括是書卷二四。『麥顆』，原作『麦粒』，據改，又據補二字。

〔二二〕建茶勝處　本則出《夢溪筆談》卷二五。

〔二三〕焦坑　本則見《清波雜志》卷四《焦坑茶》。『水』，原作『火』；『遷』，原譌作『還』，據改。又，末句之前有刪節，『初』，此改作『然』。

〔二四〕熙寧後　本則亦見周煇《清波雜志》卷四《密雲龍》。『密雲龍』，乃元豐五年（一〇八二）賈青所創製，原書稱『熙寧後』，已誤，應改作『元豐後』。

〔二五〕建茶盛於江南　本則據《澠水燕談録》卷九刪潤而成。補二字，又，所謂歐陽修詩，實乃蘇軾詩。此龍氏誤記。詩見《東坡全集》卷一八《怡然以垂雲新茶見餉報以大龍團仍戲作小詩》。本則『貼其上』以下，乃龍膺《蒙史》中文。

〔二六〕蔡襄有茶録　『《茶録》』，原譌作『《茶譜》』，據蔡書改。

〔二七〕清波雜志曰　本則見是書卷四《長沙茶器》。

〔二八〕又曰　本則見《清波雜志》卷五。『仲檝』，原作『仲揖』，又原書作注文，此又改作正文。趙仲檝，太宗四子商王元份之後裔。官至武功大夫、復州防禦使。見《宋史》卷二一九《宗室世系表一五》。二『由』字，分别爲『内』、『油』之譌，據原書改。

〔二九〕覺林院僧志崇　本則亦出《茶譜》，『志崇』，原作『志榮』，據改。餘詳《茶譜》拙輯本校釋〔七七〕。『萱草帶』，原譌『草』作『華』，據改。

〔三〇〕避暑録　本則見葉夢得《避暑録話》卷上。裴晉公，即唐裴度，其詩題作《涼風亭睡覺》，見洪邁編《萬首唐人絶句》卷三二，又見《全唐詩》卷三三五等。本則據原書補三字，『澄澈』，原作『澄撤』，據改。

〔三一〕雅州山有中頂　本則據毛文錫《茶譜》，但有大幅删節改寫，已面目全非。據補、改各一字。又，『老父』，原譌作『老艾』，據改。

〔三二〕李德裕入蜀　本則似即抄自陳師《茶考》，略有删潤。但以譌傳譌而已，參見《茶考》拙釋〔三〕。

〔三三〕歐陽文忠公嘗新茶詩　此兩聯詩，見《文忠集》卷七《嘗新茶呈聖俞》，據改一字。聖俞，梅堯臣字。

〔三四〕又有詩云　此三聯詩，見《文忠集》卷七《次韻再作》（一本作《茶歌》）。方案：即次上首韻作，據改一字。

〔三五〕雙井茶詩　見《文忠集》卷九。

〔三六〕送龍茶與許道士絶句　詩亦見《文忠集》卷九。

〔三七〕東坡種茶詩略曰　詩見《東坡全集》卷二四。據改二字。

〔三八〕公汲江煎茶詩　詩見《東坡全集》卷二五。

〔三九〕謝毛正仲惠茶詩　見《東坡全集》卷二〇，詩題原作《到官病倦未嘗會客毛正仲惠茶乃以端午小集石塔戲作一詩爲謝》。據改一字，又，『香色』，原作『色香』，據乙。毛正仲，即毛漸（一〇三八—一〇九六），字正仲，衢州江山（今屬浙江）人。治平四年（一〇六七）進士，知寧鄉縣。熙寧中，擢著作佐郎，徙知安化。召爲司農丞，出爲提舉京西南路常平。元祐初，知高郵軍，爲廣東轉運判官，徙湖北路，改提點江西刑獄。又爲江東、兩浙路轉運副使，召爲吏部右司郎中。紹聖二年（一〇九五），除秘閣校理、官陝西漕使，攝帥涇原。進直龍圖閣，徙知渭州，命下而卒。著有《毛氏世譜》、《地理五龍秘法》、《詩集》、《表奏》各十卷等，惜均佚。事見《宋史》卷三四八本傳及《宋史·藝文志》一、三、八等。

〔四〇〕東坡云　本則見《東坡全集》卷一〇一《志林》。

〔四一〕建安能仁院　本則出《墨客揮犀》卷四。據以補四字，改三字。引文頗有删潤。又，王禹玉，乃王珪字。

〔四二〕周煇清波雜志曰　本則記事見是書卷四《拆洗惠山泉》。首句『煇家惠山』，譌倒作『煇山惠家』，據原書乙正。又據改四字，補一字。

〔四三〕羅高君茶解云　本則引自《茶解·品》。『松濤』，原作『松蘿』，據改。

烹茶圖集

〔明〕喻　政

〔提要〕

《烹茶圖集》，明代茶書。一卷，喻政輯録。喻政，見《茶集》提要。喻政藏有唐寅《陸羽烹茶圖》，識者以爲贋品，足見明季假畫已風行之一斑，而從另一側面也反映唐寅書畫之流行及爲藏家所重。此畫早在萬曆三十八年（一六一〇）喻政任知福州前就已入藏，原畫上已有唐寅録黄庭堅七絶二首及文徵明等和作。並已有莊懋循題畫詩、同年李光祖題跋等。李跋落款署萬曆癸卯（即三十一年，一六〇三）伏日，可證早在此前喻政已收藏此畫。

喻政赴官福州後，多次將此畫出示同在福州的僚友及過往的同年、知交，他們留下了題畫詩二十首，涉及作主十一人（方案：不包括唐寅、文徵明原題畫詩四首），人各題一至四首不等，多步山谷原韻。詩多爲七言，絶、律、古皆備，亦有五言一首。此外，尚有題跋十首，有些作主，是詩、跋兼俱，似非如此而不足以盡興。其中不乏名流，如王思任、王穉登、謝肇淛、徐𤊹等。充分反映了明季士大夫間的交遊時尚和習俗。

喻政在命徐𤊹編校《茶書》十七種的同時，將原題在唐伯虎畫上的二十四首詩和十首跋過録下來，編爲《烹茶圖集》一卷，附録在其輯集的《茶集》之後，刊入《茶書》甲、乙種本行世。並於三十九年勒石郡齋。據其自跋，《圖集》編定於萬曆三十九年季冬。所涉作者詳校證，不贅。

烹茶圖集

山芽落磑風回雪，曾爲尚書破睡來。勿以姬姜棄顦顇，逢時瓦金亦鳴雷。

風爐小鼎不須催，魚眼長隨蟹眼來。深注寒泉收第一，亦防枵腹爆乾雷。吴趨唐寅書［二］

分得春芽穀雨前，碧雲開裹帶芳鮮。瓦瓶新汲三泉水，紗帽籠頭手自煎。

小院風清橘吐花，墻陰微轉日斜斜。午眠新覺詩無味，閒倚欄干嗽苦茶。長洲文徵明

桐陰竹色領閒人，長日煙霞傲角巾。煮茗汲泉松子落，不知門外有風塵。

坐來石榻水雲清，何事空山有獨醒。滿地落花人跡少，閉門終日註《茶經》。吴興莊懋循

萬歷癸卯伏日，過同年喻職方正之齋中。出所藏唐伯虎畫《陸羽烹茶圖》，韻遠景閒，瀟爽有致，時煩暑鬱烝，颯然入清涼之境界。自昔評茶出之產，水之味，器之宜，焙碾之法，好事者無不極意所至。然俗韻清賞，時有乖合，乃高人不罣一物，而能以妙理寄於吹雲潑乳之中。大都其地宜深山流泉，紙窗竹屋；其時宜雪霽雨冥，亭午丙夜；其侶宜蒼松怪石，山僧逸民。伯虎此圖，可謂有其意矣。余素負草癖而介然茗柯，嘗謂讀書之暇，茶煙一縷，真快人意，而亦不欲以口腹累人。吾鄉猷原雲霧，品味殊勝，間一試之，大似無弦琴、直鈎釣也。有同此好者，約法三章，勿談世事，勿雜腥穢，勿溷通客。正之素心，玄尚眉宇間有煙霞氣，與余品

茶，每有折衷。余謂不能遍嘗名山之茶，要得茶之三昧而已。李光祖繩伯父書〔二〕

一、人品：煎茶非漫浪，要須其人與茶品相得。故其法每傳於高流隱逸、有雲霞泉石磊塊胸次間者。

二、品泉：以山水爲上，次江水，井水次之。井取汲多者，汲多則水活。然須旋汲旋烹，汲久宿貯者，味減鮮冽。

三、烹點：煎用活火，候湯眼鱗鱗起，沫餑鼓泛，投茗器中。初入湯少許，俟湯茗相投，即滿注。雲腳漸開，乳花浮面，則味全。蓋古茶用團餅碾屑，味易出；葉茶，驟則乏味。過熟，則味昏底滯。

四、嘗茶：茶入口，先灌漱。須徐啜，俟甘津潮舌，則得真味。雜他果，則香味俱奪。

五、茶候：涼臺靜室，明牕曲几，僧寮道院，松風竹月，宴坐行吟，清譚把卷。

六、茶侶：翰卿墨客，緇流羽士，逸老散人，或軒冕之徒，超軼世味。

七、茶勳：除煩雪滯，滌醒破睡，譚渴書倦，是時茗椀策勳，不減凌煙。

正醉思茶，而正之年兄携所得伯虎卷至。坐間，偶檢華亭陸宗伯《七類》録以呈之。述而不作，信而好古，何必爲蛇足哉！余方謫官候令，而正之儼然天風海濤長矣。異日坐我百尺庭下，而一留茶，安知此蛇足者，遽不化爲龍團也耶？山陰王思任〔三〕

山僮晚起掛荷衣，芳草閒門半掩扉。滿地松花春雨裏，茶煙一縷鶴驚飛。

瓦鼎斜支旁藥欄，松窗白日翠濤寒。世間俗骨應難換，此是雲腴九轉丹。

吾嘗笑（綦）毋煚之論茶曰：『釋滯消壅，一日之利暫（注）〔佳〕；瘠氣（耗）〔侵〕精，終身之害斯大〔四〕。』嗟嗟，人不飲茶，終日昏昏。於大酒肥肉之場，即脂若太牢，壽逾彭聃，將安用之！況陸羽、盧仝，未聞短命。東都茶僧，年越百歲，其功未常（嘗）不敵參苓也。喻正之先生酷有（酪）〔酪〕奴之（耆）〔嗜〕，動携此卷自隨，雖真贋未可知，而其意超流俗遠矣！先生時新拜命守吾郡，郡有鼓山靈源洞，緑雲香乳，甲於江南。公事磬折之暇，命侍兒擎建瓷，一甌啜之，不覺兩腋習習清風生耳。晉安謝肇淛

三山太守正之喻先生，豫章人豪也。余不佞，承乏建州倅，間獲追隨杖屨，辱不鄙夷。偶出示唐伯虎《烹茶圖》，圖顧渚山中陸羽也。羽恥一物不盡其妙，伯虎亦恥妙不盡其圖。正之因圖見伯虎，因伯虎而得羽之味茶也，自以爲可貴如此。客曰：『是不過助韻人逸士之傳玩爾，以爲芬香甘辣乎圖也？釋憒悶乎，解（醒）〔酲〕乎，漱滌消縮脱去膩乎圖也？』曰：『否否！夫飲酒者一飲一石，此不知酒者也。飲茶者飲至七椀，則亦不得。夫有形之飲不過滿腹，傳玩之味淡而幽，永而適，忘焉仙也，怡焉清也。無輕汗，亦無枯腸；無孤悶，亦無喉吻，安知風吹不斷、白花之妙不浮光疑滿圖乎？』夫正之固亦醉翁意耳！志不在荈，我知之矣。正之開朗坦洞，略無城府，不言而飲人以和，可醉可醒，可寐可覺，可歌可和。余以是謂正之善飲茶也，是真善飲者矣。南山有嘉木焉，其名爲檟，爲蔎，爲荈，春風啜焉，正之即不以其所啜，易其所不必啜，於遊有獨曠焉故乎！豈以尺上之華而湛湛釋滯消壅如陸羽者乎！陸羽以啜茶盡妙，正之以不啜茶盡妙；陸羽以圖見正之，正之以無圖收陸羽。若正之者，殆翩翩然仙也。客嗒然曰：『有味哉，吾子之言之也〔五〕！』以告正之，正之洒然頷之。庸作詩曰：『顧渚有嘉卉，圖吴設未嘗。非關饑與渴，那得蒂如香。逸士供清賞，高人觸味長。逍遥天際外，賓至懶搜腸』。金沙于玉德潤父父跋〔六〕

瓦鐺松火短筠罏，縹沫輕浮蟹眼珠。不獨水絃能解愠，任他谷鳥換提壺。九難著論才知陸，七椀通靈獨羡盧。但取清閑消案牘，衙齋堪比卧浮圖。閔有功〔七〕

茗飲之尚，從來遠矣。乃世獨稱陸羽、盧仝，豈獨其品藻之精，烹啜之宜，抑亦其清爽雅適之致，與真常虚静之旨有所契合耶？故意之所向，不著於物，不留於情，不徒爲嗜好之癖，乃足尚耳！使君喻正之先生，於物理無不精研，復有味於陸山人之《茶經》。一日，出《烹茶圖》一卷示余，其意遠而超，其致閑而適。時郡齋新創光儀堂，對坐其中，瓷甌各在手。余謂伯虎所寫雖真贋未分，卻是使君寔際妙理，使君繕性經世之術，所調適於一身與奏功於斯世，實於此君得三昧焉！使君復不私其圖，指堂之東西壁間，欣然曰：是不可刻石摹其圖，以寄此意耶？則兹卷又當爲行卷以傳矣。鴻漸、伯虎，地下有知，當爲吐氣。清湘文尚賓〔八〕

使君清興在冰壺，茗戰猷堪入畫圖。自見長孺帷卧治，何妨陸羽屬吾徒。焙分雀舌晴含霧，鐺煮龍腰書迸珠。鎮日下官無水戹，幾迴嘗啜俗懷驅。吴興吴汝器〔九〕

石闌瓦釜博山罏，卧閣香清展畫圖。採得龍團雲並緑，噴來蟹眼雪爲珠。能消五濁淩仙界，坐令私懷擊唾壺。寥落衙齋無底事，願從破睡一相呼。嶺南古時學〔一〇〕

庚戌除日，喻正之使君與余脩然相對，甚快也。向曾語余以《烹茶圖》，因出見示。余不佞，忝使君忘分之交汙，不至阿其所好，便謂：『此圖有遠體而無遠神，以爲伯虎真筆，不敢聞命。』使君笑曰：『吾豈爲圖辨真贋哉！吾以寄吾趣耳。昔人彈無絃琴，自稱醉翁，而意固不在酒。刻舟求劍，達人必不然。且天下事無大小，凡外執而成癖者，皆中距而爲障者也。障則掾慄而含悲，世必有窮吾癖者。即如陸鴻漸著《茶經》，非不明哲；後更有《毀茶論》，儻亦其稍稍癖也，自貽伊戚耳。』余聞其言，知使君精禪理焉。余觀宦省會者，大吏而下，拜跪五之，簿書三之，應酬二之，每皇皇苦不足，而使君栩栩若有餘。本蕭然出塵之韻，運其劃然立解之才，以禪事作吏事，所從來遠矣。歐陽公方立朝，自稱六一居士。夫心有所着，即纖毫累也；心無所着，即目前何不可寄吾趣而何拘拘於六也？余不佞，請因烹茶圖而益廣博，寄之使君，其以爲然否？ 西陵周之夫〔一〕

喜得驚雷莢，聊支折脚鐺。頻搴青桂爨，旋汲玉泉烹。擎觸霞紋碎，斟翻雪乳生。避煙雙白鶴，歸夢不勝清。

誰擅清齋賞，題來烹茗圖。香宜蘭作友，味叱(酪)〔酪〕爲奴。竹月晴窺碾，松風夜拂爐。相如方肺濁，披對病應蘇。 江大鯤〔二〕

閬風之巔産靈芽，移來海上仙人家。松濤瑟瑟瓦器沸，清煙一道淩紫霞。

冰肌幾歷峨眉雪，筠籠猶生顧渚雲。一白香風迴郡閣，龍團小品總輸君。

喻使君品高山斗，清暎冰壺，大雅玄度，望之爲神仙中人。入含雞舌，出分虎符，方高譚雲臺之業而居，恒賞此圖，何哉？蓋亮節遠識，獨空獨醒，超然紅塵世氛之表，而寄趣於緑雲香乳間也，意念深矣！

川南郭繼芳〔三〕

蘇長公云：寓意於物雖微，物足以爲適。茗飲之適，在世間鮮肥醲釅之外，豈徒音於味哉！陸山人經可謂體物精研，然他日又爲《毀茶論》，何也？將無猶涉伎倆有時而不自適歟！今吴越間人，沿其風尚，往往淨几名香，品嚐細啜，豈必盡關妙理。正之君侯，玉壺冰心，迴出塵表，雖廊廟鐘鼎之間，迢迢有天際真人，想其愛此圖，蓋以寓其澹泊蕭遠之意，真得此中三昧。非必緑雲香乳，習習風生而後爲適也。不敏作如是觀，以諗在杭水部，當爲解頤耳。晋安陳勳〔一四〕

題唐伯虎《烹茶圖》爲喻使君正之賦

太守風流嗜(酩)〔酪〕奴，行春常帶煮茶圖。圖中傲吏依稀似，紗帽籠頭對竹鑪。

靈源洞口採旗(搶)〔槍〕，五馬來乘穀雨嘗。從此端明茶譜上，又添新口緑雲香。

伏龍十里盡香風，正近吾家別墅東。他日干旄能見訪，休將水厄笑王濛。辛亥十一月長至日，王穉登〔一五〕

魚眼波騰活火紅，鬢絲輕颺煮茶風。紗巾短褐無人識，此是苕溪桑苧翁。

清風長繞竟陵山，千載茶神去不還。寧獨範形煬突上，更留圖像在人間。

穀雨才過紫筍新，竹爐香裊月團春。雁橋古井生秋草，無復當年茗戰人。

東園先生無姓名，品茶常汲石泉清。羽衣挈具真奇事，俗殺江南李季卿。東海徐𤊹

吴趨伯虎工臨摹，傳來《陸羽烹茶圖》。桐陰匝地松影亂，呼童餉客燃風爐。一縷清煙透書幌，瓦鼎晴飛雪濤響。生平清嗜幾人知，千古高風誰與兩？使君論治比淮陽，退食時烹紫筍香。朝向堂前憑畫軾，暮從花下試旗槍。涼臺淨室明牕幾，披圖時對東岡子。清脩不識漢龐參，爲郡數年唯飲水。建溪門人江左玄

夫子氷爲操，庭閒日試茶。芽寧殊玉壘，泉不讓金沙。火活騰波候，雲飛遶盌花。品嘗重註譜，清味遍幽遐。三山門人鄭邦霑

跋

余所藏《烹茶圖》，賞鑒家多以爲伯虎真蹟，言之娓娓，而余未能深解其所以然。昔人王子敬云：『君書何如君家尊？』答曰：『固當不同。』既又云：『外人那得知夫評書畫者，既已未深知矣。即三人占，從二人之言，其誰曰不可？』圖之後，舊附有贊説數首，來守福州，稍益之。一時寅僚多雋才，促余更刻之石甚力，余逡巡謝。已而思之，余性孤僻寡交游，即如曩者盤桓金臺、白下，亦復許時而曾不能廣謁名流，博求篇誄，以侈大吾圖而彰明吾好，則與夫守其俊語，矜慎不傳而自娱於笥中之珍也。無寧託寒山之片石，而使觀者謂温子昇可與共語耶！嘻，余實非風流太守而謬負茶癖，以有此舉也。後之君子，未必無同然焉！抑或謂三山之長，未能貞珉功令，懸之國門，而爲此不急之務，不佞亦無所置對。知我罪我，其惟此《烹茶圖》乎！時三十九年季冬，南昌喻政書于三山之光儀堂。

〔校證〕

〔一〕吴趨唐寅書　唐寅（一四七〇—一五二三），字伯虎，一字子畏，號六如居士、桃花庵主、魯國唐生、逃禪仙吏等。吴縣（治今江蘇蘇州）人。初爲府學生員，弘治十一年（一四九八）鄉試中應天府解元。次年會試，因涉程敏政科場舞弊案而落第。謫浙江爲吏，恥不赴。遍遊華中、江浙、江西、閩南等地，歸里，賣畫爲生。正德九年（一五一四），南昌寧王朱宸濠辟爲幕客，察其有異謀，遂佯狂而歸。築桃花塢，日與友人詩酒流連，狂放不已。工書畫，善詩文，與沈周、文徵明、仇英合稱『吴門四家』，又與文氏、祝允明、徐禎卿合稱『吴中四才子』。尤精山水、人物，作品多有傳世。撰有《六如居士全集》及《畫譜》等。事見祝允明《祝氏集略》卷一七《唐子畏墓誌銘》、《姑蘇名賢小紀》卷下、《圖繪寶鑑續編》、《名山藏》卷九五、《明史》卷二八六等。此當爲唐寅題畫詩，原詩作者為黄山谷，其第一首見黄庭堅《山谷外集》卷七《又戲爲雙井解嘲》，第二首見同書同卷《奉同六舅尚書詠茶碾煎烹三首》之二。

〔二〕李光祖繩伯父書　李光祖，字繩伯，南昌人。萬曆二十三年（一五九五）進士，授溧陽知縣，官至南京吏部主事。事見《江西通志》卷五五、六九等。

〔三〕山陰王思任　王思任（一五七六—一六四七），字季重，號遂東、築夫，别署金粟山人、懈園居士、謔庵居士、采薇子等。山陰（治今浙江紹興）人。萬曆二十三年（一五九五）進士。知興平、當塗、青浦三縣，遷袁州推官，歷刑、工二部主事。據其跋，曾謫官侯官縣令，約在萬曆三十九年（一六一一）前後。魯王監國時，官禮部右侍郎。都城失守，遂隱居不仕，年七十二，棄家卒於秦望山中。工詩畫，倣米家數點、雲林一抹，饒有雅趣。撰有《文集》三十卷，《奕律》、《遊唤》、《廬遊記》、《避園擬存》、《雜文序》、《詩文序》、《歷遊記》、《虞山詠》、《律陶》、《謔庵文飯》各一卷，編有《百家論鈔》十二卷等。爲人詼諧，其多才多藝，堪與董其昌、陳繼儒相頡頏。事見《思復堂文集》卷二《遂東王公傳》、《睡菴文稿》卷四《王季重松龕校序》、《浙江通志》卷一八〇引《紹興府志》、《明詩綜》卷六三小傳，《千頃目》卷八、一五、二五，《明史》卷九九、《四庫總目》卷一九三等。

〔四〕終身之害斯大　此唐右補闕毋煚《代飲茶序》中語，『毋煚』，原作『綦母旻』，據《大唐新語》卷一一等改，引文又據改二字。

〔五〕吾子之言之也　『之也』，疑當作『是也』，似涉上『之』字而譌，應改。

〔六〕金沙于玉德潤父父跋　于玉德，字潤父，金壇人。萬曆間官建州通判，時喻政知福州。

〔七〕閔有功　閔有功，江西浮梁人，萬曆七年（一五七九）舉人，三十六年，任廣西容縣知縣，約三十九年前後，擢福州同知。事見《江西通志》卷五五、《廣西通志》卷五五、《福建通志》卷二二。

〔八〕清湘文尚賓　文尚賓，以進子，全州人，萬曆十年（一五八二）舉人，約四十年前後，官福州通判。事見《廣西通志》卷七四、《福建通志》卷二二。

〔九〕吴興吴汝器　吴汝器，吴江平望人。兄汝礪（萬曆中進士）。約萬曆三十八年官福州通判，與喻政同僚。此作『吴興』誤。事見王鏊《震澤集》卷一《送吴汝器下第歸吴江》及其詩注，又見《福建通志》卷二二。

〔一〇〕嶺南古時學　古時學，潮州程鄉（治今廣東梅州）人。萬曆十六年（一五八八）舉人。繼吴汝器任福州通判。事見《廣東通志》卷三三、《福建通志》卷二二。

〔一一〕西陵周之夫　周之夫，麻城（今屬湖北）人。萬曆三十五年（一六一七）進士，約萬曆三十八年前後爲福州推官，天啓間，官至温州知府。事見《湖廣通志》卷三二、《福建通志》卷二二、《浙江通志》卷一一九。

〔一二〕江大鯤　江大鯤，雲南楚雄府人。萬曆二十年（一五九二），在陝西鳳縣知縣任。三十九年，在福建都轉運司鹽運使任。天啓初，官貴州石阡知府。事見《陝西通志》卷一四、《福建通志》卷二一、《貴州通志》卷一七。

〔一三〕川南郭繼芳　郭繼芳，字履謙。四川富順人，一作隆昌人。萬曆十年（一五八二）舉人。三十九年，在福建都轉運鹽運使司同知任。萬曆間，知和州。事見《四川通志》卷三六、《陝西通志》卷三一、《福建通志》卷二一、《江南通志》卷一一八引《和州志》。

〔一四〕晉安陳勳　陳勳，福建晉江（治今泉州）人。萬曆中嘗官羅源教諭。事見《福建通志》卷二七。約略同時，福建另有一同名之陳勳，字元凱。樂子，閩縣（治今閩侯）人。萬曆二十九年（一六〇一）進士，官至紹興知府，未赴卒，撰有《元凱集》等。據自署地望，當爲前者。

〔一五〕王穉登　王詩三首，亦見《曆代題畫詩類》卷四九。『酪』、『槍』二字原譌作『酩』、『搶』，據改。又，『端明茶譜』，實應作『茶録』，明人多以譌傳譌，誤蔡襄書名爲《茶譜》。

茶集

〔明〕喻政

〔提要〕

《茶集》，明代茶書，二卷，喻政輯集。喻政，字正之，一字漳瀾，自號鼓山主人。南昌（今屬江西）人。原籍貴州銅仁。萬曆二十二年（一五九四）解元，二十三年進士及第。歷官南京兵部郎中等。三十八年至四十一年，在知福州任。編有《茶集》二卷及《烹茶圖集》一卷等。刊有《茶書》甲、乙種本，合計凡二十八種，此爲我國首次將茶書合刊的最早嘗試，爲茶書的傳播及茶之化史的研究，作出重要貢獻。不久，即乞歸養，其生卒年不詳，事見《江西通志》卷五五、《貴州通志》卷二六、《福建通志》卷二二等。

《茶集》二卷，卷一爲文類及賦類，收宋、元、明人撰傳、序、論、記、賦等文凡十五篇，除蘇軾爲傳、論各一篇外，人各一篇，涉及作者十四人。卷二分詩與詞類，詩類收各體詩凡一百六十七首，涉及自唐至明的作主六十五人。其中有相當數量的詩是關於武夷茶的，元、明作者的詩也超過了唐、宋，體現了編修者個人的愛好、興趣和文學修養。就茶詩而言，名作掛漏甚夥，仍不足以反映茶詩的創作盛況，尤其是唐、宋名作入選者極罕，這也許是由於編者的學養、欣賞水平及藏書條件的限制而然，如是謝肇淛、徐𤊹編選，也許取捨會好得多。但其畢竟保存了一些佚詩，從這一意義上説，尚功不可没，聊勝於無。詞類則僅選黄庭堅四闋和明・陳仲溱二闋。黄山谷是歷代茶詞創作數量最多也最好的一位，但所選四闋卻並非其代表作品。較之大量的詠茶詞而言，編選者的學養和視野就更顯不足及淺狹，不禁使人想起『掛一漏萬』之詞。鑒於其所收的文賦詩詞多已被《茶經外集》、《茶譜外集》尤其是高元濬《茶乘》所收録，而筆者又早在前些年就對《茶乘》做過較詳盡的校釋，《茶乘》在刊入《續修四庫全書》前又僅爲孤本，罕見流傳，故凡已見於《茶乘》等的詩文，《茶集》僅作存目處理，不再一一標點校釋收入重出原文，以省簡篇幅而收入其他茶書，敬祈讀者鑒諒。又因《茶乘》乃分體編排，而《茶集》則以作者時代先後爲序，高氏成書雖在喻政《茶集》之後，但二書卻並無蹈襲或參考過的迹象，乃各自獨自成編的匯編茶書。顯而易見的標誌之一，即《茶乘》只收唐宋茶詩，且與《茶集》所收互有異同；而《茶集》則收大量元明人茶詩。所收茶詞也全然不同。《茶集》卷一存目之文，多見於《茶乘》卷三、卷六；《茶集》存目之詩，則多見於《茶乘》卷三至卷五。在存目表中僅注明原典出處，請讀者參閱《茶乘》的相關各條拙釋。又，存目所列作者、詩題有脱誤者，徑加補正。凡不見於《茶乘》及本書所收其他茶書的《茶集》詩文，均按《凡例》作校釋並録文。

《茶集》除《茶書》甲、乙本外，還有日本和泉源靖重訂的文化元年（一八〇四）和刻本行世。此本編排頗不同，卷首增加題解、序、目録，卷次也析爲上、中、下三卷。是本布目潮渢教授已影印刊入其主編的《中國茶書全集》下卷。因文本差異不大，除個别之處外，筆者未取以作校本，而是校原出典籍，這樣處理，也許更合適些。

和刻本《茶集》卷上與《茶書》本同，收文賦十五篇。卷中收五七言古詩四十首，卷下則收五、七言律、絶詩一百七十三首（方案：原五律多計一首，七律多計二首，今剔除）及茶詞七首。不僅將喻政《茶書》本《茶集》卷二析爲二卷，且又改以作者時代先後混合編排爲分體編排。合計輯作主七十二家，詩文凡二三五首。這一數字中，包括作爲附《茶集》而刊行的明蔡復一《茶事詠》三十六首五絶； 除去不計，實乃一百九十九首。和刻本對喻政原輯的奪誤並無訂補之處，對《茶集》原書的脱誤乃『全盤繼承』。如仍將宋人丘宻、袁樞誤署爲元人，又將文同作《謝許判官惠茶圖茶詩》誤繫作主爲王禹偁等。文字校勘也罕有建樹，因此，尚不足以作爲校本。另外，將原作爲附録的蔡復一《茶事詠》混編入卷下五言絶句，亦屬去取無藝，有失倫緒。原顯爲二書，一輯一作，是不能合編爲一書的。説詳《茶事詠》提要。

本書末附存目表，其次序按《茶集》原存文類、賦類、詩題編排，主要爲已被高元濬《茶乘》卷三至卷五收録的詩文。由於兩書編排體例不同，其詩的存目與《茶乘》的次序不一致，故特此説明。

茶集卷之一

文類

惟先生以清風苦節高之故，没齒而無忌言，其亦庶幾乎篤志君子矣。

茶居士傳　明　徐爋[一]

居士茶姓，族氏衆多，枝葉繁衍遍天下。其在六安一枝最著，爲大宗；陽羨、羅岕、武夷、匡廬之類，皆小宗；若蒙山，又其别枝也。巖泉徐子爋者，味古今士也。嘉靖中，以使事至六安，欲過居士訪之。偶讀書宵分，倦隱几，夢神人告曰：『先生含英咀華，余侍有年矣。昔者陸先生不鄙世族，爲作譜及雜引爲經。每枉士大夫，余輒出其文章表見之。陸先生名愈長，余亦與有揚之力焉。先生其肯傳我乎？余當以揚陸先生者揚先生。』徐子忽寤，睜目視之，無所見。適童子盥雙手，捧茶至，乃知所夢者即茶居士之先也。遂作傳。

案茶氏苗裔最遠，鴻濛初上，帝憫庶類非所，開形、性二局，各有司存焉。茶氏列木品，凡木材大者千尋，其最小須十尺。又與之性，爲清、爲香、爲甘。茶氏喜曰：『庶矣，庶矣！未也，吾往叩，當益我。』乃伏闕訴曰：『臣荷恩重，願世授首報，然爲子若孫計，請乞藩封。』上帝怒曰：『小臣多欲，罪當誅。』時帝方好生，不即誅。下二局議，司形者曰：『罪當貶其處深岩幽谷，其材二尺許。』性者曰：『與之苦。』疏請上裁，詔可之。茶氏伏罪而出。于是，其處其材世守之，歷數百年，皆山澤叟也，無顯者。三代以下，國制漸備，間有識者，然遇山人輒仉仉不適，類戕賊焉。其少者，最苦之。長者曰：『吾以旗鎗衛若。』山人聞之怒，深春率女士噪呼菁莽中，大擄之，俘斬無筭，并旗鎗搴奪焉。有死者相枕籍者，僵者，仆者，有孑立者，有傾且倚者，有髡者，茶氏俞出首愈敗。然偵之，則間諜挑釁，多吴中人。乃謀諸老者曰：『吾聞吴强國也，昔齊景公泣涕，女女（汝？）矣。吾如景公何？春秋求成之義，盍脩諸！』衆皆曰：『然。』於是長者自啣縛，就山人俯伏曰：『吾不敵矣，君特爲吴人獻我耳。勿信？君衛吾，吾當令吴人歲歲貢金幣。』山人曰：『有是哉，有是哉！』於是徙其衆，咸就山人。山人始爲通好，然亦無甚顯者。

嗣後，有楚狂裔孫陸羽先生者，博物洽聞，聞茶氏名，就山中訪之。登其堂，直入其室，寂無纖塵。躊躇四顧，北窗間僅石榻一，設山水畫一幅，蒲團數枚，香一爐，棊一枰，古琴一張，案上有《周易》、《羲皇墳典》古詩書若干卷。茶氏不出，戒諸子曰：『先生識者，若等次第往見之，以月日爲序，少者最尾。』先生擊筑而歌，乃出迎。披蒙茸裘，衣朴古之衣，或蒼蘚迹尚存，蓋茶氏山中習云。乃延先生坐，先生問弟子，弟子以次第見之。

獨少女誕穀雨前，故名雨前，最嬌，不出。先生不知，每一見者，咸嘖嘖嘆賞，爲品題，深有味乎其言也。時茶氏以獨居不成味，無以款先生，出呼其相狎友數十輩，共聚一室焉。願各獻其能，共成大美，悦先生。有第一泉氏，第二泉氏，第三泉氏，有筐氏，籠氏，瓦壺氏，爐氏，火氏，盂氏，筯氏；其果氏，匙氏列階下，聽先生召，始往。不召，不敢往。于時，先生張口舌，傾腸腹，締交茶氏，咸慶知己。既命雨前出行酒，先生一見大異之，謂曰：『此子標格氣味不凡，仙品也。他日當近王者大貴第，寶藏之，勿輕以許人。然造物忌盈，汝子姓當世世顯榮，發在少年，汝長老，宜讓之，當澹泊，隨時高下不問，類可保長貴。若雨前，勿輕許人。』茶氏曰：『諾。』命雨前入，遂入。乃呼端溪氏、玄圭氏、楮氏、中山氏，咸就見。中山氏免冠曰：『願乞先生言，用旌主人。』先生命盂氏來，連啜之，一揮而就，譜成，經亦成。茶氏再拜曰：『吾得此，後世當有顯者，先生賜遠矣。』遂别去。今茶氏之譜與其經，大散見文章家，茶氏名益重。茶氏世好脩潔，與文人騷客、高僧隱逸輩最親昵。有毒侮於酒正者，輒入底裹勸之。酒正盡退舍，不敢角立。又能破人悶，好吟詠，吟詠者援之共席，神氣灑灑腸不枯，驚人句迭出焉。故茶氏風韻絶俗，不與凡品等。特頗遠市井，或召之，老者亦往，士人由此益重茶氏。凡延上賓，修婚禮，必邀茶氏與焉。山人者流，知士人重，咸重，由是益廣。其資生，爲之去濕就燥，護侵伐，防觸牴，千百爲計。雖烈日、積雪、大風雨，山人視之益篤。然所居率無垣牆之制，上帝不賜藩封也。吴中人知之，更爲餌山人，山人不從，果貢金帛，歲歲如初言。山人遂德之，與茶氏通世世好，不絶。

一日，有乘高軒者過其門，詠老杜炙背採芹之句。茶氏聞之，驚曰：『得無知我雨前哉？』不數日，果有疏雨前名上者。上走中使，持璽書命有司賫黄金色幣聘往。金色幣者，上御赭袍，示親寵也。有司如命，捧帛聘，茶氏不得已，命雨前拜賜。有司促上馬，雨前上馬，盛陳仙樂，設旗幟，擇良使從之，計偕以上。雨前馬上歌曰：『妾本山中質，山中身，蚤辭母兮多苦辛，黄金爲幣兮色𬯀𬯀。今日清明兮朝紫宸，何以報，君王恩！』又歌曰：『金幣纏頭兮百花帶，鼓晀晀，旂旗旗，苦居中，香在外。紅塵百騎荔枝來，太真太真兮今安在？』一時聞者，皆泣下。至京師，直排帝閽入。時上御便殿，雨前叩首曰：『臣所謂苦盡甘來者，蒙恩及草茅，願赴湯火。』上憐之，以手援之，至就口焉。上厚賞賜使者。遂封爲龍團夫人，命納諸後宮。宮中一后、三嬪、六妃、九貴人、十二夫人，一時見者，皆大悦。即延上座，寵冠掖庭。雨前性恬淡不驕，雖羣娥亦狎且就之。自后妃以下，無少長，少頃不見，輒索，其隆眷若此。然雨前不能自行，往必藉相托，乞恩于上，上命玉容貴人與之俱。玉容者，其量有容，故以容名。玉容謝曰：『臣今得所矣。昔上命黄封力士入宮禁，力士性傲，而氣雄且粗豪，慣恃上恩，至有擠臣傾仆時者，臣嘗苦之。不自禁懼，無以完晚節。臣今得所矣。』雨前亦以玉容同出身山家，甚宜之。上謂雨前曰：『吾欲汝世世受國恩，汝有家法否？』雨前曰：『臣微賤，無家法。臣侍奉中國，不通外夷，然族有善醫者，西番人多重賂之，君王幸爲保全，使世守清苦之節，以免赤族。當關須鐵面。』上曰：『然。』以雨前請，著爲令。至今西羌之域，尚有巡茶憲使云。茶氏由此世通籍王家，益顯且遠矣。

贊曰：草木之生，皆得天地之精之先也。五穀尚矣！然華者多不足於目，實者多不足於口，類皆可得於見聞，而下通於樵夫牧豎不爲貴。神仙家以松栢、芝苓服之，可長生，吾又未聞見其術。借有之，其功用亦弗廣，皆不足貴也。若茶氏者，樵夫牧豎所共知，而知之者鮮能達其精，其精通於神仙家，而功用之廣則過之，且世寵於王者，而器之不少衰焉。吁，最貴哉，最貴哉！

味苦居士傳 茶甌

明 支中夫〔二〕

湯器之，字執中。饒州人。嘗愛孟子『苦其心志』之言，別號味苦居士。謂學者曰：『士不受苦，則善心不生；善心不生，則無由以入德也。』是以人召之則行，命之則往，寒熱不辭，多寡不擇，旦暮不失，略無幾微厭怠之色見於顔面。或譏之曰：『子心志固苦矣，筋骨固勞矣，奈何長在人掌握之中乎！』曰：『士爲知己者死。我之所遇者，待我如執玉，奉我如捧盈，惟恐我少有所傷，召我惟恐至之不速。既至，雖醉亦醒，雖寐亦寤，昏惰則勤，忿怒則釋，憂愁鬱悶則解。無諫不入，無見不懌，不謂之知己，可乎？掌握我者，敬我也，非奴視也。吾何患焉！我雖涼薄，必不惰於庸人之手。苟待我不謹，使我虀粉，我亦不往也。』嘗曰：『我雖未至於不器，然子貢貴重之器，亦非我所取也。蓋其器宜於宗廟，而不宜於山林。我則自天子至於庶人，苟有用我者無施而不可也。特爲人不用耳。』行己甚潔略，毫無髮瑕玷。妬忌者以謗玷之，亦受之而不與辯，不久則白。人以湼不緇許之。

太史公曰：人見君子之勞，而不知君子之安勞者，由其知鄉義也。能鄉義，則物欲不能擾其心，豈有不安乎！器之勉人受苦，其亦知勞之義也。

建茶論〔三〕

宋 羅大經

陸羽《茶經》、裴汶《茶述》，皆不載建品，唐末然後北苑出焉。（宋）〔本〕朝開寶間，始命造龍團，以別庶品。厥後丁晉公漕閩，乃載之《茶録》。蔡忠惠又造小龍團以進，東坡詩云：『武夷溪邊粟粒芽，前丁後蔡相（寵）〔籠〕加。吾君所乏豈此物，致養口體何陋邪！』茶之爲物，滌昏雪滯，於務學勤政，未必無助。其與進荔枝、桃花者不同，然充類至義，則亦宦官、宮妾之愛君也。忠惠直道高名，與范、歐相（並）〔亞〕，而進茶一事，乃儕晉公。君子之舉措，可不謹哉！

論茶〔四〕 宋 蘇 軾

除煩去膩，世固不可無茶。然暗中損人不少。昔人云：自茗飲盛後，人多患氣不〔足〕，患黄，雖損益相半而消陽助陰，不償損也。吾有一法，當自修之。每食已，輒以濃茶漱口，煩膩既去，而脾胃不〔知〕。凡肉之在齒間者，得茶漱浸，不覺脱去，不煩刺挑而齒性便苦，緣此漸堅密，蠹（病）〔疾〕自已。然率用中下茶，其上者，亦不常有。間數日一啜，亦不爲害。

北苑御泉亭記 宋 丘 荷〔五〕

夫珠璣琅玕，龜龍四靈，珍寶之殊，特蜚游之至瑞，布諸載籍，非可遽數。至于水草之奇，金芝、醴泉之類，而一時之焜耀，祥經之攸記，若迺藴堪輿之真粹，占土石之秀脉，自然之應，可以奉乎至尊，而能悠永者，則有聖宋南方之貢茶、禁泉焉。《爾雅·釋木》曰：『檟，苦荼。』説者以爲早採者爲茶，晚採者爲茗荈，蜀人名之苦茶，而許叔重亦云由是。知茶者自古有之，兩漢雖無聞，魏晉以下，或著于録。迄後，天下郡國所産愈益衆，百姓頗蒙其利。

唐建中中，趙贊抗言舉行，天下茶什一税之，於是縣官始斡焉。然或不名地理息耗所在，先儒所志：岷蜀、勾吴、南粤舉有，而閩中不言建安，獨次侯官栢巖云。唐季，勑福建罷贄橄欖，但供臘面茶。案：所謂栢巖，今無稱焉，即臘面産於建安明矣。且今俗號猶然，蓋先儒失其傳耳。不爾識，會有所未盡遊玩之所不至也。抑山澤之精，神福之靈，五代相以摘造，尚矣。而其味弗振者，得非以其德之無加乎！國朝龍興，惠風醇化，率被人面。九府庭貢，歲時輻湊，而閩荈寢以珍異，太平興國中，遂置龍鳳模，以表其嘉應而别於他所也。先是鄉老傳：其山形，謂若張翼飛者，故名之曰鳳凰山。山麓有泉，直鳳之口，即以其山名名之。蓋建之産茶，地以百數，而鳳凰山莩岸，常先月餘日，其左右澗澮交併，不越丈尺，而鳳凰穴獨甘美有殊。及茶用是泉，齊和益以無類，識者遂爲章程，第共製羞御者，而以太平興國故事，更曰龍鳳泉。龍鳳泉當所汲，或日百斛亡減。工罷，主者封莞，逮期而闓，亦亡餘。異哉！所謂山澤之精，神祇之靈，感于有德者，不特於茶，蓋泉亦有之，故曰有南方之貢茶、禁泉焉。

泉所舊有亭宇，歷歲彌久，風雨弗蔽，臣子攸職，懷不暇安，遂命工度材易之。以其非品庶所得擅用，故名曰御泉亭。因論次陸羽等所闕，及采耆舊傳聞，實録存之，以諭來者。庶其知聖德之至，厥貢之美若此。景祐三年丙子七月五日，朝奉郎、試大理司直兼監察御史、權南劍州軍事判官、監建州造買納茶務丘荷記。

御茶園記

元　趙孟熧〔六〕

武夷，仙山也，岩壑奇秀，靈芽茁焉。世稱石乳，厥品不在北苑下，然以地啬其産，弗及貢。至元十四年，今浙江省平章高公興以戎事入閩。越二年，道出崇安。有以石乳餉者，公美芹思獻，謀始於冲祐道士，摘焙作貢。越三載，更以縣官涖之。大德己亥，公之子久佳，奉御以督造，寔來，竟事還朝。越三年，出爲邵武路總管。建、邵接軫，上命使就領其事。

是春，馳驛詣焙所，祇伏厥職，不懈益虔。省委張璧，充相其事。明年，創焙局于陳氏希賀堂之故址。其地，當溪之四曲，峰巒岫列，盡鑑奇勝，而邦人相役翕然。子來，爰即其中作拜發殿六楹，跂翼翬飛，丹堊焜燿；夾以兩廡，製作之具陳焉；而又前闢公庭，外峙高閣，旁搆列舍三十餘間。脩垣繚之規制詳縝，逾月而事成。爰自修貢以來，靈草有知，日入榮茂。初貢僅二十斤，採摘户才八十。星紀載周，歲有增益。至是，定簽茶户二百五十，貢茶以斤計者，視户之百與十，各贏其一焉。余倣此焙之製，爲龍鳳團五千。製法必得美泉，而焙所土騂剛，泉弗竇，俄而殿居兩石間迸湧澄泓，視鳳泉尤甘洌。見者驚異，因甃以甓，亭其上，而下者鑿石爲龍口，吐而注之也。用以溲浮，芳味深毖。蓋斯焙之建，經始于是年三月乙丑，以四月甲子落成。之時，邵武路提控；案牘，省委張璧復爲；崇安縣尹孫瑀董其役，而恪共貢事則建寧總管王鼎、崇安縣達魯花赤與有力焉。既承差穀，恊恭拜稽緘匙，馳進闕下。自是，歲以爲常。

欽惟聖朝統一，區宇乾清坤夷，德澤有施洽于庶類。而平章公肇修厎貢，父作子述，忠孝之美，萃于一門。和氣薰蒸，精誠感格，於是金芽先春，瑞侔朱草；玉漿噴地，應若醴泉。以山川草木之效珍，見天地居臣之合德。則雖器幣貨財殫禹貢風土之宜，盡周宫邦國之用，而蓄萼備其休證，滂流非其禎祥，篾以尚于此矣。建人士以爲：北苑經數百年之後，此始出於武夷。僅十餘里之間，厥産屏豐於北苑。殊常盛事，曠代奇逢，是宜刻石兹山，永觀無斁，爰示與創顛末。禆孟徔受而祐簡畢焉，孟徔不得辭。是用比敍大概，出以授之，庶幾彰聖世無疆之休，垂明公無窮之聞，且使嗣是而共歲事者，益加敬而增美云。

重修茶場記

元 張 涣

建州茶貢，先是猶稱北苑，龍團居上品。而武夷石乳，湮岩谷間，風味惟野人專。洎聖朝始登職方，任土列瑞産，蒙雨露寵，日蕃衍，繇是歲增貢額。設場官二人，領茶丁二百五十，茶園百有二所。芟辟封培，視前益加，斯焙遂與北苑等。然靈芽含石姿而鋒勁，帶雲氣而粟腴，色碧而瑩，味飴而芳。採擷，清明旬日間，馳驛進第一春，謂之五馬薦新茶。視龍團，風在下矣。是貢，由平章高公平江南歸覲而獻，未遂蔡丁專美。邵武總管，克繼先志，父子懷忠一軌，謂玉食重事也。非殿宇壯麗，無以竦民望，故斯焙建置，規模宏偉，氣象軒豁，有以肅臣子事上之禮。

歷二十有六載，有莘張侯端本，爲斯邑宰修貢。明年，周視桷榱榆梲，有外澤中腐者；黝堊丹雘，有漶漫者；瓦蓋，有穿漏者。悉以新易故，圖永永久。復於場之外，左右建二門，榜以『茶場』，使過者不敢褻焉。予來督貢，未幾，本道憲僉孛羅蘭坡與書吏張如愚、宋德延俱詢，諏道經視貢，顧瞻棟宇，完美如新。俾識歲月，且揭産茶之地，示後人。予承命，不敢辭，廼述其顛末之概。竊謂天下事無巨細，不難於始而難乎其繼，苟非力量弘毅，事理通貫，鮮不爲繁劇而空疎，悉置之因仍苟且而已。張侯仕學兩優，事之巨與細，莫不就綜理。是役也，費無縻官，傭無厲民，不亦敏乎！事圖其早而力省，弊防其微而慮遠，不亦明乎！凡爲仕者，皆能視官如家，一日必葺，則斯焙常新，可與溪山同其悠久。來者其視斯刻以勸。

喊山臺記

元　暗都剌〔七〕

武夷産茶，每歲修貢，所以奉上也。地有主宰，祭祀得所，所以妥靈也。建爲繁劇之郡，牧守久闕，事務往往廢曠。邇者，余以資德大夫、前尚書省左丞、忻都嫡嗣前受中憲大夫、福建道宣慰副使、僉都元帥府事茲膺宣命，來牧是邦。視事以來，謹恪廼職，惟恐弗稱。茲春之仲，率府吏叚以德躬詣武夷茶場，督製茶品，驚蟄喊山，循彝典也。

舊於修貢正殿所設御座之前，陳列牲牢，祀神行禮，甚非所宜，迺進崇安縣尹張端本等而諗之曰：『事有不便，則人心不安，而神亦不享。今欲改弦而更張之，何如？』衆皆曰：『然。』迺於東皋茶園之隙地，築建壇墠，以爲祭祀之所。庶民子來，不日而成，臺高五尺，方一丈六尺，亭其上，環以欄楯，植以花木，左大溪，右通衢，金鷄之岩聳其前，大隱之屏擁其後。棟甍翬飛，基址壯固。斯亭之成，斯祀之安，可以與武夷相爲長久。俾修貢之典，永爲成規。人神俱喜，顧不偉歟！

武夷茶考〔八〕

明　徐𤊹

按《茶録》諸書，閩中所産，以建安北苑第一，壑源諸處次之。而武夷之名，宋季未有聞也。然范文正公《鬥茶歌》云：『溪邊奇茗冠天下，武夷仙人從古栽。』蘇子瞻亦云：『武夷溪邊粟粒芽，前丁後蔡相籠加。』則武夷之茶在前宋亦有知之者，第未盛耳。元大德間，淛江行省平章高興公始採製充貢，創闢御茶園于四曲，建第一春殿、清神堂，焙芳、浮光、燕嘉、宜寂四亭，門曰『仁風』，井曰『通仙』，橋曰『碧雲』。國朝寢廢爲民居，惟喊山臺、泉亭故址猶存。喊山者，每當仲春驚蟄日，縣官詣茶場，致祭畢，隸卒鳴金擊鼓，同聲喊曰：『茶發芽！』而井水漸滿，造茶畢，水遂渾涸。而茶户採造，有先春、探春、次春三品，又有旗槍、石乳諸品，色香味不減北苑。

國初罷團餅之貢，而額貢每歲茶芽九百九十斤，凡四品。嘉靖三十六年，郡守錢璞奏免解茶，將歲編茶夫銀二百兩，解府造辦解京，而御茶改貢延平。而茶園鞠爲茂草，井水亦日湮塞。然山中土氣宜茶，環九曲之內，不下數百家皆以種茶爲業，歲所産數十萬斤，水浮陸轉，鬻之四方，而武夷之名甲于海内矣。宋元製造團餅，稍失真味，今則靈芽仙蕚，香色尤清，爲閩中第一。至于北苑壑源，又泯然無稱。豈山川靈秀之氣，造物生殖之美，或有時變易而然乎？

賦類（見存目）

茶集卷之二

詩類

葉秎貺建茶〔九〕　宋　司馬光

閩山草木未全春，破纇真茶採擷新。雅意不忘同臭味，先分疇昔桂堂人。

次韻再作〔一〇〕　宋　歐陽修

吾年向老世味薄，所好未衰惟飲茶。建溪苦遠雖不到，自少嘗見閩人誇。每嗤江浙凡茗草，叢生狼藉惟藏蛇。今江淛茶園，俗言多蛇。豈如含膏入香作金餅，蜿蜒雨龍戲以呀。其餘品第亦奇絶，愈小愈精皆露芽。泛之白花如粉乳，乍見紫面生光華。手持心愛不欲碾，有類弄印幾成窊。論功可以療百疾，輕身久服勝胡麻。我謂斯言頗過矣，其實最能袪睡邪。茶官貢餘偶分寄，地遠物新來意佳。親烹屢酌不知厭，自謂此樂真無涯。

未言久食成手顫，已覺疾病生眼花。客遭水厄疲捧碗，口吻無異蝕月蟆。僮奴傍視疑復笑，嗜好乖癖誠堪嗟。更蒙酬句怪可駭，兒曹助噪聲哇哇。

雙井茶〔一一〕

西江水清江石老，石上生茶如鳳爪。窮臘不寒春氣早，雙井茅生先百草。白毛囊似紅碧紗，十斤茶養一兩芽。長安富貴五侯家，一啜猶須三日誇。寶雲日注非不精，爭新棄舊世人情。豈知君子有常德，至寶不隨時變易。君不見建溪龍鳳團，不改(當)〔舊〕時香味色。

宋著作寄鳳茶〔一二〕　宋　梅堯臣

春雷未出地，南土物尚凍。呼譟助發生，萌穎强抽葓。團爲蒼玉璧，隱起雙飛鳳。獨應近臣頒，豈得常寮共。顧兹寔賤貧，何以叨贈貢。石碾破微緑，山泉貯寒洞。味餘喉舌乾，色薄牛馬湩。陸氏經不經，周公夢不夢。雲腳世所珍，鳥觜誇仍衆。常常濫杯甌，草草盈罌甕。寧知有奇品，圭角百金中。祕惜誰可邀，虛齋對禽哢。

建溪新茗〔一三〕

南國溪陰暖，先春發茗芽。采從青竹籠，蒸自白雲家。粟粒烹甌起，龍文御餅加。過兹安得比，顧渚不須誇。

謝人惠茶〔一四〕

山上已驚溪上雷，火前那及兩旗開。采芽幾日始能就，碾月一罌初寄來。以酪爲奴名價重，將雲比腳味甘迴。更勞誰致中泠水，况復顔生不解杯。

王仲儀寄鬭茶〔一五〕

白乳葉家春，銖兩值錢萬。資之石泉味，特以陽芽嫩。宜言難購多，串片大可寸。謬爲識别人，予生固無恨。

李仲求寄建溪洪井茶七品〔一六〕

忽有西山使，始遺七品茶。末品無水暈，六品無沉柤，五品散雲脚，四品浮粟花。三品若瓊乳，二品罕所加。絶品不可議，甘香焉等差。一日嘗一甌，六腑無昏邪。夜（沈）〔枕〕不得寐，月樹聞啼鴉。憂來唯覺衰，可驗唯齒牙。動摇有三四，妨咀連左車。髮亦足驚竦，疎疎點霜華。乃思平生遊，但恨江路賒。安得一見之，煮泉相與誇。

吴正仲遺新茶〔一七〕

十片建溪春，乾雲碾作塵。天王初受貢，楚客已烹新。漏泄關山吏，悲哀草土臣。捧之何敢啜，聊跪北堂親。

吕縉叔著作遺新茶〔一八〕

四葉及王游，共家原坂嶺。歲摘建溪春，争先取晴景。大窠有壯液，所發必奇穎。一朝團焙成，價與黄金逞。吕侯得鄉人，分贈我已幸。其贈幾何多，六色十五餅。每餅包青蒻，紅纖纏素縈。屑之雲雪輕，啜已神（魂）〔魄〕醒。會待佳客來，侑談當晝永。

寄茶與和甫〔一九〕　宋　王安石

彩絳縫囊海上舟，月團蒼潤紫煙浮。集英殿裏春風晚，分到并門想麥秋。

謝許判官惠茶圖茶詩〔二〇〕　宋　文　同

成圖畫茶器，滿幅寫茶詩。會説工全妙，深諳句特奇。盡將爲遠贈，留與作閑資。便覺新來癖，渾如陸季疵。

和東玉少卿謝春卿防禦新茗〔二一〕　宋　陳　襄

嘗陪星使款高牙，三月欣逢試早茶。緑絹封來溪上印，紫甌浮出社前花。休將潔白評雙井，自有清甘薦五華。帥府詩翁真好事，春團持作夜光誇。

寄獻新茶〔二二〕　宋　曾　鞏

種處地靈偏得日，摘時春早未聞雷。京師萬里爭先到，應得慈親手自開。

方推宫寄新茶

採摘東溪最上春，壑源諸葉品尤新。龍團貢罷爭先得，肯寄天涯主諸人。

嘗新茶〔二三〕

麥粒收來品絶倫，葵花製出樣爭新。一杯永日醒雙眼，草木英華信有神。

蹇蟠翁寄新茶(二首)〔二四〕

龍焙嘗茶第一人，最憐溪岸兩旗新。肯分方銙醒衰思，應恐慵眠過一春。

貢時天上雙龍去，斗處人間一水爭。分得餘甘慰憔悴，碾嘗終夜骨毛清。

呂殿丞寄新茶〔二五〕

偏得朝陽借力催，千金一銙過溪來。曾坑貢後春猶早，海上先嘗第一杯。

曹輔寄壑源試焙新茶〔二六〕　宋　蘇軾

仙山靈雨濕行雲，洗遍香肌粉未勻。明月來投玉川子，清風吹破武林春。要知冰雪心腸好，不是膏油首面新。戲作小詩君一笑，從來佳茗似佳人。

謝王煙之惠茶〔二七〕　宋　黃庭堅

平生心賞建溪春，一丘風味極可人。香包解盡寶帶銙，黑面碾出明窗塵。家園鷹爪改嘔冷，官焙龍文常食陳。於公歲取塵源足，勿遣沙溪來亂真。

〔省中〕烹茶懷子瞻〔二八〕

閣門井不落第二，竟陵谷簾定誤書。思公煮茗共湯鼎，蚯蚓竅生魚眼珠。置身九州之上腴，爭名焰中沃焚如。但恐次山胸磊塊，終便平聲。酒舫石魚湖。

謝公擇舅分賜茶〔二九〕

外家新賜蒼龍璧，北焙風煙天上來。明日蓬山破寒月，先甘和夢聽春雷。

謝人惠茶〔三〇〕

一規蒼玉琢蜿蜒，藉有佳人錦段鮮。莫笑持歸淮海去，爲君重試大明泉。

以潞公所惠揀芽送公擇(舅)次舊韻〔三一〕

慶雲十六升龍樣，國老元年密賜來。披拂龍紋射牛斗，外家英鑒似張雷。赤囊歲上雙龍璧，曾見前朝盛事來。想得天香隨御所，延春閣道轉輕雷。風爐小鼎不須催，魚眼長隨蟹眼來。深注寒泉妝第一，亦防枵腹(瀑)〔爆〕乾雷。

朔齋惠龍焙新茗用鐵壁堂韻賦謝一首〔三二〕　宋　林希逸

天公時放火前芽，勝似優曇一度花。修貢暫煩鐵壁老，多情分到玉川家。帝疇使事催班近，僕守詩窮任鬢華。八椀能令風雨腋，底須飡菊飯胡麻。

留龍居士試建茶既去輒分送並頌寄之〔三三〕　宋　陳　淵

未下鈐鎚墨如漆，已入篩羅白如雪。從來黑白不相融，吸盡方知了無別。老龍過我睡初醒，爲破雲腴同一啜。舌根回味只自知，放盞相看欲何説。

次魯直烹密雲龍〔之〕韻〔三四〕　宋　黄　裳

密雲晚出小團塊，雖得一餅猶爲豐。相對出亭致清話，十三同事皆詩翁。蒼龍碾下想化去，但見白雲生碧空。雨前含蓄氣未散，乃知天貺誰能同。不足數啜有餘興，兩腋欲跨清都風。豈與凡羽誇雕籠，雙井主人煎百椀，費得家山能幾本？

謝人惠茶器並茶〔三五〕　宋　黄　裳

三事文華出何處，岩上含章插煙霧。曾被西風吹異香，飄落人寰月中度。岩桂，秋開有異香。木理成文，如相思木然。美材見器安所施，六角靈犀用相副。目下發緘誰致勤，愛竹山翁雲裏住。遽命長鬚烹且煎，一簇蠅聲急須吐。每思北苑滑與甘，嘗厭鄉人寄來苦。試君所惠良可稱，往往曾沾石坑雨。不畏七椀鳴饑腸，但覺清多卻炎暑。幾時對話愛竹軒，更引毫甌斲詩句。

茶苑二首〔三六〕

莫道雨芽非北苑，須知山脉是東溪。旋燒石鼎供吟嘯，容照巖中日未西。

想見春來喊動山，雨前收得幾籃還。斧斤不落幽人手，且喜家園禁已閒。

乞茶

未終七椀似盧仝，解鎊鬁兩腋風。北苑槍旗應滿篋，可能爲惠向詩翁？

煎茶〔三七〕　宋　羅大經

分得春茶穀雨前，白雲裏裡且鮮妍。瓦瓶旋汲山泉水，紗帽籠頭手自煎。

武夷茶　宋　趙若槸

和氣滿六合，靈芽生武夷。人間渾未覺，天上已先知。

武夷茶　宋　劉説道〔三八〕

靈芽得先春，龍焙收奇芬。進入蓬萊宫，翠甌生白雲。坡詩咏粟粒，猶記少時聞。

寄茶與曾吉甫〔三九〕　宋　劉子翬

西焙春風一縢隔，玉尺銀槽分細色。解苞難辨邑中黔，瀹盞方知天下白。岸巾小啜横碧齋，真味從底傾輸來。囊歸畀余一語妙，三歲暗室驚轟雷。

武夷茶　宋　丘　密〔四〇〕

烹茶人換世，遺竈水中央。千載公仍至，茶成水亦香。摘茗蜕仙岩，汲水潛虬穴。旋然石上竈，輕泛甌中雪。清風已生腋，芳味猶在舌，何當擢孤舟，來此分餘啜。

武夷茶　宋　陳夢庚〔四一〕

儘誇六碗便通靈，得似仙山石乳清。此水此茶須此竈，無人肯説與端明。

御茶園　明　鄭主忠〔四二〕

御園此日焙新芳，石乳何年已就荒？應是山靈知獻納，不將口體媚君王。

北苑御茶園詩　元　危徹孫〔四三〕

大德九年歲在乙巳，暮春之初，薄游建溪，陟鳳山，觀北苑，獲聞脩貢本末及茶品後先，與夫製造器法、名數，輒成古詩一章，敬紀其實。

建溪之東鳳之嶼，高軋羡山凌顧渚。春風瑞草茁靈根，數百年來修貢所。每歲豐隆啓蟄時，結蕾含珠綴芳糈。探擷先春白雪芽，雀舌輕纖相次吐。露華厭浥□□□，□□森森日蕃蕪。園夫采采及晨晞，薄暮持來溢筐筥。玉池藻井御泉甘，瀵淪芬馨浮釣釜。槽床壓溜焙銀籠，碧色金光照窗户。仍稽舊制巧爲團，錚錚月輾□□□。□□入臼偃槍旗，白茶出匣凝鍾乳。駢臻多品各珍奇，一一前陳粲旁午。雕鏤物象妙工倕，鉅細圓方應規矩。飛龍在版大小龍版。間珠窠，大龍彙。盤鳳栖䃂便玉杵。鳳砧。萬壽龍芽自奮張，萬壽龍芽。萬春鳳翼雙翔舞。宜年萬春。瑞雲宜兆見雩祥，瑞雲祥龍。密雲應釀西郊雨。密雲小龍。娟娟玉葉綴芳蕤，玉葉。粲粲金錢出圜府。金錢。玄霙作雪散瑶華，雪英。緑葉屯雲紛翠縷。雲葉。又看勝雪烱冰紈，龍團勝雪。更覿卿雲下琳宇。玉清慶雲。上苑報春梅破梢，上苑報春。南山應瑞芝生礎。南山應瑞。寸金爲玦稱鞶紳，寸金。楕玉成圭堪藉組。玉圭。葵心一點獨傾陽，蜀葵。花面齊開知向主。御苑。壽無可比比璇霄，無比壽芽。年孰爲宜宜寶聚。宜年寶玉。遡源何自肇嘉名，歸美祈年義多取。粤從禹貢著成書，堇茶僅賦周原膴。爾來傳記幾千年，未聞此貢繇南土。唐宮臘面初見嘗，汴都遣使遂作古。高公端直國藎臣，創述加詳刻詩譜。迄今□語世相傳，當日忠誠公自許。聖朝六合慶同寅，草木山川爭媚嫵。汝南元帥渤海公，搜討前模辟荒圃。象賢有子侍彤闈，擁旆南轅興百堵。丹楹黼座儼中居，廣厦穹堂廓閎廡。清瀣迎風洒御園，紅雲映日明花塢。和氣常從勝境遊，忱恂能格明□與。涵濡苞體倍芳鮮，修治□□□楚。穀羌躬率郡臣□，緘題拜稽充庭旅。驛騎高□六尺駒，□□遥通九關虎。懸知玉食燕閒餘，雪花浮盌天爲舉。臣子勤拳奉至尊，一節真純推萬緒。□□聖主愛黎元，常慮顛厓□□□。朱草抽莖醴出泉，□□□□報君父。欲將此意質端明，□□□□□□□。

索劉河泊貢餘茶　元　藍靜之〔四四〕

河官暫託貢茶臣，行李山中住數旬。萬指入雲頻采緑，千峰過雨自生春。封題上品（須）〔輸〕天府，收拾餘芳寄野人。老我空腸無一字，清風兩腋願輕身。

謝人惠白露茶〔四五〕

武夷山裏謫仙人，采得雲岩第一春。（竹）〔丹〕竈煙輕香不變，石泉火活味逾新。（東）〔春〕風樹老旗槍盡，白露芽生粟（栗）〔粒〕勻。欲寫微吟報嘉惠，枯腸搜盡興空頻。

索劉仲祥貢餘茶〔四六〕

春山一夜社前雷，萬樹旗鎗渺渺開。使者林中徵貢入，野人日暮採芳回。翠流石乳千山迥，香簇金芽五馬催。報道盧仝酣晝寢，扣門軍將幾時來？

武夷茶　元　林錫翁

百草逢春未敢花，御花（蓓）〔蓓〕蕾拾瓊芽。武夷直是神仙境，已產靈芝又產茶。

試武夷茶　元　杜本〔四七〕

春從天上來，噓拂通寰海。納納此中藏，萬斛珠（蓓）〔蓓〕蕾。

一徑入煙霞，青葱渺四涯。卧虹橋百尺，寧羨玉川家。

武夷先春　明　蘇伯厚〔四八〕

采采金芽常露新，焙芳封裹貢丹宸。山靈鳥語尊君意，土脉先回第一春。

謝宜興吳大本寄茶　明　文徵明

小印輕囊遠寄遺，故人珍重手親題。煖含煙雨開封潤，翠展旗鎗出焙齊。片月分明逢諫議，春風仿佛在荆溪。松根自汲山泉煮，一洗詩腸萬斛泥。

試吳大本所寄茶〔四九〕

醉思雪乳不能眠，活火砂瓶夜自煎。白絹旋開陽羨月，竹符新調惠山泉。地爐殘雪貧陶穀，破屋清風病玉川。莫道年來塵滿腹，小窗寒夢已醒然。

次夜會茶於家兄處

惠泉珍重著《茶經》，出品旗槍自義興。寒夜清談思雪乳，小爐活火煮溪冰。生涯且復同兄弟，口腹深慚累友朋。詩興攪人眠不得，更呼童子起燒燈。

茶雜詠 明 徐 𤐶[五〇]

採採新芽鬥細工，筐頭朝露尚蒙戎。問渠何處山泉活，花底殘枝日正中。

高枕殘書小石床，偶來新味競芬芳。盈盈七碗渾閒事，直入窮搜最苦腸。

梅花落盡野花攢，怪底春工儘放寬。嫩舌茸茸起香處，逼人風味又成團。

新爐活火謾烹煎，更是江心第一泉。鶴夢未醒香未燼，黄庭纔罷問先天。

望望村西憶晚晴，曉來應有日華清。新筐莫放連朝歇，怕有旗鎗弄化生。

春巖到處總含香，細採徐徐自滿筐。防御枝頭有新刺，莫教纖筍暗中傷。

歲歲春深穀雨忙，小姑今日試新粧。道來昨夜成佳夢，天子新嘗第一筐。

大姑回頭問小姑，郎歸夜夜讀書無？竹爐莫放灰教冷，聞説詩腸好潤枯。

聞寂空堂坐此身，山家初獻滿筐春。爐邊細細吹煙火，莫使翩蹮鶴避人。

竹爐蟹眼薦新嘗，愈苦從教愈有香。我亦有香還有苦，儘令湯火更何妨。

醉茶軒歌爲詹翰林〔東圖〕作

明 王世貞〔五一〕

糟丘欲頹酒池涸，嵇家小兒厭狂樂。自言欲絶歡伯交，亦不願受華胥樂。陸郎手著茶七經，卻薦此物甘沉冥。先焙顧渚之紫筍，次及揚子之中泠。徐聞蟹眼吐清響，陡覺雀舌流芳馨。定州紅甆玉堪妬，釀作蒙山頂頭露。已令學士誇党家，復遣嬌娃字紈素。一杯一杯殊未已，狂來忽鞭玄鶴起。七碗初移糟粕腸，五絃更淨琵琶耳。吾宗舊事君記無，此醉轉覺知音孤。朝賢處處罵水厄，傖父時時呼酪奴。酒邪茶邪俱我友，醉更名茶醒名酒。一身原是太和鄉，莫放真空落凡有。

茶洞

明 陳 省〔五二〕

寒岩摘耳石崚嶒，下有煙霞氣鬱蒸。聞道向來嘗送御，而今秖供五湖僧。

四山環繞似崇墉，煙霧絪緼鎮日濃。中産仙茶稱極品，天池那得比芳茸。

御茶園

閩南瑞草最稱茶，製自君謨味更佳。一寸野芹猶可獻，御園茶不入官家。

先代龍團貢帝都，甘泉仙茗苦相須。自從獻御移延水，任與人間作室廬。今改延平進貢。

茶歌

明 胡文焕〔五三〕

醉翁朝起不成立，東風無情吹鬢急。小舟撑向錫山來，野鷺閒鷗相對集。呼童旋把二泉汲，瓦瓶津津雲氣濕。自從分得虎丘芽，到此燃松自煎喫。莫言七碗喫不得，長鯨猶將百川吸。我今安知非盧仝，祇恐盧仝未相及。豈但自解宿酒酲，要使蒼生盡蘇息。君莫學，前丁後蔡相鬥貢，忘卻蒼生無米粒。

龍井茶歌　明　屠隆

山通海眼蟠龍脉，神物蜿蜒此真宅。飛流噴沫走白虹，萬古靈源長不息。琮琤時諧琴筑聲，澄泓冷浸玻璃色。令人對此清心魂，一啜如飲甘露液。吾聞龍女參靈山，豈是如來八功德。此山秀結復産茶，穀雨霡霂抽仙芽。香勝栴檀華藏界，味同沆瀣上清家。雀舌龍團亦浪説，顧渚陽羨競須誇。摘來片片通靈竅，啜處泠泠沁齒牙。玉川何妨盡七碗，趙州借此演三車。采取龍井茶，還烹龍井水。文武并將火候傳，調停暗取金丹理。《茶經》《水品》兩足佳，可惜陸羽未會此。山人酒後酣氍毹，陶然萬事歸虛空。一杯入口宿酲解，耳畔颯颯來松風。即此便是清涼國，誰同飲者隴西公。

試鼓山寺僧惠新茶　明　徐熥〔五四〕

偃卧山窗日正長，老僧分贈茗盈筐。燒殘竹火偏多味，沸出松濤更覺香。火候已周開鼎器，病魔初伏有旗槍。隔林况聽鶯聲好，移向荼蘼架下嘗。

鼓山茶　明　鄧原岳〔五五〕

雨后新茶及早收，山泉石鼎試磁甌。誰知屴崱峰頭産，勝卻天池與虎丘。

御茶園　明　徐𤊹

先代茶園有故基，喊山臺廢幾何時。東風處處旗槍緑，過客披蓁讀斷碑。

武夷采茶詞

結屋編茅數百家，各携妻子住煙霞。一年生計無他事，老稚相隨盡種茶。

荷鍤開山當力田，旗槍新長緑芊綿。總緣地屬仙人管，不向官家納稅錢。

萬壑輕雷乍發聲，山中風景近清明。筠籠竹筥相携去，亂採雲芽趁雨晴。

竹火風爐煮石鐺，瓦瓶礫碗注寒漿。啜來習習涼風起，不數松蘿顧渚香。

荒榛宿莽帶雲鋤，岩後岩前選奥區。無力種田來蒔茗，宦家何事亦徵租。

山勢高低地不齊，開園須擇帶沙泥。要知風味何方美，陷石堂前鼓子西。

丘文舉寄金井坑茶用蘇子由《煎茶》韻答謝

連旬梅雨苦不堪，酷思奇茗餐香甘。武夷地仙素習我，嗜茶有癖深能諳。建溪盈盈隔一水，蒻葉封緘得真味。三十六峰岩嶂高，身親採摘寧辭勞。上品旗槍誰復有，未及烹嘗香滿口。我生不識逃醉鄉，煮泉卻疾如神方。銅鐺響雪爐掣電，瓦甌浮出琉璃光。窗前檢點《清異録》，斟酌十六仙芽湯。

閔道人寄武夷茶與曹能始烹試有作

幔亭仙侶寄真茶，緘得先春粟粒芽。信手開封非白絹，籠頭煎喫是烏紗。秋風破屋盧仝宅，夜月寒泉陸羽家。野鶴避煙驚不定，滿庭飄落古松花。

試武夷新茶作建除體貽在杭

建溪粟粒芽，通靈且氛馥。除去竈上塵，活火烹苦竹。滿注清泠泉，旗槍鼎中熟。平生羡玉川，雅志慕王肅。定知茗飲易，更愛七碗速。執扇熾燃炭，童子供不足。破屋煙靄青，古鐺香色緑。危磴相對坐，共啜盈數斛。成筥酌未盡，蕭然豁心目。收拾盂盌具，送客下山麓。開襟納涼飔，林深失炎燠。閉門推枕眠，一夢到晴旭。

在杭喬卿諸君見過試武夷鼓山支提太姥清源諸茶分賦

北苑清源紫筍香，長溪岁崱盛旗槍。洞天道士分筠筥，福地名僧贈絹囊。蟹眼煮泉相續汲，龍團別品不停嘗。盡傾雲液清神骨，猶勝酕醄入醉鄉。

試武夷茶

明 佘渾然[五六]

百草未排動，靈芽先吐芬。旗槍衝雨出，嵓壑見春分。采處香連霧，烹時秀結雲。野臣雖不貢，一啜敢忘君。

試武夷茶

明 閔 齡[五七]

啜罷靈芽第一春，伐毛洗髓見元神。從今澆破人間夢，名列丹臺侍玉晨。

鼓山采茶曲

明 謝肇淛

半山別路出茶園，雞犬桑麻自一村。石屋竹樓三百口，行人錯認武陵源。

布穀春山處處聞，雷聲二月過春分。閩南氣候由來早，采盡靈源一片雲。

郎采新茶去未迴，妻兒相伴户長開。深林夜半無驚怕，曾請禪師伏虎來。

緊炒寬烘次第殊，葉粗如桂嫩如珠。癡兒不識人生事，環繞熏牀弄稚雛。

雨前初出半巖香，十萬人家未敢嘗。一自尚方停進貢，年年先納縣官堂。

兩角斜封翠欲浮，蘭風吹動緑雲鈎。乳泉未瀉香先到，不數松蘿與虎丘。

雨後集徐興公汗竹齋烹武夷太姥支提鼓山清源諸茗各賦

蹳篁過雨午陰濃，添得旗槍翠幾重。稚子分番誇茗戰，主人次第啓囊封。五峰雲向杯中瀉，百和香應舌上逢。畢竟品題誰第一，喊泉亭畔緑芙蓉。

候湯初沸瀉蘭芬，先試清源一片雲。石鼓水簾香不定，龍墩鶴嶺色難分。春雷聲動同時採，晴雪濤飛幾處聞。佳味閩南收拾盡，松蘿顧渚總輸君。

茶洞

折筍峰西接水鄉，平沙十里緑雲香。如今已屬平泉業，採得旗槍未敢嘗。

草屋編茅竹結亭，熏牀瓦鼎黑磁瓶。山中一夜清明雨，收卻先春一片青。

芝山日新上人自長溪歸惠太姥霍童二茗賦謝四首

三十二峰高插天，石壇丹竈霍林煙。春深夜半茗新發，僧在懸崖雷雨邊。

錫杖斜挑雲半肩，開籠五色起秋煙。芝山寺裏多塵土，須取龍腰第一泉。

白絹斜封各品題，嫩知太姥大支提。沙彌剥啄客驚起，兩陣香風撲馬蹄。

瓦鼎生濤火候諳，旗槍傾出緑仍甘。蒙山路斷松蘿遠，風味如今屬建南。

夏日過興公緑玉齋啜新茗同賦建除體

建州瓷甌浮新茗，除盡煩憂夢初醒。滿園枯竹根槎枒，平頭小奴支石鼎。定知此味勝河朔，執杯勸君須飽酌。破屋依山帶遠鐘，危峰吐雲來虛閣。成都不數緑昌明，收卻春雷第一聲。開口大笑各歸去，閉門卧聽松風生。

邢子願惠蜀茗至東郡賦謝

一角綠昌明，知君寄遠情。香分雪嶺秀，色奪錦江清。松火山僮搆，甆甌侍女擎。只愁風土惡，何處覓中泠。

武夷試茶 明 陳勳〔五八〕

歸客及春游，九溪泛靈槎。青峰度香靄，曲曲隨桃花。東風發仙莽，小雨滋初芽。采掇不盈襜，步屧窮幽遐。瀹之松澗水，泠然漱其華。坐超五濁界，飄舉凌雲霞。仙經閟大藥，洞壑迷丹砂。聊持此奇草，歸向幽人誇。

武夷試茶因懷在杭 明 江左玄

新采旗槍踏亂山，茶煙青繞萬松關。香浮雨後金坑品，色奪峰前玉女顏。仙露分來和月煮，塵愁消盡與雲閒。獨深天際真人想，不共啣杯大石間。

山中烹茶

東風昨夜放旗槍，帶露和雲摘滿筐。瓢汲石泉烹活水，鼎中晴沸雪濤香。

雨中集徐興公汗竹齋烹武夷太姥支提鼓山清源諸茗 明 周千秋

乍聽涼雨入疎櫺，亭畔簫簫萬竹青。掃葉呼童燃石鼎，開函隨地品《茶經》。靈芽次第浮雲液，玉乳更番注瓦瓶。笑殺盧仝徒七碗，風回几簟夢初醒。

江仲譽寄武夷茶 明 鄭邦霑

龍團九曲古來聞，瑶草臨波翠不分。一點寒煙松際出，卻疑三十六峰雲。

春來欲作獨醒人，自汲寒泉煮茗新。滿飲清風生兩腋，盧仝應笑是前身。

清明試茶 明 費元禄〔五九〕

空林柘火動新煙，試煮金沙石竇泉。瀹處風升蒙嶺外，戰來雲落幔亭巔。蒼頭詎可奄稱酪，博士何勞更給錢。春暮倍愁花鳥困，不妨頻傍瓦爐煎。

詞類

阮郎歸〔六〇〕 宋 黄庭堅

摘山初製小龍團，色和香味全。碾聲初斷夜將闌，烹時鶴避煙。消滯思，解塵煩，金甌雪浪翻。只愁啜罷水流天，餘清攪夜眠。

黔中桃李可尋芳。摘茶人自忙。月團犀銙鬥圓方。研膏入焙香。青箬裹，絳紗囊。品高聞外江。酒闌傳盌舞紅裳，都濡春味長。都濡，地名。

西江月

龍焙頭綱春早，谷簾第一泉香，已醺浮蟻嫩鵝黄，想見翻成雪浪。兔褐金絲寶盌，松風蟹眼新湯，無因更發次公狂，甘露來從仙掌。

品令〔六一〕

鳳舞團團餅。恨分破、教孤令。金渠體淨，隻輪慢碾，玉塵光瑩。湯響松風，早減了、三分酒病。　味濃香永。醉鄉路、成佳境。恰如燈下，故人萬里，歸來對影。口不能言，心下快活自省。

看花迴

夜永蘭堂，醺飲半倚頹玉，爛熳墜鈿墮履，是醉時風景。花暗燭殘，懽意未闌。舞燕歌珠成斷續，催茗飲，旋煮寒泉，露井瓶竇響飛瀑。　纖指緩，連環動觸。漸泛起，滿甌銀粟。香引春風在手，似粤嶺閩溪，初采盈掬。暗想當時，探春連雲尋篁竹。怎歸得，鬢將老，付與盃中緑。

浪淘沙二首　明　陳仲溱〔六二〕

絶壁翠苔封，岁崱危峰。半山雲氣織芙蓉，怪鳥啼春聲不斷，躑躅花紅。　茅屋掛龍蓯，十里青松。茶園深處柱孤筇。知得清明今欲到，茗緑東風。

鳥道界岧嶢，日煖煙消。鷓鴣啼過蹴鼇橋，望到海門山斷處，練束春潮。　收拾舊茶寮，筐筥輕挑。旗槍新采白雲苗。竹火焙來聊一歃，仙路非遥。

《茶集》詩文存目表

作者	篇名	原出資料
宋　蘇軾	葉嘉傳	《東坡全集》卷三九
元　楊維楨	清苦先生傳	又見《茶乘》卷六(未見《東維子集》)
宋　吴淑	茶賦	《事類賦注》卷一七
黄庭堅	煎茶賦	《山谷集》卷一
梅堯臣	南有嘉茗賦	《宛陵集》卷六〇
右卷一文賦類，凡五篇		
唐　陸羽	六羨歌	《因話録》卷三
盧仝	走筆謝孟諫議送新茶	《唐百家詩選》卷一五
劉禹錫	試茶歌	《劉賓客文集》卷二五
李白	答族侄僧中孚贈仙人掌茶	《李太白文集》卷一六
皇甫曾	送陸羽採茶	《二皇甫集》卷八
崔珏	美人嘗茶行	《文苑英華》卷三三七

續表

作者	篇名	原出資料
釋皎然	飲茶歌誚崔石使君	《杼山集》卷七
皎然	飲茶歌送鄭容	《杼山集》卷七
秦韜玉	採茶歌	《文苑英華》卷三三七
皮日休　陸龜蒙	茶中雜詠（唱酬各十首）	《松陵集》卷四
宋　張耒	乞錢穆父新賜龍團	《柯山集》卷一一
范仲淹	和章岷從事鬥茶歌	《范文正集》卷二
蔡襄	北苑十詠（《茶壟》等四首）	《端明集》卷二
司馬光	雙井茶寄景仁	《傳家集》卷八
王禹偁	觀陸羽茶井	《小畜集》卷七
歐陽修	嘗新茶呈聖俞	《文忠集》卷七
歐陽修	送龍茶與許道人	《文忠集》卷九
梅堯臣	答建州沈屯田寄新茶	《宛陵集》卷二三
梅堯臣	嘗茶	《宛陵集》卷五一

續表

作者	篇名	原出資料
王安石	寄茶與平甫	《臨川集》卷三二
王禹偁	茶園十二韻	《小畜集》卷一一
文同	謝人寄蒙頂新茶	《丹淵集》卷八
陳襄	古靈山試茶歌	《古靈集》卷二二
羅願	茶巖	《羅鄂州小集》卷一
蘇軾	煎茶歌(原作《試院煎茶》)	《東坡全集》卷三
蘇軾	和錢安道寄惠建茶	《東坡全集》卷五
蘇轍	和子瞻煎茶	《欒城集》卷四
黄庭堅	雙井茶送子瞻	《山谷集》卷三
趙抃	許少卿寄卧龍山茶	《清獻集》卷四
李南星	茶瓶湯候	《鶴林玉露》卷三
林希逸	謝吴帥分惠及弟所寄廬山新茗	《竹溪鬳齋十一稿·續集》卷一
陳淵	和向和卿嘗茶	《默堂集》卷三

續表

作者	篇名	原出資料
黃裳	龍鳳茶寄照覺禪師	《演山集》卷一
羅大經	煎茶（二首之一）	《鶴林玉露》卷三
趙若槸	武夷茶（二首之二）	《茶乘》卷五
白玉蟾	武夷茶	《石倉歷代詩選》卷二二四
朱熹	武夷茶竈（原題《茶灶》）	《晦庵集》卷九《武夷精舍雜詠》
王十朋	建守送小春茶	《梅溪集·後集》卷一九
袁樞	武夷茶	

右卷二詩類，凡六十一首。方案：詩文凡删六十六首，今存一百三十三首。

〔校證〕

〔一〕明徐爌　徐爌，字明宇，號巖泉。太倉人。嘉靖三十二年（一五五三）進士。嘉靖中，嘗以使事至六安。撰有《定性書釋》二卷，宦歷不詳。萬曆四十年（一六一二），任巡鹽御史及四十三年擢左僉都御史任的徐爌，當爲另一同名之人。《茶居士傳》全文僅見於此，《續茶經》卷上之一摘引此傳篇名作《六安州茶居士傳》，此或用其簡稱。

〔二〕明支中夫　支中夫，名支立初（一四一八—一四八九），字可與，後更字中夫，號蘧菴。嘉興人。十歲喪父。正統九年（一四四四）舉人，預景泰二年（一四五一）會試，授池州府學訓導。丁母憂，改常州府學。官至翰林院孔目官。擅詩文，有《廣志稿》、《文瀛軒集》等，刊有方牀、酒壺、茶甌等十處士傳，文頗具一格。此當爲《十處士傳》中之一篇。事見張寧《方洲集》卷二五《翰林院孔目支中夫墓誌銘》。

〔三〕論建茶　文見《鶴林玉露》卷一三，據改三字。

〔四〕論茶　文見《侯鯖録》卷四，《類説》卷九引《仇池筆記》文殊不同。據以改、補各二字。

〔五〕宋丘荷　丘荷，建安人。天聖八年（一〇三〇）進士，曾知富陽縣，官至侍郎。景祐三年（一〇三六），建安北苑重修御茶亭，時以監察御史權南劍州判官、監造買納建州茶務的丘荷爲之記。事見熊蕃《宣和北苑貢茶録》，《咸淳臨安志》卷五一，《福建通志》卷三三、卷六三等。其記文稱「蠟面産於建安明矣」，實非是。熊蕃《貢茶録》注引其説後，駁之云：「蠟面茶産於福州，熊説是。是記始刊於宋修《建安縣志》。

〔六〕元趙孟僕　趙孟僕，宋宗室，宋元之際人。生平不詳，待考。據《續茶經》卷下之五載，其還撰有《武夷山茶場記》。《御茶園記》，當刊於明衷仲孺《武夷山志》或徐表然《武夷志略》。董天工乾隆《武夷山志》已失載。

〔七〕元暗都剌　暗都剌，至順三年（一三三二）時官建寧總管，於崇安武夷山通仙井畔築臺高五尺，方一丈六尺，名之曰『喊山臺』。其上爲『喊泉亭』，因稱井爲『呼來泉』。事見《續茶經》附録。此記正築臺時所撰。又，喊山習俗乃始於五代建茶聲名鵲起之際，歷代相沿成俗。

〔八〕武夷茶考　本文又見董天工乾隆《武夷山志》卷二一。蘇軾詩句中『籠』原譌作『寵』，『粒』原誤作『栗』，據《東坡全集》卷二三《荔支嘆》及右引董志改。末句『生植』，董志作『生殖』，是，亦據改。徐𤊹，詳見《茗譚》提要。

〔九〕葉紓覝建茶　本詩見司馬光《傳家集》卷八。

〔一〇〕次韻再作　本詩次上題，原題作《嘗新茶呈聖俞》，詩見《文忠集》卷七。

〔一一〕雙井茶　見歐陽修《文忠集》卷九。據改末句一字。

〔一二〕宋著作寄鳳茶　詩見梅堯臣《宛陵集》卷七。

〔一三〕建溪新茗　詩見《宛陵集》卷一二。

〔一四〕謝人惠茶　詩見《宛陵集》卷一二。

〔一五〕王仲儀寄鬥茶　詩見《宛陵集》卷二九。

〔一六〕李仲求寄建溪洪井茶七品　詩見《宛陵集》卷三七。原題『七品』下有『云愈少愈佳未知嘗何如耳因條而答之』十六字，已省略。又，『枕』譌作『沈』，據改。

〔一七〕吴正仲遺新茶　詩見《宛陵集》卷四一。

〔一八〕吕縉叔著作遺新茶　詩見《宛陵集》卷五二。方案：『縉叔』，原集詩題已譌作『晉叔』。今考吕夏卿，字縉叔，泉州晉江人。慶曆二年（一〇四二）進士，釋褐除高要尉，又調江寧尉。皇祐元年（一〇四九），預修《新唐書》，書成，擢直秘閣、祠部員外郎、同知禮院。英宗朝，歷官史館檢討、同修起居注，遷知制誥。嘉祐八年（一〇六三），預修《仁宗實録》，兼充檢討官。熙寧間，知潁州。卒年五十五（一作五十三）。夏卿博學强記，尤長於史。撰有《唐兵志》三卷、《唐書直筆新例》四卷。事見《長編》卷一九八、一九九，《文恭集》卷一八《制詞》，《文忠集》卷一《送吕夏卿》，《遂初堂書目》，《通考》卷九六、二〇〇，《玉海》卷四八，《東都事略》卷六五，《宋史》卷三三一本傳等。又，詩中『紅纖』，原作『紅籤』；『醒』，原作『惺』。又據改一字。

〔一九〕寄茶與和甫　《茶集》原題作《寄茶與王和甫平甫》，乃誤合原題兩首之詩題爲一。其一即本篇，其二爲《寄茶與平甫》，均見《臨川文集》卷三二。第二首已見《茶乘》，故删歸存目。第一首詩題據王安石原集正之。

〔二〇〕謝許判官惠茶圖茶詩　詩見文同《丹淵集》卷八。

〔二一〕和東玉少卿謝春卿防禦新茗　詩見陳襄《古靈集》卷二四。陳襄，（一〇一七—一〇八〇），字述古，號古靈。福州侯官人。慶曆二年（一〇四二）進士。初宦建州浦城簿，擢台州仙居縣令。皇祐三年（一〇五一）知孟州河陽縣，徙知彭州濛陽。嘉祐二年（一〇五七），召試學士院，除秘閣校理。六年出知常州。治平元年（一〇六四）爲開封府推官；三年，除三司鹽鐵判官。神宗即位，奉使契丹。使還，知明州。元豐二年，官至判尚書省。撰有《古靈集》二十五卷，今有宋本等行世。事見葉祖洽撰《陳先生行狀》、孫覺《陳先生墓誌銘》（均刊《古靈集附録》），南宋陳曄編有《古靈先生年譜》。

〔二二〕寄獻新茶　詩見曾鞏《元豐類稿》卷八。下首亦見同書同卷。

〔二三〕嘗新茶　詩見同右引書卷八。詩題下原有注曰：『丁晉公《北苑新茶詩·序》云：「茶芽採時，如麰麥之大者。」』凡二十字，已删。

〔二四〕蹇皤翁寄新茶二首　詩見同右引書卷八。詩題中『皤』原作『蟠』，『二首』原無，據《類稿》原集改、補。

〔二五〕吕殿丞寄新茶　詩亦見《元豐類稿》卷八。詩題其上原有『閏正月十一日』六字，題下原有雙行小注：『新〔茶〕最早者生處地向陽也。』凡十一字。又，首句中『偏』原譌作『徧』。

〔二六〕曹輔寄壑源試焙新茶　詩見《東坡全集》卷一八，詩題上原有『次韻』二字，似已删。『冰雪』，集原作『玉雪』。

〔二七〕謝王煙之惠茶　詩見《山谷集》別集卷一。

〔二八〕省中烹茶懷子瞻　詩見《山谷集》卷三，詩題中『省中』二字原無，據黄集原詩補。

〔二九〕謝公擇舅分賜茶　詩見《山谷集》卷九，所録爲原題三首之一。

〔三〇〕謝人惠茶　詩見《山谷集·外集》卷六。

〔三一〕以潞公所惠揀芽送公擇舅次舊韻　詩見《山谷集·外集》卷七。三首分屬三題，第一首，題中末四字據原詩補。第二首原題作《奉同公擇〔舅〕作揀芽詠》；第三首原題作《奉同六舅尚書詠茶碾煎烹》（三首之二）。又，第一首首句中『龍樣』，原譌作『龍餅』；第三首中末句『爆』，又譌作『瀑』，並據四庫本《山谷集》改、補。

〔三二〕朔齋惠龍焙新茗用鐵壁堂韻賦謝一首　詩見《竹溪鬳齋十一稿·續集》卷二，詩題原删四字，據補。

否則，文意不完。

〔三三〕留龍居士試建茶既去輒分送並頌寄之　詩見《默堂集》卷二〇。詩題中『輒』，原譌作『轍』，據改。

〔三四〕次魯直烹密雲龍之韻　詩見黄裳《演山集》卷一，乃同題四首之一。又，詩題中『之』字原無，據補。

〔三五〕謝人惠茶器並茶　詩見《演山集》卷二。『雲裏』，黄集原作『傍雲』。

〔三六〕茶苑二首　詩見《演山集》卷一一。詩題『二首』，原無，據補。又，『吟嘯』，集作『吟笑』；『喊』，原作『噉』。下首《乞茶》，亦見同書同卷。

〔三七〕煎茶　方案：此録二首詩，其第一首見羅大經《鶴林玉露》卷一三，確爲羅作。因《茶乘》已收，此删作存目。其第二首後二句見《廣羣芳譜》卷二一，稱乃明文徵明（一四七〇—一五五九）詩，『山泉』，原譌作『三泉』，據《羣芳譜》改。又，此詩似非羅大經撰。

〔三八〕宋劉説道　劉説道，兩宋之際或南宋初人。董天工《武夷山志》存其詩數十首之多，《全宋詩》失收其人其詩。自此下之《武夷茶》詩，當輯自《武夷詩集》。

〔三九〕寄茶與曾吉甫　詩見《屏山集》卷一三，『西』，引作『兩』，據劉集改。

〔四〇〕宋丘宻　『丘宻』及其下袁樞均宋人，喻政皆誤作元人。據下釋改。丘宻（一一三五—一二〇八），字宗卿，江陰人。隆興元年（一一六三）進士。除建康府推官，擢太常博士，知秀州華亭縣（治今上海華亭）。歷知平江府、吉州等，召爲户部郎中，遷樞密院檢詳文字。以被命接伴金使失宜而予官祠。起知鄂州，移江西運判，改浙東提刑，再知平江府。淳熙十三年（一一八六），知紹興府。次年，官兩浙運副，丁憂去官。光宗即位，除太常少卿，兼權工部侍郎，進户部侍郎。擢知成都府兼四川帥。嘉泰三年（一二〇三），起知慶元府；四年，改建康府。擢刑部尚書、江淮宣撫使。旋拜簽書樞密院事兼督視江淮軍馬。嘉定元年（一二〇八），同知樞密院事。卒謚文定。撰有《丘文定集》十一卷（含《補遺》一卷），又有《文定公詞》一卷。事見《宋史》卷三九八本傳等。

〔四一〕宋陳夢庚　陳夢庚，宋人，原署作元人，誤，據下考改。陳夢庚，字景長，號竹溪。福州侯官人。嘉定十六年（一二二三）進士。紹定四年（一二三一），在廣西轉運使司幕僚任。端平間，通判泉州。寶祐年間，知廣東惠州。事見《淳熙三山志》卷三二、《粵西叢載》卷二卓樗《灘山題名》、《福建通志》卷二三、《廣東通志》卷二六、董天工乾隆《武夷山志》卷一六等。以上諸題《武夷茶》均出《武夷詩集》，已佚，僅見明《文淵閣書目》卷二著録。

〔四二〕明鄭主忠　鄭主忠，明人，原誤署作元人，據下考改。鄭主忠，莆田人。父紀，以父蔭而授州同知。事見乾隆《福建通志》卷四〇。董天工《武夷山志》卷七、十四録其詩三首，署作明人，是。

〔四三〕元危徹孫　危徹孫，邵武人。昭德子。咸淳七年（一二七一），特奏名進士。事見《福建通志》卷三五，《壽親養老新書》危序等。其詩僅見於此，原缺字無别本可補，今仍作方圍。

〔四四〕元藍靜之　方案：此應改作明藍仁。今考藍仁，字靜之。崇安人，弟智，字性之（一作明之）。藍仁兄弟嘗師從清江杜本，其時杜本隱居武夷山，崇古學。藍仁兄弟從其學文，杜又授以四明奉化任士林（字叔寶，號松鄉）詩法。藍仁專心究學，絶意科舉。後受聘爲武夷書院山長，遷邵武尉，不赴。明初内附，徙臨濠，仕張士誠。放歸後又曾出仕，洪武七年（一三七四），嘗攝官某地，宦歷不可考。有《藍山集》六卷，今傳本有明正統本，通行者乃四庫館臣輯自《永樂大典》本，收詩五百餘首，已少正統本三分之一。其弟則有《藍澗集》，亦正統本，輯自《大典》的四庫本各六卷。兄弟之詩在二集中已有淆雜。藍智官至廣西按察司僉事。藍氏兄弟實乃明代閩中詩派開山。事見《明史》卷二八五《文苑傳·陶宗儀傳附傳》，《明詩綜》卷一二、《列朝詩集小傳》甲集、《明詩紀事》甲籤卷一六小傳，又見陸心源《儀顧堂題跋》、《四庫總目》卷一六九、《千頃目》卷一七、《明史》卷九九等。據上考，藍仁雖爲元明之際人，但已見多種明人資料收録，故通常作明人，《茶集》更不應稱字不署名，故亟應改爲『明藍仁』。詩見《藍山集》卷三，原題作《求河泊劉昌期貢餘茶》，此爲二首之二。據改一字。

〔四五〕謝人惠白露茶　本詩亦見《藍山集》卷三，詩題中『人』原作『盧石堂』，應據改，又據改詩中三字。

〔四六〕索劉仲祥貢餘茶　詩見《藍山集》卷三，原題作《寄劉仲祥索貢餘茶》。

〔四七〕元杜本　杜本（一二七六—一三五〇），字伯原，號清碧。清江人。父在文天祥幕中，嘗毁家佐軍。杜本手不釋卷，博學善屬文。曾與吴澄、范德機等相遊講學。撰有《救荒策》，江浙行省丞相薦於朝，召赴京師。未幾，歸隱武夷山中。文宗徵召，不赴。至正三年（一三四三），右丞相脱脱以隱士薦，順帝召爲翰林待制、奉議大夫兼國史院編修官，行致杭州，稱疾固辭。工篆隸。撰有《四經表義》、《六書通編》十卷、《清江碧嶂集》一卷，編有宋末遺民詩《谷音》二卷。事見《元史》卷一九九《隱逸傳》本傳，《千頃目》卷三、一一、二九、三二，《四庫總目》卷一七四、一八八等。此所録詩第一首，又見《續茶經》

卷下之五，據以改一字。

〔四八〕明蘇伯厚　蘇伯厚，明人，原誤作元人。據下考改。伯厚，名垾，以字行，號履素。建安人。洪武十八年（一三八五），以薦授建寧府學訓導，遷晉府伴讀。永樂初擢翰林侍書，擢編修，預修《永樂大典》，爲副總裁之一。遷檢討，預修《太祖實録》，嘗兩典春闈文衡。伯厚博學工書，有《履素集》十卷。以子鎰仕，贈事部員郎。事見《翰林記》卷三、五、一二、一七，《明詩綜》卷一九、《明詩紀事》乙籤卷五小傳，《千頃目》卷一八、《明史》卷九九、《四庫總目》卷一三七，《閩中理學淵源考》卷八五引《閩書》等。

〔四九〕試吴大本所寄茶　詩見《文氏五家集》卷六，原題作《鄭太吉送慧泉試吴大本寄茶》。又見《佩文齋詠物詩選》卷二四四，題作《是夜酌泉試宜興吴大本所寄茶》。詩中末句「寒夢」，原作「寒色」，據上引兩書改。

〔五〇〕茶雜詠明徐爌　徐爌，見本書拙釋〔一一〕所考。《茶雜詠》十首未詳所自出，亦未見他書稱引。

〔五一〕醉茶歌爲詹翰林東圖作　詩見《弇州四部稿》續稿卷一一，「東圖」二字原無，據補。又詩中「糟粕腸」，《續稿》四庫本「腸」作「觴」。

〔五二〕明陳省　陳省，字孔震，號幼溪，又號約齋，得閑子。長樂人。嘉靖三十八年（一五五九）進士，初宦金華司理。隆慶元年（一五六七），已在湖廣巡按監察御史任。萬曆初，累擢右副都御史，巡撫陝西，丁艱歸。再起撫楚，被劾受知張居正而罷歸，家居三十年卒。有《幼溪集》、《武夷集》各四卷。事見王世貞《弇山堂別集》卷一〇〇《中官考十一》、《弇州四部稿》卷一〇八《奏疏九道·議處有司官員疏》，

《福建通志》卷三六、卷四三，《千頃目》卷二四，《明史》卷二一五、三〇三等。《茶集》所引二題四首詩當出其《武夷集》。

〔五三〕明胡文焕　胡文焕，見本《全集》附録一《存目茶書提要·新刻茶集》條。

〔五四〕明徐𤊹　徐𤊹，字惟和。閩縣人。棉子，𤊹兄。萬曆十六年（一五八八）舉人，十餘年不第。以詩名世，有唐人之風，體必兼擅，尤長於五言、七絶。有《幔亭集》二十卷（四庫本十五卷），編成福州一郡明人詩選《晉安風雅》十二卷，收二六四人，附作主小傳，頗爲得體。其自題小像詩云：『五字吟成心獨苦，不知身後得傳無！』堪稱甘苦之言。惜享年不永，年三十九而卒。事見《列朝詩集小傳》丁集下、《明詩綜》卷六〇、《明詩紀事》庚籤卷三小傳及引杭世駿《榕城詩話》，《福建通志》卷五一、六八，《千頃目》卷二五、三一、《明史》卷九九、《四庫總目》卷一七二、一九三等。詩見《幔亭集》卷九，題作《病中試鼓山寺僧所惠新茶》。又，詩中『竹火』，原作『榾柮』，是，當據改。

〔五五〕明鄧原岳　鄧原岳，原名岳，字汝高，一字子高，號西樓，别署翠屏，齋名竹林草堂。閩縣人。萬曆二十年（一五九二）進士。授户部主事，歷員外、郎中，出爲雲南提學僉事，遷湖廣按察司參議，進副使。原岳工詩，尤長七律，與謝肇淛、徐𤊹等結社，又以文采著。撰有《禮記參衡》十卷、《碧鷄集》一卷、《西樓存稿》十八卷（今有《西樓全集》十八卷、明末閩中鄧爾纘重刊本存世）等，編有《閩詩正聲》七卷。卒年五十。其事略見《蒼霞續草》卷一〇《翠屏鄧公墓誌銘》，《大泌山房集》卷一九《鄧使君詩序》，《滇略》卷八、《福建通志》卷四三、六八、《雲南通志》卷一八上，《明詩綜》卷六二、《列朝詩集小傳》丁集下、《明詩紀事》庚籤卷一七等。其詩又見《全閩詩話》卷七引《小草齋詩話》。

〔五六〕明佘渾然　佘渾然，未詳，待考。和刻本《茶集》作『余渾然』，似手民誤刊。

〔五七〕明閔齡　閔齡，明中後期人。生平事歷不詳。與徐𤊹交遊。《幔亭集》卷一三有《金山别閔齡》詩一首，當即其人。《廣羣芳譜》卷六二又録閔氏《啖荔支》詩一首。

〔五八〕明陳勳　陳勳，字元凱，號景雲。閩縣（治今福建閩侯）人。萬曆二十九年（一六〇一）進士，除南京武學教授，歷户部主事，榷廣陵關，累官户部郎中。托疾歸，以文翰書畫自娱。起知紹興府，未赴卒。有《元凱集》五卷，《堅卧齋雜著》二十卷。事見《福州通志》卷四三、六八，《千頃目》卷二六，《四庫總目》卷一七九等。約同時有另一晉江人陳勳，説詳本《全集》中編《烹茶圖集》拙釋〔一四〕所考。此詩，二陳勳皆有可能爲作主，筆者以爲似爲閩縣元凱作品。

〔五九〕明費元禄　費元禄，字無學，一字學卿，别署九石山房等。南太僕卿堯年子。折節讀書，與陳繼儒、屠隆等名士遊。撰有《費氏家訓》十卷，《晁采館清課》、《轉情集》各二卷，《甲秀園集》四十七卷等。事見《列朝詩集小傳》丁集中，《明詩紀事》庚籤卷二六，《四庫總目》一三〇，《千頃目》卷一一、二六，《江西通志》卷八六等。

〔六〇〕阮郎歸　詞二闋見《山谷集·山谷詞》。第一闋上片『香味全』之『香』，原作『春』；第二闋上片『犀銙』，原作『兩銙』，並據改。

〔六一〕品令　詞亦見《山谷詞》。上片『三分』，《山谷詞》作『二分』。

〔六二〕明陳仲溱　陳仲溱，字惟秦。侯官人。布衣，性拙直。詩苦求工。有《陳惟秦詩集》二卷。事見《列朝詩集小傳》丁集卷上，《明詩紀事》庚籤卷三〇上，《全閩詩話》卷八，《千頃目》卷二六等。

茶事詠

〔明〕蔡復一

〔提要〕

《茶事詠》，明代茶書。一卷。蔡復一撰。原附喻政編《茶集》而被其收入《茶書》。是編收蔡復一詠茶詩五言三十六首，卷首有相當於自序的詩引。《茶事詠》作爲組詩，又被收入其《遯庵詩集》卷九，但只有二十四首，與詩集文字亦略有異同。似收入文集時已有删改。作爲一種獨立的茶書，未見前人著録，布目潮渢教授在《中國茶書全集》（見其卷首《解説》頁五四）始爲著録，但其既誤書作者名爲『蔡福一』，又不明『温陵』之含義，所述蔡復一生平也略嫌簡略。今先爲之補證如下：

蔡復一（一五七六—一六二五），字敬夫，號元履、遯庵。泉州同安人。萬曆二十三年（一五九五）進士。歷官刑部主事，擢兵部郎中，居署十七年，始遷湖廣參政，分守湖北，進按察使、右布政使。以疾告歸。光宗泰昌元年（一六二〇），起故官，遷山西左布政使。天啓二年（一六二二），以右副都御史治鄖陽。累擢兵部右侍郎，巡撫貴州，進總督雲貴川廣軍務，統一指揮剿討安邦彦軍務，頗有建樹。後因指揮事權不統一而兵敗，解任俟代之際，卒於軍中。詔贈兵部尚書，謚清憲。蔡復一好古博學，才兼文武，清介自守，卒無餘貲。善詩文，撰有《遯庵全集》、《爨餘駢語》六卷等。

其生平事蹟見《羣玉樓集》卷五三《蔡公行狀》、卷五六《祭蔡敬夫文》，《啓禎野乘》卷七，《别號録》卷八，《千頃目》卷二五及《明史》卷二四九本傳等。

其書附於《茶集》卷二刊行，喻政《茶書》甲乙本目録俱未載其書，甲本亦失收，僅見於乙本信部。今海内外藏家甲、乙本《茶書》均有庋藏者，據筆者所知，似僅日本内閣文庫獨家而已。布目潮渢教授合兩本去其重複編爲《中國茶書全書》影印本（汲古書院一九八八年版），收茶書二十八種，始將是編表而出之。《中國古籍善本書目·子部》（上海古籍出版社一九九四年）著録《茶書》二本，均稱收書二十七種、三十三卷，乃皆據分藏湖南省圖書館、南京圖書館所藏之喻政乙本《茶書》著録，極是。是本原稱收二十八種、三十四卷，實乃誤計《茗笈》及《茗笈品藻》爲兩種二卷而然（説詳下《茶書》提要拙考）。既然《茶集》附録的《烹茶圖集》一卷，已被作爲一種茶書著録，就没有理由將同爲《茶集》附録的另一種獨立成編的蔡復一《茶事詠》隱而不拈出。此書實因未題書名而僅卷末署『温陵蔡復一』五字而被歷來的茶書、茶史研究者所忽視。從某種意義上而言，此乃歷經四百年後湮而復出的一種茶書。

布目教授疑『温陵』乃同安之别稱，實未允。今考『温陵』，乃泉州的别稱或雅稱。同安，明屬泉州，古人自署地望，常以郡名，又愛用古稱，以示其高雅。宋·祝穆《方輿勝覽》卷一二《泉州》引舊圖經稱：『其地少寒，故曰温陵。』劉克莊《後村集》則云：『温陵爲閩巨屏。』而明·丁自申又稱金陵（治今江蘇南京）、嘉陵（治今重慶市）、温陵（治今福建泉州）爲『三陵』，因宦歷此三地而名集《三陵集》。均可足證温陵即爲泉州之古稱無疑。今據喻乙本點校，以饗讀者。

茶事詠

引

古今澆壏塊者，圖書外惟茶酒二客。酒養浩然之氣，而茶使人之意也消，功正未分勝劣。天津造樓，顧渚置園，玄領所寄，各有孤詣。酒和中取勁，勁氣類俠；茶香中取淡，淡心類隱。酒如春雲籠日，草木宿悴，都化愷容；茶如晴雲飲月，山水新光，頓失塵貌。醉鄉道廣，人得狎遊；而茗格高寒，頗以風裁。禦物譬則夷惠清和，山嵇通簡，雖隔代而興絶交，有激繼踵，均足摽聖，把臂何妨入林矣。莊生有云：時爲帝者也，西方以醍醐代麯蘖，避酒如仇，獨於茶無迕，豈非御時輪抽教籥？塵夢方酣，則飲醇難救；熱中欲解，則濯冷倍宜。所以革彼爛腸，薦兹苦口乎！僕，野人也。雅沐温風，終存介性，病眼數月，山居泬寥，不能効蘇子美讀《漢書》以斗酒爲率，惟一與茶客周旋〔一〕。既專且久，振爽滌煩，間有會心，便覺陸季疵輩去人不遠。銜口而發，隨命筆吏，得小詩若干首〔二〕，前人所述其品、其法、其事，今俱略焉。至神情離合之際，蓋有味乎！言之裁編次於短韻，括揚搉於微吟，雖核恧董狐而契追鮑子矣。必曰：樹茗幟以囚酒星，焚醉日則不平，謂何？夫阮步兵之達也，陶徵士之高也，皆前與麯生莫逆。僕素交亦復不淺，豈可判疎親於鴻濛，立輸墨於淨土，使仙醽讖其隙末，靈草畏其易涼哉！曠睽者思，習晤者篤，感獨醒之悠邈，嘉靜對之綢繆，賞歎兼深，物候偏合，故籟亦專鳴焉。酒德之頌，以俟他日。

春林過雨淨，春鳥帶雲來。夢餘茶火熟，一酌山花開。
雨前搶穎抽，石罅星珠寫〔三〕。何處試芽泉，露井桃花下。
病去醉鄉隔，閒來茶苑行。持杯猶未飲，黃鳥一聲鳴。
滌器傍松林，風鐺作人語。微飔相獻酬，聞聲已無暑。
山月正依人，罏聲初戰茗。幽谷淡微雲，謖謖松風冷。
霜瓶餉雷莢，露盌潑雲腴。人愛蒼苔上，吾憐碧蘚敷。
照面素濤起，真風入肺清。世間何物擬，秋色動金莖。
露下水雲清，疎林如墮髮。試茗石泉邊，一甌蘸秋月。
泉鳴細雨來，風靜孤煙直。遥看林氣青，知有卧雲客。
雪是穀之精，卻與茶同調。洗缾花片來，茶色欣然笑。
泉山憶雪遥，得雪茶神足。無雪使茶孤，不孤賴有竹。
漸冷香消篆，無絃月照琴。聲希味亦淡，此客是知音。
寒巖隱奇品，何必遠山英。耳食千金子，噉茶唯□名。
沆瀣滴生根，月神與雲魄。是故日山巔，往往得佳客。
收芽必初火，非爲鬥奇新。藴藉一年力，神全在蚤春。
海印湧珠泉，左山已蠏眼。依然雲石風，頓使茶鄉遠。余鄉浯鎮嶼海印巖頂有蠏眼泉，風味在慧山以上。

泉品競毫釐，戰茶堪次第。慙愧山中人，調符供水遞。隔海每月致蝌眼泉數瓿。
煎水不煎茶，水高發茶味。大都餅杓間，要有山林氣。
茶雖水策勳，火候貴精討。焙取熟中生，烹嫌稺與老。
白石含雲潤，丹砂出火凝。今時無石鼎，托客覓宜興。
柴桑托於酒，臨酌忽忘天。而我亦如是，玄心照茗泉。
酒德泛然親，茶風必擇友。所以湯社事，須經我輩手。
酒韻美如蘭，茶神清如竹。花外有真香，終推此君獨。
焦革何人者，範金配杜康。茶鄉有湯沐，桑苧自蒸嘗。
營糟築樂邦，轉與睡鄉際。忽到茗甌中，別開一天地。
茶品在塵外，何須人出塵。茫茫塵眼醉，誰是啜茶人。
宋法盛龍團，探春歸聖主。清風灑九州，天韻高千古。
團餅乳花巧，卷芽雲氣深。將芽來作餅，隱士耀朝簪。
馬國厭腥羶，酪奴空見辱。將茶作主人，呼奴不到酪。
仙掌露乾後，文園賦渴餘。當時無一盞，乞與病相如。
湯沸寫甌香，褭花兼飣果。肉涴虎跑泉，此事君豈可？
世氛損靈骨，何物仗延年。吾是煙霞癖，君稱草木僊。

賓來手自潑，入口羨孤絶。自是韻相同，非關精水法。
好友蘭言密，奇音玄義析。此意不能傳，茶甌荅以默。
漱酣驅睡魔，衆好非真賞。微啜御風行，泠泠天際想。
據梧微詠際，隱幾坐忘時。直味超甘苦，陶王韋孟詩。温陵蔡復一

〔校證〕

〔一〕惟一與茶客周旋　『周旋』，原作『酒旋』，疑涉上而譌，據上下文義改。

〔二〕得小詩若干首　『若干』，原作『若而』，似誤，據上下文意改。

〔三〕石罇星珠寫　『寫』，通『瀉』，乃通假字。

茶箋

〔明〕聞龍

〔提要〕

《茶箋》，明代茶書。一卷。聞龍撰。聞龍，字隱鱗，一字仲連（少慕魯仲連之爲人而字之），晚年自號飛遁翁。四明鄞縣人。工詩博學，隱而未仕。年八十一卒。以至孝聞於鄉。撰有《幽貞廬遺草》、《聞隱鱗詩》、《行藥吟》各一卷。事見《明詩綜》卷六八、《甬上耆舊詩》卷二三小傳、《千頃堂書目》卷二六等。

《茶箋》凡一千餘字，分十則。從《本草乘雅半偈》等書引是書有溢出今存之本内容看，似爲未完節録之本。無序跋，故其流傳經過不詳，今存者，唯見國圖藏『茶道本』、《説郛續》本（卷三七）、《古今圖書集成》本，文字略同。今以『茶道本』爲底本校以他書所引之文，酌出校記。屠本畯《茗笈》幾全録本書各條，無意中提供了一個最接近原本的校本。《續茶經》亦引本書多條。

本書大致論茶的採製、茶具及寧波與鄞縣之泉品，當時流行的烹茶、藏茶之法，頗有自己的經驗之談，非抄輯他書成編者可比。萬國鼎《茶書總目提要》及陳椽《茶業通史》（頁一五〇）皆稱是書編成於崇禎三年（一六三〇），未審何據。據徐𤊹《茗譚》（《茶書全集》乙集）第十一條云：『錢唐許然明著《茶疏》、四明屠豳叟著《茗笈》、聞隱鱗著《茶箋》、羅高君著《茶解》、南昌喻正之著《茶書》，數君子皆與余善，真臭味也。』可確證聞龍之書成於萬曆四十一年（一六一三）前無疑。因爲《茗譚》末附徐氏萬曆癸丑（四十一年）暮春自序，喻政《茶書全集》乙集亦刊行於是年。

茶箋

茶初摘時，須揀去枝梗老葉，惟取嫩葉。又須去尖與柄〔一〕，恐其易焦，此松蘿法也。炒時，須一人從旁扇之，以袪熱氣。否則茶黃，色香味俱減，予所親試。扇者，色翠；不扇，色黃。炒起出鐺時，置大瓷盤中，仍須急扇，令熱氣稍退，以手重揉之，再散入鐺，文火炒乾。入焙蓋揉，則其津上浮，點時香味易出。田子藝以生曬、不炒不揉者爲佳〔二〕，亦未之試耳〔三〕。

經云：焙鑿地深二尺，闊二尺五寸〔四〕，長一丈。上作短墻，高二尺，泥之。以木構於焙上，編木兩層，高一尺，以焙茶。茶之半乾，昇下棚。全乾，昇上棚。愚謂今人不必全用此法。予嘗構一焙，室高不踰尋，方不及丈，縱廣正等，四圍及頂綿紙密糊，無小罅隙，置三四火缸於中，安新竹篩於缸内，預洗新麻布一片以襯之。散所炒茶於篩上，闔户而焙，上面不可覆蓋。蓋茶葉尚潤，一覆則氣悶罨黃，須焙二三時，俟潤氣盡，然後覆以竹箕。焙極乾，出缸待冷，入器收藏。後再焙，亦用此法。色香與味，不致大減。

諸名茶法，多用炒，惟羅岕宜於蒸焙。味真蘊藉，世競珍之。即顧渚、陽羡密邇洞山，不復倣此。想此法偏宜於岕，未可概施他茗。而經已云：『蒸之、焙之。』則所從來遠矣。

吴人絶重岕茶，往往雜以黄黑箬，大是闕事。余每藏茶，必令樵青入山採竹箭箬，拭淨烘乾，護罌四週，半用剪碎，拌入茶中。經年發覆，青翠如新。

吾鄉四陲皆山，泉水在在有之，然皆淡而不甘，獨所謂它泉者，其源出自四明潺湲洞，歷大闌、小皎諸名岫，迴溪百折，幽澗千支，沿洄漫衍，不舍晝夜。唐鄞令王公元偉築埭它山，以分注江河，自洞抵埭，不下三數百里。水色蔚藍，素砂白石，粼粼見底，清寒甘滑，甲於郡中。余愧不能爲浮家泛宅，送老於斯。每一臨泛，浹旬忘返，携茗就烹，珍鮮特甚。洵源泉之最勝，甌犧之上味矣。以僻在海陬，《圖經》是漏。故又新之記罔聞，季疵之杓莫及，遂不得與谷簾諸泉齒。譬猶飛遁吉人，滅影貞士，直將逃名世外，亦且永托知稀矣。

〔茶鍑〕〔五〕，山林隱逸，水銚用銀尚不易得，何況鍑乎！若用之恒，而卒歸於鐵也。

茶具滌畢，覆於竹架，俟其自乾爲佳。其拭巾，只宜拭外，切忌拭内。蓋布帨雖潔，一經人手，極易作氣。縱器不乾，亦無大害。

吴興姚叔度言〔六〕：茶葉多焙一次，則香味隨減一次。予驗之良然。但於始焙極燥，多用炭箬，如法封固，即梅雨連旬，燥固自若。惟開壜頻取，所以生潤，不得不再焙耳。自四五月至八月，極宜致謹。九月以后，天氣漸肅，便可解嚴矣。雖然，能不弛懈，尤妙尤妙。

東坡云：蔡君謨嗜茶，老病不能飲，日烹而玩之。可發來者之一笑也。孰知千載之下，有同病焉。余嘗有詩云：『年老耽彌甚，脾寒量不勝。』去烹而玩之者，幾希矣。因憶老友周文甫，自少至老，茗碗熏爐，無時暫廢。飲茶且有定期，旦明、晏食、禺中、餔時、下春、黄昏凡六舉。而客至烹點不與焉。壽八十五，無疾而卒。

非宿植清福，烏能舉世安享？視好而不能飲者，所得不既多乎！嘗畜一龔春壺，摩抄寶愛，不啻掌珠。用之既久，外類紫玉，内如碧雲，真奇物也。後以殉葬。

按經云：第二沸留熟以貯之〔七〕，以備育華救沸之用者，名曰『雋永』。五人則行三盌，七人則行五盌；若遇六人，但闕其一，正得五人，即行三盌，以『雋永』補所闕人，故不必別約盌數也。

〔校證〕

〔一〕又須去尖與柄　『柄』下，《本草乘雅半偈》卷下（下簡稱《半偈》）有『與筋』二字。

〔二〕田子藝以生曬不炒不揉者爲佳　『田子藝』，田藝蘅字，事歷詳本《全集》中編《煮泉小品》提要。

〔三〕亦未之試耳　《半偈》引作『偶試之，但作熱湯並日（？）腥草氣，殊無佳韻也。』差不同。疑明末前，《茶箋》有不同版本流傳，或盧氏所見者殆完本歟？但屠本畯引本書各條幾全同，則或當時亦止此耳。明代尚小品文，或止此耳。俟更考。

〔四〕濶二尺五寸　『二』，原作『一』，據《茶經・二之具》改。

〔五〕茶鍑　二字原無，據《續茶經》卷中及下文中『何況鍑乎』補。疑原脱。

〔六〕吴興姚叔度言　『姚叔度』，姚紹憲，字叔度。湖州長興人。齋名玄覽閣。曾爲許次紓《茶疏》作序，當時知名度較高的茶事專家。與嗜茶的士大夫交遊甚廣。

〔七〕第二沸留熟以貯之　方案：此聞龍釋『雋永』之語。但『第二沸』，當爲『第一煮』之譌。《茶經・五之煮》作：『其第一（者）〔煮〕爲雋永，或留熟〔盂〕以貯之。』『熟』，原誤作『熱』，形近而譌，又脱『盂』字。參見《茶經》拙釋〔一二六〕、〔一二八〕。

茗譚

〔明〕徐　𤊹

〔提要〕

《茗譚》，明代茶書。一卷，徐𤊹撰。徐𤊹（一五七〇—？），字興公，一字惟起。號鼇峰居士、天竺山人、三山老叟、竹窗病叟、筆耕惰農、讀易園主人等。福建閩縣人。福州，古雅稱三山，故其常自署地望作『三山』。徐熥（一五六三—一五九一）子，與兄熥俱有才名。幼從林庯勳（平野先生）學，博學工文。善草隸書，精賞鑒。萬曆間，與曹學佺（一五七四—一六四六）、謝肇淛（一五六七—一六二四）齊名，主盟閩中詞壇，後進譽爲『興公學派』。終身嗜書，萬曆中曾四度北上吴越、金陵訪求善本、闕書。併父兄所藏，藏書多達五萬三千餘卷，寫有大量題跋，今存者即有二百二十餘條之多。自十五歲至七十三歲，嗜藏書歷時五十八年之久，是明代著名的布衣藏書家、目録版本學家。撰有《榕陰新檢》、《閩南風雅》、《筆精》三卷、《紅雨樓藏書目》（一名《徐氏家藏書目》）四卷，編有《鷃棲草》、《蔡忠惠文集》、《蔡忠惠詩全編》、《蔡忠惠（襄）年譜》一卷等。其事蹟見周亮工《閩小紀》、《列朝詩集小傳》丁集下、繆荃孫《重編紅雨樓題跋》卷一等。其生年據《題跋》卷一《事物紀原》條自署『崇禎庚辰（十三年，一六四〇）仲夏七十一翁興公書於緑玉齋』考定，其卒年，據錢謙益《小傳》『遭時喪亂，與公、能始（曹學佺字）俱謝世』云云，當在明清易代之際。《茗譚》凡二十八則，一千六百餘字。徐𤊹嗜書又嗜茶，曾助喻政校《茶書全集》，其跋末署『萬曆癸丑』（四十一年，一六一三），或即成於此際。與許次紓、屠本畯、聞龍、羅廩、喻政諸人相友善，同氣相求，結爲茶中知己。其論茶多出自親身體驗，尤以茶、書相得益彰爲樂，雅趣横溢，即使是引録前人詩文軼事，亦頗以己意引申、發揮乃至補益、批評。文字清新典雅，讀來令人興致盎然，不失爲明代小品文中的上乘之作，遠非胡編亂抄之明人茶書所能及。本書惟見《茶書全集》本行世，《八千卷樓書目》等題作《茶譚》，非是。應從其《徐氏家藏書目》。今以布目影印本爲底本，斟校相關文獻，點校後編入本書。又，《徐氏書目》此卷凡著録茶書二十七種，其中，陳克勤《茗林》、郭三辰《茶筴》各一卷、萬邦寧《茗史》二卷、高元濬《茶乘》四卷等均僅見或始見於此。

茗譚

品茶，最是清事，若無好香在爐，遂乏一段幽趣；焚香雅有逸韻，若無名茶浮碗，終少一番勝緣。是故，茶香兩相爲用，缺一不可，饗清福者能有幾人。

王佛大常言〔一〕：三日不飲酒，覺形神不復相親。余謂一日不飲茶，不獨形神不親，且語言亦覺無味矣。

幽竹山窗〔二〕，鳥啼花落，獨坐展書，新茶初熟，鼻觀生香，睡魔頓卻，此樂正索解人不得也。

飲茶，須擇清癯韻士爲侶，始與茶理相契，若腯漢肥傖（傖？）滿身垢氣，大損香味，不可與作緣。

茶事極清，烹點必假姣童季女之手，故自在致。若付虬髯蒼頭，景色便自作惡。縱有名産，頓減聲價。

名茶，每於酒筵間遞進，以解醉翁煩渴，亦是一厄。

古人煎茶詩，摹寫湯候，各有精妙。皮日休云〔三〕：『時看蟹目濺，乍見魚鱗起。』蘇子瞻云〔四〕：『蟹眼已過魚眼生，颼颼欲作松風鳴。』蘇子由云〔五〕：『銅鐺得火蚯蚓叫。』李南金云〔六〕：『砌蟲唧唧萬蟬催。』想像此景，習習風生。

温陵蔡元履《茶事咏》云〔七〕：『煎水不煎茶，水高發茶味。大都瓶杓間，要有山林氣。』又云：『酒德泛然親，茶風必擇友。所以湯社事，須經我輩手。』真名言也。

《茶經》所載閩方山産茶，今間有之，不如鼓山者佳。侯官有九峰壽山，福清有靈石，永福有名山室，皆與鼓山伯仲。然製焙有巧拙，聲價因之低昂。

余欲構一室，中祀陸桑苧翁，左右以盧玉川、蔡君謨配饗，春秋祭用奇茗，是日，約通茗事數人爲鬥茗會，畏水厄者不與焉。

錢唐許然明著《茶疏》，四明屠豳叟著《茗笈》，聞隱鱗著《茶箋》，羅高君著《茶解》，南昌喻正之著《茶書》，數君子皆與予善，真臭味也。

注茶，莫美於饒州瓷甌。藏茶，莫美於泉州沙瓶。若用饒器藏茶，易於生潤。屠豳叟曰：茶有遷德，幾微見防。如保赤子，云胡不臧，宜三復之。

茶味最甘，烹之過苦，飲者遭良藥之厄。羅景綸『山靜日長』一篇，雅有幽致，但兩云烹苦茗，似未得玄賞耳。

名茶難得，名泉尤不易尋，有茶而不瀹以名泉，猶無茶也。

吴中顧元慶《茶譜》，取諸花和茶藏之，殊奪真味。閩人多以茉莉之屬浸水瀹茶，雖一時香氣浮碗，而於茶理大舛。但斟酌時，移建蘭、素馨、薔薇、越橘諸花於几案前，茶香與花香相親，尤助清況。

徐獻忠《水品》載：福州南臺山泉清泠可愛，然不如東山聖泉，鼓山喝水巖泉，北龍腰山苔泉尤佳。

新安詹東圖孔目〔八〕，嘗謂人曰：吾嗜茶一啜能百五十碗，如人之於酒。直醉耳，名其軒曰醉茶。其語頗不經，王元美、沈嘉則俱作歌贈之〔九〕。王云：『酒耶茶耶俱我有，醉更名茶醒名酒。』沈云：『嘗聞西楚賣茶商，范磁作羽沃沸湯。寄言今莫范陸羽，只鑄新安詹太史。』雖不能無嘲謔之意，而風致足羡。

孫太白詩云〔一〇〕：『瓦鐺然野竹，石甕瀉秋江。水火聲初戰，旗槍勢已降。』得煮茶三昧。

吴門文子悱〔一一〕，壽承仲子也。詩題云《午睡初足，侍兒烹天池茶，至爐宿餘香，花影在簾，意頗閒暢。適馮正伯來借玉壺冰，因而作詩數語，足資飲茶譚柄》。

高季迪云〔一二〕：『流水聲中響緯車，板橋春暗樹無花。風前何處香來近，隔崦人家午焙茶。』雅有山林風味，余喜誦之。

泉州清源山産茶，絶佳。又，同安有一種英茶，較清泉尤勝，實七閩之第一品也。然《泉郡志》獨不稱此邦有茶，何耶？

余嘗至休寧，聞松蘿山以松多得名，無種茶者。《休志》云：遠麓有地名榔源，産茶，山僧偶得製法，托松蘿之名，大噪一時，茶因涌貴。僧既還俗，客索茗于松蘿，司牧無以應，往往贗售。然世之所傳松蘿，豈皆樃源産歟？

人但知皇甫曾有《送陸羽採茶》詩，而不知皇甫冉亦有送羽詩云〔一三〕：『採茶非採菉，遠遠上層崖。布葉春風暖，盈筐白日斜。舊知山寺路，時宿野人家。借問王孫草，何時泛椀花。』

吴興顧渚山，唐置貢茶院，傍有金沙泉，汲造紫筍茶，有司具禮祭，始得水，事迄，即涸。武夷山宋置御茶園，中有喊山泉，仲春，縣官詣茶場致祭，井水漸滿，造茶畢，水遂渾涸。以一草木之微，能使水泉盈涸，茶通仙靈，信非虚語。

蘇子瞻愛玉女河水，烹茶，破竹爲契，使寺僧藏其一，以爲往來之信，謂之『調水符』。吾鄉亦多名泉，而監司郡邑取以瀹茗，汲者往往雜他水以進有司，竟售其欺。蘇公竹符之設，自不可少耳。文徵仲云〔一四〕：『白絹旋開陽羨月，竹符新調惠山泉。』用蘇事也。

柳惲墳吴興白蘋洲〔一五〕。唐有胡生以釘鉸爲業，所居與墳近，每奠以茶。忽夢惲告曰：『吾柳姓，平生善詩嗜茗，感子茶茗之惠，無以爲報，願子爲詩。』生悟而學詩，時有『胡釘鉸』之稱。與《茶經》所載剡縣陳務妻獲錢事相類。噫！以惲之死數百年，猶托英靈如此，不知生前之嗜，又當何如也。

陸魯望嘗乘小舟〔一六〕，置筆床、茶竈、釣具，往來江湖。性嗜茶，買園於顧渚山下，自爲品第書，繼《茶經》、《茶訣》之後。有詩云：『决决春泉出洞霞，石壇封寄野人家。草堂盡日留僧坐，自向前溪摘茗芽。』可以想其風致矣。

種茶易，採茶難；採茶易，焙茶難；焙茶易，藏茶難；藏茶易，烹茶難。稍失法律，便減茶勳。穀雨乍晴，柳風初暖，齋居燕坐，澹然寡營。適武夷道士寄新茗至，呼童烹點，而鼓山方廣九峰僧、各以所産見餉，迺盡試之，又思眠雲跂石人，了不可得。遂筆之於書，以貽同好。萬曆癸丑暮春〔一七〕徐𤊹興公書於荔奴軒。

〔校證〕

〔一〕王佛大常言　王佛大，即晉人王忱，字元達，小字佛大。王坦之（三二八—三七五）子。官至建威將軍，荆州刺史。卒贈右將軍，謚曰穆。其事及所述見宋陳思《小字録》引《世説新語》。

〔二〕幽竹山窗　方案：本則正作者畢生嗜茶愛書的真實寫照。語言典雅精緻，頗見功力，令人有身臨其境之感，爲不可多得之佳作。

〔三〕皮日休云　皮詩見《松陵集》卷四《煮茶》，又見宋·高似孫《蟹略》卷四《蟹眼茶湯》引。

〔四〕蘇子瞻云　蘇軾詩，見《東坡全集》卷三《試院煎茶》，又見《施注蘇詩》卷五。

〔五〕蘇子由云　蘇子由，蘇轍，字子由。蘇轍詩，見《欒城集》卷四《和子瞻煎茶》。

〔六〕李南金云　李詩見《鶴林玉露》丙編卷三。李南金，南宋人。與作者羅大經同科及第，爲寶慶二年（一二二六）進士。

〔七〕温陵蔡元履茶事詠云　『蔡元履』即蔡復一，併其『《茶事詠》』，見本《全集》中編所收是書提要。此引兩首五言詩亦見《茶事詠》。

〔八〕新安詹東圖孔目　詹景鳳（約一五三七—一五九九），字東圖，號白嶽山人，大龍客。隆慶元年（一五六七）舉人。由南豐教諭，召爲翰林院孔目官。萬曆二十三年（一五九五），謫保寧（治今四川閬中）。次年，起官廣西平樂府通判，攝知梧州，卒於官。工草書，擅山水、花鳥，尤精於以書法寫墨竹。撰有《東圖全集》三十卷、《性理小辨》（《續通考》卷一七七作《明辨類函》）六十四卷、《書苑補益》八卷、《畫苑補益》四卷，《六緯擷華》十卷、《西遊稿》等，其著作分見《四庫總目》卷一一四、《千頃目》卷一二、二五，《明史》卷九八、《續通考》卷一八著録。其生平見《江南通志》卷一二九、《廣西通志》卷一五四、《粤西文載》卷六六《名宦傳》、《粤西詩載》卷一九汪元英《送詹東圖别駕之任昭州》（方案：昭州即平樂府之古稱）。又，胡應麟《少室山房集》卷二四有《詹東圖有茶癖，即所居爲醉茶軒，自言一飲輒可數百杯。書來索詩，戲成短歌寄贈》，可與本則紀事相發明。『孔目』，明代翰林院屬官名，掌傳達、文移、文書、會計之類，未入流。

〔九〕王元美沈嘉則俱作歌贈之　『王元美』，即王世貞（一五二六—一五九〇），字元美，號鳳州、弇洲山人，太倉人。『沈嘉則』，即沈明臣，字嘉則，鄞縣人。諸生，累試未第。與徐渭同入胡宗憲帥幕。後浪迹江湖，作詩七千餘首。與布衣詩人王穉登（一五三五—一六一二）、王叔承（字承父）齊名。撰有《豐對樓詩選》四十三卷，凡收其詩四千餘首。又有《豐對樓文集》六卷、《越草》、《吴越遊稿》、《通州志》八卷等。生平事略見屠隆《由拳集》卷一九小傳、《明史》卷二八八《徐渭傳·附傳》、《列朝詩集小傳》丁集中、陳田《明詩紀事》己籤卷一六、《四庫總目》卷七四等。

〔一〇〕孫太白詩云　孫太白，即孫一元，字太初，號太白山人。自稱秦（關中）人，流寓杭州，後歸隱湖州長興。善飲酒，好議論，知兵，曉吏事。風儀秀朗，蹤迹奇譎。工詩，詩名噪天下，有超逸之才。詩秀潔出塵，時有悲壯激越之音，宗杜，瓣香山谷。與劉麟、龍霓、陸崑、吴琬結詩盟，立湖南詩社。又與劉善夫（字繼之）相善。以布衣旅人，傾動海内，惜其不見用於時，又且早死，卒年僅三十七。約爲弘治、正德間人。撰有《太白山人漫稿》八卷等。其生平見《列朝詩集小傳》丙集、《明詩紀事》丁籤卷四。

〔一一〕吴門文子悱　文子悱，即文元發，字子悱，號湘南老人、清凉居士。長洲人。文彭（一四八九—一五七三）子，文震孟（一五七四—一六三六）之父，朱彭年（一五〇五—一五六七）長婿。隆慶二年（一五六八）舉人。萬曆五年（一五七七）官浦江知縣，官至衛輝府同知。有《蘭雪齋集》二卷等。事見《弇州四部稿》卷九一《彭先生及配朱碩人合葬墓誌銘》。

〔一二〕高季迪云　高季迪，即明初高啓（一三三六—一三七四），字季迪，號槎軒，青丘子。長洲人。博學工詩，居北郭，與王行、姚廣孝、高遜志等先後比鄰而居，稱『北郭十友』。又與徐賁、張羽、楊基合稱『吴中四傑』。洪武二年（一三六九），以薦預修元史，授翰林院編修，擢吏部右侍郎，自以年少任重而辭歸，以教授自給。頗爲蘇州和府魏觀推重，觀以移府治於張士誠殿舊治而得罪獲譴，高啓更以《上梁文》中有『龍蟠虎踞』句而被明太祖下令腰斬，乃明初文字獄之一。不久平反。高啓有文武才，書無不讀，詩雄健渾厚，自成一家。《四庫提要》對其推挹備至，謂其居『明一代詩人之上』，『凡古人之所長無不兼之』。其詩作約二千餘篇，結集爲《吹臺》、《江館》、《缶鳴》等諸集，後人匯編成《高太史大全集》（一名《高青丘集》）十八卷，編有《鳧藻集》五卷等。其生平見《曝書亭集》卷六二《高啓傳》、《水東日記》卷一〇、《吴中人物志》卷七、《國琛集》卷上、《姑蘇名賢小紀》卷上《名山藏》卷九五、《明史》卷二八五，清·金檀撰《高季迪先生年譜》（雍正刊本《青丘詩集注》附録）等。

〔一三〕而不知皇甫冉亦有送羽詩云　皇甫冉詩見《二皇甫集》卷三《送陸鴻漸棲霞寺採茶》，亦見《全唐詩》卷二四九等。『崖』，原作『涯』，據改。

〔一四〕文徵仲云　『文徵仲』，即文徵明（一四七〇—一五五九），原名璧，以字行。後改字徵仲，號衡山居士等。長洲人。曾學文於吴寬，從沈周學畫，隨李應禎學書。正德末以歲貢詣吏部試，授翰林院待詔。嘉靖二年（一五二三），曾預修《武宗實録》。五年，棄官歸，工書畫。著有《甫田集》三十五卷，附録一卷，編有《停玉館法帖》等。私謚貞獻先生。引詩見《文氏五家集》卷六《鄭太吉送慧泉試吴大本寄茶》，《佩文齋詠物詩選》卷二四四則題作《是夜酌泉試宜興吴大本所寄茶》。文徵明事迹見文嘉撰《先君行略》，附刊《甫田集》卷三六，《弇州山人四部稿》卷八三《文先生傳》，《圖繪寶鑑》卷六，《名山藏》卷九五，《明史》卷二八七等。

〔一五〕柳惲墳吴興白蘋洲　本條出毛文錫《茶譜》，徐𤊹已以己意改寫。

〔一六〕陸魯望嘗乘小舟　陸魯望，即陸龜蒙，其事出《甫里先生傳》，見《笠澤叢書》卷一、《甫里集》卷一六，其詩則見《甫里集》卷一二《謝山泉》，又見《萬首唐人絶句》等。

〔一七〕萬曆癸丑暮春：『癸丑』，乃萬曆四十一年（一六一三），即其助喻政校刊《茶書》之年。『荔奴軒』，則其室名。

茶書

〔明〕喻　政　徐　𤊹

〔提要〕

《茶書》，中國古代唯一一部茶書專題叢書，是匯集唐、宋、明代二十七種茶書的資料匯編，對茶史和茶文化史的研究及古代茶書的流傳，有十分重要的意義。由喻政領銜主編，實際主持編務者爲徐𤊹。喻政、徐𤊹事略請分見《茶集》及《茗譚》提要。

關於是書，首先有三點必須澄清。其一，書名原作《茶書》，下附謝肇淛、周之夫二序及喻政自序言之甚明。《茶書全集》乃後人追改，既不符合喻政原書之命名，亦與事實遠不相符。即以收入本書上、中兩編的茶書而言，也遠不止自《茶經》至《茶事詠》的二十七種，何『全』之有？更遑論尚有《補編》茶法類茶書亦有多種在其收輯的時間範疇之內。稱其『全書』乃名不符實，故今恢復其原名，仍正名爲《茶書》。此乃書名問題。

其二，編者問題，謝序明確指出：乃『命徐興公（𤊹字）裒諸編，合而訂之』。喻序亦云：『爰與徐興公廣羅古今之精於譚茶若隸事及之者，合〔二〕十餘種，爲茶書。』證諸徐𤊹《徐氏家藏書目》（又名《紅雨樓書目》）卷三，徐氏早在萬曆三十年（一六〇二）前（此據是書卷首《家藏書目序》），就已收藏茶書達三十餘種之多，其中僅徐獻忠《水品》一種未見徐氏著録，餘二十六種均見徐氏《家藏書目》。可以斷言，收入《茶書》的明代茶書，正是仰賴徐𤊹的藏書及其多年的手自校勘，才得以在短短的二年中，將甲、乙本《茶書》編輯完成並刊行。喻政不過領銜主編而已，具體主持編務的非徐𤊹莫屬。當然，喻政時任福州知府，仰其力才得以刊行成書，而且喻政也不像今之掛名『主編』，坐收漁利，畢竟還躬親其事，至少是看過一遍的，也遠勝熱衷於追名逐利的今之『主編』。因此，或可應像一般方志的修纂之例，改爲『喻政修，徐𤊹纂』，以存其真。筆者以爲補上徐𤊹之名是十分必要的，是爲了不泯滅其保存及整理茶書的歷史功績。作爲藏書家，他毅然將私藏奉獻並刊刻的精神境界，較之秘不示人的今之公私藏家亦過人遠矣！要不是他的無私和有識見，唯有《茶書》本行世的張源《茶録》、陳思《茶考》、龍膺《蒙史》、徐𤊹《茗譚》等『孤本茶書』可能會像下述《茶箋》、《茗林》一樣永久消失，灰飛煙滅。今天我們還能讀到這些碩果僅存的茶書，不能不敬佩徐𤊹的遠見卓識，也十分慶幸明季有這樣一位嗜茶成癖的布衣藏書家——合其父兄所藏，多達五萬三千餘卷的大藏書家。而且，據錢謙益回憶，在明清易代後，仍完好無損地保存着這批藏書，就收藏茶書之富而言，徐𤊹有資格稱爲古今第一人。他不僅貢獻了收入《茶書》甲、乙本凡二十七種茶書中的二十三種（除《水品》外，均徐氏藏書。《煎茶水記》、《荈茗録》、《十六湯品》從他書中析出，可勿計入），而且還藏有未收入《茶書》的下列九種茶書：（一）黄龍德《茶説》一卷，（二）萬邦寧《茗史》二卷，（三）夏樹芳《茶董》二卷，（四）張謙德《茶經》一卷，（五）程百二《品茶要録補》一卷，（六）高元濬《茶乘》四卷，（七）朱子价、盛仲交校《茶事匯輯》（一名《茶藪》）；（八）陳克勤《茗林》一卷，（九）郭三辰《茶箋》一卷。其中，前六種今仍幸存，並均已收入本書。但《茶藪》、《茗林》和《茶箋》卻已佚亡，令人惋惜。徐𤊹爲何不把這九種茶書一併收入？或許是經費有限，上列茶書，其篇幅較之已收入的茶書繁多已甚；或許是由於喻政的去職，使徐𤊹的續編丙本計劃無疾而終（在古代手工刊刻的條件下，公私刻本叢書多分期分批刊行）。這難以破解的謎，留給我們的已是永遠的遺憾。

其三，關於《茶書》的版本，流傳、存佚及收書問題。這實際上包括四個小問題，分别論之。《茶書》有甲、乙二本，甲本刊刻於萬曆壬子(四十年，一六一二)，分元、亨、利、貞四部，凡收書十七種。謝、周二序對以上兩點，言之鑿鑿，並無疑義。但今人萬國鼎《茶書總目提要》、布目潮渢《中國茶書全集·解説》、《中國古籍善本書目》卷一七《子部·譜録類》卻無一例外地著録爲十八種。此乃誤將《茗笈》和《茗笈品藻》析爲兩書而然。《品藻》者，乃類似於跋的讀後感文字，充其量可作爲附録，不可分析甚明。這在喻政、徐𤊹及謝、周二序均認爲是一書無疑，今人著録爲二書當是乙本目録的誤導。毛晉汲古閣本將《品藻》四首列入《茗笈》下篇(卷)刊行，極是。正像董其昌題詞於《茶董》卷首，乃序之别體一樣，品藻亦乃跋之變體，不可析爲二書無疑。關於甲本的另一個問題是：原附於《茶集》後的蔡復一《茶事吟》和喻政《烹茶圖集》，倒是名實相符的另兩種茶書，但不知何故，甲本已無此二書，或刊刻時偶脱而補刻於乙本歟？説詳本書中此兩書之提要。

乙本刊刻於萬曆癸丑(四十一年，一六一三)，分仁、義、禮、智、信五集。仁、義、禮部，與甲本的元、亨、利部分别相對應，均收書十六種，凡二十卷，全相同；智部增收甲本未收的茶書八種，凡九卷；信部收《茶集》二卷，與甲本同，又作爲附録增收《茶事吟》、《烹茶圖集》各一卷，凡四卷，其中後二種二卷甲本無。故《茶書》乙本完全能涵蓋甲本，凡收茶書二十七種，合計三十三卷。

《茶書》甲乙本均只有始刻本而没有再版重刻過。今海内所藏僅乙本二部，一爲原藏丁丙八千卷樓，今藏南京圖書館，另一部則藏湖南省圖書館，均爲收書二十七種、三十三卷。唯如上所述《茗笈品藻》應與《茗笈》合爲一種，併入其下卷，另補《茶事吟》一卷。細目見《中國善本書目》卷一七著録。《四庫存目叢書》已據湖南省圖書館藏本影印以廣其傳，堪稱功德無量。據布目潮渢《中國茶書全集·解説》記載：日本内閣文庫藏有《茶書》甲、乙本，静嘉堂文庫藏有甲本，國會圖書館藏有乙本，即有甲、乙本配齊的《茶書》兩部。就内閣文庫本而言，其甲本乃原藏紅葉山文庫，乙本則由林羅山（述齋）原藏，亦應源自萬曆始刻本，如何從我國流入日本，已難考其詳。

謝、周二序均爲甲本卷首之序無疑，喻政自序末署萬曆癸丑（四十一年，一六一三），似爲乙本之序。但其序中又稱『合十餘種，爲《茶書》』，這有兩種可能：一是確爲乙本之序，『合』下或脱一『二』字；或喻政據甲本印象誤記爲十餘種，或乙本智部八種乃徐𤊹所增，他印象不深，古人原無數量概念，此類疏忽，比比皆是。二是亦爲甲本所撰之序，只是開雕於萬曆四十年，次年才最後完成。目前，這兩種可能均無法排除。但乙本完成於萬曆四十一年則無疑問，畢竟只需增刻八種，甲本雕板原在，印刷一次，輕而易舉。但其自序爲『癸丑涂月』，涂月，指十二月，見《爾雅·釋天》『十二月爲涂』，故以前者即乙本序的可能性大。今先列《茶書》三序，據布目潮渢《中國茶書全集》影印本移録，加以標點。次列筆者新編的乙本目録，並對序言略作校勘。

茶書

茶書序

夫世競市朝則煙霞者賞矣，人耽粱肉則薇蕨者貴矣。飲食者，君子之所不道也。麴蘖沈心，淳母爽口，古之作者，獨或譜之。矧於茶，其色香風味，既迥出塵俗之表，而消壅釋滯、解煩滌燥之功，特與芝朮頡頏，故自桑苧翁作經以來，高人墨客，轉相紹述，互有拓充，至於今日，十有七種。其於栽培製造之法，煎烹取舍之宜，亦既搜括無漏矣。蓋嘗論之三代之上，民炊藜而羹藿，七十食肉，口腹之欲未侈，故茶之功用隱而弗章。然谷風之婦，已歌之矣：『誰謂茶苦，其甘如薺。』而『堇荼如飴』，周原所以紀膴也。近世鼎食之家，效尤淫靡，庖宰之手，窮極滋味，一切胾炙之珍奇，皆伐腸裂胃之斧斤。若非雲鈎露芽之液，沃其炎熾而滋其清涼，疾癘夭札，踵踵相望矣。故茶之晦於古，著於今，非好事也，勢使然也。

吾郡侯喻正之先生，自拔火宅，大暢玄風。得唐子畏烹茶卷，動以自隨，入閩期月，既已勒之石矣。復命徐興公裒鴻漸以下《茶經》、《水品》諸編，合而訂之，命曰《茶書》。間以示余，余歎謂：使君一舉而得三善焉。存古決疑，則嵇含狀草木，陸機疏蟲魚之旨也；齊民殖圃，則葛穎記種植，贊寧譜竹筍之意也；遠謝世氛，清供自適，則陳思譜海棠，范成大品梅花之致也。昔蔡端明先生治吾郡，風流文采，千古罕儷，而於茶尤惓惓焉。至製龍團以進天子，言者以爲遺恨，不知高賢之用意固深且遠也。九重乙夜前後左右，惟是醍醐膏薌，誰復以清遠之味相加遺者，且也不猶愈於曲江之獻《荔支賦》乎！

正之治行高操，絶出倫表，所好與端明合。而是書之傳世，不勞民，不媚上，又高視古人一等矣。正之笑謂余：『吾與若皆水曹也，夫唯知水者，然後可與辨茶。請與子共之。』余謝不敏，遂次其語，以付梓人。

萬曆壬子元旦，晉安謝肇淛書於積芳亭。

茶書序

余向讀陸鴻漸《茶經》而少之，以爲處士出而茗功章徹，一洗酪奴之誚聲，施榮華至今，誠於此道爲鼻祖。顧後來好事之彥羽翼鼓吹，散在羣書，往往而是，而編輯無聞，統紀未一，使人惜碎金而笥片玉。大觀之謂何，夫千金之裘，非一狐之腋。然不索胡獲，不庀胡紉，我實未嘗謀諸野，而徒詫孟嘗之倖得于秦宮者，以爲獨貴，非裘難也，所以成裘者，則難矣。

喻正之不甚嗜茶，而澹遠清真，雅合茶理。方其在留京爲司馬曹郎，握庫筦鑰，盡以其例羨付之殺青，所刊正諸史志，辨魯魚，訂亥豕，列在學宮，彼都人士直將尸而祝之。今來福州，復取古人談茶十七種，合爲《茶書》，正之雖非茶癖〔一〕，抑誠書淫矣。其書以《茶經》爲宗，譬則泰山之丈人峰乎，餘若徂徠、日觀之屬羅列，不啻兒孫脉□常貫而峭蒨〔二〕，各成洋洋乎美哉！□□□之幽懷〔三〕，作詞場之佳話，功□□陸處士之下〔四〕，更何待言。乃余不佞，則尤有私賴焉。

余素喜茶，初意入閩嗽剔當俱屬佳品，而事大謬不然，所市皆辛澀穢惡。想嘗草之帝，遇七十二毒，必居一於此。彼一時也，畏濕薪之束，遂無敢詰責買者。二三兄弟，偶致斜封，極稱無害。又自思不受魚始能常得魚，亦惟是不啓視而璧之，以成吾志。早晚啜熟水數合，饔飧則恃粥而行，久之良便無所事。彼建州之役，過友人署中，娓娓羅岕烹點之法，余謂空言不如實事，姑取試之。其僮以武夷應客，余亦亟賞其清香，不知有異，蓋疎絶既久，故易喜易眩如此。

乃今閲正之之書，幽絶沉快，芳液輒溢，無煮陽羡、歃中泠之迹而收其功，益復無所事。彼其利賴一。余不佞，棲遲一官，五年不調，留滯約結之慨，豈緊異人，儌天之幸。日侍正之左右，覺名利之心都盡。退而披其所纂集，若此書之言言玄箸，無論其凡，即如『不羡朝拜省，不羡夕入臺』之二語，謂非吾人之清涼散不可也。其利賴二。

於是正之嬲余，以爲：『子之言誠辯，但津津感余不置，竊恐編輯統紀之譽，皆一人之臆戴，非實録也。』余亦還對使君謂：『感誠有之，亦未肯忘規。昔人云：書值會心，讀卻易盡。請使君再廣爲搜故事，太守與丞倅季官名爲僚，而實無敢以雁行。進，常會一茶而退，鄭重不出聲；即不然，亦聊啓口而嘗之；又不然，漫造端而駢之。而使君質任自然，心無適，莫合刻茶書以發舒其瀹遠清真之意，遂使不受世網如余者，得以闚見微指，作寥曠之談，破矜莊之色，無亦非所宜乎？請使君自今引於繩。』使君欣然而笑曰：『有是哉！廣搜之請，敢不子從。何謂引繩，不敢聞命。我與二三子游於形骸之外，而子索我於形骸之内，子其猶有蓬之心也夫！』余而後知使君之瀹遠清真，雅合茶理，不虚也。

壬子孟春，西陵周之夫書於妙香齋中〔五〕。

茶書自敍

余既取唐子畏所寫烹茶圖而珉繡之，一時寅彦勝流，紛有賦詠楮墨爲色飛矣。而自念幸爲三山長，靈源雲英往往澆燥脾而迴清夢，蓋與桑苧翁千載神狎也。爰與徐興公廣羅古今之精於譚茶若隸事及之者，合十餘種，爲《茶書》。茶之表章無稍掛，而桑苧之經，則仍經之；諸翊而綴者，亦猶《内典》、《金剛》之有論與頌耳。方付殺青，而客有過余者曰：『茶之尚于世誠鉅，而子獨津津焉，若嵇鍛阮屐、杜之傳而王之馬也，此猶第癖耳。至剔幽攬隱爲茗苑中一大總持，無乃煩乎？』余無以難客，已而曰：『潁箕潔，蹈瓢響，猶厭其聲；洙泗真，樂水飲，偏歸於適。明有待之未冥，而無礙之合漠也。夫啜茗之於飲水煩矣，品茗之於去瓢尤煩矣。余則何辭！抑余於嵇阮諸君子竊有畸焉，蓋彼之趣藉物以怡，而余之腸得此而滌，固非勞吾生爲所嗜役津津而不止者也。然則飲食亦在外歟，子其勿以四人者方幅。我雖然水而茗之，茗而筆之，庶幾夫能知味者乎？尼山復起，未必不以爲知言，而若石隱溪刻之摻，姑舍是。』

客又難余：『善《易》者不論《易》，吾猶以竟陵之舌爲饒也。矧逸少之毫，誠懸不能用；廷珪之墨，子昂不能研。而規規於之器、之法、之候、之人，詎直記杜而彈疏越，且也日亦不足矣。』余瞿然曰：『幸哉！客之有以振我也。顧使我以清課而落吾事，則不敢使我以俗韻而巇是編，則不甘夫襄陽之於石也。至廢案牘，且衣冠而旦夕拜，彼誠興味曠寥，風流映帶，然微獨嚴密者□，□□□懶如余[六]，亦不願效之也。若茶，寧塊石埒而余又未至爲顛米之癡，有所以處此矣。唐史稱韋翁在郡時，恒掃地焚香，默坐竟日，故其詩冲閒玄穆，迥出塵表，卒不聞以廢事爲病也。是時，竟陵經當已著，令韋得讀之，當必不以李御史禮待陸先生，且恐「水遞」接於惠山，雲芽童于虎丘耳。余詩格謝此公，而茗緣似勝之。客得無謂福州使君漫驕穉蘇州刺史哉！[七]』客乃大噱。

余呼童子蔛龍腰泉，煮鼓山茶，如法進之。客更爽然起謝謂：『沐浴兹編，恨晚也。』客退，聊次問答語，爲

《茶書》敍云。

萬曆癸丑涂月哉生明，鼓山主人洪州喻政譔。

茶書乙本目録

仁部（一）茶經　三卷　唐陸羽

（二）茶録　一卷　宋蔡襄

（三）東溪試茶録　一卷　宋子安

（四）宣和北苑貢茶録　一卷　熊蕃

（五）北苑别録　一卷　趙汝礪

（六）品茶要録　一卷　黄儒

義部（七）茶譜　一卷　明顧元慶

（八）茶具圖贊　一卷　宋審安老人

（九）茶寮記　一卷　明陸樹聲

（十）荈茗録　一卷　宋佚名

（十一）煎茶水記　一卷　唐張又新

（十二）水品　二卷　明徐獻忠

(十三)湯品	一卷	宋佚名
(十四)茶話	一卷	明陳繼儒
禮部(十五)茗笈(附品藻)	二卷	屠本畯
(十六)煮泉小品	一卷	田藝蘅
智部(十七)茶録	一卷	張源
(十八)茶考	一卷	陳師
(十九)茶説	一卷	屠隆
(二十)茶疏	一卷	許次紓
(二十一)茶解	一卷	羅廪
(二十二)蒙史	二卷	龍膺
(二十三)蔡端明別紀	一卷	徐𤊹
(二十四)茗譚	一卷	徐𤊹
信部(二十五)茶集	二卷	喻政
(二十六)烹茶圖集	一卷	喻政
(二十七)茶事吟	一卷	蔡復一

〔校證〕

〔一〕正之雖非茶癖　『正之』，喻政字。『茶癖』，原作『茶僻』，據上下文意改。

〔二〕不啻兒孫脉□常貫而峭菁　『脉』下之闕字，似當作『絡』。

〔三〕□□□之幽懷　所闕三字，疑當作『喻正之』。

〔四〕功□□陸處士之下　『功』下之二闕字，似應作『不在』。

〔五〕西陵周之夫書於妙香齋中　『周之夫』，見《烹茶圖集》拙釋〔一一〕。

〔六〕然微獨嚴密者□□□□□懶如余　『密』下似是『者』字，其下缺五字，前二字或作『耶弗』，姑作如此標點，未必盡確。

〔七〕客得無謂福州使君漫驕稚蘇州刺史哉　『蘇州刺史』，似指唐白居易，其亦嗜茶有癖，喻政以此而自況。

品茶要録補

〔明〕程百二輯

〔提要〕

《品茶要録補》，明代茶書。一卷。程百二輯。程百二，又名輿，字幼輿，新安（治今安徽歙縣）人。齋名師古、忻賞，别號瓦全道人。著有《方輿勝略》等，事蹟略具李維楨《大泌山房集》卷一五《方輿勝略序》等。編有《程氏叢刻》。據《中國叢書綜録》第一册著録，《叢刻》輯有歷代關於茶酒、石譜、賞畫方面的書凡九種、十三卷；有明萬曆四十三年（一六一五）程氏刊本，原本今藏國圖。其子目爲：（一）《雲林石譜》三卷，宋·杜綰撰；（二）《酒經》三卷，宋·朱肱撰；（三）《觴政》一卷，明·袁宏道撰；（四）《醉鄉記》一卷，唐·王績撰；（五）《品茶要録》一卷，宋·黄儒撰；（六）《品茶要録補》一卷，明·程百二輯；（七）《茶寮記》一卷，明·陸樹聲撰；（八）《茶説》一卷，明·黄龍德撰；（九）《畫覽》一卷，元·湯垕撰。其中，如《酒經》，《四庫全書》題作《北山酒經》，歷代刊本甚夥，但自《宋史·藝文志》已著録其作者爲大隱翁，程百二本不僅爲是書的最早刊本，也最早確認此書作者爲朱肱，『大隱翁』即爲其號。餘則多爲最早或較早刊本。《品茶要録補》則僅有此本，尤爲可貴。但《叢刻》校勘不精，錯譌較多，是其缺點。

是書僅見《千頃堂書目》卷九著録，誤署作者爲程伯二。萬國鼎《茶書總目提要》據以著録，且稱撰於『一六四三年前後』，疑乃萬曆四十三年（一六一五）之誤；又云作者（亦誤作伯二）『事迹無考』，推測其書『似已佚』，殆偶失考耳。全書凡九十五則，其中《論水》又輯録十五條，不立目。大抵抄輯前人論著，除論水數條外，罕有己意，僅個別之處有按語。全書體例也不統一，間有注明出處者，也多有失書出處者，還有誤引出書、張冠李戴者。此爲僅有之本，原刻文字錯譌較多，今僅酌校始出之書，一些明顯的文字錯譌則據本書凡例、所收之書及校記，按校勘法處置，一般不直接改正，以存原本之舊。顯誤之處，則據本書校改，並出校記。明人引書，有大量節删、以己意改寫之處，不勝其校改，今只能仍其舊而酌加標點。僅儘可能補注出處，有興趣的讀者可自行校核、檢閲。書末所附張又新《煎茶水記》及歐陽修二《記》，因本書上編已收，故删去。令人費解的是：國家圖書館藏古籍文獻叢刊——《中國古代茶道秘本五十種》（全國圖書館文獻縮微複製中心二〇〇三年六月版）竟稱此書爲宋·黄道輔（方案：即《品茶要録》的作者宋人黄儒字）輯，誤之甚矣！參見本書校證〔一〕。

品茶要録補

是録爲宋黄道輔所輯〔一〕，澹園焦夫子已鑒定之〔二〕，又何庸於補也。邇者目董玄宰、陳眉公贊夏茂卿爲茶之董狐〔三〕，不揣撮諸致之勝者，以公亟賞。如兀坐高齋，游心羲皇時披閲之，不惟清風生兩腋，端可洗盡塵土腸胃矣。

郿郡程百二幼輿氏識〔四〕

山川異産

劍南有蒙頂石花，或小方，或散芽，號爲第一。湖州有顧渚之紫笋，東川有神泉、小團、昌明、獸目，峽州有碧澗、明月、芳蕊、茱萸簝，福州有方山之（生）〔露〕芽，夔州有香山，江陵有楠水，湖南有衡山，岳州有灉湖之含膏，常州有義興之紫筍，婺州有東白，睦州有鳩坑，洪州有西山之白露，壽州有霍山之黄芽，蘄州有蘄門團黄，而浮梁〔之〕商貨不在焉。《國史補》〔五〕

建州之北苑、先春、龍焙，東川之獸目，綿州之松嶺，福州之柏岩〔六〕，雅州之露芽，南康之雲居，婺州之舉巖、碧乳〔七〕，宣城之陽坡横紋，饒、池之仙芝、福合、禄合、運合、慶合，蜀州之雀舌、鳥嘴、麥顆、片甲、蟬翼，潭州之獨行、靈草，彭州之仙崕、石花，臨江之玉津，袁州之金片、〔緑英〕，龍安之騎火，涪州之賓化，建安之青鳳髓，岳州之（生）黄、翎毛，建安之石巖白〔八〕，岳陽之含膏（冷）。見《茶論》、《臆乘》及《茶譜》、《通考》〔九〕。

茶之別種

茶之別者：有枳殼芽、枸杞芽、枇杷芽，皆治風疾。又有皂筴芽、槐芽、柳芽，（乃）〔皆〕上春摘其芽，和茶作之〔一〇〕。故今南人輸官茶，往往雜以衆葉。惟茅蘆、竹箬之類不可入，自餘山中草木芽葉皆可和合，椿柿尤奇。真茶性極冷，惟雅州蒙山出者，性温而主疾。《本草》

片散二類

凡茶有二類：曰片，曰散。片茶蒸造，實捲模中串之，惟劍、建則既蒸而研。編竹爲格，置焙室中，最爲精潔，他處不能造。其名有龍、鳳、石乳、的乳、白乳、頭金、臘面、頭骨、次骨、末骨、粗骨、山（挺）〔鋌〕十二等，以充（國）〔歲〕貢及邦國之用，洎本路食茶。餘州片茶：有進寶、雙勝、寶山、兩府，出興國軍；仙芝、嫩蕊、福合、禄合、運合、慶合、指合，出饒、池州；泥片，出虔州；緑英、金片，出袁州，玉津出臨江軍，靈川〔出〕福州，先春、早春、華英、來泉、勝金，出歙州；獨行、靈草、緑芽、片金、金茗，出潭州；大拓枕，出江陵；大小巴陵、開勝、開捲、小捲、生黄、翎毛，出岳州；雙上、緑芽、大小方，〔出〕岳、辰、澧州；東首、淺山、薄側，出光州。總（二）〔三〕十六名。兩浙及宣、江、（等）〔鼎〕州，〔止〕以上中下或第一至第五爲號。散茶有：太湖、龍溪、次號、末號，出淮南；岳麓、草子、楊樹、雨前、雨後，出荆湖；（青）〔清〕口，出歸州；茗子，出江南。總十一名。《文獻通考》〔一一〕

御用茗目

上林第一，乙夜清供，承平雅玩，宜年寶玉，萬春銀葉，延（年）〔平〕石乳，瓊林〔毓粹〕，〔價倍〕南金，雪英、雲葉〔一二〕，金錢，玉華，玉葉長春，蜀葵，寸金。政和曰太平嘉瑞，紹聖曰南山應瑞〔一三〕。

至性不移

凡種茶樹必下子，移植則不復生。故俗聘婦，必以茶爲禮。義固有所取也。《天中記》

畏香宜温

藏茶，宣蒻葉而畏香藥，喜温燥而忌濕冷。故收藏之家以蒻葉封裹入焙〔中〕，兩三日一次用火，常如人體温温然，以御濕潤。若火多，則茶焦不可食。蔡襄《茶録》

味辨浮沉〔一四〕

候湯最難，未熟則（味）〔沫〕浮，過熟則（味）〔茶〕沉。前世謂之蟹眼者，過熟湯也。（況）〔沉〕瓶中煮之，不可辨。故曰候湯最難。同上。

輕身换骨

陶弘景《雜録》：（芳）〔苦〕茶輕身换骨，〔昔〕丹丘子、黄山君（嘗）服之。〔《茶經》〕

煩悶常仰

劉琨字越石，《與兄子（南）兗州刺史演書》曰：吾體中（潰）〔煩〕悶，（常）〔恒〕仰真茶，汝可（置）〔致〕之。

同上

腦痛服愈

隋文帝微時，夢神人易其腦骨，自爾腦痛。忽遇一僧云：山中有茗草，服之當愈。進士權紓《〔茗〕讚》曰：『窮春秋，演河圖，不如載茗一車〔一五〕。』

志崇三等

覺林院釋志崇收茶三等：待客以驚雷筴，自奉以萱草帶，供佛以紫茸香。〔《茶譜》〕

高人愛惜

龍安有騎火茶，唐僧齊己詩〔一六〕：『高人愛惜藏崖裏，白甀封題寄火前。』

芳茶可娛

張孟陽《登成都〔白菟〕樓》詩云：『借問楊子舍，想見長卿廬。程卓累千金，驕侈擬五侯。門有連騎客，翠帶腰吴鈎。鼎食隨時進，百〔含〕〔和〕妙且殊。披林採秋橘，臨江釣春魚。黑子過龍醢，果饌踰蟹蝑。芳茶冠六〔情〕〔清〕，溢味播九區。人生苟安樂，兹土聊可娱。』〔《茶經》〕

甘露

新安王子鸞、豫章王子尚，詣曇濟道人于八公山。道人設茶茗，子尚味之曰：『此甘露也，何言茶茗！』

聖陽花〔一七〕

雙林大士自往蒙頂結庵種茶，凡三年，得絶佳者號『聖〔陽〕〔楊〕花』，持歸供獻。

龍團鳳髓

蘇東坡嘗問大冶長老乞桃花茶，有《水調歌頭》一首〔一八〕：『已過幾番雨，前夜一聲雷。鎗旗爭戰建溪，春色占先魁。採取枝頭雀舌，帶露和煙擣碎，結就紫雲堆。輕動黄金碾，飛起緑塵埃。老龍團，真鳳髓，點將來，兔毫盞裏，霎時滋味舌頭回。唤醒青州從事，戰退睡魔百萬。夢不到陽臺，兩腋清風起，我欲上蓬萊。』東坡嘗游杭州諸寺，一日飲釅茶七碗，戲書云〔一九〕：『示病維摩原不病，在家靈運已忘家。何須魏帝一丸藥，且盡盧仝七碗茶。』

久食益意思

華佗字元化，《食論》云：『苦茶久食益意思。』又，《神農食經》：『茶茗宜久服，令人有力悅志。』（《茶經》）

嘗味少知音

王禹偁字元之，《過陸羽茶井》詩云〔二〇〕：『甃石封苔百尺深，試茶（嘗）〔餘〕味少知音。惟（餘）〔留〕半夜泉中月，（留）〔嘗〕得先生一片心。』

蕃使亦有之〔二一〕

（党）〔常〕魯〔公〕使西蕃，烹茶帳中。（蕃使）〔贊普〕問：『（何爲）〔此爲何物〕？』魯〔公〕曰：『滌煩（消）〔療〕渴，所謂茶也。』贊普曰：『我〔此〕亦有（之）。』命取出以示曰：『此壽州者，〔此舒州者〕，此顧渚者，此蘄門者。』

未遭陽侯之難〔二二〕

蕭衍子西豐侯蕭正德歸降時，元義欲爲〔之〕設茗。先問：『卿於「水厄」多少？』正德不曉義意，荅曰：『下官生於水鄉，立身以來，未遭陽侯之難。』坐客大笑。

王濛水厄

晉司徒長史王濛，字仲祖，好飲茶。(客)〔人〕至輒〔命〕飲之。士大夫甚以爲苦[二三]，每欲〔往〕候（濛），必云：『今日有「水厄」。』

瀹茗必用山泉[二四]，次梅水。梅雨如膏，萬物滋生，其味獨甘。《仇池筆記》云[二五]：　時雨甘，潑煮茶美而有益。梅後便劣，至雷雨最毒，令人霍亂。秋雨、冬雨，俱能損人。雪水尤不宜，令肌肉消鑠。黄河水自西北建瓶（瓴？）而東，支流雜聚，何所不有。舟次無名泉，取之充用可耳。謂其源從天上來，不減惠泉，未是定論。

余少侍家漢陽大夫，聆許文穆、汪司馬過談溪上。謂新安江水以潁上爲最，味超惠泉。令汲煮茶，毋雜烹點，慮奪水茶之韻。

近過考功趙高邑，值時雨如注。令銀鹿向荷池取蓮花葉上水，烹茶飲客，味品殊勝。

李大司徒當玫瑰盛開時，令豎子清晨收花上露水煮茶。味似歐邏巴國人利西泰所製薔薇露。

蘇才翁與蔡君謨鬥茶，蔡用惠泉，蘇以天台竹瀝水勝之。不知對（？）今日，二公之水孰佳？

陶穀學士謂：　湯者，茶之司命，水爲急務。漫紀見聞數則，果爲『水厄』耶，抑爲茶知己耶？　試參之。

茶厄

茶内投以果核及鹽、椒、薑、橙等物，皆茶厄也。至倪雲林點茶用糖，尤爲可笑。

茶宴

錢起字仲文，與趙莒茶宴。又嘗過長孫宅，與郎上人作茶會。

冰茶

逸人王休，每至冬時，取冰敲其精瑩者煮建茶，以奉客。《開元遺事》〔二六〕

素甆芳氣

顔魯公《月夜啜茶聯句》〔二七〕：『流華淨肌骨，疏瀹滌心（源）〔原〕。』『素甆傳靜夜，芳氣浦閑軒。』

玉塵香乳

楊萬里號誠齋，《謝傅尚書茶》〔二八〕：『遠餉新（茗）〔茶〕，當自携大瓢，走汲溪泉，束澗底之散薪，燃折腳之石鼎，烹玉塵，啜（香）〔雲〕乳，以享天上故人之意。媿無胸中之書傳，但一味攪破菜園耳。』

名别茶荈

郭璞云：『茶者，南方佳木[二九]。早取爲茶，晚取爲荈[三〇]。』

茶須色香味三美具備[三一]：色，以白爲上，青緑次之，黄爲下；香，如蘭爲上，如蠶豆花次之；味，以甘爲上，苦澀斯下矣。

怎得黄九不窮

黄魯直論茶[三二]：『建溪如割，雙井如霆，日鑄如勢。』所著《煎茶賦》：『洶洶乎如澗松之發清吹，皓皓乎如春空之行白雲。』一日，《以小龍團半鋌題詩贈晁無咎》：『曲几蒲團聽煮湯，煎成車聲繞羊腸。雞蘇胡麻留渴羌，不應亂我官焙香。』東坡見之，曰：『黄九恁地，怎得不窮？』

以爲上供

張舜民號芸叟，云[三三]：有唐茶品，以陽羨爲上供，建溪北苑未著也。貞元中，常衮爲建州刺史，始蒸焙而研之，謂研膏茶。

白鶴茶

《岳陽風土記》：李肇所謂灉湖之含膏也〔三四〕，今惟白鶴僧園有千餘本，一歲不過一二十兩。

乳妖

吴僧文了善烹茶，遊荆南，高保勉子季興延置紫雲菴。日試其藝，奏授『華亭水大師〔上人〕』，目曰『乳妖』。〔《清異録》〕

百碗不厭

唐大中三年，東都進一僧，年一百〔三〕〔二〕十歲。宣〔宗〕〔皇〕問：『服何藥〔而〕致〔然〕〔此〕？』對曰：臣少也，賤〔素〕不知藥性，本好茶，至處惟茶是求，或飲百碗不厭。因賜茶五十斤，令居保壽寺。〔《南部新書》卷八〕

草木仙骨〔三五〕

丁晉公言：嘗謂石乳出壑嶺斷崕缺石之間，蓋草木之仙骨。又謂：鳳山高不百丈，無危峰絶巘而岡阜環抱，氣勢柔秀，宜乎嘉植靈卉之所發也。

茗飲酪奴

王肅仕南朝，好茗飲、蓴羹。及還北地，又好羊肉、酪漿。人或問之：『茗何如酪？』肅曰：『茗不堪與酪爲奴。』〔《茶經》引《後魏録》〕

茶果素業

陸納爲吴興太守，時衛將軍謝安常欲詣納。納兄子俶怪納無所備，不敢問之，乃私蓄數十人饌。安既至，所設唯茶果而已。俶遂陳盛饌，珍饈畢具。及安去，納杖俶四十。云：『汝既不能光益叔父，奈何穢吾素業。』〔同上引《晉中興書》〕

以茶代酒〔三六〕

吴韋曜飲酒不過二升，（孫）皓初禮異，密賜茶荈以代酒。

嬌女

左思《嬌女詩》：『吾家有嬌女，皎皎頗白皙。小字爲紈素，口齒自清歷。有姊字惠芳，眉目粲如畫。馳（鶩）〔鶩〕翔園林，果下皆生摘。貪華風雨中，倏忽數百適。心爲茶荈劇，吹噓對鼎鑼。』

茗賦

鮑昭妹令暉著《香茗賦》。

老姥鬻茗

晉元帝時有老姥，每旦獨提一器茗，往市鬻之，市人競買，自旦至夕，其器〔茗〕不減。所得錢，散路傍孤貧乞人。

緑華紫英〔三七〕

同昌公主，上每賜〔御〕饌，其茶有緑華、紫英之號。

瓦盂盛茶

《晉四王起事》：惠帝蒙塵，還洛陽，黄門以瓦盂盛茶，上至尊。

茗祀獲錢

剡縣陳務妻，少與二子寡居，好飲茶茗。以宅中有古塚，每飲，輒先祀之。二子患之曰：『古塚何知，徒以勞意。』欲掘去之，母苦禁而止。其夜，夢一人云：『吾止此塚三百餘年，卿二子恒欲見毀，賴相保護，又享吾佳茗。雖潛壤朽骨，豈忘翳桑之報！』及曉，于庭中獲錢十萬，似久埋者，但貫新耳。母告二子，慙之。從是，禱饋愈甚。

苦茶羽化

壺居士《食忌》：苦茶久食羽化，與韮同食，令人體重。

苦口師〔三八〕

謝氏論茶曰：此丹丘之仙茶，勝烏程之御荈。不止味同露液，白況霜華，豈可爲酪蒼頭，便應代酒從事。杜牧之詩：『山寔東（南）〔吳〕秀，茶稱瑞草魁。』皮日休詩：『石盆煎皐盧。』曹鄴詩：『劍外九華（美）〔英〕。』施肩吾詩：『茶爲滌煩子，酒爲忘憂君。』胡嶠詩：『沾牙舊姓餘甘氏，破睡當封不夜侯。』陶彝詩：『生涼好喚雞蘇佛，回味宜稱橄欖仙。』皮光業詩：『未見甘心氏，先迎苦口師。』《清異録》名『森伯』，又名『晚甘侯』。焦氏《説楛》

松風檜雨〔三九〕

李南金云：《茶經》以魚目湧泉連珠爲湯候，未若辨聲之易也。故爲詩曰：『砌蟲唧唧萬蟬催，忽有千車捆載來。聽得松風并澗水，急呼縹色緑甆杯。』羅景綸爲詩補之云：『松風檜雨到來初，急引銅瓶離竹爐。待得聲聞俱寂後，一甌春雪勝醍醐。』焦氏《説楛》

在茶助風景〔四〇〕

唐人以對花啜茶爲殺風景。故王介甫詩：『金谷（千）〔看〕花莫漫煎。』其意在花非在茶也。余則以金谷花前信不宜矣。若把一甌對山花啜之，當更助風景，又信何必『羔兒酒』也！《清紀》

好相〔四一〕

山谷云：『相茶瓢與相邛竹同法，不欲肥而欲瘦，但須飽（風）霜〔露〕耳。』《清紀》

茶夾銘

李卓吾曰：我老無朋，朝夕惟汝，世間清苦，誰能及予。逐日子飦，不辨幾鍾；每夕子酌，不問幾許。夙興夜寐，我願與子終始。子不姓湯，我不姓李，總之一味清苦到底。

從來談詩

茶如佳人，此論雖妙，但恐不宜山林間耳。昔蘇子瞻詩云：『從來佳茗似佳人。』曾茶山詩〔四二〕：『移人尤物衆談誇。』是也。若欲稱之山林，當如毛女、麻姑，自然仙風道骨，不浼煙霞可也。必若桃臉柳腰，宜亟屏之銷金帳中，無俗我泉石。《清紀》

可喜〔四三〕

茶熟香清，有客到門可喜；鳥啼花落，無人亦是悠然。《清紀》

茗戰〔四四〕

和凝在朝，率同列遞日以茶相飲。味劣者有罰，號爲『湯社』。建人亦以鬥茶爲茗戰。《清紀》曰：則何益矣。茗戰有如酒兵，試妄言之，談空不若説鬼。

茶政

馮祭酒精於茶政，手自料滌，然後飲客，不經茶童之手。袁吏部謂茶有真味，非甘苦也。二公調同，欲空凡俗之味。一精賞論，一快躬操，俱有世外趣。適園云〔四五〕：『煎茶非漫浪，要須其人與茶品相得。故其法每傳于高流隱逸，有(雲)〔煙〕霞泉石磊塊胸次間者。』

茶竈疎煙

竹風一陣，飄颺茶竈疎煙；梅月半彎，掩映書窗殘雪。真使人心骨俱冷，體氣欲仙。

睡菴詠《祭酒湯》〔四六〕：『閒尋鹿迹偶遊此，乍聽松風亦爽然。』

樂天六班〔四七〕

白樂天〔方〕齋，劉禹錫正病酒。禹錫乃餽菊苗齏、蘆菔鮓，换樂天六班茶二囊，煮以醒酒。

蘇廙十六湯品〔四八〕入夫品之佳者

第一得一湯：火績已除，水性乃盡，如斗中米，如秤上魚，高低適平，無過、不及爲度，蓋一而不偏雜者也。天得一以清，地得一以寧，湯得一可建湯勳。第七富貴湯：以金銀爲湯器，惟富貴者具焉。所以策功建湯業，貧賤者有不能遂也。湯器之不可捨金銀，猶琴之不可捨桐，墨之不可捨膠。第八秀碧湯：石凝結天地秀氣而賦形者也，琢以爲器，秀猶在焉。其湯不良，未之有也。第九壓一湯：貴欠金銀，賤惡銅鐵，則磁瓶有足取焉。幽士逸夫，品色尤宜，豈不爲瓶中之壓一乎？然勿與誇珍衒豪臭公子道。諺曰：茶瓶用瓦，如乘折腳駿，登高好事者幸誌之。不入湯品具于左：嬰湯（二），百壽湯（三），中湯（四），斷脉湯（五），大壯湯（六），纏口湯（十），減價湯（十一），法律湯（十二），一面湯（十三），宵人湯（十四），賊湯（十五），一名賤湯。魔湯（十六）。

茗香

荳花棚下嗅雨，清矣茗香；蘆荻岸中御風，冷然挾纊。

水遞〔四九〕

唐李德裕任中書，愛飲無錫惠山泉。自錫至京置遞鋪，號『水遞』。有一僧謁見，曰：『相公欲飲惠山泉，當在京師昊天觀常住庫後取。』德裕大笑其荒唐。乃以惠山一罌，昊天一罌，雜以他水一罌，暗記之，遣僧辨析。僧因啜嘗，止取惠山、昊天二罌，德裕大奇之，即停『水遞』。《鴻書》

茶名〔五〇〕

紫笋，顧渚。黄芽，霍山。神泉，東川。碧澗，峽（山）〔州〕。緑昌明，劍南。明月，芳〔蕊〕，茱萸寮。峽州。以上爲昔日之佳品，垂今則珍賞虎丘、松蘿、天池、龍井、羅岕、雲霧諸品，勝也。

茶經要事

苦節君，湘竹風爐。建城，藏茶箬籠。湘筠焙，焙茶箱。雲屯，泉缶。烏府，盛炭籃。水曹，滌器桶。鳴泉，煮茶罐。品司，編竹爲撞，收貯各品葉茶。沉垢，古茶洗。盆盈，水杓。執權，準茶秤。合香，藏日支茶瓶以貯司品者。歸潔，竹筅箒，用以滌壺。漉塵，洗茶籃。商象，古石鼎。遞火，相火斗。降紅，銅火筋，不用連索。國風，湘竹扇。注春，茶壺。静沸，竹架，即《茶經》支腹。運鋒，鑱果刀。啜香，茶甌。受汙，拭抹布。都統籠，陸羽置盛以上茶具。《王十嶽山人集》〔五一〕

茶有九難〔五二〕

陸羽《茶經》言，茶有九難：陰采夜焙，非造也；嚼味嗅香，非别也；膏薪庖炭，非火也；飛湍壅潦，非水也；外熟内生，非炙也；碧粉縹塵，非末也；（摻）〔操〕艱攪遽，非煮也；夏興冬廢，非飲也；（膩）〔羶〕鼎腥甌，非器也。《升菴先生集》

茶訣〔五三〕

陸龜蒙自云：嗜茶作《品茶》一書，繼《茶經》、《茶訣》之後。龜蒙置茶園顧渚山下，歲取租茶，自判品第。自注云：《茶經》，陸季庇撰；《茶訣》，釋皎然撰。庇即陸羽也，羽字鴻漸，季庇或其别字也。《茶訣》今不傳，予又見《事類賦注》多引《茶譜》，今不見其書。《升菴先生集》

茶夾銘〔五四〕

程宣子曰：石筋山脉，鍾異于茶。馨含雪尺，秀起雷車，采之擷之，收英斂華。蘇蘭薪桂，雲液露芽，清風兩腋，玄浦盈涯。

茶譜〔五五〕

毛文錫《茶譜》云：茶，樹如瓜蘆，葉如梔子，花〔白〕如薔薇，實如栟櫚，蒂如丁香，根如胡桃。

酒龍 于茶何關，韻殊勝。

陸龜蒙詠茶詩〔五六〕：『思量北海徐劉輩，枉向人間號酒龍。』北海謂孔融；〔徐劉〕，徐邈及劉伶也。

張陸奇語

張又新《煎茶水記》『粉槍末旗，蘇蘭薪桂〔五七〕』；陸羽《茶經》『育華救沸』，皆奇俊語。

荼茶〔五八〕

荼即古茶字也。『周詩記（荼苦）〔苦荼〕』，《春秋》書齊荼，《漢志》書荼陵，至陸羽《茶經》、玉川《茶歌》、趙贊《茶禁》以後，遂以荼易茶。

澄碧似中泠

郡丞淩元孚紀遊黃山云：芙蓉駐車，一望天都而下，諸峰盡在襟帶間。青龍潭，巨石橫亘。其後，水潺潺出石罅中，下注潭底。其中積翠可摘，璀璨奪目，欲染人衣。視之，一蹄涔耳。以綆約之，深且倍尋。予乃新其名曰『澄碧』。水際，盤石延袤數丈許，平衍如席依然。跏趺坐，亟取囊中松蘿茶，烹潭水共啜，味冲甘，酷似楊子中（泠）〔泠〕，或謂過之。《黄海》〔五九〕

甘草癖〔六〇〕

宣城何子華，邀客于剖金堂慶新橙。酒半，出嘉陽嚴峻畫陸鴻漸像。子華因言：『前世惑駿逸者爲「馬癖」，泥貫索者爲「錢癖」，躭于子息者爲「譽兒癖」，躭于褒貶者爲「《左傳》癖」。若此叟者，溺於茗事，將何以名其癖？』楊粹仲曰：『茶至珍，蓋未離乎草也。草中之甘，無出茶上者，宜追目陸氏爲「甘草癖」。』

生成盞

沙門福全，生于金鄉，長于茶海。能注湯幻茶，成一句詩，並點四甌，共一絶句，泛乎湯表。小小物類，唾手辦耳。檀越日造門，求觀湯戲。全自咏曰：『生成盞裏水丹青，巧（盡）〔畫〕工夫學不成。卻笑當時陸鴻漸，煎茶（蠃）〔贏〕得好名聲。』

水豹囊

豹革爲囊，風神呼吸之具也。煮茶啜之，可以滌滯思而起清風。每引此義，稱茶爲『水豹囊』。《清異録》

採茗遇仙〔六二〕

《神異記》：『餘姚人虞洪，入山採茗。遇一道士，牽三青牛，引洪至瀑布山。曰：「(予)〔吾〕丹丘子也，聞子善〔具〕飲，常思見惠，山中有大茗，可以相給。祈子他日〔有〕甌犧之餘，乞相遺也。」因立奠祀。』

食脱粟飯茗

《晏子春秋》：『嬰相齊景公，時食脱粟之飯，炙三(戈)〔弋〕、五(卵)〔卯〕，茗菜而已。』

茶子

傅巽《七誨》：『峘陽黄梨，巫山朱橘，南中茶子，西極石蜜。』茶子，觸處有之，而永昌者味佳，乃知古人已入文字品題矣。

所餘茶蘇

《〔晉書〕·藝術傳》：『燉煌人單道開，不畏寒暑，(常)〔恒〕服小石子。所服藥有松桂蜜之氣，所(餘)〔飲〕茶蘇而已。』

療瘦

《枕中方》：『療積年瘻，苦茶、蜈蚣並炙，令香熟，等分，擣篩，煮甘草湯洗，以末傅之。』

小兒驚蹶

《孺子方》：『療小兒無故驚蹶，以苦茶、葱鬚煮服之。』

茶効〔六二〕

人飲真茶，能止渴消食，除痰少睡，利水道，明目益思。《本草拾遺》除煩去膩，人固不可一日無茶。然或有忌而不飲。每食已，輒以濃茶漱口，煩膩既去，而脾胃不損。凡肉之在齒間者，得茶漱滌之，乃盡消縮，不覺脱去，不煩刺挑也。而齒性便(苦)〔若〕緣此漸堅密，蠹毒自已矣。然率用中茶。《坡仙集》

擇果〔六三〕

茶有真香，有佳味，有正色，烹點之際，不宜以珍果香草雜之。奪其香者，松子、柑橙、蓮心、木瓜、梅花、茉莉、薔薇、木樨之類是也。奪其味者，牛乳、番桃、茘枝、圓眼、枇杷之類是也。奪其色者，柿餅、膠棗、火桃、楊梅、橙橘之類是也。凡飲佳茶，去果方覺清絶，雜之則無辨矣。若欲用之，所宜核桃、榛子、瓜仁、杏仁、欖仁、栗子、雞頭、銀杏之類，或可用也。

論水〔六四〕

田子藝曰：『山下出泉（爲）〔曰〕「蒙」，〔蒙〕，穉也。物穉則天全，水穉則味全，故鴻漸曰：「山水上。」其曰「乳泉石池（慢）〔漫〕流者」，蒙之謂也；其曰「瀑湧湍激者」，則非蒙矣。故戒人勿食。』

混混不舍，皆有神以主之。故天神引出萬物，而《漢書》三神，山岳其一也。

源泉必重，而泉之佳者尤重。餘杭徐隱翁嘗（爲余）言：『以鳳皇山泉較阿姥墩、百花泉，便不及五（泉）〔錢〕，可見仙源之勝矣。』

山厚者泉厚，山奇者泉奇，山清者泉清，山幽者泉幽，皆佳品也。不厚則薄，不奇則蠢，不清則濁，不幽則喧，必無佳泉。

泉非石出者，必不佳。故《楚詞》云：『飲石泉兮蔭松柏。』皇甫曾《送陸羽》詩：『幽期山寺遠，野飯石泉清。』梅堯臣《碧霄峰茗詩》：『烹處石泉嘉。』又云：『小石冷泉留早味。』誠可爲賞鑑者矣。流遠則味淡，須深潭停蓄，以復其味，乃可食。

泉不流者，食之有害。《博物志》曰〔六五〕：『山居之民，多癭腫疾。』由于飲泉之不流者。

《拾遺記》：蓬萊山冰水，飲者千歲。

《拾遺記》蓬萊山沸水，飲者千歲，此又仙飲〔六六〕。《圖經》云：黄山舊名黟山，東峰下有朱砂湯泉可點茗。春色微紅，此則自然之丹液也。

有黄金處，水必清；有明珠處，水必媚；有子鮒處，水必腥腐；有蛟龍處，水必洞黑。媺惡〔六七〕，不可不辨也。

味美者曰甘泉，氣芳者曰香泉，所在間有之。亦能養人，然甘易而香難，未有香而不甘者也〔六八〕。

《拾遺記》：員嶠山北、甜水遶之，味甜如蜜。《十洲記》：元洲玄澗，水如蜜漿，飲之與天地相畢。又曰：生洲之水，味如飴酪。

水中有丹者，不惟其味異常，而能延年卻疾。葛玄少時爲臨沅令，此縣廖氏家世壽，疑其井水殊赤。乃試掘井左右，得古人埋丹砂數十斛。

露者，陽氣勝而所散也。色濃爲甘露，凝如脂，美如飴，一名膏露，一名天酒是也。

雪者，天地之積寒也。《汜勝〔之〕書》：『雪爲五穀之精。』《拾遺記》：『穆王東至大㩳之谷，西王母來進嵰州甜雪，是靈雪也。』

雨者，陰陽之和，天地之施，水從雲下，輔時生養者也。和風順雨，明雲甘雨。《拾遺記》：『香雲遍潤，則成香雨。皆靈雨也，固可食。若夫秋之暴雨及簷溜者，皆不可食。』

揚子，固江也，其南零則夾石渟淵，特入首品。若吴淞江，則水之最下者也，亦復入品，甚不可解。

若杭之水：山泉以虎跑爲最，〔老〕龍井、真珠寺二泉亦甘。北山葛仙翁井水，食之味厚。城中之水，以吴山第一泉首稱，品之不若施公井、郭婆井二水清洌可茶。若湖南近二橋中水清，晨取之烹茶妙甚，無伺他求。養水取白石子入甕〔中〕，雖養其味，亦可澄水不淆〔六九〕。

煮茶得宜而飲非其人，猶汲乳泉以灌蒿萊，罪莫大焉。飲之者一吸而盡，不暇辨味，俗莫甚焉〔七〇〕。

文火

顧況論茶云：煎以文火細煙，小鼎長泉。《茶録》〔七一〕

茶神

竟陵僧有于水濱得嬰兒者，育爲弟子。稍長，自筮，遇蹇之漸，繇曰：『鴻漸于陸，〔其〕羽可用爲儀。』乃姓陸，字鴻漸，名羽。嗜茶，（注）〔著〕《茶經》三篇，言茶之原、之法、之具尤備，天下益知飲茶矣。時鬻茶者，陶（潛）羽〔形，祀〕以爲茶神。《陸羽傳》〔七二〕

茶品上中下

《茶經》云：茶，上者生爛石，中者生礫壤，下者生黄土。

縷金〔七三〕

茶之品莫貴于龍鳳團，凡八餅重一斤。慶暦間，蔡君謨爲福建運使，始造小片龍茶，其品絶精，謂之小龍團。凡二十〔八〕餅重一斤，其價直金二兩。然金可有而茶不可得，每因南郊致齋，中書、樞密院各賜一餅，四人分之。宫人往往縷金〔花〕其上，其貴重如此。《歸田録》〔大小〕龍團始于丁晉公，成于蔡君謨。歐陽永叔歎曰：『君謨士人也，何至作此事！』

寒爐烹雪

五代鄭愚《茶詩》〔七四〕：『嫩芽香且靈，吾謂草中英。夜臼和煙擣，寒爐對雪烹。惟憂碧粉散，嘗見緑花生。』

破柱驚雷〔七五〕

文書滿案惟生睡，夢裏鳴鳩唤雨來。乞得降魔大（員）〔圓〕鏡，真成破（樹）〔柱〕作驚雷。

茗粥

《茶録》云〔七六〕：『茶古不聞，晉宋以降，吴人採葉煮之，謂之茶茗粥。』

仙人掌

《李白詩集序》云〔七七〕：荆州玉泉寺玉泉邊，有茗香滑，枝葉如碧玉。僧中孚示〔余〕數十片，狀如仙人掌。

雲覆蒙嶺

《東齋記事》〔七八〕：蜀雅州蒙（嶺）〔頂〕産茶最佳，其生最晚，常在春夏之交。方茶〔之〕生。常有雲霧覆其上，若有神物護持之。

盧仝走筆〔七九〕

莫誇李白仙人掌，且作盧仝走筆章。梅聖俞〔詩〕

毁茶論〔八〇〕

常伯熊因陸羽論，復廣煮茶之功。李季卿宣諭江西，知伯熊善煮茶，召伯熊執器，季卿爲再舉杯。至江南，有薦羽者，召之。羽衣野服，挈具入，季卿不爲禮。茶畢，命〔奴子〕取錢三十文，酬煎茶博士。羽愧之，更著《毁茶論》。《陸羽傳》

斛二瘕〔八一〕

有人喜飲茶，飲至一斛二斗。一日過量，吐如牛肺一物。以茗澆之，容一斛二斗。客云：此名斛二瘕。

《太平御覽》

茗飲〔八二〕

汲澗供煮茗，浣我雞黍腸。蕭然緑陰下，復此甘露嘗。慨彼俗中士，噂喈聲利場。高情屬吾黨，茗飲安可忘！謝幼槃〔詩〕。

辨煎茶水〔八三〕

贊皇公李德裕居廊廟日，有親知奉使于京口。李曰：『還日，金山下揚子江南零水，與取一壺來。』其人舉棹日，醉而忘之，泛舟上石城，方憶。乃汲一瓶于江中，歸京獻之。李公飲後，歎訝非常。曰：『江表水味，有異于頃歲矣，此水頗似建業石頭城下水。』其人謝過不隱。

煎茶辨候湯〔八四〕

李約，汧公〔之〕子也。一生不近粉黛，性〔唯〕嗜茶。嘗曰：『茶須緩火炙，活火煎。』〔活火〕，謂炭火之有焰者。當使湯無妄沸，庶可養茶。始則魚目散布，微微有聲；中則四邊泉湧，纍纍連珠，終則騰波鼓浪，水氣全消，謂之老湯。三沸之法，非活火不能成也。《因話録》

清人樹〔八五〕

謁閩甘露堂前有茶樹兩株，〔鬱茂〕婆娑，宫人呼〔爲〕『清人樹』。

【校證】

〔一〕是録爲宋黄道輔所輯　方案：此指宋·黄儒（字道輔）撰《品茶要録》，百二既刻入《程氏叢刻》，又續輯成《品茶要録補》。其實兩書内容、體例均不相及，程百二不過藉黄儒之書以廣其傳而已，其原因無非是大名鼎鼎的蘇軾爲黄書寫過一篇跋，程氏欲藉以自重。《録》、《補》本宋、明兩作者相隔五百三十年的判然兩書，且一撰一輯，其在茶學史上的地位不可同日而語。今人竟誤讀此句，以爲《品茶要録補》亦黄儒所輯，亟需訂正。

〔二〕澹園焦夫子已鑒定之　方案：此指黄儒《品茶要録》，宋本久佚，明萬曆間（十七世紀初）甫出，時人對其是否真出黄儒存有疑問，焦竑鑒定，認爲出於宋人黄儒之手無疑。『焦夫子』，即焦竑（一五四〇—一六二〇），字弱侯，號澹園，又號漪園。江寧（治今江蘇南京）人。萬曆十七年（一五八九）進士，授翰林院修撰。萬曆三十七年（一六〇九），官至南京國子監司業，時已届致仕之齡，遂辭官在南京講學。焦竑爲明代著名學者，博極羣書，著作極多。主要有《國史經籍志》、《國朝獻徵録》、《焦氏筆乘》、《易荃》、《老子翼》、《莊子翼》、《禹貢解》、《陰符經解》、《焦氏類林》、《玉堂叢話》、《澹園集》、《焦弱侯問答》、《支談》、《熙朝名臣實録》、《遜國忠臣録》、《俗書刊誤》、《中原文獻》等。福王時追謚文端。事具《慎修堂集》卷七《焦澹園先生論學序》，《方初庵先生集》卷五《焦弱侯仕義序》，《鄒子願學集》卷四《焦弱侯太史選朝序》、《壽焦太史七十序》，《羣玉樓集》卷三五《壽焦太史八十序》，《嬾真草堂文集》卷一四《正續筆乘序》，同上書卷一六《玉堂叢語序》及《明史》卷二八八《本傳》，《明儒學案》卷三五等。因焦氏名重當時，故其作出書之真僞的鑒定頗具權威性。

〔三〕邇者目董玄宰陳眉公贊夏茂卿爲茶之董狐　方案：『董玄宰』，即董其昌（一五五六—一六三七），字玄宰，號思白，華亭人。『陳眉公』，即陳繼儒（一五五八—一六三九），字仲醇，號眉公，亦華亭人。『夏茂卿』，即夏樹芳，字茂卿，夏謙吉（一五二七—一五九五）子，江陰人。撰有《茶董》。『茶之董狐』，其語見於陳繼儒手書《茶董小序》（刊《茶董》卷首）：『茂卿，茶之董狐也。』董其昌《茶董題詞》則無此語也。或程氏誤記。餘詳拙編《茶董》提要及校釋。

〔四〕鄣郡程百二幼輿氏識　『鄣郡』，古地名。始見於《漢書·高帝紀》。秦置，一説楚漢之際始置。治故鄣縣（今浙江安吉縣西北）。轄境相當於今蘇、皖兩省江南、浙江新安江流域以北、江蘇茅山以西之地。程百二新安人，其地正在古鄣郡轄境内，古人自署郡望，嗜用古稱，以示其出身淵源之久遠。

〔五〕國史補　方案：此則出李肇《唐國史補》卷下。『江陵有楠木』，原書作『南木』。

〔六〕福州之柏岩　『柏岩』，原作『柏崖』，誤，據《茶譜》改。

〔七〕婺州之舉巖碧乳　『巖』，原譌作『崖』；『乳』，原形譌作『貌』，據改。令人費解的是：清乾隆《浙江通志》卷一〇四《物産・金華府》引《品茶要録補》正作『婺州之舉巖、碧乳』。疑《浙江通志》已據《茶譜》改正，極是。

〔八〕建安之石巖白 『巖』，原作『崖』，據《弇州四部稿》卷一七一改，説詳下注。方案： 此條出《大觀茶論・品名》，但原書作『石臼窠』，此爲諸葉白茶的産地，原書全句爲：『葉堅之碎石窠、石臼窠』。明代最早引用此條的王世貞書已訛作『石巖白』，此又作『石崖白』，皆誤。

〔九〕見茶論臆乘及茶譜通考 方案： 此程氏注是條出《大觀茶論》、《臆乘》、毛文錫《茶譜》、《文獻通考》（見卷一八《征榷考》）四種書。但明代始見此則於王世貞（一五二六—一五九〇）《弇州四部稿》卷一七一《説部・宛委餘編》。其後，徐應秋《玉芝堂談薈》卷三六、顧起元《説略》卷二五均轉録此條。明清之際的方以智（一六一一—一六七一）在《通雅》卷三九録入此條時已經稱『元美曰』（方案： 元美，王世貞字），似已不知其始出之書爲何。王世貞《四部稿》在『東川之獸目』句上有『洪州之西山白露、鶴嶺，睦州之鳩坑』十四字，程氏似因上條引《國史補》中已有此兩句而删。是則之末，王世貞原書有『唐宋時産茶地及名也』，疑此九字亦程氏所删。 今考此條所述茶産地和茶名，多見之於《茶譜》； 次則見之於《通考》，爲饒池州、潭州、臨江（軍）、袁州、岳州五條； 《茶論》則僅建安之青鳳髓、石臼窠二條（方案：『窠』或可作『臼』，即石臼窠所産之白茶； 此兩條又當併書作一條）； 而出《臆乘》者只一條，即原文作『岳陽曰含膏』，此卻又譌作岳陽之『含膏冷』。 含膏，實即上條李肇『岳州有灉湖之含膏』，宋・范致明《岳陽風土記》同，何嘗有『冷』字，所謂『含膏冷』者，其『冷』字實爲誤衍或臆加，其始作俑者非程百二即爲王世貞。又，是則雖王氏著之在前，但其《四部稿》由其孫始刊於崇禎中，而《程氏叢刻》則又刊行於其之前，況且此《山川異産》之二，兩書所述又詳略殊異，很難判斷其『著作權』屬誰。但程氏猶知出此四書，至清人竟妄合《茶譜》和《通考》（《文獻通考》之簡稱）爲一書，誤認爲有《茶譜通考》一書存世。見《續茶經》卷下之四、《天中記》卷四四、《廣羣芳譜》卷一八、《淵鑑類函》卷三九等，誤之甚矣。今人標點本則沿譌踵謬，不亦妄乎！特爲拈出並詳考如上。

〔一〇〕茶之别者……和茶作之　方案：此乃毛文錫《茶譜》中文，又見吴淑《事類賦注·茶》。此乃據《政和本草》卷一三引李宗諤《圖經》録入，亦出《茶譜》無疑，僅『皆』作『乃』，餘文字全同。其下文全同《本草》，當爲唐慎微之論。説明早在北宋，入雜僞茶就已肆行。

〔一一〕文獻通考　方案：是則出《通考》卷一八《征榷考》。其點校本已編入拙編《全集·補編》，請詳此書拙釋各條，此僅改正明顯錯字數處，不再重複出校記。

〔一二〕雪英雲葉　原誤作『雲英雪葉』，且誤合兩種貢茶爲一。據《宣和北苑貢茶録》改。類似之誤如上條『瓊林毓粹』、『價倍南金』二種貢茶，删去四字，捏合爲一，尤失倫緒。今亦據同書補正。此外，『金錢』與『玉華』，『蜀葵』和『寸金』，均將各二種貢茶誤合爲一。今亦點斷訂正。

〔一三〕紹聖曰南山應瑞　方案：熊蕃《宣和北苑貢茶録》『南山應瑞』條下原注『宣和四年造』，僅《天中記》作『紹聖四年造』，誤。應據改。《貢茶録》凡著録貢茶四十一品，皆徽宗時造，其中有圖三十八幅，程氏抽取十三品（方案：實應爲十七品）録之，乃去取無藝，且又錯訛多多。此條未著出處，經檢似轉引自明・陳耀文《天中記》卷四四，其條末注云出『《北苑貢茶録》』，則亦據熊書無疑。惟《天中記》已有誤，程氏在節引時又有新的舛誤。請參閲本《全集》上編所收入之熊書及相關各條校釋。

〔一四〕味辨浮沉　方案：是條因録《茶録》文字有誤，兩『味』字皆非蔡《録》原書所有，故所擬條名，應改作『茶辨浮沉』爲是。

〔一五〕隋文帝……載茗一車　方案：此則程氏似據《天中記》卷四四録文，原書題作《飲茗治腦》。程氏有刪節，如『服之當愈』，陳書原作：『煮而飲之當愈，服之有效。』『權紓《茗贊》』以下之文，已見宋人葉廷珪《海録碎事》卷六及高似孫《緯略》卷七。『茗』，原脱，據補。

〔一六〕唐僧齊己詩　方案：此齊己《詠茶》詩一聯佚句，『崖』，原作『巖』。出《三山老人語録》，見《全唐詩》卷八四七。

〔一七〕聖陽花　方案：是條原出《清異録》卷下，『陽』，原作『楊』，應據改。此乃刪節而成；程氏刪節有二誤，原首句作『吴僧梵川誓願燃頂供養雙林傅大士，自往蒙頂結庵種茶。』則種茶者乃吴僧梵川（宋僧），而非傅大士。『種茶凡三年』句下，原有『味方全美』四字。『聖陽花』下，又有『吉祥蕊共不踰五斤』八字。『雙林傅大士』，事具宋・程俱《北山集》卷一八《雙林大士碑》及元・釋念常《佛祖歷代通載》卷九。稱其俗姓傅，名翕，法號善惠，婺州義烏人，原納劉氏女，生有二子。於梁中大通五年（五三三）捨田宅、賣妻子得錢五萬而創雙林寺，成一代高僧。其前，明人彭大翼《山堂肆考》卷一九三已作『傅大士自往蒙頂』，疑即沿此書之誤，彭書有萬曆二十三年（一五九五）序，成書早於程百二是書。

〔一八〕蘇東坡嘗問大冶長老乞桃花茶有水調歌頭一首　方案：此詞始見於此，疑非是。檢四庫本《東坡全集》卷一三有《問大冶長老乞桃花茶栽東坡》，自宋至清，注蘇詩者蜂起，無一人提及此首詞乃向長老乞茶而作，詞意亦不相符。詞又見於夏樹芳《茶董》、《廣羣芳譜》卷二一等，文全同。亦謂蘇軾詞，但未説乃爲乞『桃花茶』而作。今核自南宋本以來的諸本《東坡詞》，均無此闋檢《全宋詞》亦無此闋。今始見於此，頗疑乃為明人嫁名僞作。俟更考。

〔一九〕戲書云　方案：蘇軾此詩見《東坡全集》卷五，題作《遊諸佛舍一日飲釅茶七盞戲書勤師壁》。

〔二〇〕過陸羽茶井詩云　方案：王禹偁此詩見《小畜集》卷七，題作《陸羽泉茶》。文字已據《小畜集》校改。王詩乃其初仕長洲（治今蘇州）縣尉時作。所詠乃虎丘石井，宋俗稱『陸羽泉』，陸羽品爲天下第三泉。傳誦甚廣，宋代類書和方志已備録之。如又見於《記纂淵海》卷一二，《事文類聚·續集》卷一二，《方輿勝覽》卷二等。但《勝覽》卷四九又兩録之，又稱乃詠蘄州蘭溪泉，爲禹偁貶黄州移蘄州時所作，《萬花谷·續集》卷一〇亦云詠蘭溪泉所作，誤甚。

〔二一〕蕃使亦有之　方案：此則據唐·李肇《國史補》（點校本）卷下校補。據書中内容，『蕃使』，應改作『贊普』。又，文已校改。

〔二二〕未遭陽侯之難　方案：與四庫本《洛陽伽藍記》卷三，文幾全同，惟脱『之』字，據補。又，此末句已有删節，原作『元義與舉坐之客皆笑焉』。

〔二三〕士大夫甚以爲苦　方案：是則據《太平御覽》卷八六七引《世説新語》校改。『甚以爲苦』，原作『皆患之』。

〔二四〕瀹茗必用山泉　方案：自此起，至《茶厄》條之上『試參之』，凡六條，均程氏已見，是本書極少見的出於百二手筆的内容。其中仍有引書證已見之文。

〔二五〕仇池筆記云　方案：《仇池筆記》，原爲東坡手澤，即蘇軾隨手所記，類似於讀書札記之類的書法遺墨。蘇軾故後，其手澤編輯成書，謂《志林》，麻沙本《東坡大全集》中已有《志林》三卷，作爲與《志林》相『表裏』之書（此明萬曆趙開美刊本《筆記》自序中語），其編輯成書略晚於《志林》。但在南宋初成書的曾慥《類説》卷九、卷一〇已輯入《筆記》二卷，趙開美明刊本《筆記》與《志林》重複的内容删歸存目而已。因此，輕易否定《筆記》，認爲其乃僞書，或即從《志林》中録出，兩書實乃一書之類比較流行的説法未確。筆者對校兩書後認爲：《筆記》與《志林》乃同源於『手澤』之兩書，似均由宋代坊間書賈編輯成書。《志林》成書在先，《筆記》稍後。《志林》内容較多，《筆記》所録亦有《志林》所無之内容，兩書可互補、互校。程氏所引僅十字，已節删改寫。是條兩見於《志林》卷一和《類説》卷九所録《筆記》（卷上），趙開美萬曆本已删（注：互見於《志林》）。今據《志林》卷一《論雨井水》（此目今人點校者所擬）録文，見於《類説》卷九的《筆記》原篇題作《服井花水》，較《志林》文（凡一百五十餘字）已有删節，今録《志林》相關文字，凡《類説》本已删之文用圓括號，供參閲。『時雨降，多置器廣庭中，所得甘滑不可名，以潑茶煮藥，皆美而有益。（正爾食之不輟，可以長生。）其次井泉甘冷者，（皆良藥也。）』又，程氏欲以此證已説梅雨之水僅次水泉，但《筆記》及《志林》只字未及梅水，實乃風馬牛不相及。明人著書多移花接木的傅會之説，於此可見一斑。

〔二六〕開元遺事　方案：是則見五代·王仁裕《開元天寶遺事》卷一《敲冰煮茗》，程氏已删節。原文爲：『逸人王休居太白山下，日與僧道異人往還，每至冬時，取溪冰敲其晶瑩者煮建茗，共賓客飲之。』

〔二七〕顔魯公月夜啜茶聯句　方案：此見唐·顔真卿《顔魯公集》卷一五，上聯注云『真卿』，下聯注云『陸士修』。此五言，乃顔與陸士修、張薦、李萼、崔萬、清晝聯句，陸作首尾二聯，餘五人，人各一聯。

〔二八〕謝傅尚書茶　方案：此見《誠齋集》卷一〇七《尺牘·答傅尚書》。『遠餉新茶』下，尚有『所謂「元豐至今人未識」者，老夫是以敢不重拜』云云十八字已删。『元豐』句，乃黄庭堅詩，指元豐五年賈青所創製極品貢茶『密雲龍』。從楊萬里此説，可證南宋中期仍産此茶。

〔二九〕茶者南方佳木　方案：此非郭璞《爾雅注》中語，乃陸羽《茶經》中首句。

〔三〇〕早取爲茶晚取爲荈　方案：《茶經·一之源》引郭注：『荈』作『茗』，下有『或一曰荈』。核影宋蜀大字本《爾雅注》原文作：『今呼早採者爲茶，晚取者爲茗，一名荈。』《茶經·七之事》所引同，僅脱下之『者』字，『名』作『曰』。程氏乃以己意删潤。

〔三一〕茶須色香味三美具備　方案：此程氏之論，體現了明代中期茶人對色香味之審評標準。

〔三二〕黄魯直論茶　方案：下之『建溪如割』等十二字，亦出《煎茶賦》，見《山谷集》卷一。下引《以小龍團贈晁無咎詩》見《山谷集》卷三，蘇軾評語，據任淵《山谷内集詩注》卷二稱，出《王立之詩話》。是書詳郭紹虞《宋詩話考》。

〔三三〕張舜民號芸叟云　方案：是則録自其《畫墁録》，文全同。

〔三四〕李肇所謂灉湖之含膏也　方案：此則節引自宋・范致明《風土記》。『李肇』上有『灉湖諸山舊出茶，謂之灉湖茶』十二字。似不應省略。是條意在説明：唐之灉湖茶始見於《國史補》，即宋之白鶴茶，則上引文應保留。

〔三五〕草木仙骨　方案：是則兩條出丁謂《北苑茶録》，原書已佚，佚文輯自《東溪試茶録》。本《全集》上編已有丁謂佚著輯本及校釋，請參閲。

〔三六〕以茶代酒　方案：自此以下八則，除《緑葉紫莖》外，其餘七條，均録自《茶經》卷下《七之事》。請參閲本《全集》上編《茶經》及各條校釋。

〔三七〕緑華紫英　方案：原作『緑葉紫莖』。是則見唐・蘇鶚《杜陽雜編》卷下。原文略云：『上每賜御饌，……其茶，則緑華紫英之號。』又，程氏首云『同昌公主』四字，應與下之『上每賜御饌』互乙，才文從字順。此則似轉引自《白孔六帖》卷一五，但《六帖》作『緑華紫英』不誤，餘皆同。據改。

〔三八〕苦口師　方案：本則『謝氏論茶曰』至『酒爲忘憂君』，始見於《説郛》卷一一上引楊伯嵒《臆乘》。『胡嶠詩』起，又見於沈自南撰《藝林彙考・飲食篇》卷七《茶茗類》。『南』改『吴』，據《全唐詩》卷五二二杜牧詩；『美』改『英』，據《説郛》本《臆乘》。

〔三九〕松風檜雨　方案：此則據宋・羅大經《鶴林玉露》卷三《丙編・茶瓶湯候》改寫節删而成。李南金，字晉卿，自號三溪冰雪翁，樂平人。寶慶二年（一二二六）進士，嘗任光化軍教授。事具正德《饒州府志》卷二。羅大經與其同科進士，故稱『余同年』。『湯候』，原書作『煮水之節』，類似之改動，不再一一列舉。羅大經，字景綸，本則所引後詩，即爲其作。其詩有云『急引銅瓶離竹爐』，足證明代風行之竹爐，至遲南宋已用於烹茶。

〔四〇〕在茶助風景　方案：是則前半，即至王安石詩句止，已始見於胡仔《苕溪漁隱叢話·前集》卷二二引《三山老人語録》。王安石詩見《臨川文集》卷三二《寄茶與平甫》，『千花』乃『看花』之譌。後半則出《清紀》。據《四庫全書總目》卷一四四：《清紀》五卷，明吴經先撰。是書模仿《世説》，分《清語》、《清事》、《清韻》、《清享》四門。《提要》謂其書『踳駁殊甚』，故著録於《子部·小説家存目》。

〔四一〕好相　方案：本則出《山谷集·山谷簡尺》卷下《答人簡·與敦禮秘校三》。原作『霜露』，被改作『風霜』，今回改。

〔四二〕曾茶山詩　方案：詩見曾幾《茶山集》卷五《逮子得龍團勝雪兩銙以歸予其直萬錢云》，爲此詩首句。曾幾（一〇八四—一一六六），字吉甫，號茶山居士，其先贛州（治今江西贛縣）人，後徙居洛陽。北宋末，入太學，賜上舍出身。擢國子正，爲辟雍博士，遷秘書省校書郎。出爲應天府少尹，靖康初，提舉淮東茶鹽公事。南宋初，歷宦廣西運判、提舉湖北茶鹽公事、江西提刑等職。紹興八年（一一三八），因其兄曾開力斥和議而得罪秦檜，與其兄同被罷官，後僑居上饒茶山寺凡七年，因以爲號。紹興二十五年（一一五五），檜死，復官。次年，知台州。隆興二年（一一六四）官至敷文閣待製，以通奉大夫致仕。卒謚文清。曾幾仕歷四朝，是兩宋之際著名的愛國詩人，畢生主張抗金復國。詩宗杜甫、黄庭堅，曾幾，又爲清江『三孔』外甥，又嘗從學於韓駒，陸游曾師事之。其對南宋詩壇影響很大。撰有《易釋象》、《茶山集》等。今傳《茶山集》已非完本，乃四庫館臣輯自《大典》，詩存十之六，文則幾乎全佚。曾幾茶詩今雖所存無多，但篇篇精彩，陸游茶詩數量遠過乃師，但質量則等而下矣。其事具見《渭南文集》卷三二《曾文清公墓誌銘》等。

〔四三〕可喜　方案：此則始見於屠本畯《茗笈》。

〔四四〕茗戰　方案：本則『湯社』以上數句，始見《清異録》卷下。『茗戰』條則始見於僞托爲唐·馮贄的《雲仙雜記》卷一〇。《四庫提要》考定爲乃出宋·王銍（字性之）《雲仙散録》，其説是。唐人尚無『鬥茶』之説，至宋乃見之。

〔四五〕適園云『適園』，陸樹聲之號。其下之引文，見其《茶寮記》，餘詳是書拙編提要。

〔四六〕睡菴詠祭酒湯　方案：六字原譌倒作『《祭酒湯》睡菴詠』，今乙正。『睡菴』，明人湯賓尹之號。湯賓尹（一五六八—？），字嘉賓，號霍林，又號睡菴。萬曆二十三年（一五九五）進士，會試第一，殿試第二。仕至南京國子監祭酒。有《睡菴集》。事見《素雯齋集》卷八《湯嘉賓五十序》、湯顯祖《玉茗堂全集》卷二《睡菴文集序》等。

〔四七〕樂天六班　方案：是條始見於《雲仙雜記》卷二引《蠻甌志》。『齋』，原作『入關』，誤，據宋代類書引文改。餘詳《茶乘》拙釋〔三二〕。

〔四八〕蘇廙十六湯品　方案：是則摘引十六湯品中之一、七、九。餘則省作存目。詳拙編上編《清異録·

荈茗録》提要及相關校釋。

〔四九〕水遞　方案：唐相李德裕置『水遞』事，似始見於《芝田録》。程氏引自《鴻書》，已改寫，非其舊。如『雜以他水一甖』，原作『八甖』之類，差不同。

〔五〇〕茶名　方案：此條除『緑昌明』見之於白居易詩：『渴嘗一盌緑昌明』（《白香山詩集》）卷三七《春盡日》）外，餘茶名均見於李肇《國史補》，本書首條《山川異産》已録之，此又别出。且又譌『州』作『山』，脱『蕊』字，草率甚矣。

〔五一〕王十嶽山人集　方案：明人王寅，字仲房，又字亮卿，號十嶽、十嶽山人。歙縣（治今安徽歙州）人。當即王寅之《集》，殆以號名集。

〔五二〕茶有九難　方案：此見《茶經·六之飲》。是《茶經》中各本文本最相一致的少數文字之一。不知何以明人引録會誤二字，又將原書『非别也』下之『非器也』七字移至條末，乃致順序全被打亂。此與《茶經》上文：『茶有九難：一曰造，二曰别，三曰器，四曰火，五曰水，六曰炙，七曰末，八曰煮，九曰飲』的對應關係，全被攪亂。明人治學之粗疏，於此亦可見一斑。即使是抄撮成書，亦亟應核對原文。此條程氏引自楊慎《升菴集》卷六九。『操』譌作『摻』，乃程氏轉引之失；『羶』譌作『膩』，及顛倒次序則楊慎之譌。

〔五三〕茶訣　方案：是則亦程氏引自《升菴集》卷六九，文中之注乃程氏所加，楊集原無。又，此乃楊慎據陸氏《甫里先生傳》改寫。如《文苑英華》卷七九六載陸《傳》原作『自爲《品第書》一篇』，楊慎臆改爲

『作《品茶》一書』，與原文之意已大相徑庭。明人竄亂古人之書，蔚然成風，於此亦可見一斑矣。

〔五四〕茶夾銘 《淵鑑類函》卷三九〇、《佩文韻府》卷一四之二引作《茶銘》，但同書卷六之二亦作《茶夾銘》。

〔五五〕茶譜 方案：此則引文乃《茶經》卷上《一之源》中語，非出毛文錫《茶譜》明矣。程氏誤。

〔五六〕陸龜蒙詠茶詩 方案：此陸氏《自遣》七絶三十首之八，見《甫里集》卷一一，又見《笠澤叢書》卷一。其上聯爲『醞得秋泉似玉容，比於雲液更應濃』。全詩顯爲詠酒而非詠茶，篇目注云：因其『韻殊勝』而録入，實乃自亂其體。是書名之《品茶要録補》，已是闌入，況且，詠酒詩韻味勝者更多的是。

〔五七〕粉槍末旗蘇蘭薪桂 方案：此宋人葉清臣《煮茶泉品》中語，非張氏《水記》中文，程氏誤引出處。

〔五八〕茶茶 方案：本則據宋·魏了翁《鶴山集》卷四八《邛州先茶記》節删改寫。『周詩記苦荼，茗飲出近世。』此蘇軾詩中語，魏氏引以證其説謂上古無茶，乃『荼』。程氏已誤解其意，即認爲古之『荼』即『茶』，至唐始減一劃作『茶』。

〔五九〕黄海 方案：據《四庫全書總目》卷七六著録，《黄海》六十卷。明·潘之恒撰。之恒，字景昇，歙縣人，嘉靖間官中書舍人。此書乃記黄山之地理書。

〔六〇〕甘草癖 本則及下二則，俱出《清異録》。

〔六一〕採茗遇仙 方案：本條及以下五則，均録自《茶經》卷下《七之事》，據拙校本《茶經》校改。

〔六二〕茶効 方案：是條程氏録自明·高濂《遵生八牋》卷一一《飲饌服食牋·茶效》，文全同。『以濃茶漱口』條則始見於《仇池筆記》卷上《論茶》，亦見《類説》卷九。確爲蘇軾手澤。但高氏已據己意改寫，與原文已大相徑庭。不再一一出校。

〔六三〕擇果　本則亦引自高濂同右引書卷一一，文全同。

〔六四〕論水　是條及以下十五條，並録自高濂《遵生八牋》卷一一。高氏又全抄明·田藝蘅（字子藝）《煮泉小品》。僅文有删節、併合而已。今據田氏《小品》之文略作校勘。以明其始出也。

〔六五〕博物志曰　此見晉張華《博物志》卷一。

〔六六〕此又仙飲　方案：自『拾遺記』至此十六字，原在本條末『丹液也』之下。程氏顛倒本則兩條次序。

〔六七〕嬍惡　『嬍』，音『委』；同『美』，美、善、好也。《周禮·春官·天府》：『季冬陳玉，以貞來歲之嬍惡。』是其證。

〔六八〕未有香而不甘者也　方案：程氏此條依《煮泉小品·甘香》前二條捏合而成，次條在前，即『味美』至『間有之』凡十七字，其下爲原書第一條之末三句。任意組合前人文字，非引書之體也。

〔六九〕亦可澄水不淆　方案：『若杭之水』至此，原併合於上條，今據内容釐分。上文至『甚不可解』，則引田氏《煮泉小品》内容。本則録自高濂《遵生八牋》卷一一。田氏《小品》無此，故分之。『若杭之水』至『無伺他求』，乃作者本卷結語中文；『養水』起十九字，則卷一一《井水》中文。程氏乃顛倒其次序捏合而成。

〔七〇〕俗莫甚焉　方案：本則録自《遵生八牋》卷一一《甘香》，文全同。

〔七一〕茶録　方案：本則已見成書於南宋初類書《紺珠集》卷一〇和《類説》卷一三。文全同。宋・潘自牧《記纂淵海》卷九〇竟將唐人顧況稱作「本朝顧況」；又誤注出處云出「蔡君謨《茶録》」，兩失之矣。程氏不過沿譌踵謬而已。

〔七二〕陸羽傳　方案：本則自「竟陵僧」至「天下益知飲茶矣」，録自《古今事文類聚・續集》卷一二《陸羽〈茶經〉》條。「著」，譌作「注」。「茶神」以上十一字，則又據《錦繡萬花谷・前集》卷三五《茶》録文。「陶」下，誤衍「潛」字，又脱「形、祀」兩字。據拙編校本《茶經》附録二陸羽傳記改、删、補。此亦原出類書之誤，程氏照抄，未及訂正。

〔七三〕縷金　方案：此則出《歸田録》，但程氏卻據《萬花谷・前集》卷三五録之。文全同。惟「凡二十餅」云云，《萬花谷》「餅」上有「餘」字，極是。蔡襄詩自注稱「上品龍茶」（即小團）凡二十八片重一斤，據補。程氏又删其不當删者。《歸田録》以下凡三十字，《苕溪漁隱叢話・前集》卷四六稱出《高齋詩話》，而《事文類聚・續集》卷一二，謂出《建安郡志》。此疑據胡仔書或《全芳備祖》後集卷二録引。

〔七四〕五代鄭愚茶詩　方案：此詩《全唐詩》兩收之，卷五九七作鄭愚詩，卷八五五則作鄭遨詩。

〔七五〕破柱驚雷　方案：是則所録詩，乃黄庭堅之作，見《山谷集》卷九《謝公擇舅分賜茶三首》之二。「柱」，原誤作「樹」。任淵《山谷内集詩注》卷三注引《世説》曰：「夏太初嘗倚柱讀書，時暴雨霹靂，破所倚柱，太初色無變。」又引《楚辭》曰：「凌驚雷以軼駭電兮。」據改。

〔七六〕茶録云　方案：本條始出唐・楊曄《膳夫經手録・茶録》，已收入本《全集》上編，可參閲。宋代類書多引之，程氏似録自《萬花谷·前集》卷三五。

〔七七〕李白詩集序云　方案：此稱「詩集序」，大誤。此據《李太白文集》卷一六《答族侄僧中孚贈玉泉仙人掌茶并序》删節改寫而成。「余」字脱，「數十」，原譌倒作「十數」，據以補、乙。

〔七八〕東齋記事　方案：本條據宋·范鎮《東齋記事》卷四删節改寫而成。「蒙頂」，譌作「濛嶺」；「之」，原脱，據以改、補。

〔七九〕盧仝走筆　方案：此聯引詩，出梅堯臣（字聖俞）《宛陵集》卷五四《嘗茶和公儀》。

〔八〇〕毁茶論　方案：其事，唐·張又新《煎茶水記》及封演《封氏聞見記》卷六《飲茶》已述之，《新唐書》卷一九六《陸羽傳》亦載之。但事之有無，尚在疑信之間。本則據《萬花谷·前集》卷三五録文。僅「茶畢」至「酬煎茶博士」十三字，據《事文類聚》卷一二《耻於煎茶》補録之，文全同。

〔八一〕斛二瘕　方案：本則紀事，始出《續搜神記》，唐·封演《封氏聞見記》卷六收録。宋代類書多引之，文字多有改寫。程氏全據《古今事文類聚·續集》卷一二録文。注云見《太平御覽》（卷七四三），但兩者文本差異已極大，無承續關係。似《事文類聚》别有所據。如「斛二瘕」，《御覽》引作「斛茗瘕」。

〔八二〕茗飲　方案：本則所引乃宋人謝邁佚詩。見《萬花谷·後集》卷三五《茶》。謝邁（一〇七四—一一一六），字幼槃，號竹友居士。臨川（治今江西撫州）人，謝逸（？—一一一三）從弟。終身未第，長於詩文，以文學知名，與逸齊名，時號「二謝」。撰有《竹友集》十卷，今存宋刊本，《續古逸叢書》影宋本及四庫本等。事具吕本中《謝幼槃文集跋》、弘治《撫州府志》卷二一等。

〔八三〕辨煎茶水 方案：程氏是則據《事文類聚·續集》卷一二録文。

〔八四〕煎茶辨候湯 方案：此條程氏據《事文類聚》續集卷一二《辨煎茶湯》録文。李約至『謂炭火之有焰者』的前半部分，乃删節改寫唐·趙璘《因話録》卷二而成。今據以出校，補『之』、『唯』二字。『活火』，諸家引文皆有，程氏誤删，亦據補。其『當使湯無妄沸』之後半部分，則《因話録》所無。《説郛》卷九三下引作出唐·温庭筠《採茶録·辨》，疑非是，説詳拙編《全集》上編輯本《採茶録》提要。《説郛》與《事文類聚》文幾全同，似即轉引自《類聚》，然《類聚》後半轉引自何書失書。此當據《茶經·六之飲》改寫而嫁名温庭筠歟？俟更考。

〔八五〕清人樹 方案：本條似程氏據《清異録·荈茗録》改編而成。詳拙編《全集》上編校本《荈茗録》。『有茶樹兩株』，原作『兩株茶』，又據補三字。下半『傾筐會』云云，程氏亦删。

茶説

〔明〕黄龍德

〔提要〕

《茶説》，明代茶書。今存。一卷，黄龍德撰。黄龍德，字驤溟，號大城山樵。關於作者的生平，目前所知，僅止於此。令人費解的是，爲其作序並參訂的胡之衍及其茶中知己吴潤卿，其生平，遍檢亦暫付闕如。作者似乎是南京人，或在南京居住過。其理由如下：黄龍德號大城山樵，胡之衍號天都逸叟，其序又作於金陵棲霞山之試茶亭。此其一。本書《六之湯》談到其父隱居於南京秦淮，此其二。又，《茶事匯輯》的編者之一盛時泰，爲上元人（治今江蘇南京），其人未仕，亦號『大城山樵』，似大城山即在南都之郊。此其三。本書《一之産》特别提到金陵攝山茶甚佳，其《九之飲》又着重點明『金陵春』爲名酒佳釀。此其四。這些信息，使人聯想到作者與南都（治今江蘇南京）的密切關係。黄龍德號『大城山樵』，同號『大城山樵』的盛時泰亦未仕（説詳本書附録一）；胡之衍號『天都逸叟』，刻書者程百二號『瓦全道人』，其友吴潤卿又爲『秦淮隱士』，似乎啓示我們，作者乃未入仕的一介布衣，隱於山林的『草根』知識分子——此乃破解作者身世之謎的一些線索而已。

《茶説》凡近二千字，卷首爲序，次乃總論，類似於今之自序或前言。在今已知書（篇）名爲《茶説》的多種茶書中，是惟一完整保留至今的，首先應歸功於程百二將是書收入了其《程氏叢刻》。因此，《茶説》只有這一個版本。由於程氏乃『自費出版』，故流傳極有限，僅見明代藏書極富的徐𤊹《徐氏家藏書目》著録；清代茶書《廣羣芳譜》卷二一引其《六之湯》一條，《續茶經》卷中則録其《七之具》一條。此外，別無所見稱引。

但就是這樣一種由名不見經傳的作者撰寫，又『久藏深閨人未識』的茶書，卻是明代茶書中十分罕見的精審之作。胡之衍序稱，如果陸羽《茶經》、黄儒《品茶要録》堪稱唐宋茶書的代表作，那麽黄龍德《茶説》就是明代茶書的佳構傑作。其論雖不無溢美卻大致允洽。黄龍德卷首前言則所論頗爲切實，明代茶之風尚，與唐宋已大相徑庭，尤在採製和烹點等方面。明以炒製爲主，更尚自然清新且以簡易勝，而唐宋則以蒸碾爲工，不僅製作、烹飲繁難，且失茶之真味。自明初朱元璋倡導以葉茶、芽茶沖泡以來，明代茶藝崇尚『味之雋永』，全在於清新自然而『無假於穿鑿』。《茶説》所論亦析爲十章，從形式上看，乃承補《茶經》、《品茶要録》之舊，但在内容上，卻推陳出新。大體上論及明茶的産、造、色、香（品質）、味、湯（烹飲）、茶具、侣、飲（茶藝、茶道）、藏（貯茶）等各個層面。行文也簡約義豐，確有『文葩句麗，秀如春煙』之感。在令人生厭的轉相抄襲、陳陳相因的明代茶書中，不失爲讀之令人『神爽』、别開生面的上乘之作。作者黄龍德也不失爲深諳歷代茶藝、茶道真諦的茶學專家。其書幸存至今，是值得額手稱慶的。今據《程氏叢刻》本點校整理。本書之作年，有二證可考。其一，爲程百二刻《程氏叢刻》乃萬曆四十二或四十二或四十三年（一六一五）；其二，爲胡之衍作序之年爲『乙卯歲』，亦即同上之干支紀年。則其書必成於萬曆四十三年或前此不久，亦即喻政刊行《茶書全集》（甲、乙種本分刊於萬曆四十、四十一年）的約略同時或稍後。從喻政未收此書分析，則以萬曆四十二或四十三年成書的可能性較大。

茶説序

茶爲清賞，其來尚矣。自陸羽著《茶經》，文字遂繁，爲《譜》爲《録》，以及詩歌詠讚，雲連霞舉，奚啻五車。眉山氏有言，窮一物之理，則可盡南山之竹〔一〕。其斯之謂歟！

黄子驤溟著《茶説》十章，論國朝茶政。程幼輿搜補逸典，以艷其傳。鬬雅試奇，各臻其選；文葩句麗，秀如春煙。讀之神爽，儼若吸風露而羽化清涼矣。書成，屬予參訂，付之剞劂。

夫鴻漸之經也，以唐；道輔之品也，以宋；驤溟之説，幼輿之補也，以明。三代異治，茶政亦差，譬寅丑殊建，烏得無文噫！君子之立言也，寓事而論其理，後人法之，是謂不朽。豈可以一物而小之哉！

歲乙卯，天都逸叟胡之衍題于棲霞之試茶亭。

茶説

明　大城山樵黄龍德著　天都逸叟胡之衍訂　瓦全道人程輿校

總論

茶事之興，始於唐而盛於宋。讀陸羽《茶經》及黄儒《品茶要録》，其中時代遞遷，製各有異。唐則熟碾細羅，宋爲龍團金餅，鬬巧炫華，窮其製而求耀於世。茶性之真，不無爲之穿鑿矣。

若夫明興，騷人詞客，賢士大夫，莫不以此相爲玄賞。至于曰採造，曰烹點，較之唐宋，大相徑庭。彼以繁難勝，此以簡易勝。昔以蒸碾爲工，今以炒製爲工。然其色之鮮白，味之雋永，無假於穿鑿。是其製不法唐宋之法，而法更精奇，有古人思慮所不到，而今始精備。茶事至此，即陸羽復起，視其巧製，啜其清英，未有不爽然爲之舞蹈者。故述國朝《茶説》十章，以補宋黄儒《茶録》之後〔二〕。

一之産

茶之所産，無處不有。而品之高下，鴻漸載之甚詳。然所詳者爲昔日之佳品矣，而今則更有佳者焉。若吴中虎丘者上，羅岕者次之，而天池、龍井、伏龍則又次之。新安松蘿者上，朗源、滄溪次之，而黄山、磻溪則又次之。彼武夷、雲霧、雁蕩、靈山諸茗，悉爲今時之佳品。至金陵攝山所産，其品甚佳，僅僅數株，然不能多得。其餘杭、浙等産，皆冒虎丘、天池之名； 宣、池等産，盡假松蘿之號。此亂真之品，不足珍賞者也。其真虎丘，色猶玉露，而泛時香味，若將放之橙花，此茶之所以爲美。真松蘿，出自僧大方所制，烹之色若緑筠，香若蘭蕙，味若甘露，雖經日而色香味竟如初烹，而終不易。若泛時少頃而昏黑者，即爲宣、池僞品矣。試者不可不辨。又有六安之品，盡爲僧房道院所珍賞，而文人墨士則絶口不談矣。

二之造

採茶，宜於清明之後，穀雨之前。俟其曙色將開，霧露未散之頃，每株視其中枝穎秀者取之。采至盈籯即歸。將芽薄鋪於地，命多工挑其筋脉，去其蒂杪，蓋存杪則易焦，留蒂則色赤故也。先將釜燒熱，每芽四兩，作一次下釜，炒去草氣。以手急撥不停，覩其將熟，就釜内輕手揉捲；取起；鋪於箕上，用扇扇冷。俟炒至十餘釜，摠覆炒之，旋炒旋冷，如此五次，其茶碧緑，形如蠶鈎，斯成佳品。若出釜時而不以扇，其色未有不變者。又，秋後所採之茶，名曰秋露白；初冬所採，名曰小陽春。其名既佳，其味亦美，製精不亞于春茗。若待日午陰雨之候，採不以時，造不如法，籯中熱氣相蒸，工力不遍，經宿後製，其葉畬黄，品斯下矣。是茶之爲物，一草木耳，其製作精微，火候之妙，有毫釐千里之差，非紙筆所能載者。故羽云：『茶之否臧〔三〕，存乎口訣。』斯言信矣！

三之色

茶色，以白以緑爲佳。或黄或黑，失其神韻者，芽葉受畬之病也。善别茶者，若相士之視人氣色。輕清者上，重濁者下，瞭然在目，無容逃匿。若唐宋之茶，既經碾羅，復經蒸模，其色雖佳，決無今時之美。

四之香

茶有真香，無容矯揉。炒造時，草氣既去，香氣方全，在炒造得法耳。烹點之時，所謂『坐久不知香在室，開牕時有蝶飛來』〔四〕。如是光景，此茶之真香也。少加造作，便失本真。遐想龍團金餅，雖極靡麗，安有如是清美。

五之味

茶貴甘潤，不貴苦澁。惟松蘿、虎丘所産者極佳，他産皆不及也。亦須烹點得宜，若初烹輒飲，其味未出而有水氣；泛久後嘗，其味失鮮而有湯氣。試者，先以水半注器中，次投茶入，然後滿注。視其茶湯相合，雲腳漸開，乳花滿面，少啜則清香〔而〕芬美，稍益〔則〕潤滑而味長〔五〕，不覺甘露頓生于華池。或水火失候，器具不潔，真味因之而損。雖松蘿諸佳品，既遭此厄，亦不能獨全其夭，至若一飲而盡，不可與言味矣。

六之湯

『湯者，茶之司命』，故候湯最難。未熟，則茶浮于上，謂之『嬰兒湯』，而香則不能出。過熟，則茶沉于下，謂之『百壽湯』，而味則多滯。善候湯者，必活火急扇，水面若乳珠，其聲若松濤，此正湯候也。余友吴潤卿，隱居秦淮，適情茶政，品泉有又新之奇，候湯得鴻漸之妙，可謂當今之絶技者也。

七之具

器具精潔，茶愈爲之生色。用以金銀，雖云美麗，然貧賤之士未必能具也。若今時姑蘇之錫注，時大彬之砂壺，汴梁之湯銚〔六〕，湘妃竹之茶竈，宣成窑之茶盞，高人詞客，賢士大夫莫不爲之珍重。即唐宋以來茶具之精，未必有如斯之雅致。

八之侣

茶竈疏煙，松濤盈耳，獨烹獨啜，故自有一種樂趣。又不若與高人論道，詞客聯詩，黄冠談玄，緇衣講禪，知己論心，散人説鬼之爲愈也。對此佳賓，躬爲茗事，七碗下嚥，而兩腋清風頓起矣。較之獨啜，更覺神怡。

九之飲

飲不以時爲廢興，亦不以候爲可否，無往而不得其宜。若明窗淨几，花噴柸舒，飲於春也；涼亭水閣，松風蘿月，飲于夏也；金風玉露，蕉畔桐陰，飲於秋也；暖閣紅罏，梅開雪積，飲于冬也。僧房道院，飲何清也；山林泉石，飲何幽也；焚香鼓琴，飲何雅也；試水鬭茗，飲何雄也；夢回卷把，飲何美也。古鼎金甌，飲之富貴者也；磁瓶窑盞，飲之清高者也。較之呼盧浮白之飲，更勝一籌。即有甕中百斛金陵春，當不易吾爐頭七碗松蘿茗。若夏興冬廢，醒棄醉索，此不知茗事者，不可與言飲也。

十之藏

茶性喜燥而惡濕，最難收藏。藏茶之家，每遇梅時，即以箬裹之，其色未有不變者。由濕氣入於内，而藏之不得法也。雖用火時時温焙，而免于失色者鮮矣。是善藏者亦茶之急務，不可忽也。今藏茶，當於未入梅時將瓶預先烘煖，貯茶於中，加箬於上，仍用厚紙封固于外。次將大甕一隻，下鋪穀灰一層，將瓶倒列於上，再用穀灰埋之。層灰層瓶，甕口封固，貯於樓閣，濕氣不能入内。雖經黄梅，取出泛之，其色香味猶如新茗而色不變。藏茶之法，無愈於此。

〔校證〕

〔一〕眉山氏有言窮一物之理則可盡南山之竹　『眉山氏』，指蘇軾，引文見其《書黄道輔〈品茶要録〉後》，附刊黄儒《品茶要録》。此文因收入蘇集七集本《外集》，而被《四庫提要》判爲誤收的嫁名僞作。筆者已在《品茶要録》提要及校記〔九三〕中予以辨析。此所引文有節删，因而與蘇文之原意已大相徑庭，今引其原文以證之。『物有畛而理無方，窮天下之辯不足以盡一物之理。達者寓物以發其辯，則一物之變可以盡南山之竹。』此語又見從學於蘇軾的劉才邵《檆溪居士集》卷一〇《跋王伯陽端溪石硯圖後》，引文全同，足證此乃蘇軾手筆無疑。

〔二〕以補宋黄儒茶録之後　『茶録』，或爲《品茶要録》之簡稱。《總論》上文已明言讀『黄儒《品茶要録》』。

〔三〕茶之否臧　『否臧』，原作『臧否』，據《茶經·三之造》乙，參《茶經》拙校〔五八〕。

〔四〕所謂坐久不知香在室開牕時有蝶飛來　方案：此聯詩見文彭《題畫蘭竹圖卷》詩二首之一。文彭（一四九八—一五七三），字壽承，號三橋。蘇州人。文徵明（一四七〇—一五五九）長子，工書擅畫，尤精篆刻。其隆慶六年（一五七二）所作《蘭竹圖卷》，真迹今存，有題畫詩二首，又有跋語一首。亦見《珊瑚網》卷四二、《書畫題跋記》卷一一等著録。但徐㶿《筆精》卷五卻稱畫和題畫詩乃文徵明之作，並稱其父曾收藏過此畫後失去，恐記憶有誤。《佩文齋詠物詩選》卷三五三亦引作文徵明詩。無獨有偶，王象晉《羣芳譜》卷四四竟又誤録爲曾任首輔大學士的余有丁（一五二七—一五八四）詩。其人字丙仲，號同麓，鄞縣人。僅因其有《詠蘭》詩次上詩後而誤收之。

〔五〕稍益則潤滑而味長 『則』，原無，疑脱，據上下文意及上句『少啜則清香〔而〕美芬』同一句式補。

〔六〕汴梁之湯銚 『湯銚』，《續茶經》卷中引作『錫銚』，疑是。

運泉約

〔明〕李日華

〔提要〕

《運泉約》，明代小品文。李日華撰。李日華（一五六五—一六三五），字君實，號竹嬾，九疑等，室名六研齋、松雨齋、飲墨齋、紫桃軒、鶴夢軒、恬致堂、寫山樓等。嘉興（今屬浙江）人。萬曆二十年（一五九二）進士。除九江推官，謫汝州判官，擢西華知縣，丁憂歸。起南禮部主事，乞歸。又起北禮部主事，未赴。進尚寶司丞，官至太僕少卿。日華因璫焰日熾而恬淡自持，優遊鄉里，以法書名畫自娱，先後家食二十餘年，而淡於仕進。好學博覽，工詩文，擅書畫，精鑒賞。世稱博雅君子，亦王惟儉、董其昌者流亞。

撰有《梅墟先生别録》二卷，《禮白岳記》、《璽召録》各一卷，《竹嬾畫賸》、《續畫賸》各一卷，《六研齋筆記》凡十二卷，《紫桃軒雜綴》、《又綴》各三卷（《千頃目》卷一二著録爲各四卷），《恬致堂詩話》三卷，《倭變志》一卷，《官制備考》二卷，《樵李叢談》四卷，《姓氏譜纂》七卷，《六部職掌》六卷，《書畫想像録》四十卷，《墨君題語》三卷，《恬致堂集》四十卷，《薊旋録》一卷等。其著述分見《四庫總目》卷六〇、六四、一一四、一二二、一二八、一七九，《千頃目》卷九、一二、一五，《明史》卷九七等著録，其生平事蹟見《明史》卷二八八《王惟儉附傳》、陳田《明詩紀事》庚籤卷七上小傳等。

《運泉約》，全文不足三百字，所述乃就運惠泉水一事告交遊至交的啓事，在明人小品文中不乏此類遊戲文字，但寫來頗有文人雅趣，别具情致，反映了士大夫優雅閑適的生活追求。本文僅見《説郛續》卷二九收録，又見陸廷燦《續茶經》卷下之一援引，文字基本相同。今合校二本加以點校整理。本《全集》以收茶書爲主，酌收水品、茶具方面的論著，此爲其中之一。因其别具一格，頗類今之有創意的廣告詞，故破例收入。

運泉約

吾輩竹雪神期，松風齒頰，暫隨飲啄人間，終擬消遥物外。名山未即，塵海何辭，然而搜奇煉句，液瀝易枯，滌滯洗蒙，茗泉不廢月團百片〔一〕；喜折魚鰔，槐火一篝驚翻蟹眼。陸季疵之著述，既奉典刑；張又新之編摩，能無鼓吹。昔衛公宦達中書，頗煩遞水，杜老潛居夔峽，險叫濕雲。今者環處惠麓，踰二百里而遥問，渡淞陵不三四日而致。登新捐舊，轉手妙若轆轤；取便費廉，用力省於桔槔。凡吾清士，咸赴嘉盟。竹嬾居士題〔二〕。

運惠水每罈償舟力費銀三分。罈精者，每個價三分；稍粗者，二分。罈蓋或三厘，或四厘，自備不計。水至，走報各友，令人自擡。每月上旬斂銀，中旬運水，月運一次，以致清新。願者書號於左，以便登册，併開罈數，如數付銀。

尊號　用水　罈。

月　日　付。

松雨齋主人謹訂〔三〕

〔校證〕

〔一〕茗泉不廢月團百片　『百片』,《續茶經》卷下之一引作『三百』。

〔二〕竹嬾居士題　五字,同右引無,疑陸氏已删。此亦李日華之别署。

〔三〕松雨齋主人謹訂　『松雨齋主人』,亦李日華之别號。此七字,原無,據同右引補。

茶董

〔明〕夏樹芳

〔提要〕

《茶董》，明代茶書。二卷，夏樹芳撰。夏樹芳，字茂卿，號冰蓮居士、冰蓮道人、石灣釣徒，室名習池、宛委堂、演露堂等。江陰（今屬江蘇）人。萬曆十三年（一五八五）舉人。其父夏謙吉（一五二七—一五九五），字道貞。樹芳隱居數十年，年八十卒。撰有《棲真志》四卷、《奇姓通》十四卷、《法喜志》三卷、《女鏡》八卷、《詞林海錯》十六卷、《冰蓮集》十七卷、《酒顛》及《茶董》各四卷、《琴譜》（疑《琴苑》之譌）二册等，又有《夏茂卿集》。其事見《響玉集》卷七《夏茂卿集序》、《大泌山房集》卷一三《冰蓮集序》、范允臨《輸廖館集》卷二《詞林海錯序》等。其著作則見《四庫全書總目》卷六二、卷一一六、卷一三八、卷一四五，《千頃堂書目》卷二、卷九、卷一〇、卷二六，《明史》卷九七、卷九八等著録。

《茶董》二卷，今有明刻本存世，其一，舊藏丁丙八千卷樓，今藏南京圖書館；其二，今藏中國科學院圖書館。《四庫存目叢書》即據此本影印收入。卷首有馮時可、陳繼儒二序，董其昌題詞及樹芳自序。次目録，上下卷共收九十七則，約三千餘字。以人爲序，摘録相關的茶事及詩句，以寓茶中南董之意。而據馮時可序，則移酒中南董而名茶也。內『鄭可簡』有目無文，實存九十六則。此書還有民國間《古今説部叢書》本（第九集），日本尊經閣文庫與陳繼儒《茶董補》合刻本，日本寶曆八年（一七五八）《夏氏三種本》，即《酒顛》、《琴苑》、《茶董》三書的合刻本，現度藏於金澤文庫。《四庫全書總目》卷一一六著録之本，即今已收入《四庫存目叢書》之本，今用作本書校點之底本。《四庫提要》對是書有如下評介：『是編雜録南北朝到宋金茶事，不及採造、煎試之法，但摭詩句故實，然疏漏特甚，舛誤亦多。其曰茶董者，以《世説》記干寶爲鬼之董狐，襲其文也。』其説尚不失爲公允之論。惜夏氏此書仍未脱明人著書東拼西湊，胡亂抄襲，竄亂古書之惡癖和窠臼，今儘可能以他校爲主，注明其出處和校其所據之原文。仍以校是非爲主，文字校改按校勘法處理，不一一出校記，以免繁瑣。文中所引前人詩文，因多非原文，故一般不加引號。卷首四序及末附《四庫提要》仍予以保留。因筆者已先期於高元濬《茶乘》詳作校勘，並一一考其出處，今凡與《茶乘》校記重複者，略此而詳彼，請參閱《茶乘》拙校，以免繁瑣冗雜。

茶董序

酒自三王時，天下已尤物視焉，爭膴于兹，致煩侯邦誥也。茶最後出，至唐始遇知者，然惟清流素德始相酬酢，而傖父俗物，或望之而卻走，則所謂時爲帝而遞相雌雄者乎？余嘗著論酒德爲春，茗德爲秋；酒類狂，茗類狷；酒爲通人，茗爲節士。夙以此平章之，而夏茂卿集酒曰《酒顛》，集茶曰《茶董》，蓋因昔人有酒家南董之稱，而移其董酒者董茶。其降心折節，固有所獨先與夫。酒有酒禍，波及者大；茶特小損，即稱水厄，亦薄乎云爾。立監佐史之不須，何以董哉？無乃愛茶、重茶而虞其辱，故稱董，以董其辱茶者非與。

余家姑蘇虎丘之茶，爲天下冠。又近長興地名洞山廟後所産岕，風格亦相絜焉。泉取惠山，甘過楊子，二妙相配，茗事始絶嘗。夫新雷既過，衆壑初晴，余與二三子親採露芽于山址，命僮如法焙製、烹點。迨夫素濤翻雪，幽韻生雲，而余嘗之如飡霞，如挹露，欲習仙舉，則嘆夫茂卿之同好，真我枕漱之侶也。

夫茶有四宜焉：宜其地，則竹林松澗，蓮沼梅嶺；宜其景，則朗月飛雪，晴晝疏雨；宜其事，則開卷手談，操琴草聖；宜其人，則名僧騷客，文士淑姬。否則，與茶韻調大不相偕，不亦辱乎！是茶史氏之所，必摻霜鉞而砭之者也。有右酒者曰是四宜者，酒獨不宜乎？余曰：酒神之性炎如，而茶神之性温如。是四宜者，得酒則或馳驟而殺景，得茶始馴伏而增趣。夫酒不能爲茶弼士，而茶能爲酒功臣久矣。妹邦禍流天下，濡首天地，若覆日月。若昏清之重萛，滌之重明，唯茶之以昔人所謂不減策勳凌煙，其斯之謂與！故酒有董，而茶尤不可無董。自茂卿著此書，而余爲序，當露花洗夭，推窗而望，茶星益燁燁，其明酒星退舍矣！

姑蘇馮時可元成甫撰

茶董題詞

荀子曰：其爲人也多暇，其出入也不遠矣。陶通明曰：不爲無益之事，何以悦有涯之生。余謂茗椀之事足當之。蓋幽人高士，蟬脱勢利，藉以耗壯心而送日月。水源之輕重，（辦）〔辨〕若淄澠；火候之文武，調若丹鼎。非枕漱之侶不親，非文字之飲不比者也。當今此事，惟許夏茂卿，拈出顧渚、陽羡，肉食者往焉，茂卿亦安能禁？壹似强笑不樂，强顔無歡，茶韻故自勝耳。

予夙秉幽尚，入山十年，差可不愧茂卿語。今者驅車入閩，念鳳團龍餅，延津爲瀹，豈必土思如廉頗思用

趙。惟是《絶交書》，所謂心不耐煩而官事鞅掌者，竟有負茶竈耳。茂卿猶能以同味諒我耶？　雲間董其昌

茶董小序

范希文云：『萬象森羅中，安知無茶星。』余以茶星名館，每與客茗戰，自謂獨飲得茶神，兩三人得茶趣，七八人乃施茶耳。新泉活火，老坡窺見此中三昧。然云出磨則屑餅作團矣。黄魯直去芎用鹽，去橘用薑，轉於點茶，全無交涉。今旗槍標格，天然色香映發，岕爲冠，他山輔之，恨蘇黄不及見。若陸季疵復生，忍作《毁茶論》乎！

江陰夏茂卿敍酒，其言甚豪。予笑曰：『觴政不綱，曲爵分愬，詆呵監史，倒置章程，擊斗覆觚，幾於腐脅。何如隱囊紗帽，翛然林澗之間，摘露芽，煮雲腴，一洗百年塵土胃耶！醉鄉網禁，疏闊豪士升堂，酒肉傖父亦往往擁盾排闥而入。茶則反是。周有《酒誥》，漢三人聚飲，罰金有律。五代東都有麴禁，犯者族，而於茶獨無後言。吾朝九大塞，著爲令，銖兩茶不得出關，正恐濫觴於胡奴耳。蓋茶有不辱之節如此，熱腸如沸，茶不勝酒；幽韻如雲，酒不勝茶。酒類俠，茶類隱，酒固道廣，茶亦德素。茂卿，茶之董狐也。試以我言平章之，孰勝？』茂卿曰：『諾。』于是退而作《茶董》。　陳繼儒書於素濤軒

茶董序

夫登高丘，望遠海，酒固爲吾儕張軍濟勝之資。而月團百片，消磨文字五千，或調鶴聽鶯散發卧。羲皇則

檜雨松風，一甌春雪，亦所亟賞。故斷崖缺石之上，木秀雲腴，往往於此吸靈芽，漱紅玉，瀹氣滌慮，共作高齋清話。自晉唐而下，紛紛邾莒之會，各立勝場，品列淄澠，判若南董，遂以茶董名篇。語曰：『窮春秋，演河圖，不如載茗一車』。誠重之矣。如謂此君面目嚴冷，而且以爲『水厄』，且以爲『乳妖』，則請效綦毋先生，無作此事。

冰蓮道人夏樹芳識

茶董上卷

陶通明〔一〕

陶弘景《雜録》：芳茶輕身換骨，丹丘子、黄山君嘗服之。

李青蓮〔二〕

李白《茶述》：余聞荆州玉泉寺近清溪諸山，山洞往往有乳窟，窟中多玉泉交流。其水邊處處有茗草羅生，枝葉如碧玉。惟玉泉真公常采而飲之，年八十餘歲，顔色如桃花。而此茗清香滑熱，異於他所。所以能還童振枯，（人）〔扶〕人壽也。余遊金陵，見宗僧中孚，示余茶數十片，拳然重疊，其狀如手（掌），號仙人掌茶。兼贈以詩，要余答之。後之高僧大隱，知仙人掌茶發於中孚衲子及青蓮居士李白也。

顔清臣〔三〕

顔魯公《月夜啜茶聯句》：流華淨肌骨，疏瀹滌心源。素瓷傳靜夜，芳氣滿閑軒。

謝宗〔四〕

謝宗論茶曰：此丹丘之仙茶，勝烏程之御(舞)〔荈〕。首閲碧㵎明月，醉向霜華。豈可以酪蒼頭，便應代酒從事。

劉越石〔五〕

劉琨《與兄子(南)兖州刺史演書》曰：吾體中(潰)〔憒〕悶，常仰真茶，汝可置之。

劉夢得〔六〕

白樂天方齋，劉禹錫正病酒。乃饋菊苗虀、蘆菔鮓，換取樂天六班茶二囊，以醒酒。禹錫有《西山蘭(社)〔若〕試茶歌》：何况蒙山顧渚春，白泥赤印走風塵。欲知花乳清泠味，須是眠雲卧石人。

釋覺林〔七〕

覺林院志崇收茶三等：待客以驚雷莢，自奉以萱草帶，供佛以紫茸香。

周韶〔八〕

周韶好蓄奇茗，嘗與蔡君謨鬥勝，題品風味，君謨屈焉。

林和靖〔九〕

林君復《試茶》詩曰：白雲峰下兩槍新，膩緑長鮮穀雨春。靜試恰如湖上雪，對嘗兼憶剡中人。

陸魯望〔一〇〕

甫里先生陸龜蒙，嗜茶荈，置小園於顧渚山下。歲取租茶，自判品第。

朱桃椎〔一一〕

朱桃椎嘗織〔十〕芒屩，置道上，見者爲鬻（朱）〔米〕茗易之。

張載〔一二〕

張孟陽詩：芳茶冠六清，溢味播九區。

權紓〔一三〕

隋文帝微時，夢神人易其腦骨，自爾腦痛。忽遇一僧云，山中有茗草，服之當愈。進士權紓讚曰：窮春秋，演河圖，不如載茗一車。

顧逋翁〔一四〕

顧况《論茶》：煎以文火細煙，小鼎長泉。

薛大拙〔一五〕

唐薛能詩：偷嫌曼倩桃無味，擣覺嫦娥藥不香。

王肅〔一六〕

琅琊王肅喜茗，一飲一斗，人因號爲『漏卮』。肅初入魏，不食羊肉、酪漿，常飯鯽魚羹，渴飲茗汁。高（帝）〔祖〕曰：『羊肉何如魚羹，茗飲何如酪漿？』肅對曰：『羊是陸産之最，魚是水族之長，羊比齊魯大邦，魚比邾莒小國，惟茗（下）〔不〕中與酪作奴。』彭城王勰顧謂曰：『明日爲卿設邾莒之會，亦有酪奴。』

僧齊己〔一七〕

龍安有騎火茶，唐僧齊己詩：高人愛惜藏巖裏，白甀封題寄火前。

鮑令暉〔一八〕

鮑昭（姊）〔妹〕令暉，著《香茗賦》。

左太沖〔一九〕

左思《嬌女詩》：吾家有嬌女，皎皎頗白皙。小字爲紈素，口齒自清歷。有姊字惠芳，眉目粲如畫。馳鶩翔園林，果下皆生摘。貪華風雨中，倏忽數百適。心爲茶荈劇，吹噓對鼎鑑。

李存博〔二〇〕

李約雅度簡遠，有山林之致。一生不近粉黛，性嗜茶。嘗曰：茶須緩火炙，活火煎。始則魚目散布，微微有聲。中則四際泉湧，纍纍若貫珠。終則騰波鼓浪，水氣全消，此謂老湯。三沸之法，非活火不能成也。客至不限甌數，竟日爇火，執器不倦。曾奉使行至陜州硤石（懸）〔縣〕東，愛渠水清流，旬日忘發。

胡嶠〔二一〕

胡嶠《飛龍澗飲茶詩》：『沾牙舊姓餘甘氏，破睡當封不夜侯。』陶穀愛其新奇，令猶子彝和之。應聲曰：『生涼好喚鷄蘇佛，回味宜稱橄欖仙。』彝時年十二。

桓宣武〔二二〕

桓征西步將喜飲茶，至一斛二斗。一日過量，吐如牛肺一物，以茗澆之，容一斛二斗。客云：此名『斛二瘕』。

孫樵〔二三〕

孫可之《送茶與焦刑部〔書〕》：『建陽丹山碧水之鄉，月澗雲龕之品，慎勿賤用之。』時以鬥茶爲茗戰。

錢起〔二四〕

錢仲文與趙莒茶宴，又嘗過長孫宅，與郎上人作茶會。

曹業之〔二五〕

曹鄴《謝故人寄新茶詩》：劍外九華英，緘題下玉京。開時微月上，碾處亂泉聲。半夜招僧至，孤吟對月烹。碧沉（雲）〔霞〕腳碎，香泛乳花輕。六腑睡神去，數朝詩思清。月餘不敢費，留伴肘書行。

和成績〔二六〕

五代時，魯公和凝率同列遞日以茶相飲。味劣者有罰，號爲湯社。

李鄴侯〔二七〕

唐奉節王好詩，嘗煎茶就鄴侯題詩。鄴侯戲題云：旋沫翻成碧玉池，添酥散出琉璃眼。

陸鴻漸〔二八〕

陸羽品茶：千類萬狀，有如胡人鞾者，蹙縮然；犎牛臆者，廉襜然；浮雲出山者，輪菌然；輕颷出水者涵澹然。此茶之精腴者也。有如竹籜者籭簁然，如霜荷者，萎萃然，此茶之瘠老者也。又論茶有九難：陰採夜焙，非造也；嚼味嗅香，非别也；膏薪庖炭，非火也；飛湍壅潦，非水也；外熟内生，非炙也；碧粉縹塵，非末也；操艱攪遽，非煮也；夏興冬廢，非飲也；（膩）〔羶〕鼎腥甌，非器也。造茶具二十四事，以都統籠貯之。遠近傾慕，好事者家藏一副。

白少傅〔二九〕

白樂天《睡後煎茶詩》：『婆娑綠陰樹，斑駁青苔地。此處置繩牀，旁邊洗茶器。白瓷甌甚潔，紅罏炭方熾。末下麴塵香，花浮魚眼沸。盛來有佳色，嚥罷餘芳氣。不見楊慕巢，誰人知此味。』楊同州，亦當時之善茶者也。

竇儀〔三〇〕

開寶初，竇儀以新茶餉客，奩面標曰：龍陂山子茶。

皮日休〔三一〕

皮襲美《茶中雜咏序》云：國朝茶事，竟陵（子）陸季疵始爲《經》三卷，後又有太原温從雲、武威段碣之各補茶事十數節，竝存（於）方册。昔晉杜育有《荈賦》，季疵有茶歌，遂爲（茶具）《十咏》，寄天隨子。

張文規〔三二〕

明月峽在顧渚側，二山相對，石壁峭立，大澗中流。（乳）〔亂〕石飛走。茶生其間，尤爲絶品。張文規所謂『明月峽（前）〔中〕茶始生』是也。文規好學，有文藻，蘇子由、孔武仲、何正臣皆與之游。

盧仝〔三三〕

孟諫議寄新茶，盧仝走筆作歌云：柴門反關無俗客，紗帽籠頭自煎喫。今洛陽有盧仝煮茶泉。

張志和〔三四〕

顔清臣作《志和傳碑》：漁童捧釣收綸，蘆中鼓枻；樵青蘇蘭薪桂，竹裏煎茶。

皮文通〔三五〕

皮光業最耽茗飲，中表請嘗新柑，筵具（甚）〔殊〕豐。簪紱叢集。纔至，未顧樽罍，而呼茶甚急。徑進一巨觥，題詩曰：『未見甘心氏，先迎苦口師。』衆噱曰：此師固清高，難以療饑也。

王仲祖〔三六〕

晉司徒長史王濛，好飲茶。客至輒飲之。士大夫甚以爲苦，每欲候濛，必云：今日有『水厄』。

蔡端明〔三七〕

蔡君謨善别茶。建安能仁院有茶生石縫間，僧采造得茶八餅，號石巖白。以四餅遺蔡，四餅遺王内翰禹玉。歲餘，蔡被召還闕。禹玉碾以待蔡，蔡捧甌未嘗，輒曰：此〔茶〕極似能仁石巖白。禹玉未信，索帖驗之，乃服。

梅聖俞〔三八〕

梅堯臣在楚，斫茶磨題詩，有『吐雪誇（新）〔春〕茗，堆雲憶舊溪。北歸惟此急，藥臼不須齎』。可謂嗜茶之極矣。聖俞茶詩甚多，《吴正仲（餉）〔遺〕新茶》，《沙門穎公遺碧霄峰茗》，俱有吟詠。

歐陽永叔〔三九〕

歐陽文忠《歸田録》：茶之品，莫貴於龍鳳（團）。小龍團，仁宗尤所珍惜，雖輔臣未嘗輒賜，惟南郊大禮致齋之夕，中書、樞密院各四人，共賜一餅。宫人剪金爲龍鳳花草，綴其上。嘉祐七年，親享明堂，始人賜一餅。余亦恭與，至今藏之。因君謨著録，輒附於後，庶知小（龍）團自君謨始，其可貴如此。

蘇廙〔四〇〕

蘇廙作《仙芽傳》，載《作湯十六法》。以老嫩言者凡三品，〔注〕以緩急言者凡三品，以器標者共五品，以薪論者共五品。陶穀謂：湯者，茶之司命，此言最得三昧。

何子華〔四一〕

宜城何子華，邀客於剖金堂，酒半，出嘉陽嚴峻畫陸羽像，子華因言：前代惑駿逸者爲『馬癖』，泥貫索者爲『錢癖』，愛子者有『譽兒癖』，耽書者有『左傳癖』，若此叟溺於茗事，何以名其癖？楊粹仲曰：茶雖珍，未離草也，宜追目陸氏爲『甘草癖』，一坐稱佳。

王子尚〔四二〕

新安王子鸞、豫章王子尚，詣曇濟道人於八公山。道人設茶茗，子尚味之，曰：此甘露也，何言茶茗！

傅玄風〔四三〕

雙林大士自往蒙頂結庵種茶，凡三年，得絶佳者，號『聖陽花』，持歸供獻。

茶董下卷

楊誠齋〔四四〕

楊廷秀《謝傅尚書茶》：遠餉新茗，當自携大瓢，走汲溪泉，束澗底之散薪，燃折腳之石鼎。烹玉塵，啜（香）〔雲〕乳。以享天上故人之意。媿無胸中之書傳，但一味攪破菜園耳。

鄭路〔四五〕

會昌初，監察御史鄭路有兵察廳掌茶，茶必市蜀之佳者，貯於陶器，以防暑濕。御史躬親監啓，謂之『御史茶瓶』。

唐子西〔四六〕

子西《鬥茶（説）〔記〕》：茶不問團銙，要之貴新；水不問江井，要之貴活。唐相李衛公，好飲惠山泉，置驛傳送，不遠數千里。近世歐陽少師得内賜小龍團，更閱三朝，賜茶尚在。此豈復有茶也哉！今吾提（汲）〔瓶〕走龍塘，無數（千）〔十〕步。此水宜茶，昔人以爲不減清遠峽。而海道趨建安，茶數日可至。故每歲新茶不過三月，頗得其勝。

劉言史〔四七〕

劉言史《與孟郊洛北野泉上煎茶》：敲石取鮮火，撇泉避腥鱗。熒熒爨風鐺，拾得墜巢薪。恐乖靈草性，觸事皆手親。宛如摘山時，自歡指下春。湘瓷泛輕花，滌盡昏渴神。兹遊愜醒趣，可以話高人。

單道開〔四八〕

敦煌單道開，不畏寒暑，常服小石子。藥有松蜜、薑桂、茯苓之氣，時復飲茶蘇一二升而已。

僧文了〔四九〕

吴僧文了善烹茶。游荆南，高保勉〔白〕子季興延置紫雲庵，日試其藝，奏授『華亭水大師』，目曰『乳妖』。

東都僧〔五〇〕

唐大中三年，東都進一僧，年一百三十歲。宣宗問：『服何藥致然？』對曰：『臣少也賤，不知藥，性本好茶，至處惟茶是求。或飲百碗不厭。』因賜茶五十觔，令居保壽寺。

吕居仁〔五一〕

吕文清詩：春陰養芽鍼鋒芒，沆瀣養膏冰雪香。玉斧運風寶月滿，密雲候雨蒼龍翔。惠山寒泉第二品，武定烏瓷紅錦囊。浮花元屬三昧手，竹齋自試魚眼湯。

李文饒〔五二〕

有人授舒州牧，李德裕遺書曰：到〔彼〕郡日，天柱峰茶可惠三數角，其人獻〔之〕數十觔，李不受。明年罷郡，用意精，求獲數角，投李。李〔閱〕〔閲〕而受之，曰：『此茶可以消酒〔肉〕毒。』因命烹一甌，沃於肉食，内以銀合，閉之。詰旦，視其肉已化爲水矣。衆服其廣識。

丁晉公〔五三〕

丁公言嘗謂：石乳出壑嶺斷崖缺石之間，蓋草木之仙骨。又謂：鳳山高不百丈，無危峰絶崦，而岡阜環抱，氣勢柔秀，宜乎嘉植靈卉之所發也。

蘇才翁〔五四〕

蘇才翁嘗與蔡君謨鬥茶。蔡茶〔精〕，用惠山泉，蘇茶（小）〔少〕劣，改用竹瀝水煎，遂能取勝。天台竹瀝水爲佳，若以他水雜之，則亟敗。

鄭守愚〔五五〕

鄭谷《峽中嘗茶詩》：簇簇新芽摘露光，小（紅）〔江〕園裏火煎嘗。吴僧謾説鴉山好，蜀叟休誇（烏）〔鳥〕嘴香。合坐（滿）〔半〕甌輕泛緑，開緘數片淺含黄。鹿門病客不歸去，酒渴更知春味長。

華元化〔五六〕

華佗《食論》：苦茶久食益意思。又，《神農食經》：茶茗宜久服，令人有力悦志。

陶穀〔五七〕

陶學士買得党太尉〔家〕故妓。取雪水烹團茶，謂妓曰：『党家應不識此？』妓曰：『彼麤人，安得有此！但能向銷金〔暖〕帳下淺斟低唱，飲羊羔兒酒耳。』陶愧其言。

李貞一〔五八〕

御史大夫李栖筠按義興，山僧有献佳茗者，會客嘗之。芬香甘辣，冠於他境之茶，可薦於上，始進茶萬兩。

此其濫觴也。

曾茶山〔五九〕

茶家碾茶，須碾（着）〔者〕眉上白乃已。曾文清茶詩：『碾處曾看眉上白，分時爲見眼中青。』茶山詩極清峭。如：『誰分金掌露，來作玉溪涼。』『唤起南柯夢，持來北（焙）〔苑〕春』。『子能來日鑄，吾得具風鑪』。用字着語，俱有鍛鍊。

虞洪〔六〇〕

虞洪入山採茗，遇一道士，牽三青牛，引洪至瀑布山。曰：『山中有茗，可以給餉。祈子他日有甌犧之餘，乞相遺也』。洪因設奠祀之。後常令家人入山，獲大茗焉。

劉子儀〔六一〕

劉曄嘗與劉筠飲茶，問左右：『湯滚也未？』衆曰：『已滚。』筠曰：『僉曰鯀哉。』曄應聲曰：『吾與點也。』

杜子巽〔六二〕

杜鴻漸《與楊祭酒書》云：顧渚山中紫筍茶兩片，一片上太夫人，一片充昆弟同歠。此物但恨帝未得嘗，實所歎息。

黄儒〔六三〕

黄儒《品茶要録》云：陸羽《茶經》，不第建安之品，蓋前此茶事未興，山川尚閟，（露）〔靈〕牙真筍，委翳消腐而人不知耳。宣和中，復有白茶勝雪。熊蕃曰：『使黃君閲今日，則前乎此者，未足詫也！』

韓太沖〔六四〕

韓晉公滉聞奉天之難，以夾（鍊）〔練〕囊緘〔盛〕茶末，遣使健步以進。

王休〔六五〕

王休居太白山下，每至冬時，取溪冰敲其晶瑩者，煮建茗待客。

陸祖言〔六六〕

陸納爲吴興太守，時衛將軍謝安常欲詣納。納兄子俶怪納無所備，乃私蓄十數人饌具。既至，所設惟茶茗而已。俶遂陳盛饌，珍饈畢集。及安去，納杖俶四十。云：『汝既不能光益叔父，奈何穢吾素業！』

秦精〔六七〕

《續搜神記》：晉孝武時，宣城秦精嘗入武昌山採茗。遇一毛人，長丈餘，引精至山曲大叢茗處，便去。須臾復來，乃探懷中橘與精。精怖，負茗而歸。

温嶠〔六八〕

温太真條列真上茶千片，茗三百大薄。

常魯〔六九〕

常魯使西蕃，烹茶帳中，蕃使問『何爲？』魯〔公〕曰：『滌煩消渴，所謂茶也。』蕃使曰：『我亦有之。』命取出以示曰：『此壽州者，此顧渚者，此蘄門者。』

李肇〔七〇〕

《岳陽風土記》載灉湖茶，李肇所謂灉湖之含膏也。今惟白鶴僧園有千餘本。一歲不過一二十兩，土人謂之『白鶴茶』，味極甘香。

郭弘農〔七一〕

郭璞云：茶者，南方佳木。早取爲茶，晚取爲荈。

王禹偁〔七二〕

王元之《過陸羽茶井》：甃石封苔百尺深，試(令)〔茶〕(嘗)〔餘〕味少知音。惟(餘)〔留〕半夜泉中月，(留)〔嘗〕得先生一片心。

李季卿〔七三〕

常伯熊善茶，李季卿宣慰江南，至臨淮，乃召伯熊。伯熊着黄帔衫，烏紗幘，手執茶器，口通茶名。區分指點，左右刮目。茶熟，李爲歠兩杯。既至江外，復召陸羽。羽衣野服，隨茶具而入，如伯熊故事。茶畢，季卿命取錢三十文，酬煎茶博士。鴻漸夙游江介，通狎勝流。遂收茶錢、茶具，雀躍而出，旁若無人。

晏子〔七四〕

晏子相齊，時食脱粟之飯。炙三(戈)〔弋〕、五(卯)〔茆〕，茗菜而已。

陸宣公〔七五〕

陸贄字敬輿，張鎰餉錢百萬，止受茶一串。曰：『敢不承公之賜。』

李南金〔七六〕

瀹茶當以聲爲辨。李南金詩：『砌蟲唧唧萬蟬催，忽有千車捆載來。聽得松風并澗水，急呼縹色緑瓷杯』。後撰《鶴林玉露》〔之羅大經〕復補一詩：『松風檜雨到來初，急引銅瓶離竹爐。待得聲聞俱寂後，一甌春雪勝醍醐。』蓋湯不欲老，老則〔茶味〕過苦。聲如澗水松風，不宜遽瀹。惟移瓶去火，少待其沸，止而瀹之，方爲合節。此南金之所未講者也。

韋曜〔七七〕

《韋曜傳》：孫皓每饗宴，坐席率以七升爲限。雖不盡入口，皆澆灌取盡。曜飲酒不過二升，皓初禮異，密賜茶荈以（待）〔當〕酒。

葉少藴〔七八〕

葉夢得《避暑録》：北苑茶有曾坑、沙溪二地，而沙溪色白過於曾坑，但味短而微澀。草茶極品，惟雙井、顧渚。雙井在分寧縣，其地屬黄氏魯直家。顧渚在長興吉祥寺，其半爲今劉侍郎希范〔家〕所有。兩地各數畝，歲産茶不過五六觔，所以爲難。

山謙之〔七九〕

山謙之《吴興記》：烏程有温山，出御荈。

沈存中〔八〇〕

沈括《夢溪筆談》：茶芽謂雀舌、麥顆，言至嫩也。茶之美者，其質素良，而所植之土又美。新芽一發，便長寸餘。其細如鍼，〔唯芽長爲上品〕。如雀舌、麥顆者，極下材耳。乃北人不識，誤爲品題。予山居有《茶論》，復口占一絶：『誰把嫩香名雀舌，定來北客未曾嘗。不知靈草天然異，一夜風吹一寸長。』

毛文錫〔八一〕

毛文錫《茶譜》：有片甲、蟬翼之異。

張芸叟〔八二〕

張舜民云：有唐茶品，以陽羨爲上供，建溪北苑未著也。貞元中，常衮爲建州刺史，始蒸焙而研之，謂研膏茶。

司馬端明〔八三〕

司馬温公偕范蜀公游嵩山，各攜茶往。温公以紙爲貼，蜀公盛以小黑〔木〕合。温公見之驚曰：『景仁乃有茶器。』蜀公聞其言，遂留合與寺僧。《邵氏聞見録》云：温公與范景仁共登嵩頂，由轘轅道至龍門，涉伊水，坐香山憩石，臨八節灘，多有詩什。攜茶登覽，當在此時。

黄涪翁〔八四〕

黄魯直論茶：建溪如割，雙井如霆，日鑄如絇。所著《煎茶賦》：『洶洶乎如澗松之發清吹，皓皓乎如春空之行白雲。』一日，以小龍團半鋌題詩贈晁无咎：『曲几蒲團聽（渚）〔煮〕湯，煎成車聲繞羊腸。鷄蘇胡麻留渴羌，不應亂我官焙香。』東坡見之曰：『黄九怎地，怎得不窮！』

蘇長公〔八五〕

東坡嘗問大冶長老乞桃花茶，有《水調歌頭》一首：『已過幾番雨，前夜一聲雷。鎗旗爭戰建溪，春色占先魁。採取枝頭雀舌，帶露和煙擣碎，結就紫雲堆。輕動黄金碾，飛起緑塵埃。老龍團，真鳳髓，點將來。兔毫盞裏，霎時滋味舌頭回。唤醒青州從事，戰退睡魔百萬，夢不到陽臺。兩腋清風起，我欲上蓬萊。』坡嘗游杭州諸寺，一日飲釅茶七碗。戲書云：『示病維摩原不病，在家靈運已忘家。何須魏帝一丸藥，且盡盧仝七碗茶。』

賈春卿〔八六〕

葉石林云：熙寧中，賈青爲福建轉運使。取小龍團之精者，爲密雲龍。自玉食外，戚里貴近丐賜尤繁。宣仁一日慨歎曰：建州今後不得造密雲龍，受他人煎炒不得也。此語頗傳播縉紳間。

張晉彦〔八七〕

周淮海《清波雜志》云：先人嘗從張晉彦覓茶，張口占二首：『内家新賜密雲龍，只到調元六七公。賴有家山供小草，猶堪詩老薦春風。仇池詩裏識焦坑，風味官焙可抗衡。鑽餘權倖亦及我，十輩遺前公試烹。』焦坑產庾嶺下，味苦硬，久方回甘。包裹鑽權倖，亦豈能望建溪之勝耶？

金地藏〔八八〕

西域僧金地藏，所植名金地茶。出煙霞雲霧之中，與地上產者其味敻絶。

張孔昭〔八九〕

江州刺史張又新《煎茶水記》曰：李季卿刺湖州，至維揚，逢陸處士，即有傾蓋之雅。因過揚子驛曰：『陸君茶，天下莫不聞，揚子南零水又殊絶，今者二妙，千載一遇，何可輕失？』乃命軍士深詣南零取水。俄而水至。陸曰：『非南零者。』傾至半，遽曰：『止是南零矣。』使者乃吐實，李與賓從皆大駭。李因問歷處之水，陸曰：楚水第一，晉水最下。因命筆口授而次第之。

高季默〔九〇〕

高士談仕金爲翰林學士，以詞賦擅長。蔡伯堅有《咏茶詞》：『天上賜金奩，不減壑源三月。午椀春風纖手，看一時如雪。幽人只慣茂林前，松風聽清絶。無奈十年黄卷，向枯腸搜徹。』士談和云：『誰扣玉川門，白絹斜風團月。晴日小牕活火，響一壺春雪。可憐桑苧一生顛，文字更清絶。直擬駕風歸去，把三山登徹。』

夏侯愷〔九一〕

夏侯愷因疾死。宗人字苟奴，察見鬼神，見愷（岸）〔著平上〕幘，單衣，坐生時西壁大牀，就人覓茶飲。

元義〔九二〕

蕭衍子西封侯蕭正德歸降，時元義欲爲〔之〕設茗，先問：『卿於水厄多少？』正德不曉義意。答曰：『下官生於水鄉，立身以來，未遭陽侯之難。』坐客大笑。

范仲淹〔九三〕

范希文《和章岷從事鬥茶歌》：『新雷昨夜發何處，家家嬉笑穿雲去。露芽錯落一番（新）〔榮〕，綴玉含珠散嘉樹。北苑將期獻天子，林下雄豪先鬥美。鼎磨雲外首山銅，瓶攜江上中濡水。黄金碾畔緑塵飛，碧玉甌中緑翠濤起。鬥（茶）〔余〕味兮輕醍醐，鬥（茶）〔余〕香兮薄蘭芷。勝若登仙不可攀，輸同降將無窮耻。』

王介甫〔九四〕

王荆公《送元厚之詩》：『新茗齋中試一旗。』世謂茶之始生而嫩者爲一槍，寖大而開謂之旗。過此則不堪矣。

福全〔九五〕

饌茶而幻出物象於湯面者，茶匠通神之藝也。沙門福全長於茶海，能注湯幻茶，成將詩一句。並點四甌，共一絶句，泛乎湯表。檀越日造其門，求觀湯戲。全自咏詩曰：『生成盞裡水丹青，巧畫工夫學不成。卻笑當年陸鴻漸，煎茶赢得好名聲。』

党竹溪〔九六〕

學士党懷英，《詠茶·調〔寄〕青玉案》：　紅莎緑蒻春風餅，趁梅驛，來雲嶺。紫柱崖空瓊竇冷。佳人卻恨，等閒分破，縹緲雙鸞影。　一甌月露心魂醒。更送清歌助幽興。痛飲休辭今夕永，與君洗盡滿襟煩暑，别作高寒境。

附録

茶董二卷 浙江汪啓淑家藏本

明夏樹芳撰。樹芳字茂卿，江陰人。是編雜録南北朝至宋金茶事。曰茶董者，取董狐史筆之意也，其書不及採造煎試之法，但摭詩句故實，然疏漏特甚，舛誤亦多〔九七〕。其曰茶董者，以《世説》記干寶爲鬼之董狐，襲其文也。前有陳繼儒序，卷首又題繼儒補，其氣類如是，則其書不足詰也。（《四庫全書總目》卷一一六）

【校證】

〔一〕陶通明 本則見《茶經·七之事》，參閲本書上編《茶經》拙釋〔二六七〕至〔二六九〕。

〔二〕李青蓮 本條見《李太白文集》卷一六《答族侄僧中孚贈玉泉仙人掌茶》詩序。夏氏改題作《茶述》，後人多沿之，非是。及節引其文，今略據改數字。

〔三〕顔清臣 此見《顔魯公集》卷一五《五言月夜啜茶聯句》，此録二聯詩，前者乃顔真卿作，後者作主爲陸士修，非顔作。

〔四〕謝宗 是條見《説郛》卷一一上引宋·楊伯嵒《臆乘》，但中間十字（即『首閲』至『霜華』），《説郛》作『不止味同露液，白況霜華』，差不同，似夏氏誤録。

〔五〕劉越石　此節引自《茶經·七之事》。

〔六〕劉夢得　其前半則，即至『以醒酒』止，出《蠻甌志》。其後半出《劉賓客文集》卷二五《西山蘭若試茶歌》末四句。『若』，訛作『社』；『跂』，又誤作『卧』。據改。

〔七〕釋覺林　此見《雲仙雜記》卷六引《蠻甌志》，亦見《茶譜》拙輯本，參閲是書校證〔七七〕。

〔八〕周韶　其事似始見於宋·趙德麟《侯鯖録》卷七，夏氏似據明·田汝成《西湖游覽志餘》卷一六改寫。《續茶經》卷下之三引文略同，稱出明·陳詩教《灌園史》。是書四卷，《千頃堂書目》卷九著録。《廣羣芳譜》卷一八或據《茶董》録文，文全同。

〔九〕林和靖　此詩見《林和靖集》卷三《嘗茶次寄越僧靈皎》。詩乃七律，此所録爲前四句。

〔一〇〕陸魯望　方案：本則據陸龜蒙《甫里先生傳》删潤改寫。傳見《文苑英華》卷七九六、《笠澤叢書》卷一、《甫里集》卷一六。其文字則全據《新唐書》卷一九六《隱逸傳》。

〔一一〕朱桃椎　其事見於《册府元龜》卷八一〇，又見於《新唐書》卷一九六。據《太平廣記》卷二〇二則始見於《大唐新語》，宋代類書多已引之。夏氏據以删潤而成。據補、改各一字。又，《廣羣芳譜》卷一八則全據《茶董》録文。

〔一二〕張載　此聯詩轉引自陸羽《茶經》卷下《七之事》。

〔一三〕權紓　方案：權紓《茗讚》云云，始見於《海録碎事》卷六，又見於《緯略》卷七。隋文帝腦痛云云，則小說家言，乃後人編造，不可信，見於明・董斯張《廣博物志》卷四一、《天中記》卷四四等。

〔一四〕顧逋翁　本則似始見於宋・朱勝非《紺珠集》卷一〇，又見南宋初約略同時成書的《類說》卷一三。

〔一五〕薛大拙　方案：薛能，字大拙。此乃其《謝劉相寄天柱茶》詩中一聯，詩見《唐詩紀事》卷六〇，又見《全唐詩》卷五六〇。

〔一六〕王肅　此據《洛陽伽藍記》卷三刪潤改寫，據改二字。

〔一七〕僧齊己　方案：本則所録一聯詩，似見於宋・王觀國《學林》卷八，又見《萬花谷》前集卷三五、《漁隱叢話》前集卷四六、《全唐詩》卷八四七。

〔一八〕鮑令暉　本條轉録於《茶經・七之事》，又見陸龜蒙《小名録》卷下等。諸書皆作『鮑昭妹』，此訛作『姊』，據改。

〔一九〕左太沖　此録《嬌女詩》，亦轉引自《茶經・七之事》。

〔二〇〕李存博　方案：本則始見於《因話録》卷二，此大致按《唐詩紀事》卷三一録文。計有功已有刪改，如將原書『雅度玄機，蕭蕭沖遠』八字，改寫爲『雅度簡遠』之類。夏氏更將《說郛》卷九三下所引舊題溫庭筠《採茶録・辨》中一段話（即『始則』至『不能成也』數句録入其文，頗失倫緒。此又與元・辛文房《唐才子傳》卷四《李約》中文極相似。又誤一字，據《因話録》改。明人引書類此，隨心所欲，不注出處。

〔二一〕胡嶠　方案：此條原誤作『胡嵩』，據《清異録》卷下《荈茗・不夜侯》改，其又捏合同書下條《雞蘇佛》合而爲一，敷衍成文。

〔二二〕桓宣武　方案：此擬標目未妥。原出《搜神後記》卷三。其首句原作『桓宣武時有一督將』云云，今又改作『桓征西步將』，頗有不倫不類之嫌。標目宜從諸書作『斛二瘕』，或從本書體例作『晉督將』。此已經大幅刪改，較之原書，已面目全非。

〔二三〕孫樵　本則見《清異録》卷下《荈茗·晚甘侯》，系節録。末句：『時以鬥茶爲茗戰』，又夏氏改『建人謂鬥茶爲茗戰』而增入。此又原見《雲仙雜記》卷一〇、《紺珠集》卷一〇、《類説》卷一三。夏氏既加組合，又復改寫，實非著書之體。

〔二四〕錢起　方案：是條捏合錢起二首詩題而成。其一，《與趙莒茶宴》；其二，《過長孫宅與朗上人茶會》。分見《錢仲文集》卷一〇、卷四，又，起字仲文。《廣羣芳譜》卷一八引録則稱出《茶事拾遺》，未審與夏氏何爲始作俑者？

〔二五〕曹業之　方案：本則所録曹鄴詩，原題作《故人寄茶》，諸本皆然。詩見《曹祠部集》卷一、《才調集》卷三、《瀛奎律髓》卷一八、《石倉詩選》卷八四、《全唐詩録》卷八三、《全唐詩》卷四七五等。此詩又見《會昌一品集》別集卷三，故《全唐詩》卷五九二、《全唐詩録》卷七一又兩收之。似爲曹作。據改一字。

〔二六〕和成績　事見《清異録》卷下《荈茗·湯社》。宋初和凝，字成績。

〔二七〕李鄴侯　事見《紺珠集》卷二、《類説》卷二、《海録碎事》卷六等。夏氏改李泌爲鄴侯而已。李泌詩又見《漁隱叢話》前集卷四六、《全唐詩》卷一〇九等，謂此聯詩出《茶賦》。

〔二八〕陸鴻漸　方案：本則以陸羽《茶經》中二段文字及《封氏聞見記》組合、删潤而成。其一，見於卷上《三之造》，其所據本正作「千類萬狀」，極是。爲拙校本《茶經》補「類」字提供了版本依據。今存《茶經》諸本皆無此字。此正古本之可貴。其二，「茶有九難」見卷下《六之飲》，又顛倒其次序，如「羶（此作「膩」）鼎腥甌」原在第三，與上文「三曰器」相對應，夏氏移至句末，或别有所據，或似脱漏此句而補在末。「造茶具」云云，則據《封氏聞見記》卷六《飲茶》。

〔二九〕白少傅　此摘引白居易詩《睡後興憶楊同州》後半首，詩見《白氏長慶集》卷三〇、《白香山詩集》卷二四、《全唐詩》卷四五三等。

〔三〇〕竇儀　事見《清異録》卷下，僅改原文「飲余」作「餉客」，又删原書末句「龍陂是顧渚之别境」。

〔三一〕皮日休　此摘録《松陵集》卷四皮日休《茶中雜詠》詩序，據補、删各二字。夏氏已有删潤，非原文。

〔三二〕張文規　方案：「吴興三絶」本事已見《嘉泰吴興志》卷一八。「明月峽」至「尤爲絶品」云云，似據《吴興掌故集》及《天中記》卷四四録文。張文規詩句見其《吴興三絶》，刊《全唐詩》卷三六六等。令人吃驚的是：本則末竟云：「文規好學，有文藻。蘇子由、孔武仲、何正臣，皆與之游。」無獨有偶，此亦見於陳繼儒《太平清話》，誠如《四庫全書總目》卷一四三是書《提要》之騭評：「徵引舛錯，不勝枚舉」。陳繼儒（一五五八—一六三九）與夏樹芳同時人，曾爲《茶董》作序，又爲《茶董補》二卷。明人無「著作權」概念，不知是誰抄誰，但這次卻鬧出了大笑話。張文規，唐人。考《嘉泰吴興志》卷一四，張文規會昌元年至三年（八四一——八四三）官湖州刺史，陳振孫《直齋書録》卷一四亦云其『嘗刺湖州，著《吴興雜録》，殆無可疑。而蘇轍（一〇三九——一一一二），字子由，與孔武仲（一〇四二——一〇九八），何正臣（？——一〇九九）皆宋人，硬將生活年代相距二百五十餘年之久的唐、宋之八相與交遊，豈不謬甚！演出了『關公戰秦瓊』的明代活劇。令人費解的是：明代名噪學林的著名學者卻也會犯這類低級錯誤。

〔三三〕盧仝　此引盧仝一聯詩見其《走筆謝孟諫議寄新茶》，詩載《漁隱叢話》後集卷一一、《全唐詩録》卷五二、《全唐詩》卷三八八。

〔三四〕張志和　方案：本則志和軼事，始見於《顔魯公集》卷九《浪迹先生玄真子張志和碑》。

〔三五〕皮文通　是條見《清異録》卷下《苦口師》，據改一字。

〔三六〕王仲祖　方案：王濛，字仲祖。此據《太平御覽》卷八六七引《世説》删潤改寫。

〔三七〕蔡端明　本則軼事始見於宋·彭乘《墨客揮犀》卷四。夏氏已有删潤，據以改補各一字。

〔三八〕梅聖俞　本則引梅詩見《宛陵集》卷四三《茶磨二首》，此爲第一首五律的後四句。『俱有吟詠』的其餘二首梅詩分見《宛陵集》卷四一、卷三六。據以改二字。

〔三九〕歐陽永叔　方案：本條僅首句：『茶之品，莫貴於龍鳳』，見於《歸田録》卷下，餘則出《文忠集》卷六五《龍茶録後序》。『小龍團』，原文作『上品龍茶』。此誤注出處。據原書各删一字。

〔四〇〕蘇廙　方案：《清異録》卷下《荈茗録》，本書上編已收入。筆者以爲：是書作者肯定不是陶穀，

〔三一〕《仙芽傳》及《十六湯品》的作者蘇廙（一作虞）亦爲僞托。説詳是編之《提要》和拙釋〔一〕至〔三〕。原文作『以謂：湯者，茶之司命』蒙上文，此爲子虚烏有的作者蘇廙之言，不知夏氏又何以會理解成乃莫須有的《清異録》作者陶穀之論？還稱之云：『最得三昧』。實又誤中有誤矣。

〔四一〕何子華　方案：此據《清異録》卷下《荈茗·甘草癖》删潤而成。某些删改未允，如原書云『耽於褒貶者爲《左傳》癖』，此擅改爲『耽書者有《左傳》癖』，則與原意已相去甚遠。

〔四二〕王子尚　方案：此所擬標目大誤。原作『豫章王子尚』，其傳見梁·沈約《宋書》卷八〇。子尚姓劉，字孝師，孝武帝第二子，乃文穆皇后所生。此徑作『王子尚』，易致誤解爲姓王，『王』上，『豫章』二字不可省。又，事轉引自《茶經·七之事》。餘參閲《茶經》拙釋〔二五〇〕。

〔四三〕傅玄風　方案：本條據《清異録》卷下删改而成，由於删節失當，導致大誤。原書云：『吴僧梵川誓願燃頂供養雙林傅大士，自往蒙頂，結菴種茶。』顯然，赴蒙頂結菴種茶者乃吴僧梵川，而並非雙林傅大士。雙林傅大士，俗姓傅，名翕，法號善惠，婺州義烏人。原納劉氏女，生有二子。於梁中大通五年（五三三）捨田宅，鬻妻子得錢五萬，出家而創雙林寺，成一代高僧。當時，蒙頂茶尚未知名，其聲名鵲起則在唐代。雙林大士事具宋·程俱《北山集》卷一八《雙林大士碑》，又見元·釋念常《佛祖歷代通載》卷九。此事明彭大翼《山堂肆考》卷一九三和程百二《品茶要録補》已誤解，疑夏氏不過沿訛踵謬而已，但其擬目作『傅玄風』又不知何所云耳？餘詳本書中編《品茶要録補》拙釋〔一七〕。

〔四四〕楊誠齋　本則節録自楊萬里《誠齋集》卷一〇七《答傅尚書書》二一。據改一字。

〔四五〕鄭路　方案：此據《因話録》卷五及《唐語林》卷八删改而敷衍成文。但因對唐代官制缺乏常識，又致大誤。《因話録》明明是説：『察院南院，會昌初監察御史鄭路所葺。……兵察常主院中茶』，『故謂之茶瓶廳』。文意有名鄭路當時所任爲御史臺三院之一——察院之長，即監察御史，夏氏卻讓他連降數級赴『兵察廳』掌茶，稱之謂『御史茶瓶』，亂點鴛鴦譜竟然若此，嘆息而已！

〔四六〕唐子西　方案：本則據《眉山集·眉山文集》卷二《鬥茶記》删改而成。文已見本書上編附録。據改二字。

〔四七〕劉言史　唐大曆後著名詩人。宋·嚴羽《滄浪集》卷一《詩評》以為可與李長吉、柳子厚、權德輿、李涉、李益等並列齊名。元·辛文房《唐才子傳》卷四則稱其『少尚氣節，不舉進士。工詩，美麗恢贍，世少其倫』。《新唐書》卷六〇著録其有《歌詩》六卷，《宋史》卷二〇八則稱其有《劉言史詩》十卷。其集已佚，今存者僅數十首而已。引詩見《唐百家詩選》卷一四等。此乃節引，『恐乖』一聯原在『敲石』聯之上，應乙正。

〔四八〕單道開　事見《晉書》卷九五《藝術傳》，又見《茶經》卷下《七之事》。本則文字已合上述兩書而撮述之。

〔四九〕僧文了　事見《清異録》卷下，據補一字。

〔五〇〕東都僧　事見《南部新書》卷八，據此删改而成。

〔五一〕吕居仁　方案：吕本中（一〇八四—一一四五），字居仁，號東萊先生。壽州人，官至中書舍人，卒謚文清。此所録詩，見《錦繡萬花谷》前集卷三五，注云：作主『吕居士』。但吕本中，字居仁，或字之訛。此詩又見張擴（？—一一四七）《東窗集》卷二《謝人惠團茶》，此非全篇。所録爲前四聯，後三聯未録。此詩不見於吕集，疑爲張作。致誤之因，可能是張亦曾任中書舍人之故。

〔五二〕李文饒 方案：此記李德裕廣聞博識軼事，原出《中朝故事》卷上，又見《玉泉子》，已經删改。如原書云李面謂新授舒州牧者，此卻臆改成『遺書曰』。據以補三字，改一字，庶幾略符原書之意。

〔五三〕丁晉公 方案：此所録乃丁謂《北苑茶録》佚文，見於宋子安《東溪試茶録》。拙輯本已收入本書上編，可參閲。丁謂，字謂之，後更字公言。真宗末，除樞密使、拜相。乾興元年（一〇二二），封晉國公。事見拙輯本《北苑茶録·提要》。勿贅。

〔五四〕蘇才翁 方案：蘇蔡鬥茶軼聞，流傳甚廣。始見於宋人江鄰幾《嘉祐雜志》，亦見周煇《清波雜志》卷四。據以改、補各一字。

〔五五〕鄭守愚 方案：谷字守愚，標目原作『若愚』，誤，今改。又諸本皆題中《峽中嘗茶》，此又誤作『煎茶』，亦據改。另，又據改詩中二字。詩見《雲臺編》卷下、《文苑英華》卷三二七、《全唐詩》卷六七六等。

〔五六〕華元化 方案：本則兩條引文，皆轉引自《茶經·七之事》。

〔五七〕陶穀 方案：本則軼事，見阮閲《詩話總龜》卷三九，注云出《玉局遺文》。又見《漁隱叢話》前集卷四，《全芳備祖》後集卷二八、《歲時廣記》卷四等。此引文略有删改。據補二字。又，據《梁谿漫志》

卷四，《玉局遺文》，乃蔡京撰。

〔五八〕李貞一　方案：貞一，唐・李栖筠字。據郁賢皓《唐刺史考》（第四册，第一六四九頁，江蘇古籍出版社一九八七年版）：李栖筠於永泰元年至大曆三年（七六五—七六八）爲常州刺史。故《金石録》卷二九《唐義興縣重修茶舍記》云：『李栖筠實典是邦，山僧有獻佳茗者，會客嘗之。野人陸羽以爲芬香甘辣，冠於他境，可薦於上。栖筠從之，始進萬兩。此其濫觴也。……唐世義興貢茶，自羽與栖筠始也。』趙明誠這一跋尾有重要的史料價值，指出唐代義興貢茶始於陸羽及李栖筠，其時約在大曆元年（七六六）。惜此條既删改爲『按宜興』，又滅陸羽之名，且又文本漫漶。今據《茶舍記》補一十五字，並闡明唐代茶史上這一重要史實。此於陸羽生平研究也是可信的一手資料，此正石刻之可貴也。故拈而出之。又見《漁隱叢話》後集卷一一等。

〔五九〕曾茶山　方案：曾幾（一〇八四—一一六六），字吉甫，號茶山居士，官至禮部侍郎。以詩名世，卒謚文清。事具陸游《渭南文集》卷三二《曾文清公墓誌銘》。所引『眉上白』一聯詩，見《茶山集》卷六《李相公餉建溪新茗奉寄》，李相公，乃南宋初名相李綱，時已罷相知福州。曾幾兄弟亦因抗金主戰而受秦檜迫害，故與李綱交誼甚深。『茶家碾茶』云云，乃據詩句中小注改寫：『眉白』句下自注云：『茶家云，碾茶須令碾者眉白乃已。』此正體現兩宋之際崇尚白茶，碾茶時務求其細的末茶茶藝要領。原本漫漶『乃已』下七字，據上下文意擬補。『金掌露』一聯詩，出《茶山集》卷四《謝人送壑源絶品云九重所賜也》。『唤起』一聯，見同書同卷《迪侄屢餉新茶二首》之一。『子能』一聯，則又見同書同卷《述

〔五三〕侄餉日鑄茶》詩。茶山終身嗜茶，其所作茶詩數量雖比不上其高足弟子陸游之多，但質量則遠勝乃徒。其茶詩多膾炙人口，僅《茶山集》卷四就有多首名作。

〔六〇〕虞洪　此據《茶經》卷下《七之事》删潤改寫。

〔六一〕劉子儀　方案：事見《青箱雜記》卷一，又見《類説》卷四。又，此條本以劉燁立目，但其不字子儀。劉筠（九七一—一〇三一）字子儀，真宗、仁宗時兩爲翰林學士，官至判尚書都省，卒謚文恭。與楊億齊名，時人並稱『楊劉』，爲西崑派代表作家之一。事見今人鄭再時編《西崑唱和詩人年譜·劉筠》。劉燁（九五八—一〇二九），字耀卿。温叟子，洛陽人。咸平初進士，官至刑部郎中、龍圖閣直學士。事見尹洙《河南先生文集》卷一三《劉公墓表》。故稱其爲『龍圖』，如以劉燁立目，則應改作『劉耀卿』，此誤以筠字作燁字。又，燁名從『火』，改作『曄』、『煜』者，皆避清諱，應回改作劉燁。

〔六二〕杜子巽　事見《南部新書》卷五，但所録已顛倒次序。『此物』句，原在『一片上太夫人』句之上。此已任意而改寫，當乙。又見《唐詩紀事》卷三五等。

〔六三〕黄儒　此見陳耀文《天中記》卷四四，疑即據此而删潤。據改一字。又，黄儒及其書，詳本書上編提要所考。

〔六四〕韓太沖　本則見李肇《國史補》卷上，又見《太平御覽》卷八六七引，『夾練』作『采練』。

〔六五〕王休　此據五代蜀·王仁裕《開元天寶遺事》卷一删潤而就。

〔六六〕陸祖言　方案：本則轉引自《茶經》卷下《七之事》，參閲各條拙校。又，陸納，字祖言。

〔六七〕秦精　此亦轉録自《茶經·七之事》。

〔六八〕温嶠　方案：是條見陳元龍《格致鏡原》卷二一。其文原作：『温嶠表：遣取供御之調，條列真上茶千片，茗三百大薄。』《續茶經》卷下之三謂出《晉書》，但檢《晉書》未見有載。今考此説實出宋·寇宗奭《本草衍義》，其原文爲：『晉·温嶠上表貢茶千斤，茗三百斤。』見《政和證類本草》卷一三引。

〔六九〕常魯　方案：此見《國史補》卷下，原作『常魯』，此文中乃均訛『常』爲『党』，據改。又，原書作『贊普』，此又不解其意，改作『蕃使』；原書云：『此爲何物？』此又以臆改作『何爲』，扞格難通。末又删原書『此昌明者，此灉湖者』。又，《國史補》作『常魯公』，『公』字疑衍。清·勞格《唐尚書省郎官石柱題名考》卷一一引《舊唐書·吐蕃傳》云：『建中二年十二月，入蕃使判官常魯等至自蕃中。』《舊唐書·張鎰傳》載：張鎰與盟官常魯等與吐蕃盟於清水。李益有《送常魯侍御使西蕃寄題西川》詩，見《全唐詩》卷二八三。則建中二年（七八一）常魯使西番乃確有其事，可得到信史的證實。

〔七〇〕李肇　本條見宋·范致明《岳陽風土記》，據以删削而成。

〔七一〕郭弘農　方案：此曰：『郭璞云：茶者，南方佳木。』非郭璞語，乃陸羽《茶經·一之源》中之説。且原作『南方之佳木也』。郭璞《爾雅注》原文爲：『早取爲茶，晚取爲茗，或一曰荈耳。』此删節失當。

〔七二〕王禹偁　方案：王禹偁，字元之。其詩原題《陸羽泉茶》，見《小畜集》卷七。據以改四字，互乙二字。此詩歷來膾炙人口，故有多種詩題及版本流傳，但均不如原本之韻味。

〔七三〕李季卿　方案：此乃流傳很廣的茶中軼事，始出《封氏聞見記》卷六《飲茶》。但此已大加删改。如末『遂收茶錢』等三句，原書作『及此羞愧，復著《毀茶論》』。宋、明十餘種記載皆同封演之説，此獨反其意而用之。

〔七四〕晏子　方案：是條轉引自《茶經·七之事》，原出《晏子春秋》。但由於文本的訛誤，此説未足置信。可以論定春秋無茶的同一條《晏子》文本見《太平御覽》卷八四九，説詳本書上編《茶經》拙釋〔一四三〕，請參閲。

〔七五〕陸宣公　事具《白孔六帖》卷一五《受茶一串》，文全同。事又見《新唐書》卷一五七《陸贄傳》。

〔七六〕李南金　方案：事具《鶴林玉露》卷三，因删節失宜而文意扞格難通，特爲擬補七字，庶幾稍允。

〔七七〕韋曜　此事始見於《三國志·吴書》卷二〇，文轉引自《茶經·七之事》。

〔七八〕葉少藴　葉夢得，字少藴。此則見其《避暑録話》卷下，文已有大幅删改。據補一字。

〔七九〕山謙之　是條轉録自《茶經·七之事》。

〔八〇〕沈存中　方案：沈括，字存中。事具《夢溪筆談》卷二四，文略有删節，據補六字。

〔八一〕毛文錫　方案：此具本書上編《茶譜》拙輯本第六條，請參閲其全文。

〔八二〕張芸叟　此見《畫墁録》，文全同。張舜民，號芸叟。

〔八三〕司馬端明　方案：本則軼事見宋·朱弁《曲洧舊聞》卷三，又見《清波雜志》卷四。反映了司馬光節儉和范鎮從善如流的美德。正如陸羽《茶經》所云：茶之爲飲，『最宜精行儉德之一』。司馬光可無愧也。又，司馬光曾官端明殿學士，又封温國公，故云。其摯友范鎮，字景仁，封蜀國公，兩人堪稱金石之交。又,夏氏引《邵氏聞見録》卷一一所載司馬光與范同遊嵩山,坐實即爲攜茶同遊者。其實,兩人嘗多次同遊,此説未免有過泥之嫌。

〔八四〕黄涪翁　方案:所謂『黄魯直論茶』云云,即『建溪如割』等十二字,亦出《煎茶賦》,見《山谷集》卷一,而並非有其他所謂『論茶』文字。其下所引二聯詩則見《山谷集》卷三《以小團龍及半鋌贈無咎並詩用前韻爲戲》。晁補之,字無咎,與黄、張耒、秦觀同爲『蘇門四學士』。其得東坡激賞之語則見《漁隱叢話》前集卷四七引《王直方詩話》。本條由此三者(上引三書)組合而成。

〔八五〕蘇長公　方案:本則所載蘇軾茶詞《水調歌頭》,其事之有無尚在疑信參半之間。這首流傳甚廣的茶詞作主爲誰,尚待考證。餘詳本書中編《茶乘》拙釋〔一八九〕。後引之詩則見《施注蘇詩》卷七《游諸佛舍一日飲釅茶七盞戲書勤師壁》。又見《東坡詩集注》卷八、《蘇詩補注》卷一〇等。

〔八六〕賈春卿　方案:本則前半見《石林燕語》卷八,又見《清波雜志》卷四。但其稱賈青熙寧中爲福建漕使創制『密雲龍』則皆誤。拙考已證乃元豐五年(一〇八二)之事,説詳本書上編《宣和北苑貢茶録》拙釋〔二七〕。本條後半,即宣仁云云,則僅見於《清波雜志》卷四,因此籠統而稱葉石林云,則又不無小誤,應作『周煇云』,更爲確切。又,葉夢得,號石林。

〔八七〕張晉彦　方案:本　則據周煇《清波雜志》卷四。其指出宋代文學史上一段典實。即張祁因煇父周邦向他索賜茶,但張無,故代之以焦坑茶。並以二小詩答之。但當時偶病,命子張孝祥(一一三二—一一七〇)代書,因而詩被誤刊於《于湖集》中,被宋人誤認爲孝祥之作。周煇的辨析,説明了真相。

這二詩原題作：《以茶芽焦坑送周德友德友來索賜茶僕無之也》，見《于湖居士文集》卷一〇，詩中有數字不同。周邦，字德友，煇之父也。張祁，字晉彦，晚號總得居士。和州烏江人，邵弟。以兄使金恩補官。爲秦檜搆陷入獄，檜死獲免。累官直秘閣，淮南運判，晚卜居蕪湖，有文集，已佚。事見《宋元學案》卷四一等。本則末二句，『包裹』云云，又爲夏氏之論。

〔八八〕金地藏　據《天中記》卷四四稱，本則出《九華山志》，《續茶經》卷下之四沿之。《茶董》文字頗有異，又爲《廣羣芳譜》卷一八轉録。

〔八九〕張孔昭　張又新，字孔昭。本則節引自《煎茶水記》，請參閲本書上編《水記》及相關各條校釋。

〔九〇〕高季默　此所載二闋《青玉案·詠茶詞》，均出金·元好問編《中州集·中州樂府》。餘詳《茶乘》拙釋〔一九一〕。又，高士談，字季默；蔡松年，字伯堅。

〔九一〕夏侯愷　此轉録自《茶經·七之事》，原出《搜神記》。據以改補三字。

〔九二〕元義　本則軼事，見《洛陽伽藍記》卷三，據補一字。

〔九三〕范仲淹　方案：本則詩摘引自《范文正公文集》卷三。據改三字。

〔九四〕王介甫　方案：本則似出《塵史》卷二，詩題爲《送元厚之知福州》，但李壁《王荆公詩注》卷三七則詩題作《送福建張比部》。元絳（一〇〇九—一〇八四），字厚之，錢塘人。天聖八年（一〇三〇）進士，官至參知政事，卒謚章簡，有《文集》四十卷、《讞獄集》十三卷等，已佚。事見王安禮撰《章簡元公墓誌銘》，刊《王魏公集》卷八；又見蘇頌《太子少保元章簡公神道碑》，刊《蘇魏公文集》卷五二。據

《淳熙三山志》卷二二《郡守題名》，元絳知福州在嘉祐七年（一〇六二）四月，治平二年元月徙知應天府。

〔九五〕福全　本則出《清異録》卷下《湯戲》。

〔九六〕黨竹溪　方案：此《青玉案・詠茶》詞亦出金・元好問編《中州集・中州樂府》。參閲《茶乘》拙釋〔一九二〕。

〔九七〕舛誤亦多　方案：上文至此，乃《茶董》卷首所附《四庫提要》。其下所補，乃據《四庫全書總目》卷一一六（中華書局一九六五年版）。《四庫提要》作者對是書的評騭甚是，但其對《茶董》得名之由的推測卻未免武斷，因爲馮時可序已指出：夏氏既有《酒顛》，又有《茶董》，『因昔人有酒家南董之稱而移其董酒者董茶』。這種説法，得到夏氏的認可。其自序曰：茶酒『各立勝場，品列淄澠，判若南董，遂以茶董名篇』。顯而易見，乃移酒中南董而名之曰茶董。《提要》仿董狐史筆及干寶鬼之董狐説皆可休矣。另外，《提要》對卷首題陳繼儒補覺殊不可解，似又不知陳氏乃有《茶董補》二卷之續作歟？詳《茶董補・提要》。